编审委员会

中国科学技术大学精品教材

非线性化学

FEIXIANXING HUAXUE

第 2 版

辛厚文　侯中怀　编著

中国科学技术大学出版社

内 容 提 要

非线性化学研究的对象是化学反应体系在远离平衡条件下，由体系中非线性过程的作用，所形成的各类非线性动力学行为，包括化学多重态、化学振荡、Turing空间有序结构、化学脉冲波、螺旋波、孤波、化学混沌和化学随机共振等。非线性化学作为一门新的交叉学科正在形成之中，它已成为化学发展中的一个新的生长点，存在着广阔的应用前景。本书系统地阐述了非线性化学的实验现象、理论研究方法及近年来发展起来的重要的前沿研究领域。本书可供理工科大学教师、研究生和高年级学生阅读，也可供自然科学和工程学术领域中的研究人员参考。

图书在版编目(CIP)数据

非线性化学/辛厚文，侯中怀编著. —2版. —合肥：中国科学技术大学出版社，2009.8

(中国科学技术大学精品教材)

"十一五"国家重点图书

安徽省高等学校"十一五"省级规划教材

ISBN 978-7-312-02178-7

Ⅰ.非… Ⅱ.①辛… ②侯… Ⅲ.非线性化学—反应动力学—高等学校—教材 Ⅳ.O643.1

中国版本图书馆CIP数据核字(2009)第125689号

中国科学技术大学出版社出版发行

地址 安徽省合肥市金寨路96号，230026

网址 http://press.ustc.edu.cn

合肥学苑印务有限公司印刷

全国新华书店经销

开本：710×960 1/16 印张：20.25 插页：2 字数：360千

1999年8月第1版 2009年8月第2版 2009年8月第2次印刷

印数：3001-6000册

定价：32.00元

总　序

2008年是中国科学技术大学建校五十周年。为了反映五十年来办学理念和特色，集中展示教材建设的成果，学校决定组织编写出版代表中国科学技术大学教学水平的精品教材系列。在各方的共同努力下，共组织选题281种，经过多轮、严格的评审，最后确定50种入选精品教材系列。

1958年学校成立之时，教员大部分都来自中国科学院的各个研究所。作为各个研究所的科研人员，他们到学校后保持了教学的同时又作研究的传统。同时，根据"全院办校，所系结合"的原则，科学院各个研究所在科研第一线工作的杰出科学家也参与学校的教学，为本科生授课，将最新的科研成果融入到教学中。五十年来，外界环境和内在条件都发生了很大变化，但学校以教学为主、教学与科研相结合的方针没有变。正因为坚持了科学与技术相结合、理论与实践相结合、教学与科研相结合的方针，并形成了优良的传统，才培养出了一批又一批高质量的人才。

学校非常重视基础课和专业基础课教学的传统，也是她特别成功的原因之一。当今社会，科技发展突飞猛进、科技成果日新月异，没有扎实的基础知识，很难在科学技术研究中作出重大贡献。建校之初，华罗庚、吴有训、严济慈等老一辈科学家、教育家就身体力行，亲自为本科生讲授基础课。他们以渊博的学识、精湛的讲课艺术、高尚的师德，带出一批又一批杰出的年轻教员，培养了一届又一届优秀学生。这次入选校庆精品教材的绝大部分是本科生基础课或专业基础课的教材，其作者大多直接或间接受到过这些老一辈科学家、教育家的教诲和影响，因此在教材中也贯穿着这些先辈的教育教学理念与科学探索精神。

改革开放之初，学校最先选派青年骨干教师赴西方国家交流、学习，他们在带回先进科学技术的同时，也把西方先进的教育理念、教学方法、教学内容等带回到中国科学技术大学，并以极大的热情进行教学实践，使"科学与技术相结合、理论与实践相结合、教学与科研相结合"的方针得到进一步深化，取得了非常好的效果，培养的学生得到全社会的认可。这些教学改革影响深远，直到今天仍然受到学生的欢迎，并辐射到其他高校。在入选的精品教材中，这种理念与尝试也都有充分的体现。

中国科学技术大学自建校以来就形成的又一传统是根据学生的特点，用创新的精神编写教材。五十年来，进入我校学习的都是基础扎实、学业优秀、求知欲强、勇于探索和追求的学生，针对他们的具体情况编写教材，才能更加有利于培养他们的创新精神。教师们坚持教学与科研的结合，根据自己的科研体会，借鉴目前国外相关专业有关课程的经验，注意理论与实际应用的结合，基础知识与最新发展的结合，课堂教学与课外实践的结合，精心组织材料、认真编写教材，使学生在掌握扎实的理论基础的同时，了解最新的研究方法，掌握实际应用的技术。

这次入选的50种精品教材，既是教学一线教师长期教学积累的成果，也是学校五十年教学传统的体现，反映了中国科学技术大学的教学理念、教学特色和教学改革成果。该系列精品教材的出版，既是向学校50周年校庆的献礼，也是对那些在学校发展历史中留下宝贵财富的老一代科学家、教育家的最好纪念。

侯建国

2008年8月

第 2 版前言

近年来，随着化学研究对象向生命和纳米等复杂体系的深入，在实验上发现了丰富的非线性化学现象，如合成基因网络中的蛋白质浓度振荡，细胞内和细胞间钙离子浓度的振荡及螺旋波，纳米粒子催化剂表面的反应速率振荡、螺旋波和混沌等。研究表明，这些非线性化学现象对生命体系的功能和催化过程的活性与选择性等，都起着非常重要的作用。为了揭示这些复杂体系中非线性化学现象的本质及其与功能之间的关系，对于化学过程中的非平衡、非线性和复杂性的综合研究，已成为非常重要的前沿问题。

我们在国家自然科学基金项目的资助下，对生命和表面等复杂体系中非线性化学现象的机理和作用，进行了较为系统的研究，取得了一些初步成果。在本书再版中，我们把这些新成果增补到了有关章节之中，特别是在第 9 章和第 10 章中，分别介绍了我们在介观体系和复杂网络体系中非线性动力学方面的研究成果。

在本书的再版过程中，侯中怀教授做了大量工作，特别是他撰写了第 9 章和第 10 章的全部内容。

在本书再版之际 ，我们对国家自然科学基金委，对中国科学技术大学出版社，及所有关心和支持本书再版工作的同志，表示感谢。由于我们水平有限，书中定会有不足之处，恳切希望得到指正。

辛厚文

中国科学技术大学化学物理系

2009 年 6 月

第 1 版前言

非线性化学研究的对象并不是泛指化学中的所有非线性问题，而是化学反应系统在远离平衡条件下，由系统中非线性过程的作用，所形成的各类时空有序结构或非线性动力学行为，包括化学多重定态、化学振荡、化学脉冲波、螺旋波、孤波、Turing 空间有序结构和化学混沌等。随着非线性科学理论和实验技术的进步，对化学反应系统中非线性动力学行为的理论和实验研究都取得了迅速的进展。非线性化学作为一门新的交叉学科正在形成之中，它已成为化学发展中一个新的生长点，存在着广阔的应用前景。

长期以来，对各类非线性动力学行为的研究工作，绝大多数都集中在均相化学反应系统中，不但建立起有效的实验技术，而且利用非平衡非线性热力学理论，宏观动力学理论和随机过程理论，对实验上所观测到的各类非线性化学现象进行了成功的分析，取得了非常显著的成果，奠定了非线性化学的理论基础。但是，在自然界和工程技术中，绝大多数重要的反应都是在非均相系统中进行的，包括多相催化反应、电极反应、固态反应、生物酶和膜反应等。非均相反应是在不同相的界面上进行的，例如气－固界面上的催化反应，液－固界面上的电极反应。近年来，随着表面科学实验技术的进步，才对少数非均相化学反应系统中的各类非线性动力学行为进行了观测，并开展了初步的理论研究。理论和实验研究表明，这些反应界面的几何结构非常复杂，具有分形结构的特征，并且利用分形几何模型代替欧氏几何模型描述界面的几何结构，成功地解释了在非均相反应系统中所发现的某些新规律。同时也发现，反应界面的复杂结构和状态，对反应物分子的吸附、脱附、扩散和反应等动力学过程有着重要影响，从而对非线性化学动力学行为的形成和演化起着关键作用。

到目前为止，无论是对均相还是非均相化学反应系统中非线性动力学行为的研究，主要是对各类非线性动力学行为产生的宏观条件和特征进行研究，只有较少数的研究工作是涉及形成非线性动力学行为的微观机制以及各类非线性动力学行为之间的转变规律。如果我们把各类非线性动力学行为简称为非线性态，那么它们之间的转变过程及其规律，就可称为非线性态-态动力学。普里高津(prigogine)曾指出，在系统发生非平衡相变的分岔点，涨落(噪声)起着非常重要的作用：系统经过分岔点演化到特定的非平稳定态的过程是一种涨落放大的过程。近年来的研究进一步表明，噪声的存在使得系统非平衡定态的相对稳定性发生改变，因此可以使系统从一个非平衡定态跃迁到另一个非平衡定态。噪声还可以改变系统的分岔特性，从而使系统演化到确定性动力学方程所没有给出的非平衡定态上，这是属于噪声诱导的非线性动力学行为。当噪声和信号同时作用于非线性系统时，固定输入信号强度，随着输入噪声强度的增加，输出的信噪比可呈现出极大值，即呈现出随机共振现象，这种现象是属于噪声、信号和非线性系统三者之间的一种协作效应。因此，噪声在非线性动力学行为的形成及其相互转变的过程中起着非常积极的作用。

本书系统地阐述了非线性化学的理论基础及近年来发展起来的重要的前沿研究领域，同时也介绍了中国科学技术大学非线性化学实验室在这些前沿领域中所取得的主要研究成果。全书共八章，大致可分为三个部分：在第1章中，综述了在实验上所发现的各类非线性化学现象；从第2章到第4章，着重阐述非线性化学的理论研究方法，并利用这些理论方法对均相反应系统中一些典型的非线性化学现象进行了分析；从第5章到第8章，较为详细地介绍了作者所感兴趣的几个前沿研究领域的现状及我们所做的研究工作。这些前沿研究领域所涉及的主要科学问题就是如上所述的两类问题：非均相反应系统中非线性动力学行为产生条件和特性，尤其是反应界面的复杂结构和状态与非线性动力学行为之间的关系；非线性化学动力学行为形成的微观机制及其相互转变规律，尤其是内外噪声在非线性动力学行为的形成及其转变过程中的作用。

非线性化学作为一门交叉学科，正在迅速发展之中，所涉及的前沿研究领域很多。限于作者的研究兴趣和水平，在本书中难以全面反映其他前沿研究领域的工作。本书的出版只是一种尝试，期等着不久的将来，会有更全面而深刻的非线性化学方面的著作出版。

作者在从事非线性化学研究工作中，得到了国家自然科学基金的多项资助，得到理论化学计算国家重点实验室的指导和帮助。在本书写作过程中，中国科学技术大学非线性科学中心和化学物理系非线性化学实验室的同仁们都给了不少帮助。在此一并表示谢意。

限于作者水平，书中定有许多不当之处，望读者批评指正。

辛厚文

1999年元月于中国科学技术大学

目　次

第1章 非线性化学现象

大量实验研究表明，当化学反应系统处于远离平衡的条件下，由于反应系统中的各种非线性过程的作用，呈现出极其丰富的动力学行为，例如，化学振荡、多重定态和化学滞后现象、Turing空间有序现象、化学波、化学混沌和随机共振等。通常把化学反应体系的各种时空有序结构称为非平衡非线性化学现象，简称为非线性化学现象。

1.1 化学振荡

化学振荡是化学反应系统的状态随时间周期变化的现象。早在1921年，Bray就报导了在I_2-HIO_3做催化剂的条件下，H_2O_2的催化分解在某些条件下，呈现出明显的振荡现象[1]。但是，在其后的很长时间内，这个报导并没有引起人们的重视，因为大多数化学家一直认为这样的振荡现象是与热力学原理以及经典化学动力学的预言相违背的。按照化学热力学的传统观点，化学反应系统单向地不可逆地趋于平衡态。从经典化学反应动力学的观点来看，化学反应是由反应物分子之间的碰撞引起的，而且这种碰撞完全是随机的。在不同时刻的反应事件应该是彼此独立的和等概率的。但是，在化学振荡的过程中，反应分子在不同时刻上的行为是相互关联的。显然，从反应概率来看，这种在时间上一致行动的事件是一种高度不可几的事件。直到20世纪60年代，由于大量新的化学振荡实验事实的出现，以及理论研究工作的迅速进展，人们的认识才发生了很大的变化。目前，不但在许多化学系统而且在生物化学系统中，都发现广泛存在着化学振荡现象。化学振荡现象不但受到了化学工作者的高度重视，而且也受到了物理和生物等学科工作者的重视。

1958 年，前苏联化学家 Belousov 报导了在铈离子催化作用下柠檬酸被溴酸氧化反应中所呈现出来的化学振荡现象[2]。反应介质中所含有的铈离子具有两种状态：一种是淡黄色的 Ce^{4+} 离子，另一种是无色的 Ce^{3+} 离子。他在实验中发现，均匀的溶液时而呈淡黄色，时而变为无色状态，具有精确的变化周期。同时，这两种离子的浓度的比值[Ce^{4+}]/[Ce^{3+}]和[Br^-]离子浓度随着时间的变化，都呈现出精确的周期行为，如图 1.1 所示。其后，前苏联生物化学家 Zhabotinsky 继续并改进了 Belousov 的实验工作，发现另外一些有机酸(例如丙二酸)的溴酸氧化反应也能呈现出化学振荡现象[3]。同时证明，用铁离子代替铈离子以后，Fe^{2+}/Fe^{3+} 可以像 Ce^{3+}/Ce^{4+} 一样地工作，并且在加入有机染料指示剂的条件下，反应介质时而红色，时而蓝色，使反应变得更容易观察。在他们的工作以后，人们又发现了一大批溴酸盐的类似反应体系都能呈现出化学振荡现象[4~6]。实验表明，除了柠檬酸和丙二酸以外，还有许多有机酸(如苹果酸、丁酮二酸等)的溴酸氧化反应能够呈现出振荡现象。所用的催化剂也不限于铈、铁和锰等金属离子，甚至在没有金属离子做催化剂的情况下，在某些有机化合物(例如各种酚和苯胺的衍生物)的溴酸氧化反应中也呈现出振荡现象。目前还发现，在没有有机化合物存在的情况下，某些包括有溴酸盐的无机反应体系也能呈现出振荡现象。通常，在文献中把所有上述能呈现化学振荡的反应系统称为 Belousov-Zhabotinsky 反应，简称为 B-Z 反应[4]。

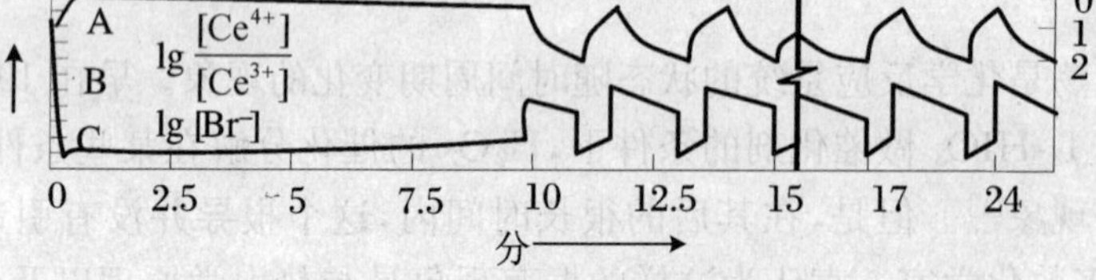

图 1.1 Belousov 的化学振荡实验结果

对于 B-Z 反应体系的振荡反应机理，目前比较普遍为人们接受的是由 Field, Körös 和 Noyes 提出的关于在硫酸介质中的金属铈离子做催化剂条件下丙二酸被溴酸氧化的机理，简称为 FKN 机理[7]。从图 1.1 的实验结果可以看到，在反应体系中同时存在着[Ce^{4+}]/[Ce^{3+}]和[Br^-]的振荡行为，而且它们的振荡行为之间是相互匹配的。当反应体系达到相对稳定的振荡阶段以后，每一振荡循环大体可分为四个阶段，如图 1.2 所示。首先，当 Br^- 的浓度[Br^-]较大时，[Br^-]缓慢降低，同时[Ce^{4+}]/[Ce^{3+}]的值也降低。其次，当[Br^-]降到图 1.2 中的 B 点时，[Br^-]突然开始急速地进一步降低，而[Ce^{4+}]/[Ce^{3+}]的值却继续平滑地下降。当[Br^-]

降到图 1.2 中的 C 点时，$[Br^-]$开始慢慢回升，同时$[Ce^{4+}]/[Ce^{3+}]$的值开始较快地上升。当$[Br^-]$达到图 1.2 中的 D 点时，$[Br^-]$又突然开始急速地进一步上升，而$[Ce^{4+}]/[Ce^{3+}]$的值却继续平滑地上升。当$[Br^-]$再达到图 1.2 中的 A 点时，开始重复上述循环过程。由此 可以得到这样的结论：在转折点 A、B、C 和 D 处，反应过程中的主要反应步骤发生了某种切换。

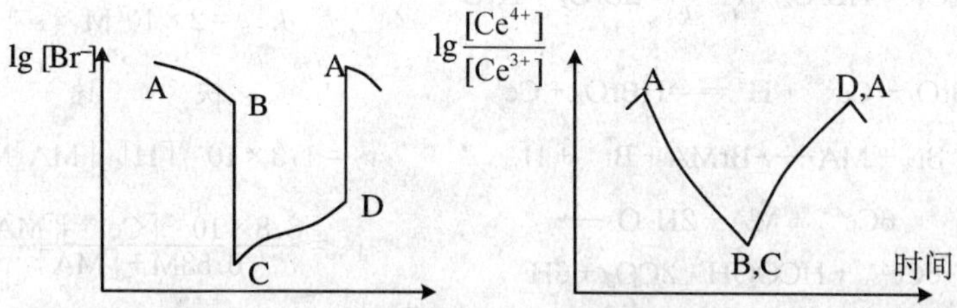

图 1.2　B-Z 反应中的单个振荡循环

在上述 B-Z 反应体系中，硫酸、丙二酸、硝酸铵铈和溴酸钠是必需的 4 种成分。在水中硫酸解离产生 H^+ 离子，硝酸铵铈解离产生 Ce^{4+} 离子，溴酸钠提供 BrO_3^- 离子。总的反应式可写为

$$2BrO_3^- + 3CH_2(COOH)_2 + 2H^+ \longrightarrow 2BrCH(COOH)_2 + 3CO_2 + 4H_2O \tag{1.1}$$

铈离子起催化剂作用，在反应过程中并无消耗，也不出现在总的反应式中。由于 BrO_3^- 并不和有机酸直接反应，因此在 B-Z 反应过程中，包含着若干中间反应步骤。FKN 机理包括的主要中间反应步骤列在表 1.1 中，其中 k_i 是第 i 个反应步骤的速率系数，v_i 是第 i 个反应步骤的速率，M 代表摩尔浓度，s 代表秒，MA 和 BrMA分别为 $CH_2(COOH)_2$ 和 $BrCH(COOH)_2$ 的缩写。按照 FKN 机理解释，引起反应体系呈现振荡行为的关键组分是中间化合物 $HBrO_2$、Br^- 和 Ce^{4+}。其中，Br^- 起到控制过程的作用，$HBrO_2$ 起到切换开关的作用，而 Ce^{4+} 起到再生 Br^- 的作用。据此，对上述 B-Z 反应中单个振荡循环过程，可作如下的定性解释：

表 1.1　FKN 机理

序号	机　理　步　骤	速率或速率系数
(1)	$HOBr + Br^- + H^+ \underset{k_{-1}}{\overset{k_1}{\rightleftharpoons}} Br_2 + H_2O$	$k_1 = 8\times10^9\,M^{-2}\,s^{-1}$ $k_{-1} = 100\,s^{-1}$
(2)	$HBrO_2 + Br^- + H^+ \xrightarrow{k_2} 2HOBr$	$k_2 = 2\times10^9\,M^{-2}\,s^{-1}$
(3)	$BrO_3^- + Br^- + 2H^+ \xrightarrow{k_2} HBrO_2 + HOBr$	$k_3 = 2.1M^{-3}\,s^{-1}$

续表

序号	机 理 步 骤	速率或速率系数
(4)	$2HBrO_2 \xrightarrow{k_4} BrO_3^- + HOBr + H^+$	$k_4 = 4\times10^7 M^{-2}s^{-1}$
(5)	$BrO_3^- + HBrO_2 + H^+ \underset{k_{-5}}{\overset{k_5}{\rightleftharpoons}} 2BrO_2 + H_2O$	$k_5 = 1.0\times10^4 M^{-2}\ s^{-1}$ $k_{-5} = 2\times10^7 M^{-2}\ s^{-1}$
(6)	$BrO_2 + Ce^{3+} + H^+ \rightleftharpoons HBrO_2 + Ce^{4+}$	快 速
(7)	$Br_2 + MA \longrightarrow BrMA + Br^- + H^+$	$v_7 = 1.3\times10^{-2}[H^+][MA]M^{-1}s^{-1}$
(8)	$6Ce^{4+} + MA + 2H_2O \longrightarrow$ $6Ce^{3+} + HCOOH + 2CO_2 + 6H^+$	$v_8 = \dfrac{8.8\times10^{-2}[Ce^{4+}][MA]}{0.53M + [MA]}\ s^{-1}$
(9)	$4Ce^{4+} + BrMA + 2H_2O \longrightarrow$ $4Ce^{3+} + Br^- + HCOOH + 2CO_2 + 5H^+$	$v_9 = \dfrac{1.7\times10^{-2}[Ce^{4+}][BrMA]}{0.20M + [BrMA]}\ s^{-1}$
(10)	$Br_2 + HCOOH \longrightarrow 2Br^- + CO_2 + 2H^+$	$v_{10} = \dfrac{7.5\times10^{-3}[Br_2][HCOOH]}{[H^+]}\ s^{-1}$

(1) 当$[Br^-]$较大时,BrO_3^- 可被 Br^- 逐步还原成 Br_2,总的反应式为

$$BrO_3^- + 5Br^- + 6H^+ \longrightarrow 3Br_2 + 3H_2O \tag{1.2}$$

这一反应式是由表 1.1 中(1)、(2)和(3)三个中间反应步骤合成的结果,即

$$HOBr + Br^- + H^+ \longrightarrow Br_2 + H_2O \tag{1.3}$$

$$HBrO_2 + Br^- + H^+ \longrightarrow 2HOBr \tag{1.4}$$

$$BrO_3^- + Br^- + 2H^+ \longrightarrow HBrO_2 + HOBr \tag{1.5}$$

$$3(1.3) + (1.4) + (1.5) = (1.2) \tag{1.6}$$

所生成的 Br_2 和 $CH_2(COOH)_2$,按照表 1.1 中的中间反应步骤(7)进行反应,生成 $BrCH(COOH)_2$,即

$$CH_2(COOH)_2 + Br_2 \longrightarrow BrCH(COOH)_2 + H^+ + Br^-$$

由(1.2)和(1.7)合起来组成一个反应链,可称作过程 A,此过程的总的反应式可写为

$$BrO_3^- + 2Br^- + 3CH_2(COOH)_2 + 3H^+ \longrightarrow 3BrCH(COOH)_2 + 3H_2O \tag{1.8}$$

过程 A 是不需要铈离子的非催化反应过程。过程 A 的重要的中间化合物是 $HBrO_2$。从表 1.1 所列数据也可看到,中间反应步骤(1.5)是过程 A 的速率控制步骤。

(2) 当$[Br^-]$较小时，BrO_3^- 可被 Ce^{3+} 还原，其反应式为

$$2Ce^{3+} + BrO_3^- + HBrO_2 + 3H^+ \longrightarrow 2Ce^{4+} + 2HBrO_2 + H_2O \tag{1.9}$$

这一反应式是表1.1中(5)和(6)两个中间反应步骤合成的结果，即

$$BrO_3^- + HBrO_2 + H^+ \longrightarrow 2BrO_2 + H_2O \tag{1.10}$$

$$BrO_2 + Ce^{3+} + H^+ \longrightarrow HBrO_2 + Ce^{4+} \tag{1.11}$$

$$(1.10) + 2(1.11) = (1.9) \tag{1.12}$$

由(1.9)式可以看到，亚溴酸 $HBrO_2$ 的生成具有自催化的特点，使 $HBrO_2$ 的浓度以指数规律增长。但这种增长会受到表1.1中的中间反应步骤(4)的限制，即

$$2HBrO_2 \longrightarrow BrO_3^- + HOBr + H^+ \tag{1.13}$$

由(1.9)和(1.13)所组成的反应链，可称作过程B，此过程的总的反应式是

$$BrO_3^- + 4Ce^{3+} + 5H^+ \longrightarrow HOBr + 4Ce^{4+} + 2H_2O \tag{1.14}$$

在过程B中的控制速率步骤是(1.10)中间反应步骤。

(3) 过程A中反应步骤(1.4)与过程B中反应步骤(1.10)是相互竞争的，都在利用一个共同的中间化合物 $HBrO_2$。当$[Br^-]$足够高时，反应体系中几乎所有的 $HBrO_2$ 按过程A中的反应步骤(1.4)进行反应，在这个反应过程中，Br^- 逐渐消耗掉。随着 Br^- 的消耗，过程B中的反应步骤(1.1)对 $HBrO_2$ 的竞争就会越来越重要。当$[Br^-]$达到某个临界值$[Br^-]_C$ 时，由过程B中自催化反应(1.9)所引起的 $HBrO_2$ 的产生速率正好等于过程A中由反应步骤(1.4)引起的 $HBrO_2$ 的消耗速率。当$[Br^-]<[Br^-]_C$ 时，由于自催化效应，$HBrO_2$ 很快增加。由于反应步骤(1.4)，使$[Br^-]$急速下降，从而反应体系中的主要过程会从过程A切换到过程B。

(4) 在过程B中所产生的 Ce^{4+} 可通过表1.1中的中间反应步骤(9)和(10)，使 Br^- 获得再生，同时 Ce^{4+} 转化为 Ce^{3+}，即

$$4Ce^{4+} + BrCH(COOH)_2 + 2H_2O \longrightarrow 4Ce^{3+} + Br^- + HCOOH + 2CO_2 + 5H^+ \tag{1.15}$$

$$Br_2 + HCOOH \longrightarrow 2Br^- + CO_2 + 2H^+ \tag{1.16}$$

表明 Br^- 的再生是由溴化有机物被四价铈离子氧化得以实现的。由(1.15)、(1.16)和(1.3)所组成的反应链可称作过程C，此过程的总的反应式为

$$HOBr + 4Ce^{4+} + BrCH(COOH)_2 + H_2O \longrightarrow 2Br^- + 4Ce^{3+} + 3CO_2 + 6H^+ \tag{1.17}$$

通过过程C使$[Br^-]$增加到$[Br^-]_C$ 临界值时，$HBrO_2$ 的浓度又回到过程A中的水平。

1.2 多重定态与化学滞后现象

长期以来在化学界有一个相当普遍的观点：在恒定并且空间均匀的外界条件下，一个化学反应体系在经历了足够长的时间以后，总是要到达唯一的极限状态。然而已有许多实验事实表明，在某些特定的条件下，化学反应体系的极限状态可以是非唯一的，即在恒定的外界条件下，决定于初始条件的不同，反应体系可以发展到几种不同的不随时间变化的状态，通常就把这种现象称做化学反应体系的多重定态现象。

多重定态现象只能发生在特定的反应体系和特定的控制条件下。同一反应体系在有些条件下其极限状态是唯一的定态，而在其他条件下则是非唯一的，其状态与控制条件的一种典型的依赖关系如图 1.3 所示。在此图中，纵坐标 x 代表状态变量（如某种组分浓度）的定态值，横坐标 λ 代表控制参量（如温度或流量）的值，当 $\lambda<\lambda_1$ 或 $\lambda>\lambda_2$ 时，定态是唯一的。当 $\lambda_1<\lambda<\lambda_2$ 时，反应体系可有三个定态，其中分支(1)和(3)上的定态是稳定的，而分支(2)上的定态是不稳定的。所谓一个定态是稳定的，是指如果由于某种原因体系偏离了该状态，体系最终还会回复到这个状态。反之，若与该定态的偏离随时间发展越来越大时，则称为不稳定的。如果反应体系的初始状态处于分支(1)上，当控制参量 λ 的值从 λ_1 逐渐提高时，体系的状态将沿着分支(1)向上移动。当 λ 的值达到 λ_2 时，体系的状态将从分支(1)突然跃迁到分支(3)。然后，当控制参量 λ 的值又逐渐减小时，则体系的状态又会沿着分支(3)向下移动。当 λ 值到达 λ_1 时，体系的状态将会从分支(3)跃迁回到分支(1)，从而形成一个滞后回路，通常把这种现象就称作化学滞后现象。

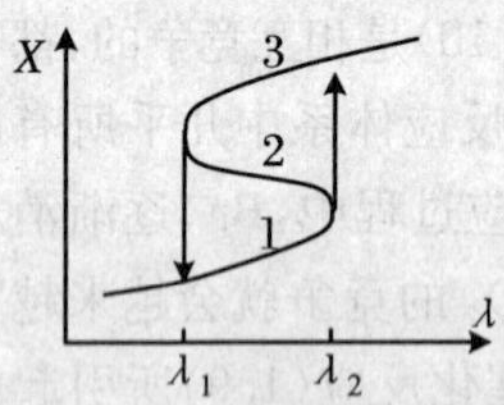

图 1.3 多重定态和化学滞后现象示意图

化学工程师注意到多重定态的存在性问题差不多已有半个世纪。一个代表性的例子是一氧化碳在铂催化剂上的氧化反应，在相同的实验条件下反应可以呈现出不同的转化率。1973 年，Nitgan 和 Ross[8]最早从理论上预言了二氧化氮和四氧化二氮间的光化学转换反应

$$N_2O_4 \underset{k_2}{\overset{k_1}{\rightleftharpoons}} 2NO_2 \tag{1.18}$$

由于反应过程中组分浓度的变化与热效应之间的非线性耦合作用，可产生多重定态和滞后现象。并且，其后他们在实验上证实了这种预言[9]。反应是在一个密闭容器中进行的，但反应体系可与环境进行能量交换。当 NO_2-N_2O_4 的反应混合物用某种适当波长的光照射时，只有 NO_2 分子会通过光化学反应吸收光能，所吸收的光能又通过各种光化学弛豫效应转变成热能，从而提高反应混合物的温度。温度越高，反应平衡越有利于 NO_2 的形成，于是可吸收更多的入射光的辐射能量，这又会进一步提高体系的温度，从而在反应体系中形成了一种正反馈。假若在实验的初始时刻反应器中只有 N_2O_4，它的浓度用符号 A 表示，随着实验的进行，一部分 N_2O_4 转变为 NO_2。设在时刻 t 体系中 NO_2 的浓度为 $x(t)$，根据质量守恒定律，此时体系中 N_2O_4 的浓度为 $A-\dfrac{1}{2}x$。假若在整个实验过程中所有组分的浓度以及体系的温度在空间上保持均匀，则可把 x 的速率方程写为

$$\frac{dx}{dt} = 2k_1(T)\left(A - \frac{1}{2}x\right) - 2k_2(T)x^2 \tag{1.19}$$

其中速率函数 $k_1(T)$和 $k_2(T)$与温度的关系满足 Arrhenius 关系，即

$$k_i(T) = k_i^0 \exp\left(-\frac{E_i}{T}\right), \quad i = 1,2 \tag{1.20}$$

其中，k_i^0 为常数，E_i 是以 $1/k$ 为单位的活化能，它们与反应热之间的关系为

$$\Delta H = E_1 - E_2 \tag{1.21}$$

(1.18)反应是一个正向吸热反应，反应热 $\Delta H = 13.9\ \text{kcal} \cdot \text{mol}^{-1}$。由于在实验过程中体系的温度随着时间而变化，因此除了(1.19)方程以外，还必须建立温度 $T(t)$随时间而变化的速率方程。设在时间 t，反应器中的温度为 $T(t)$，环境温度为 T_e。导致反应体系温度变化的途径有如下三种：

(1) 通过光化学反应把光能转变成热能，由它引起体系的温度变化速率应正比于入射光的强度 I_0 和 NO_2 的浓度 x，设其比例系数为 α。一般来说，α 取决于光线在反应介质中穿过的长度 l，体系的定容热容量 C_V 以及消光系数 ε，即

$$\alpha = \frac{\varepsilon l}{C_V} \tag{1.22}$$

(2) 反应体系与环境的热交换，设热交换速率正比于体系和环境间的温度差 $T - T_e$，其比例系数为 β。

(3) N_2O_4-NO_2 转换反应的热效应，此种热效应对温度变化率的影响是正比于反应速率，设其比例系数为 λ。

综上三种途径,反应体系的总的温度变化的速率方程可写为

$$\frac{\mathrm{d}T}{\mathrm{d}t} = \alpha I_0 x - \beta(T - T_e) - \lambda\left(\frac{\mathrm{d}x}{\mathrm{d}t}\right) \tag{1.23}$$

假若此式中的所有比例系数在实验条件下都可以看做常数,那么就可以从方程(1.19)、(1.20)和(1.23),得到其定态解,即 NO_2 的定态浓度 x 与入射光功率 I_0 以及环境温度 T_e 之间的关系。

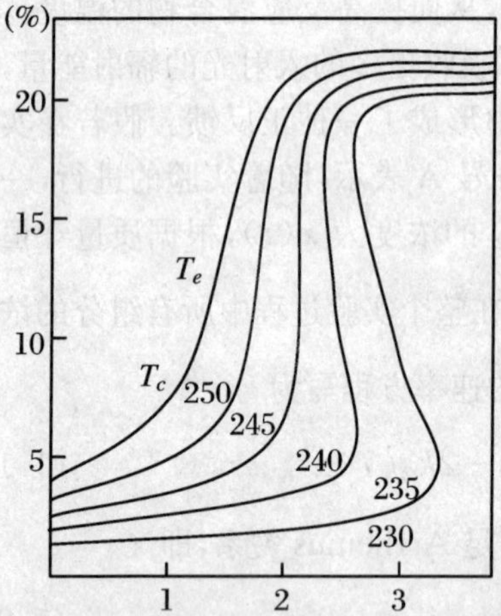

图 1.4　N_2O_4-NO_2 反应体系定态速率方程的数值解

Creel 和 Ross[9] 对方程(1.19)、(1.20)和(1.23)的定态方程进行了数值模拟,所得到的结果如图 1.4 所示,在此图中 NO_2 的定态浓度是用吸收波长为 4 880 Å 的光的百分数表示。从图 1.4 可以看到:当环境温度 T_e>240K 时,对于在实验条件范围内任意一个确定强度的入射光,NO_2 的定态浓度总是唯一的;当环境温度低于某个临界温度 T_c 时,即 $T < T_c = 240$ K 时,定态的行为可发生突然的变化,在入射光的一定强度范围内,对应于每一确定的入射光强度,体系中可存在有三个不同的 NO_2 的定态浓度,其中有两个是稳定的,另一个是不稳定的。实验已完全证实了图 1.4 所示的定性图像[9],在临界温度 $T_c = 240$ K 以上没有观察到滞后现象,而在此临界温度以下观察到了滞后现象。

在非平衡条件下多重定态的存在性,已在其后的许多实验上得到了充分的证实[10~11]。一般来说,在有多重定态存在的情况下,所谓稳定的状态仅对有限大小的扰动是稳定的,如果扰动的强度超过某个范围,体系并不回复到原来的状态,而是发展到另外的某个稳定态。因此,在实验上确定一个体系在某种特定条件下是否存在多重态的办法之一,是给体系施加某种适当的扰动,例如瞬时地向反应体系中注入某些反应组分。如果在该条件下体系的极限状态是唯一的并且是稳定的,则不管施加的扰动多大,体系最终一定会回到这个唯一的稳定极限状态。相反,如果在该条件下体系的状态是非唯一的,则体系对扰动的响应将取决于扰动的大小。当扰动比较小时,体系会回到加扰动之前所处的稳定状态,而当扰动超过某个强度以后,体系可从原先的状态跃迁到另外一个稳定状态。图 1.5 中给出的结果是在连续流动型反应器(CSTR)中进行的 B-Z 反应,在施加各种大小的扰动(注入 Br^-)时,双重稳定态之间跃迁情况[12],图中的箭头处代表施加适当的扰动。在实

验上判断体系是否存在多重定态的另一个办法,就是观测其是否存在滞后现象。在实验时缓慢改变反应物流量,体系的状态将沿着定态曲线的稳定分支移动。假若在缓慢改变流量过程中,在某些特定流量条件下体系的状态会发生突然的变化,并且通过先缓慢增加再缓慢减低流量的过程,可形成如图1.4的滞后回路,则可以断定体系中存在多重定态。

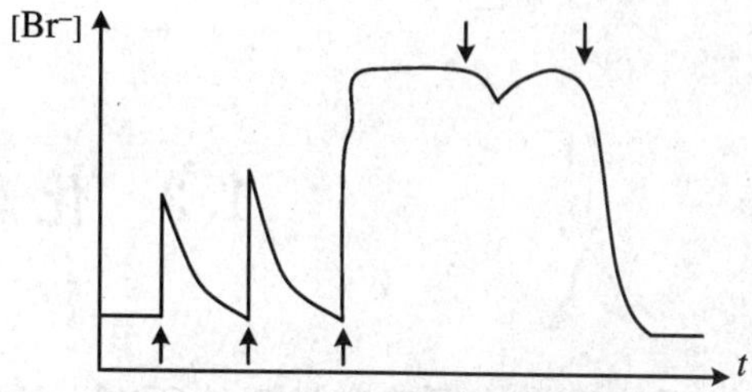

图1.5 两个稳定定态间的跃迁

多重定态的存在与化学反应体系的稳定性、灵敏性和效率密切相关:

(1) 多重定态现象的存在,在化工上或化学实验中引起的一个重要后果是在某些实验条件下反应体系会在不同的状态之间发生突然的跃迁。在跃迁过程中,体系的状态会发生急剧的变化,这在工业反应器中往往会引起严重的后果,特别在那些伴随有放热的反应体系中,由跃迁引起的温度急速变化有可能会引起像爆炸一类的严重后果。因此,多重定态问题和反应体系的稳定性问题密切相关。这是在化工设计中必须考虑的问题。

(2) 一般来说,能引起某个状态跃迁的最小扰动的大小取决于这种状态的稳定特性,而稳定特性又取决于该状态的类别和体系所处的条件。有些状态在某些条件下,只要受到很小的扰动就会跃迁到其他的状态,而有的状态在某些条件下,对很大的扰动仍可保持稳定性。工业反应器中和这种不同状态的稳定性有关的一个问题是反应体系的灵敏性。弄清不同状态的稳定行为,对于确定反应体系的灵敏性,进而确定合适的操作条件来说是重要的。

(3) 当反应体系处于不同的状态时,体系的反应转化率、选择性和能量利用率等性质将会有所不同。例如,通过适当的强制性措施使反应装置运行在随时间周期变化的状态下,可以大大改进反应装置的性能,提高生产能力和提高选择性[13]。当体系在适当的条件下允许多重态时,体系在某段时间内实际上究竟处于哪个状态的问题,在很大程度上取决于体系所处的初始条件,体系往往发展到与初始状态最为接近的稳定状态,并且长时间地维持在这种状态。因此,在能呈现出多重定态的工业反应体系中,初始条件的选择是重要的。实际上,化学工程师们早就发现,在有些反应装置中初始条件可对反应装置的性能有重要的影响。

1.3 化学混沌

混沌(chaos)是确定性系统所产生的随机行为。1963 年气象学家 Lorenz[14] 发表了关于液体热对流的一个简化模型的数值计算结果,他发现:尽管这个模型是一个完全确定性的三维一阶自洽常微分方程组,但在一定参数范围内给出非周期的看起来是混乱的时间特性;同时,在进行计算机数值计算工作中,输入的细微差异可导致输出的巨大差别,即具有对初始条件的敏感性。这是历史上首次从数值计算中观察到一个确定性系统可以呈现出随机行为,随机性不必由外界引入,而是由系统内在的确定性规律所产生的。混沌现象及其规律的发现,不仅为认识自然界中各种不规则的随机现象提供了启示,具有着现实意义,而且有着深远的理论意义。第一届混沌国际会议主持人之一物理学家 Ford 认为混沌与相对论及量子论一样都冲破了牛顿力学的教规,成为 20 世纪物理学的第三次重大变革。他说:"相对论消除了关于绝对空间与时间的幻象;量子力学则消除了关于可控测量过程的牛顿式的梦;而混沌则消除了拉普拉斯关于确定论式可预测性的幻想。"也就是说,相对论指出牛顿力学只适用于低于光速的物体的运动,量子力学指出牛顿力学又只适用于宏观物体的运动而不反映微观物体的运动规律,混沌理论又进一步指出牛顿力学只适用于非混沌轨道,然而这样的轨道是很少的,混沌轨道在自然界中占绝大多数,从而使人们认识到,牛顿力学有很大局限性,实际上它只适用于那些作缓慢运动的宏观物体的非混沌轨道。同时,混沌理论的建立,也为长期以来在自然科学中并存而在一定程度上对立的确定性论(必然性)和随机论(偶然性)两种观点的统一开辟了道路。

化学混沌作为混沌的具体形式之一,通常是指化学反应系统中某些组分的宏观浓度不规则地随时间变化的现象,这种浓度变化的不规则性并非是由实验条件的不确定性或测量仪器的不准确性造成的,而完全是由系统内部反应动力学机理所决定的。自从 1973 年 Ruelle 首次指出在某些条件下,化学反应有可能呈现出浓度随时间作非周期的不规则变化行为以来[15],目前已在 B-Z 反应、电化学反应、表面催化反应和生物化学反应等许多系统中,在实验上发现了化学混沌。现对这些实验研究的结果概述如下:

1. BZ 反应系统中的化学混沌

大量 BZ 反应的实验工作是在连续搅拌流动反应器(CSTR)中进行的。使用连续搅拌流动反应器的优点是将 BZ 反应系统保持在一定的非平衡态,非平衡的程度决于流速,流速越高体系离平衡态越远。早期的 CSTR-BZ 反应实验是在高流速条件下进行的。1977 年 Schmitz[16]首次报导了 BZ 反应中的非周期振荡行为,如图 1.6 所示,其中纵坐标 I 为透光强度,它反映了系统中三价铈离子的浓度,横坐标 t 为时间。当时只是通过所观察到的时间序列表面上的非周期性认为存在化学混沌,实际上这种非周期性的来源是确定性的还是随机性的,当时并不能确定。随后对这些时间序列的进一步分析,才对其混沌的特征做了初步确认。Hudson 等人[17]在对反应的控制参量(流速)作连续扫描时,观测到周期运动和混沌运动间隔出现的序列。在中等流速处总是存在一个规则的周期振荡,从中等流速开始不断提高流速就可以依次观察到周期-混沌序列,直到最后系统达到一个定态。

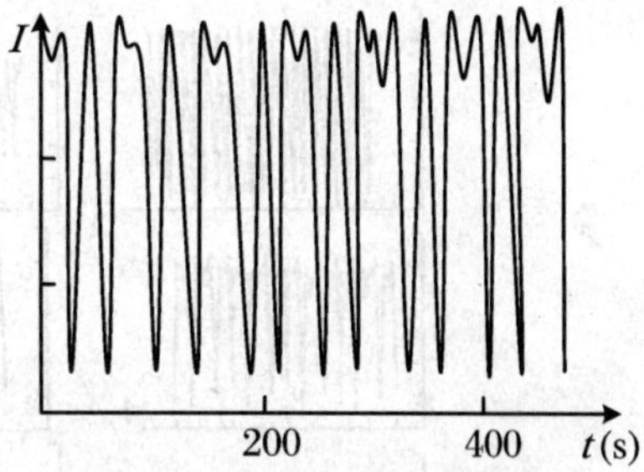

图 1.6　BZ 反应非周期振荡

如图 1.7 所示,在此图上的驻留时间是 CSTR 的体积与流速之比。若用 P_{L}^{S} 表示周期运动,L 和 S 分别表示一个周期单元中的大振荡(大光峰)和小振荡(小光峰)的数目,用 $C_{L_1,L_2}^{S_1,S_2}$ 表示处于周期运动 $P_{L_1}^{S_1}$ 和 $P_{L_2}^{S_2}$ 之间的混沌运动,则 Hudson 等人的实验结果可以表示为

$$P_1^1, P_2^1, P_1^1, C_1^{1,2}, P_1^2, C_1^{2,3}, P_1^3, C_1^{3,4}, P_1^4, C_1^n, P_1^0, \text{定态}$$

$$\xrightarrow{\qquad\qquad}$$
流速升高

Turner 等人[18]在与 Hudson 相似的反应条件下,研究了低流速驻留时间的 CSTR-BZ 反应。他们同样发现了 BZ 反应中典型的周期-混沌序列:

$$P_1^1, C_1^{0,1}, P_1^1, C_1^{1,2}, P_1^2, C_1^{2,3}, Cr, C_0^n, P_0^1, \text{定态}$$

低流速区的周期混沌序列几乎与高流速区的序列呈镜像关系。长时期以来,一直认为在封闭的 BZ 反应系统中不存在混沌,但是在 1994 年,Wang 等人[19]首次报导了封闭系统中存在瞬态化学混沌,如图 1.8 所示,在此图中的纵坐标是透射光强度,横坐标为时间 t,以小时为单位。由此图可以看到,经过一个初始阶段后形成周期振荡,大约经过一个半小时之后出现复杂振荡行为,持续大约 7 个小时后,又变成周期振荡。起始和结尾两部分的周期振荡可以重复,即不同重复实验中在同一时间出现周期振荡。但是,无论怎样仔细地使各次重复实验的所有条件相同,不

规则的中间部分总是无法再现。这表明，这种不规则运动具有初始敏感性，具有混沌的特征。

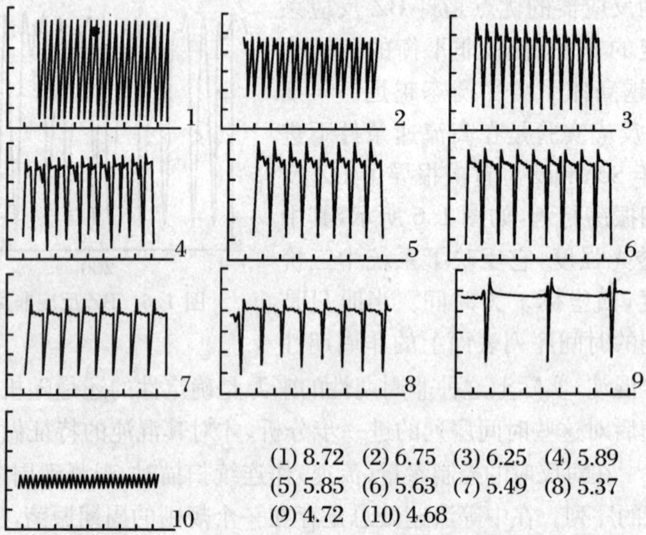

图 1.7　BZ 反应周期混沌序列、驻留时间

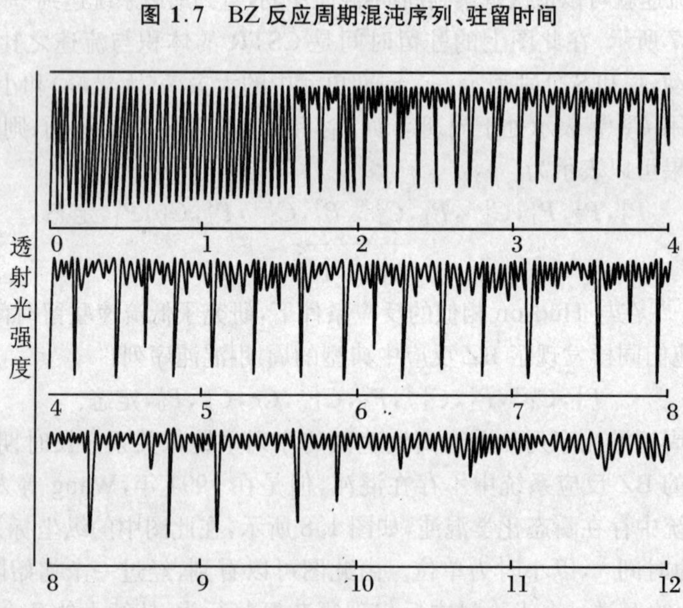

图 1.8　封闭 BZ 反应中瞬时混沌

研究受迫和耦合反应有助于理解和控制化学反应系统中的时空有序结构。

BZ 反应的振荡区和可激发区在外界干扰或耦合的情况下，产生销相、准周期和混沌等更为复杂的运动。可激发性是指反应系统在外界作用下从一个稳定状态到另一稳定状态的转变。用外力驱动 BZ 反应的方式有正弦调制 CSTR 流速，周期地改变 CSTR 入流中各种反应物的浓度以及紫外线辐照等方式。早在 20 世纪 60 年代 Zhabotinsky 等人[19]就用紫外线作用于封闭 BZ 振荡反应，观察到了准周期响应。Schneider 及其合作者[20]以正弦方式调制 CSTR-BZ 反应入流速率，观察到了几个强共振区和准周期共振。Hudson 等人[21,22]周期性地改变入流中溴离子的浓度，观察到了共振和混沌运动，在小幅度驱动下观察到准周期运动，在大的外力驱动下出现了混沌。Finkeova 等人[23]利用脉冲银离子驱动可激发 CSTR-BZ 反应，观察到了周期和非周期运动，如图 1.9 所示，图中(a)为溴离子选择电极电势，(b)

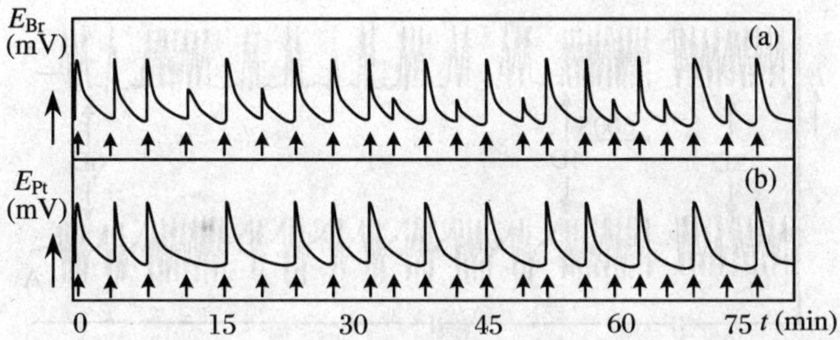

图 1.9 可激发 BZ 反应受脉冲银离子驱动的非周期序列

为氧化还原电势。利用 $AgNO_3$ 溶液驱动的 BZ 反应受激相图如图 1.10 所示。纵坐标为 $AgNO_3$ 浓度 C，横坐标为脉冲时间 t。从图 1.10 可以发现销相 P/Q 运动区和混沌运动区 AP，并且混沌运动区 AP 是不同销相区的重叠区域。对于可激发系统，只有当外界干扰强度达到一定激发阈值时，才会出现混沌现象。

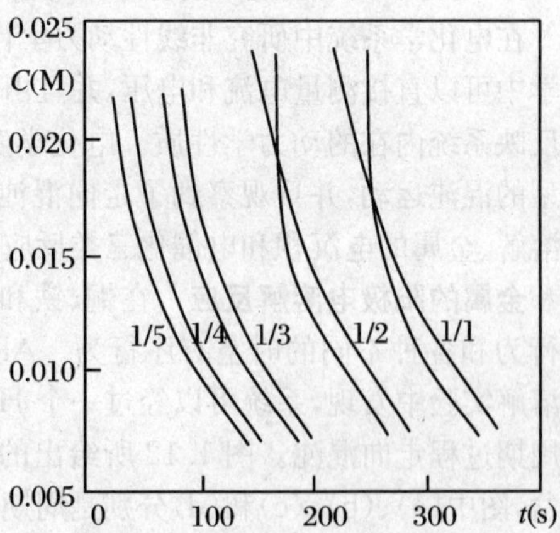

图 1.10 BZ 反应受激相图

CSTR 耦合反应研究中，采用的耦合方式有三种：在反应器之间用多孔网隔开，通过直接对流进行物质交换，实现耦合；在反应器之间用一可控泵产生间接对流耦合；另一种是电耦合。图 1.11 给出了两个相互耦合的 CSTR-BZ 反应在不同耦合下观察到的时间序列[24]，其中 D 为耦合强度单位。由此图可以看到:物质相互交换强度达 4D 时,系统出现混沌现象;达到 6D 时,两个耦合 CSTR-BZ 中的振荡消失,并形成两个不对称的定态。若耦合前两反应器中振荡频率相同,则当耦合强度为 2D、4D 和 6D 时,系统出现准周期振荡、混沌和锁相运动。当两频率不同的振子耦合时,则弱耦合时高频振子会驱动小频率振子,强耦合时出现混沌。Crowley 和 Field[25] 研究了 CSTR-BZ 反应的电耦合,他们在两个反应器中放一表面积很大的铂电极,外部用导线形成外电路,当两反应器中 Ce^{4+} 离子与 Ce^{3+} 离子浓度不同时,产生的电势差就会在系统中产生电流导致电耦合。电极上铈离子的电势差用以调节两个 CSTR 反应的耦合强度。实验结果表明:弱耦合导致锁相运动或衰减的振荡;两个未耦合振子频率不同时,弱耦合时频率较高振子驱动低频振子;在一定耦合强度时,出现混沌运动。

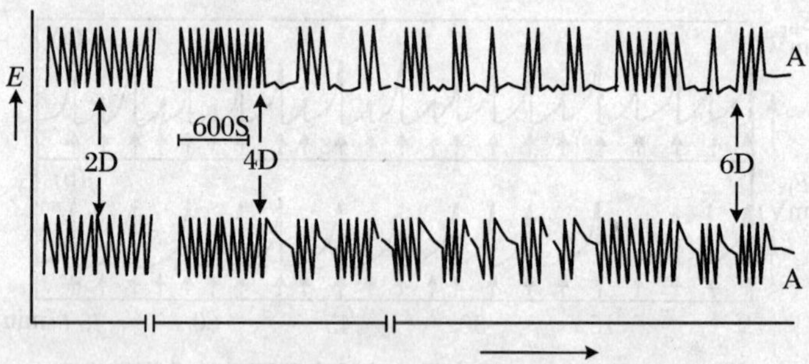

图 1.11　耦合 BZ 反应氧化还原势 E 的时间演化

2. 电化学反应系统中的化学混沌

在电化学系统中研究非线性动力学行为具有一些其他系统不具备的优点。电化学中可以直接测量电流和电压,并且由于噪音很小,所得的实验数据可比较真实地反映系统内在的动力学性质。电化学实验已经证实,在电化学反应中存在各种类型的混沌运动,并且观察到了走向混沌的不同道路。现对电化学反应中的金属电溶解、金属的电沉积和电催化三类反应中化学混沌作简要介绍。

金属的阳极电溶解反应　在铜、铁和镍等几种不同金属的溶解中都发现了振荡行为和各种不同的时空有序行为。Albahadily 等人[26~28] 在磷酸中铜作阳极的电溶解实验中发现,系统可以经过一个 Hopf 分岔产生振荡,并可进一步由一系列倍周期过程走向混沌。图 1.12 所给出的是以电势为控制参量得到的电流倍周期分岔,图中(a)、(b)、(c)和(d)分别是周期为 1、周期为 2、周期为 3 和混沌。Bassett 和 Hudson[29,30] 在酸性氧化物溶液中铜的电解时也发现了倍周期分岔和混沌。Lev 等人[31,32] 对镍在硫酸中电溶解进行了广泛研究。当硫酸浓度较低时,观察到了周期运动和混沌,以及导致混沌的倍周期分岔。在较高的硫酸浓度下发现了准周期运动和混沌。

金属的电沉积　相对于金属的电溶解，金属电沉积过程中振荡行为的实验研究工作较少。然而，电沉积是一个复杂动力学过程，并且电极表面上会形成空间不均匀和树枝状分布结构。Suter 等人[33]研究了锌的沉积生长过程中的振荡行为，在电极表面观察到了树状等各种花样。Argoul 等人[34]在锌的电沉积过程中发现了周期振荡，倍周期分岔和混沌。

电催化反应中的混沌　Schell 等人[35~36]研究了在恒流条件下甲醛及甲酸/甲酸盐溶液在电极上的氧化反应。在实验测得的时间序列中观察到了周期混沌序列。Kvischer 等人[37]研究了氢的电催化氧化中复杂动力学行为。实验一般在恒流条件下进行，金属离子在电极上的沉积和溶解有着重要作用。他们研究了系统的状态与电流和离子浓度两个参量之间的关系，观察到了系统由周期振荡随参数变化所形成一系列混模振荡，以及经过一系列倍周期分岔所形成的小振幅的混沌运动。

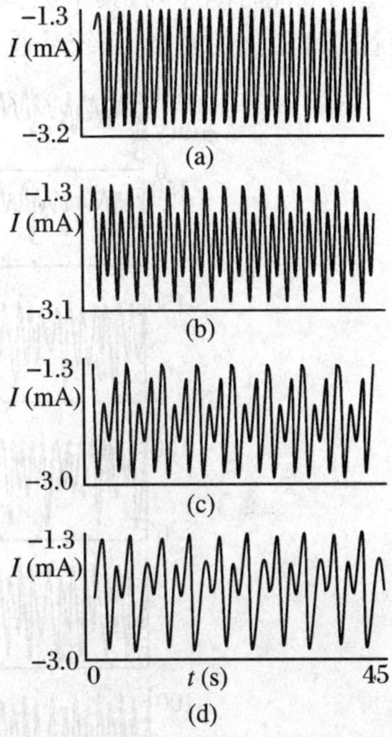

图 1.12　磷酸中铜电溶解中倍周期分岔及混沌

3. 表面催化反应中的化学混沌

由于表面催化反应涉及催化剂表面结构和性质以及复杂的物理和化学过程，长期以来对表面反应的微观过程了解甚少。直到现代表面技术的迅速发展，人们才能够对表面进行直接的观测，直接对表面催化中的各种过程进行研究。最早的对表面催化过程的非线性行为的研究见于 20 世纪 70 年代初一氧化碳在铂催化剂表面上的氧化反应[28]，随后一大类其他反应如氨、烃、醇、醚、甲酸气体的氧化反应，以及一氧化氮和一氧化碳合成氨的反应中也都发现了非线性动力学行为，使用的催化剂除铂外，还有钯、铱、铑、银和镍及金属氧化物等[39]。在这些非均相反应中，一氧化碳的催化氧化反应研究的最充分。1986 年 Kazon 等人[40]首次论证了一氧化碳反应中存在混沌。近年来，在其他一些表面催化反应系统中也发现了化学混沌，Eiswirth 对此进行了综述[41]。

单晶表面催化反应中的化学混沌　Eiswirth 和 Etrl[42]首先在 CO 在 Pt 的(110)单晶表面上的氧化反应中观察到了化学混沌，图 1.13 给出了所得到的两个典型的混沌时间序列,其中纵坐标 $\Delta\varphi$ 是利用 Kelvin 探针所测定的平均功函数。随着 CO 压强的升高,系统是通过倍周期分岔而形成混沌,如图 1.14 所示。

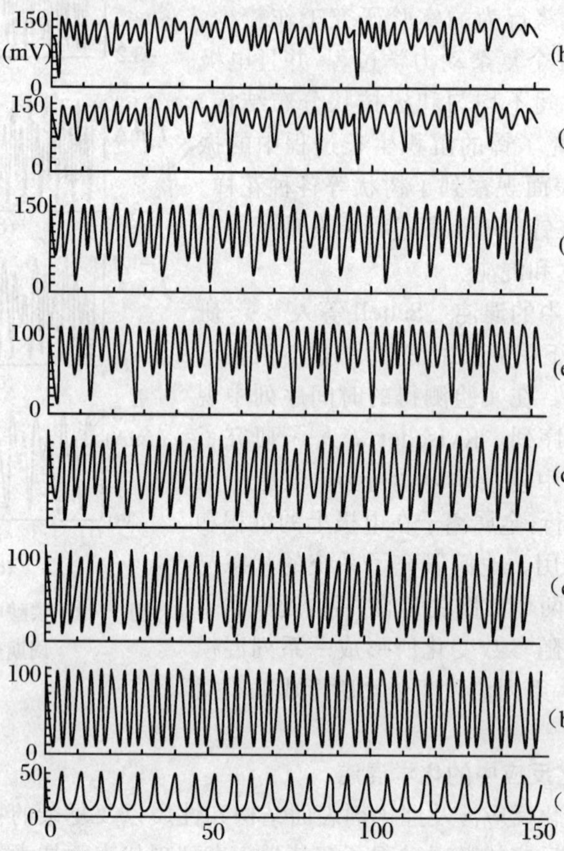

图 1.13　CO 在 Pt 单晶上氧化的时间序列

单块多晶催化表面反应中的化学混沌　单块多晶催化剂是指金属薄片、金属线或金属带。Razon[40] 在气体和催化剂温度都受控制的条件下,研究了一氧化碳在铂带上的氧化反应,观察到了混沌的存在。Sheintuch 和 Schmidt[42] 研究了 NH_3 在铂金属丝上的氧化。在等温条件下,两参量平面上的分岔图显示出多重周期振荡,准周期振荡和混沌。Philippon 等人[43] 用铂带作催化剂,研究了丙烯在空气中的氧化,温度较高时为周期或准周期振荡,而温度较低时为混沌。

载体上表面催化反应中的化学混沌　颗粒状的钯或铂等催化剂分布在矾土或硅石等作为载体的陶瓷表面上,颗粒大小一般为 5～100nm,实验中使用了三种不同的装置:一种是内部装有直径为毫米量级的丸状催化剂的管状填充床反应器;一

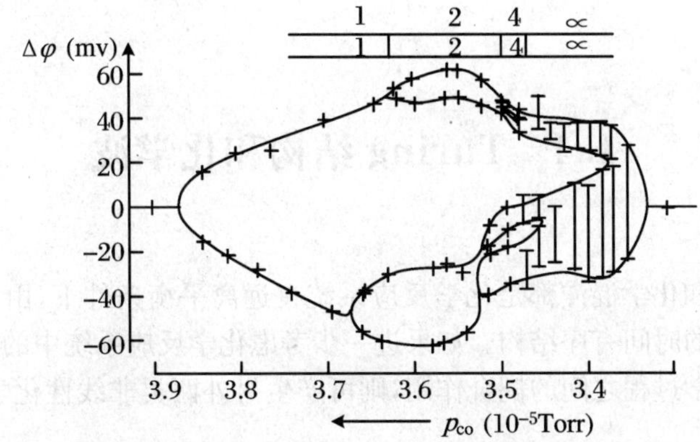

图1.14　CO在Pt单晶上氧化的分岔图

种是催化剂片；另一种是分布颗粒状载体粒子的薄床。实验表明，一氧化碳的表面催化氧化在各种不同条件下，都存在有混沌。Onken等人[44]对于一氧化碳在管状反应器中Pt/Al_2O_3丸状催化剂上的氧化反应中，发现系统存在周期振荡区和混沌区，并且催化剂活性的改变会使系统通过倍周期分岔而走向混沌，其分岔图如图1.15所示，图中的横坐标t是相当于控制变量，即催化活性。对一氧化碳在以沸石为载体的钯表面上的氧化过程的时间序列的分析表明存在混沌[45]。Herzel等人[46]在研究乙醇在钯催化剂上催化反应时，发现了复杂的振荡行为，如图1.16中显示的猝发性振荡，通过分析表明此系统中存在阵发性混沌。

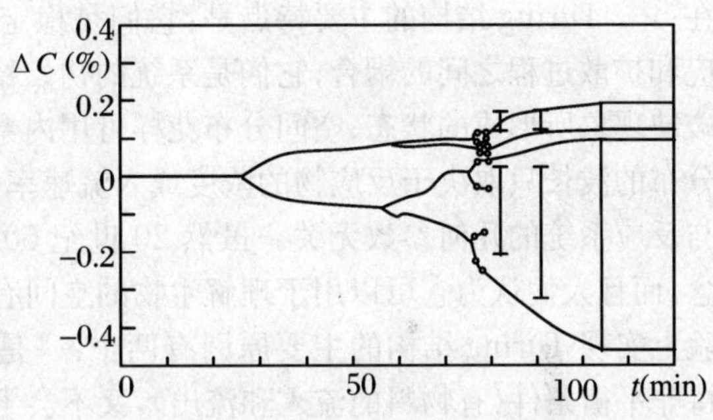

图1.15　Pt/Al_2O_3催化剂上CO氧化反应分岔图

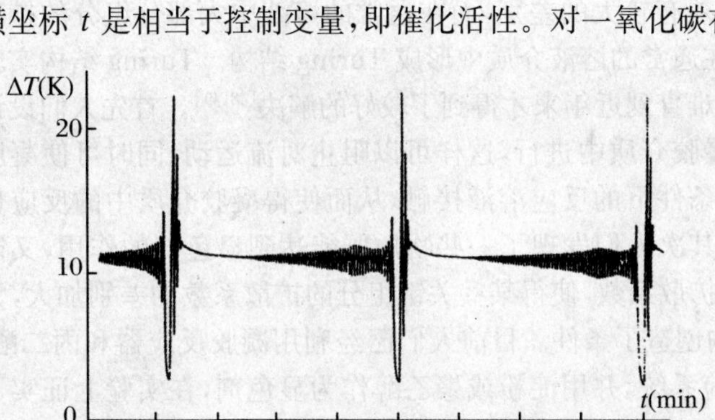

图1.16　乙醇催化氧化反应中的猝发性振荡

1.4 Turing 结构和化学波

化学振荡和化学混沌都是化学反应系统在远离平衡条件下，由系统内非线性动力学所决定的时间有序结构。如果进一步考虑化学反应系统中的扩散过程与非线性反应动力学过程之间的耦合作用，则可产生另外两类非线性化学现象：Turing 结构和化学波。

Turing 结构是化学反应系统中组分浓度不随时间变化，但在空间分布上周期变化的现象，或一般称它为空间有序现象。1952 年 Turing 最早预言了这种结构的存在[47]。Turing 结构的主要特点是：它们是稳定浓度空间分布花样，只是来源于反应和扩散过程之间的耦合；它们是系统的初始稳定态失去稳定性以后，自发对称性破缺现象所形成的状态；空间分布花样可用内禀的波长来描述，也就是说这个空间分布的波长只取决于反应物的浓度或入流速率、扩散系数和宏观反应速率系数，而与反应系统的几何参数无关。虽然 20 世纪 50 年代初便提出了 Turing 结构的概念，而且人们认为它可以用于理解生物的空间有序现象。但是，长期以来没能在实验上实现 Turing 结构的主要原因有两个：一是难于找到既能使反应-扩散系统维持非平衡条件（有物料的流入和流出），又不会干扰空间形态（即必须消除对流等运动）的反应器；另一是按照 Turing 理论，形成 Turing 结构的一个必要条件是两个关键组分的扩散系数必须有较大的差别，而在通常的溶液中大部分组分的扩散系数是相近的，因此难于在通常的溶液介质中形成 Turing 结构。Turing 结构实验研究中遇到的上述两个困难直到近年来才得到了较好的解决[48,49]。首先人们设计出了凝胶反应器，反应在凝胶介质中进行，这样可以阻止对流运动，同时可使凝胶介质始终与维持在非平衡条件下的反应溶液接触，从而使得凝胶介质中的反应也能始终处于非平衡条件。其次人们发现了一些物质既能达到显色剂的作用，又能改变某些反应组分的表观扩散系数，使得某些关键组分的扩散系数的差别加大，为从实验上实现 Turing 结构创造了条件。目前人们已经利用凝胶反应器和丙二酸-碘化物-亚氯酸盐-硫酸反应系统，并用淀粉或聚乙醇作为显色剂，在实验上证实了 Turing 结构的存在[49]，所得到的 Turing 结构如图 1.17 所示，在此图中，(a)和(b)图给出的空间分布是六边形，(c)图给出的空间分布是带状周期分布，(d)图是二者的混合结构。

化学波是化学反应系统中组分浓度在空间分布的花样随着时间而变化的波动现象，也就是说化学波不但是空间有序而且也是时间有序的时空有序结构。无论是在均相的 BZ 反应系统，还是在非均相的电极反应和表面催化反应系统中，在实验上都发现了各种类型的化学波。

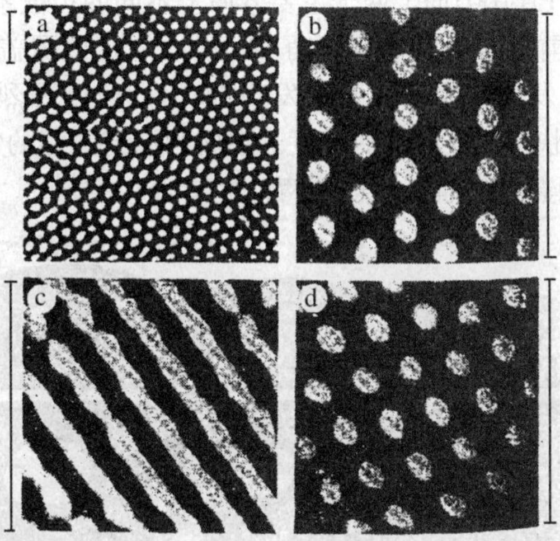

图 1.17　Turing 结构

化学波按照其波型、传播方式和产生的机理可分类如下：

(1) 按照波型可分为：孤波，脉冲波，周期波和非周期波。

(2) 按照波的传播方式可分为：平面波，靶环波，螺旋波和旋卷波。

(3) 按照波的产生机理可分为两大类：动力学波和运动学波。一般来说，某种振动在介质中的传播过程被定义为波。动力学波是化学振荡在反应介质中的传播过程，因此它与波的普遍定义相一致的。运动学波是反应介质内各不同的局域振荡状态不均匀所引起来的，并非是振荡在介质中的传播所引起的。由于反应介质密度不均匀，各局部的振荡有一定位相差，则可导致空间分布花样的运动，通常把这种现象叫相位梯度波。如果均匀溶液沿圆筒轴线出现温度梯度，各局部振荡的周期就会不同，也可观察到空间分布花样的运动，通常把这种现象叫频率梯度波。显然，相位梯度波和频率梯度波，都属于运动学波。

在均相反应系统中的化学波，无论在实验上还是理论上都进行了较长时间的大量的研究工作[50]。近年来，随着实验技术的迅速发展，对非均相化学系统，特别是表面催化反应系统中各类化学波进行了实验研究，现把一些具有典型的实验结果综述如下：

1. 波前和靶环波

对于 CO 在 Pt(110)单晶表面上催化氧化反应的系统中，当开始时 O 原子为主的覆盖表面上，可观测到一些 CO 的小聚集体或称 CO 岛不断扩展的波前运动，同时存在 O 波前运动，如图 1.18 所示，在此图中白色的区域为 CO 波前，所形成的椭圆形是来自于在 Pt(100)面上两个主要方向上不同的扩散系数所导致的各向异性传播[51]。CO 波前是向 O 覆盖区运动，O 波前是向 CO 覆盖区运动，二者分别是在表面不同的地区发展起来。实验中发现：波前的速度强烈依赖于 CO 的偏压 p_{CO}；O 波前的速度快于 CO 波前的速度。在两种波前共存的情况下，比较快的波前可以赶上和超过慢速的波前，从而使两种波前都淹灭掉[52]。

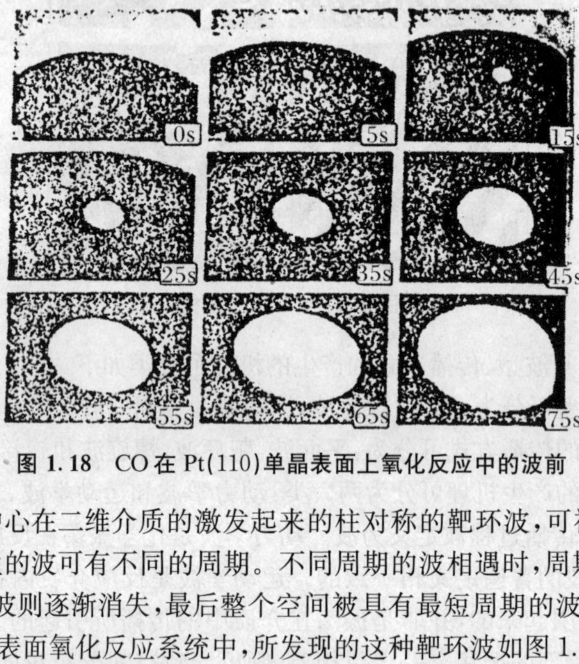

图 1.18　CO 在 Pt(110)单晶表面上氧化反应中的波前

某些诱导中心在二维介质的激发起来的柱对称的靶环波，可视为周期波。不同诱导中心发生的波可有不同的周期。不同周期的波相遇时，周期短的波继续增大，而周期长的波则逐渐消失，最后整个空间被具有最短周期的波所占据。在 CO 于 Pt(100)单晶表面氧化反应系统中，所发现的这种靶环波如图 1.19 所示，在此图中白色区域为 CO 覆盖区，暗区为 O 覆盖区。在比较高的温度时(T>500 K)，在此反应系统中发现有条带状的驻波，如图 1.20 所示。

2. 脉冲波与孤波

Bör 等人[53]研究了 CO 在 Pt(100)单晶表面上氧化反应中的脉冲波的性质。他们所得到的实验结果如图 1.21 所示。在此图中黑色区域为 O 的覆盖区，白色区域为 CO 覆盖区域。从此图可以清楚地看到，一个 O 脉冲波从左下方向右上方运动。每个图为不同时间的图像，它们之间的时间间隔都是 0.36 秒。在此图上也可以看到从相反方向运动过来的另一个脉冲波。通过对实验的深入分析，他们得到如下的结果：

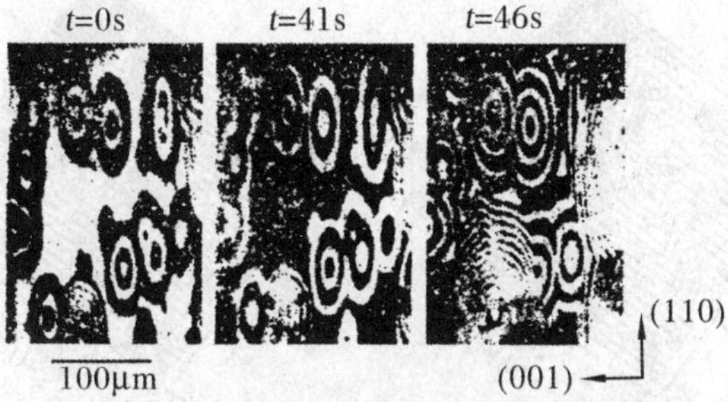

图 1.19　CO 在 Pt(100)表面上氧化的靶环波

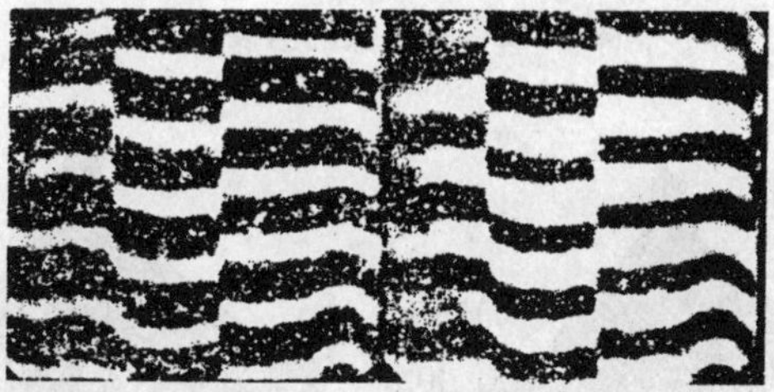

图 1.20　CO 在 Pt(100)表面上氧化的驻波

(1) 脉冲波的劈裂现象。当一个强的 O 脉冲波以恒定的速度通过 CO 覆盖表面上具有缺陷的地方时，会发生脉冲波劈裂为 2 个脉冲波或 3 个脉冲波。当缺陷尺寸的半径 $R=8\ \mu m$ 时，可产生 1→2 的波的劈裂，如图 1.22(a)所示。当缺陷尺寸的半径 $R=5.5\ \mu m$ 时，可产生 1→3 的波的劈裂。

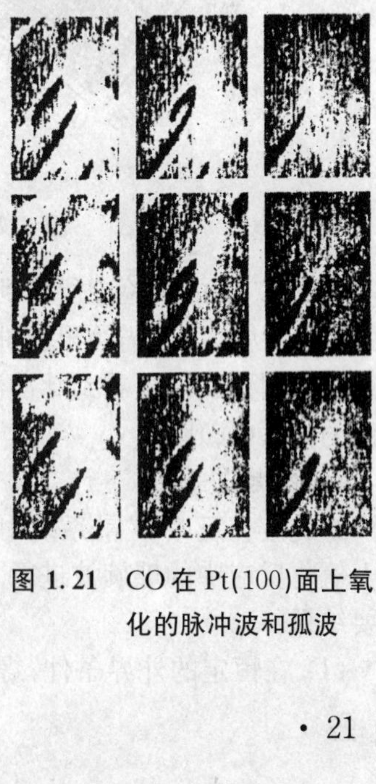

图 1.21　CO 在 Pt(100)面上氧化的脉冲波和孤波

(2) 当两个相反方向运动的脉冲波相遇发生碰撞时，可产生脉冲波湮灭和类孤波的行为。当两个 O 脉冲波在理想的表面上相遇时，发现了脉冲波的湮灭现象，即两个脉冲波变成了一个脉冲波，如图 1.23(b) 所示。当两个 O 脉冲波在 $R=8\ \mu m$ 的缺陷中心相遇时，所产生出来的两个新的脉冲波与原来的两个脉冲波具有完全相同的性质，这种碰撞不变性是孤波的特征，如图 1.23(a)所示。

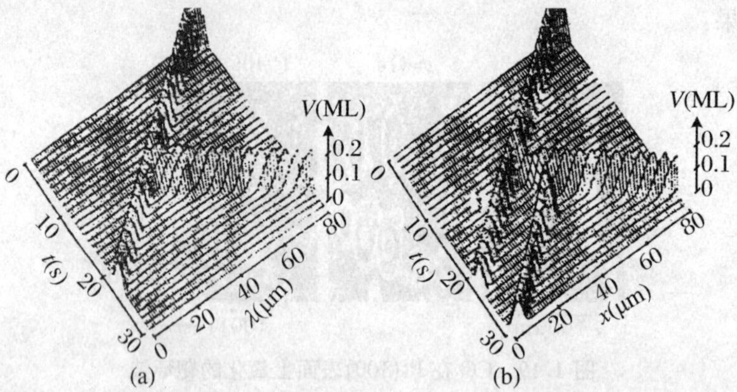

图 1.22　脉冲波的劈裂现象

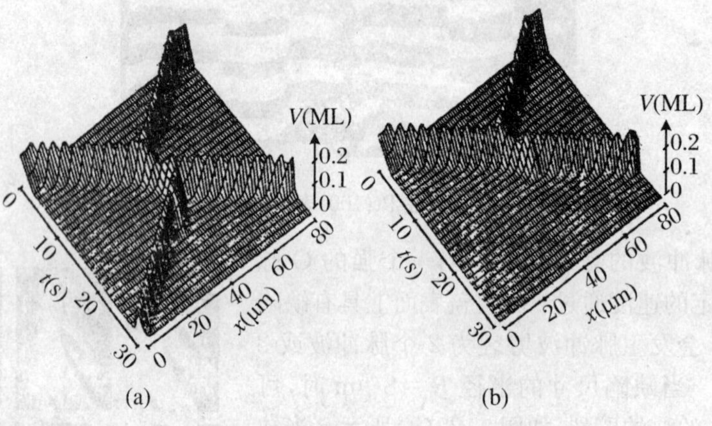

图 1.23　脉冲波湮灭和类孤波行为

从图 1.21 的实验上所得到的不同时刻的图像中，可以得到不同时刻脉冲波中心的位置，从而可以描绘出脉冲波中心位置随时间 t 的演变的规律，如图 1.24 所示。由此图更加清楚看到脉冲波的劈裂((a)图)、脉冲波类孤波行为((b)图)和脉冲波的湮灭((c)图)。

3. 螺旋波

螺旋波在反应-扩散系统中是普遍存在的。近年来，人们对 CO 在 Pt(100)表面上氧化反应中的螺旋波进行了许多的实验观测和理论分析[54~55]，得到如下一些重要结果：

(1) 在恒定的外界条件，螺旋波可以有许多不同的波长和周期，在图 1.25 上给出了不同转动周期的螺旋波共存的图像。从这些实验结果中,可以总结出螺旋波的速度 C 和周期 τ 之间的关系,如图 1.26 中 * 所描绘的,此图中的实线是理论计算出来的曲线,它反映了螺旋波的弥散关系。

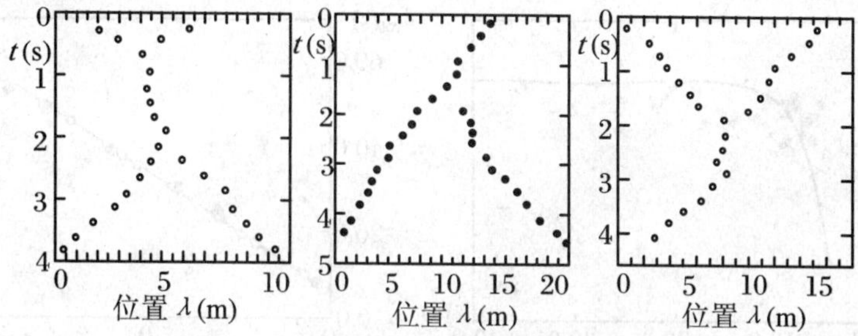

图 1.24　脉冲波中心位置随时间 t 的演变

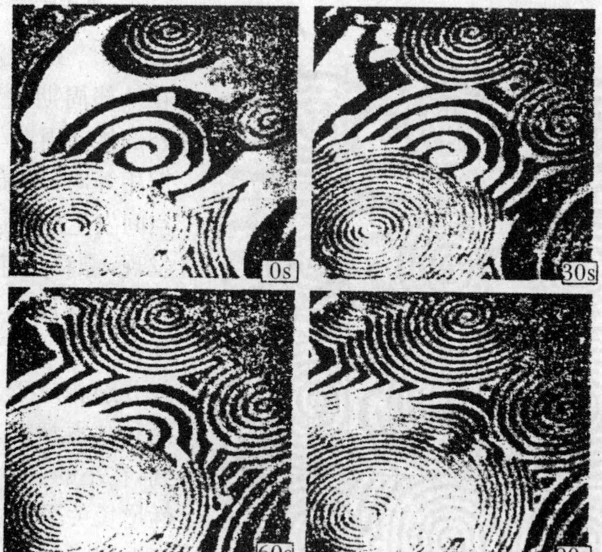

图 1.25　不同转动周期螺旋波共存现象

(2) 螺旋波与表面缺陷的关系。即使在制备非常好的单晶片上,无论是微观结构还是宏观结构的缺陷,总是存在的。实验上发现不同周期的螺旋波都被钉扎在不同尺寸的缺陷上,也就是说,表面上的缺陷成为形成螺旋波的核。同时发现,螺旋波的转动周期 τ_r 几乎线性地依赖于缺陷半径 R_D,如图 1.27 所示。不同的螺旋波在表面上传播的过程中存在着竞争现象:比较快的螺旋波会湮灭掉比较慢的螺旋波，如图 1.25 所示。从此图可以清楚看到，随着时间的进展，快的螺旋波不断扩大对表面的覆盖区域；自由的螺旋波会湮灭掉被钉扎在缺陷上的螺旋波，如图 1.28 所示。

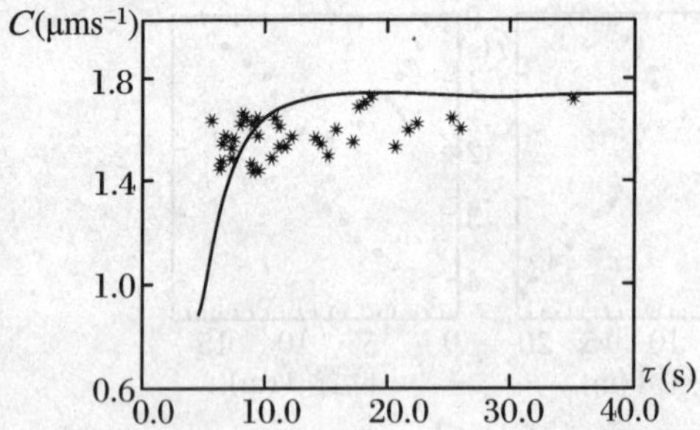

图 1.26　螺旋波的弥散关系

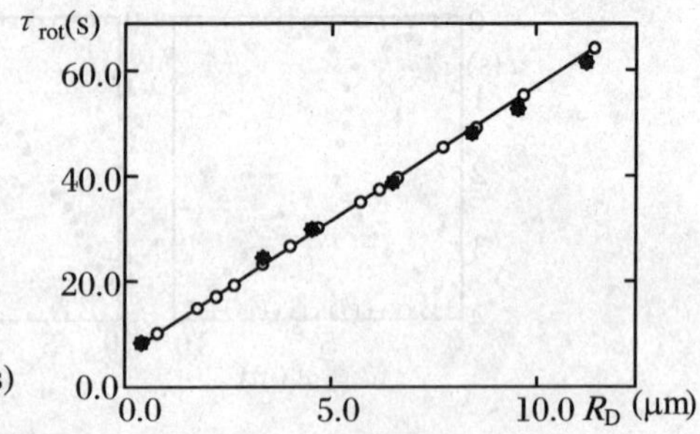

图 1.27　螺旋波的转动周期 τ_r 与缺陷半径 R_D 的关系

图 1.28　自由螺旋波与钉扎螺旋波之间的竞争

（3）螺旋波的漂移现象。在外部周期扰动的作用下，当外部扰动周期与螺旋波转动周期相等时，螺旋波的核心会在空间发生漂移运动[56,57]。同时发现，漂移的速度 C_{drift} 随着相对扰动强度 $\Delta b/b$ 不断增大，如图 1.29 所示，图中的两条曲线分别相应于 1∶1 和1∶2的两种共振情况，从此图可以看到，在小的 $\Delta b/b$ 时，几乎是线性增长关系。螺旋波核心在空间上漂移轨迹，对于不同的共振情况是不同的。当螺旋波在空间漂移过程中遇到比较大的缺陷时，它会被钉扎在这个缺陷上。若所遇到的缺陷尺寸比较小时，螺旋波的漂移方向会发生改变。一般来说，对于一个给定的缺陷尺寸，漂移螺旋波从缺陷上的散射行为发生在一个临界扰动强度。在图 1.30 上给出了漂移螺旋波与缺陷相互作用的上述两种情况的图像。

在(a)图中，大的缺陷的半径为 12 μm，在(b)图中，小的缺陷尺寸分别为 1 μm(——线)，1.7 μm(-·-·线)，3.1 μm(…线)和 8.7 μm(--线)。

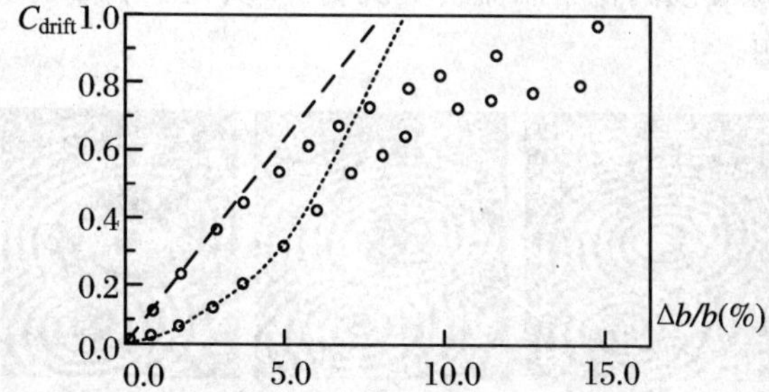

图 1.29　螺旋波漂移速度 C_{drift} 与相对扰动强度 $\Delta b/b$ 的关系

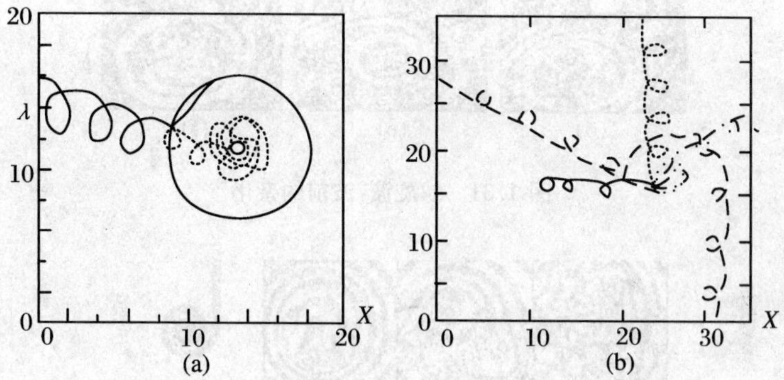

图 1.30　漂移螺旋波与缺陷的相互作用

(4) 螺旋波与波前的相互转变的现象。Bör 等人[58]发现这样的实验现象：在恒温 $T=463$ K 和固定偏压 $p_{CO}=5.6\times10^{-5}$ mbar，$p_{O_2}=4.0\times10^{-4}$ mbar 的条件下，产生了一个转动周期为 7 的 CO 的螺旋波，如图 1.31 中(a)图所示，然后对催化剂的温度给予一个幅度为 0.5 K 的周期扰动，周期时间为 10 s；当温度升高时，白色的螺旋臂首先收缩，同时在螺旋波中心一个黑色的 O 覆盖区发展起来，如(b)图，当温度降低时，白色的臂卷曲地再次进入黑色的中心区域，如此，形成一个白色波前，如(c)图；当温度再次升高时，新形成的一个小的黑色臂向白色区域运动，产生一个黑色波前，如(d)图；在温度不断周期变动的情况下，上述过程循环进行，导致了一个复杂的图案，如图中(e)和(f)图所示，它们是螺旋波和波前图案的混合。他们把这种由螺旋波和波前相互转变形成的图案叫做“螺旋波-波前杂化”。

(5) 螺旋波向化学湍流的转变。Bör 等人[59] 近来在实验上发现，在一定条件下，螺旋波失稳而发展成非常复杂的时空结构，称其为化学湍流或时空混沌，如图 1.32 所示。关于螺旋波向化学湍流转变机制，以及化学湍流的类型和特征等是一些崭新的研究课题。

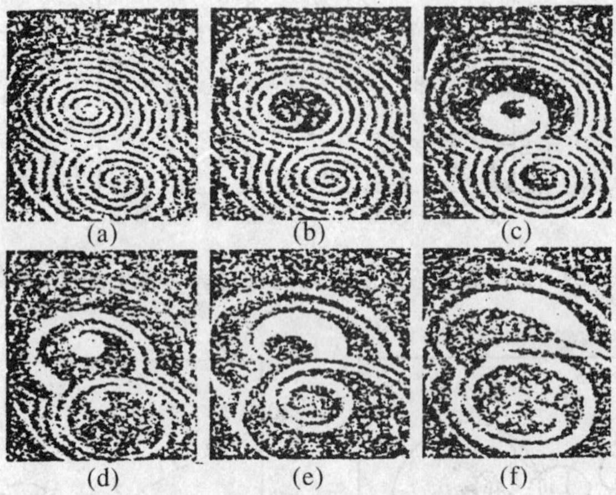

图 1.31 螺旋波-波前的杂化

图 1.32 螺旋波向化学湍流的转变

第 2 章　非线性化学的热力学基础

2.1　引　　言

从热力学观点看，自然界存在两类有序结构。一类是像晶体中出现的有序结构，它们是靠分子间的相互作用来维持的，以分子间相互作用的距离为其特征尺度，因此，它们是在分子水平上定义的有序。由于这种有序结构可以在平衡条件下形成和维持，通常把它们称为平衡结构。另一类是具有宏观尺度的时空有序结构，它们是在开放和远离平衡的条件下，在与外界环境不断交换物质和能量的过程中，通过能量耗散过程和内部的非线性动力学机制来形成和维持，通常把它们称为耗散结构(dissipative structure)[59~61]。在第 1 章中所述的非线性化学现象都是属于这类宏观时空有序结构。

耗散结构是 Prigogine 于 1969 年在“理论物理与生物学”的国际会议上所提出一个概念。1971 年 Prigogine 与 Glansdorft 写成《结构、稳定与涨落的热力学理论》[59]一书，比较详细地阐明了耗散结构的热力学理论。1977 年出版的《非平衡系统中的自组织》[60]一书，更加全面地阐述了耗散结构理论及其在化学与生物系统中的应用。当用耗散结构理论解释宏观时空有序结构时，以 Prigogine 为首的布鲁塞尔学派所提出来的基本观点如下：

(1) 非平衡可以是有序之源。按照热力学第二定律，在一个孤立系统中，自发过程总是导致系统中熵的增加，即

$$ds \geqslant 0 \tag{2.1}$$

孤立系统中自发过程的最终结果是使系统发展到一个宏观静止的平衡态，对应于这个平衡态，系统的熵达到极大值。若用 P 表示一种宏观状态所对应的可能实现的微观状态的数目，或叫热力学几率，则熵 S 与 P 之间满足如下的 Boltzmann 关系式：

$$S = K_B \ln P \tag{2.2}$$

其中,K_B 称为 Boltzmann 常数。(2.2)式表明:熵是无序程度的度量,高熵态对应于无序,而低熵态对应于有序。由于平衡态是熵取极大值的状态,因此,孤立系统随着时间的发展将自发地趋于无序状态。对于与外界有物质和能量交换的开放系统,在时间间隔 dt 中系统熵的改变 ds,它应表达成如下形式:

$$ds = d_e s + d_i s \tag{2.3}$$

其中,$d_e s$ 称为熵流,它是由于与外界的物质和能量的交换所引起的;$d_i s$ 称为熵产生,它是由系统内部的不可逆过程所引起的,开放系统的热力学第二定律可表述为

$$d_i s \geqslant 0 \tag{2.4}$$

即,当系统内经历可逆过程时 $d_i s = 0$,而当系统内经历不可逆过程 $d_i s > 0$。由(2.3)式可以看到,热力学开放系统与孤立系统的一个主要差别是存在一个非零的熵流 $d_e s$。按着热力学第二定律 $d_i s$ 项的符号永远不能为负,但是 $d_e s$ 项的符号是可正可负的。由此可见,只要维持一个足够的负熵流($d_e s < 0$),按照(2.3)式,原则上系统有可能被维持在某种比平衡态低熵的状态($ds < 0$),这种低熵状态可对应于某种有序状态。由于必须在非平衡条件下向系统供给足够的负熵流才有可能产生有序状态,因此非平衡在建立有序方面也能起到积极作用,用 Prigogine 学派的话讲"非平衡可以是有序之源"。

(2) 通过涨落达到有序。在通常的情况下,涨落是很小的,它的作用可以忽略。但是在某些特殊的情况下,例如平衡相变点附近,涨落可以反常地大,而且它们之间相关效应可以延伸到宏观的空间距离和时间距离,这时涨落的作用不仅不能忽略,甚至对系统的物理和化学行为起到支配作用。在非平衡系统中,从无序的均匀定态发展到时空有序状态的分叉点附近,系统的涨落及其相关效应也会变得反常地大。据此,布鲁塞尔学派提出:在非平衡条件下,任何一种有序状态的出现都是某种无序的定态失去稳定而使得某些涨落被放大的结果。我们可以利用图 2.1 对其含义作粗略说明。在图 2.1 中,坐标 X 代表浓度,坐标 Y 代表空间位置。图 2.1(a)中的虚直线代表系统的某种均匀的宏观状态,假定在某个时刻由于涨落的原因系统的实际状态如图 2.1(a)中的实线所示。涨落的大小虽然可能很小,但空间行为是很复杂的,正如(a)中的实曲线所表示的那样,并且总可以把该实曲线看作是由图(a)中的虚直线和许多的涨落的 Fourier 分量叠加而成。假定图(a)中的实曲线包括如图(b_1)和图(b_2)中实线所示的两种涨落分量。如果均匀的初始状态(即图(a)中虚直线所示的状态)对图(b_1)中实线所示的涨落分量是稳定的,即该涨落分量随时间衰减,并且所有其他涨落分量也是如此时,则系统将回到初始的均匀分布状态,如图(c_1)中的实直线所示。相反,如果均匀的初始状态对于如图(b_2)

中所示的涨落分量是不稳定的，即该涨落分量会随时间长大，尽管这一涨落分量开始很小而宏观上觉察不出来，但长到一定阶段，其振幅便可能达到宏观的量级而呈现出宏观有序。因此，不稳定的涨落有可能成为宏观有序结构的“种子”，耗散结构的出现本质上对应于一个宏观涨落，并由于与外界交换能量而获得稳定。按照布鲁塞尔学派的话讲，叫做“通过涨落达到有序”。

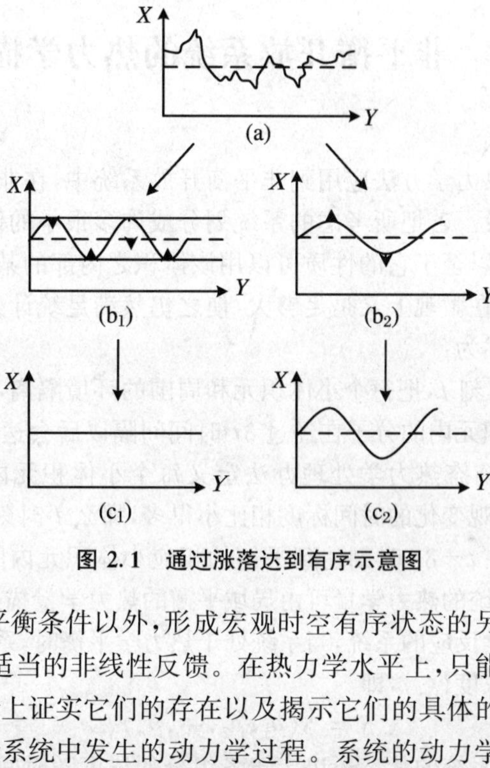

图 2.1　通过涨落达到有序示意图

(3) 除了远离平衡条件以外，形成宏观时空有序状态的另一个必需条件是动力学过程必须包括适当的非线性反馈。在热力学水平上，只能给出耗散结构出现的可能性，而在理论上证实它们的存在以及揭示它们的具体的时空有序结构的特性，必须具体地分析系统中发生的动力学过程。系统的动力学过程通常用动力学方程来描述，它们是常微分方程或偏微分方程。从数学的角度看，系统的某种特定状态相当于动力学方程的某个特解，因此失稳现象相当于微分方程的特解的失稳。但是一个不稳定的特解是不能描述一个在宏观时间间隔内可以观测到的时空有序状态的，系统的这种有序状态必须相当于动力学方程的某个稳定的特解。因此能正确描述系统的动力学行为的动力学方程必须具有不稳定的特解，又允许有稳定的特解。按照微分方程的理论，具有这种特性的微分方程必须是非线性的。从物理的角度看，这些非线性反馈使得系统中各个单元有可能合作起来行动而形成有序的耗散结构。因此，可以把形成耗散结构的现象，更一般地叫做非平衡非线性现象，也可叫做合作现象或自组织现象。

大量的理论和实验研究表明:耗散结构理论在研究各类非线性化学现象中已发挥了巨大的作用。在本章中,我们简要介绍由布鲁塞尔学派所建立起来的非线性非平衡热力学的基本内容,它们是研究非线性化学现象的热力学基础。

2.2　非平衡开放系统的热力学描述

为了把平衡态热力学方法应用到非平衡开放系统中,在非平衡态热力学中通常引入局域平衡假设。若把所考虑的系统划分成许多很小的体积元,每个体积元在宏观上是足够小,以至于它的性质可以用该体积之内部的某一点附近的性质来代表,但所有体积元在微观上又是足够大,使之仍然满足统计处理的要求,那么可把局域平衡假设表述为:

(1) 若在某个时刻 t,把每个小体积元和周围的环境隔离,那么在 t 时刻处于非平衡状态的小体积元内的分子在经过 δt 时间间隔以后会达到平衡态,于是在 $t+\delta t$ 时刻可以按平衡态热力学处理办法定义每个小体积元内的一切热力学量。若 δt 和整个系统宏观变化的时间标度相比小得多,那么 t 时刻在任何小体积元内的热力学量可以用在 $t+\delta t$ 时刻达到平衡的相应小体积元内的热力学量来近似,也就是说,非平衡系统的热力学量可由局域平衡的热力学量描述。例如,对于处于等温等压并含有化学反应的系统,当系统处于热力学平衡时,系统的熵 S 仅仅决定于系统中各组分的浓度$\{\rho_i\}$,即

$$S = S(\rho_1, \rho_2, \cdots, \rho_n) \tag{2.5}$$

一旦系统离开平衡,系统的状态还决定于各组分的浓度随时间的变化率和空间分布等表征非平衡特性的量,而且组分浓度也是时间和空间的函数,因此非平衡系统的熵应具有如下形式的泛函:

$$S(t) = \int_v s\left[\{\rho_i(rt)\},\{\nabla \rho_i(rt)\},\{\nabla^2 \rho_i(rt)\}\cdots\left\{\frac{\partial \rho_i(rt)}{\partial t}\right\},r,t\right]\mathrm{d}v \tag{2.6}$$

其中,小写字母 s 代表在时刻 t 位于 v 处的体积元 $\mathrm{d}v$ 中的局域熵。显然,由(2.6)式定义的熵过于复杂以至于在实际中很难使用。如果局域平衡假设成立,非平衡态的熵和平衡态的熵一样满足(2.5)式,只是需要用局域组分浓度$\{\rho_i(rt)\}$代替其中的组分浓度$\{\rho_i\}$,即可以把(2.6)式简化为

$$S(t) = \int_v s[\rho_1(rt), \rho_2(rt), \cdots, \rho_n(rt)]\mathrm{d}v \tag{2.7}$$

(2) 为了把平衡态热力学方法应用于非平衡系统,还需要假设上述近似定义的非平衡态热力学量之间仍然满足在平衡体系中的热力学关系式。需要指出,因为就整体来说系统处于非平衡态,每个小体积元和它邻近的小体积元内的热力学量并不相同,那些从平衡态热力学导出的热力学关系仅仅运用于非平衡态系统中各局部小范围,而并不适用整个系统。

显然,局域平衡假设的适用性是有条件的。非平衡统计力学的理论分析表明,为保证局域平衡假设成立,要求在分子的平均自由程 l 的范围内,热力学量的变化远小于该量在该范围内的平均值。另外,为满足局域平衡假设的条件,要求在每个体积元内任何涨落的衰减速度比起系统中发生的宏观变化速度要快得多,以保证每个小体积元内分子的统计分布函数接近于平衡条件下的分布函数。对于化学反应过程而言,如果反应需要的活化能不是很低,那么相对于弹性碰撞事件来说,导致化学反应的活性碰撞事件只是很稀少的事件,因此可以把化学反应过程看作是一系列不连续的活性碰撞事件,而在每两个相邻的活性碰撞事件之间的时间间隔内,所发生的大量弹性碰撞事件使得每个小体积元内的分子充分杂乱而失去记忆。在这种情况下,在每一瞬间每个小体积元内分子的统计状态可接近于 Maxwell-Botzmann 平衡分布,使得从平衡态热力学中得到的一系列热力学关系可推广到非平衡系统。因为大部分化学反应都需要一定的活化能,有理由认为局域平衡假设可以适用于相当多的实际发生的化学过程。

非平衡开放系统的质量守恒方程。若在系统中存在有 n 种进行着化学反应和扩散的物质 $X_1, X_2, \cdots, X_n$,它们的质量分别是 $m_1, m_2, \cdots, m_n$,总质量 $m = \sum_j m_j (j = 1, 2, \cdots, n)$,则对第 j 种物质的质量 m_j 可以通过两种方式发生变化:一是通过和外界环境的交换;另一是通过系统内的化学反应,也就是说,质量 m_j 随时间 t 的变化可表达为

$$\frac{\mathrm{d}m_j}{\mathrm{d}t} = \frac{\mathrm{d_e}m_j}{\mathrm{d}t} + \frac{\mathrm{d_i}m_j}{\mathrm{d}t} \tag{2.8}$$

其中,$\frac{\mathrm{d_e}m_j}{\mathrm{d}t}$表示与外界交换的贡献,$\frac{\mathrm{d_i}m_j}{\mathrm{d}t}$表示化学反应的贡献。若用 j_j 表示第 j 种物质通过边界 Σ 的扩散流,则可把$\frac{\mathrm{d_e}m_j}{\mathrm{d}t}$表达为

$$\frac{\mathrm{d_e}m_j}{\mathrm{d}t} = -\int \mathrm{d}\Sigma \boldsymbol{n} \cdot j_j = -\int \nabla \cdot j_j \mathrm{d}v \tag{2.9}$$

其中,$\boldsymbol{n}$ 表示边界面法向矢量,$\nabla \cdot \boldsymbol{j}_j$ 表示扩散流$\boldsymbol{j}_j$ 的散度。若 X_j 由$\rho=1,2,\cdots,r$ 种化学反应产生,用 W_ρ 表示第ρ 种反应的反应率,用 ν 表示X_j 的化学计量系数,则由化学反应引起的 X_j 的质量变化$\dfrac{\mathrm{d_i}m_j}{\mathrm{d}t}$可表达为

$$\frac{\mathrm{d_i}m_j}{\mathrm{d}t} = \sum_{\rho=1}^{r}\nu_{j\rho}W_\rho \tag{2.10}$$

引入单位体积的反应率 w_ρ,则有

$$W_\rho = \int w_\rho \mathrm{d}v \tag{2.11}$$

由于

$$m_j = \int \rho_j \mathrm{d}v \tag{2.12}$$

则可把(2.8)式写为

$$\frac{\mathrm{d}}{\mathrm{d}t}\int \rho_j \mathrm{d}v = -\int \nabla \cdot \boldsymbol{j}_j \mathrm{d}v + \sum_{\rho=1}^{r}\nu_{j\rho}\int w_\rho \mathrm{d}v \tag{2.13}$$

由(2.13)式可得组分浓度 ρ_j 所满足的质量守恒方程为

$$\frac{\partial \rho_j}{\partial t} = -\nabla \cdot \boldsymbol{j}_j + \sum_\rho \nu_{j\rho}w_\rho \tag{2.14}$$

由于化学反应的复杂性,在此式中的 w_ρ 通常是$\{\rho_j\}$的非线性函数,因此(2.14)方程是一个非线性的偏微分方程组。

非平衡开放系统的熵平衡方程。局域熵 $s=s[\rho_1(rt),\rho_2(rt),\cdots,\rho_n(rt)]$对于时间 t 的变化可写为

$$\frac{\partial s}{\partial t} = \sum_j \frac{\partial s}{\partial \rho_j}\frac{\partial \rho_j}{\partial t} \tag{2.15}$$

在满足局域平衡假设的情况下,按照 Gibbs 热力学公式

$$T\mathrm{d}S = \mathrm{d}E + p\mathrm{d}v - \sum_j \mu_j m_j \tag{2.16}$$

可得到

$$\frac{\partial s}{\partial \rho_j} = -\frac{\mu_j}{T} \tag{2.17}$$

把(2.14)式和(2.17)式代入到(2.15)式中,可得到局域熵 s 的平衡方程为

$$\frac{\partial s}{\partial t} = -\sum_j\sum_\rho \frac{\mu_j}{T}\nu_{j\rho}w_\rho + \sum_j \frac{\mu_j}{T}\nabla \cdot \boldsymbol{j}_j \tag{2.18}$$

利用场论中的公式

$$\nabla \cdot (uj) = u\nabla \cdot j + j \cdot \nabla u \tag{2.19}$$

其中,u 代表某个标量,∇u 代表该标量的梯度,$\boldsymbol{j}$ 代表某个矢量,可把(2.18)式写为如下的形式:

$$\begin{aligned}\frac{\partial s}{\partial t} &= \sum_{\rho}\left[-\sum_{j}\frac{\mu_j}{T}\nu_{j\rho}\right]w_{\rho} + \nabla\cdot\sum_{j}\frac{\mu_j}{T}\boldsymbol{j}_j - \sum_{j}\boldsymbol{j}_j\nabla\frac{\mu_j}{T} \\ &= -\nabla\cdot\boldsymbol{J}_s + \sigma\end{aligned} \tag{2.20}$$

其中

$$-\nabla\cdot\boldsymbol{J}_s = \nabla\cdot\sum_{j}\frac{\mu_j}{T}\boldsymbol{j}_j \tag{2.21}$$

$$\sigma = -\sum_{j}\boldsymbol{j}_j\nabla\frac{\mu_j}{T} + \sum_{\rho}\frac{a_{\rho}}{T}w_{\rho} \tag{2.22}$$

$$a_{\rho} = -\sum_{j}\mu_j\nu_{j\rho} \tag{2.23}$$

由(2.20)式也可得到整个系统的熵平衡方程为

$$\begin{aligned}\frac{\mathrm{d}S}{\mathrm{d}t} &= -\int\mathrm{d}v\nabla\cdot\boldsymbol{J}_s + \int\mathrm{d}v\sigma \\ &= \int_{\Sigma}\mathrm{d}\Sigma\boldsymbol{n}\cdot\boldsymbol{J}_s + \int\mathrm{d}v\sigma \\ &= \frac{\mathrm{d_e}S}{\mathrm{d}t} + \frac{\mathrm{d_i}S}{\mathrm{d}t}\end{aligned} \tag{2.24}$$

显然,(2.24)式给出如(2.3)式所示的意义:熵随时间的变化由两部分组成,一项是熵流,一项是熵产生。σ 是局域熵产生,按照热力学第二定律,它满足如下条件:

$$\sigma \geqslant 0 \tag{2.25}$$

即,对于不可逆过程 $\sigma>0$,对于可逆过程 $\sigma=0$。由(2.22)式也可看到:σ 是量 $\boldsymbol{j}_j$、w_{ρ} 和量 $\nabla\frac{\mu_j}{T}$、$\frac{a_{\rho}}{T}$ 的双线性形式,若把 $\boldsymbol{j}_j$、w_{ρ} 作为各种不可逆过程的"流"$\boldsymbol{J}_k$,而 $\nabla\frac{\mu_j}{T}$、$\frac{a_{\rho}}{T}$ 作为引起这些流的广义力 $\boldsymbol{X}_k$,那么 σ 是"流"和"力"乘积的和,即

$$\sigma = \sum_{k}\boldsymbol{J}_k\boldsymbol{X}_k \tag{2.26}$$

其中,$\boldsymbol{j}_j$ 是扩散流,$-\nabla\frac{\mu_j}{T}$ 是扩散力,w_{ρ} 是反应流,$\frac{a_{\rho}}{T}$ 是反应力。以(2.23)式表述的 a_{ρ} 称之为反应亲合势。当系统处于平衡态时,所有的"流"和"力"都等于零,$a_{\rho}=0$,因此 a_{ρ} 表示系统能进行化学反应的能力,也可用于测量由于化学反应而使系统的状态偏离平衡的程度。

对于开放系统,当边界条件迫使系统离开平衡态时,宏观不可逆过程随即开

始，于是热力学力和热力学流皆不为零。因为热力学力是产生热力学流的原因，因此可以认为热力学流是热力学力的某种函数。若这种函数关系存在且是连续的，则可以平衡态作为参考态，对此函数作 Taylor 展开：

$$\boldsymbol{J}_k(\{\boldsymbol{X}_l\}) = \boldsymbol{J}_k(0) + \sum_l \left(\frac{\partial \boldsymbol{J}_k}{\partial \boldsymbol{X}_l}\right)\boldsymbol{X}_l + \frac{1}{2}\sum_{lm}\left(\frac{\partial^2 \boldsymbol{J}_k}{\partial \boldsymbol{X}_l \partial \boldsymbol{X}_m}\right)\boldsymbol{X}_l\boldsymbol{X}_m + \cdots \tag{2.27}$$

由于在平衡态时热力学力和热力学流皆为零，则(2.27)展开式中的第一项恒等于零，即有

$$\boldsymbol{J}_k(0) = 0 \tag{2.28}$$

当热力学力很弱时，即系统的状态偏离平衡态很小时，则可忽略(2.27)展开式中第三项及以后贡献，可得到

$$\boldsymbol{J}_k = \sum_l L_{kl}\boldsymbol{X}_l \tag{2.29}$$

其中

$$L_{kl} = \frac{\partial \boldsymbol{J}_k}{\partial \boldsymbol{X}_l} \tag{2.30}$$

实际上，通过对不可逆现象的直接观测，已经总结出在形式上与(2.30)式类似的关系。这类关系叫做热力学力和热力学流之间的唯象关系，比例系数称作唯象系数。若唯象系数和热力学力的关系很小，可以近似的看做无关时，则热力学力和热力学流之间满足线性关系。满足这种线性关系的非平衡态叫做线性区非平衡态，研究线性区特性的热力学称为线性非平衡热力学。Onsager[61] 发现了唯象系数 L_{kl} 之间的关系，具有如下的对称性质：

$$L_{kl} = L_{lk} \tag{2.31}$$

其物理意义是：当第 k 个不可逆过程的流 $\boldsymbol{J}_k$ 受到第 l 个不可逆过程的力 $\boldsymbol{X}_l$ 影响时，第 l 个不可逆过程的流 $\boldsymbol{J}_l$ 也必定同样受到第 k 个不可逆过程的力 $\boldsymbol{X}_k$ 的影响，并且表明这两种相互影响的耦合系数相同。通常把(2.31)式称为 Onsager 倒易关系。当热力学力不很弱时，也就是说，当系统远离热力学平衡时，(2.27)展开式中的高次幂项不可忽略不计，于是热力学流是热力学力的非线性函数。满足非线性关系的非平衡态叫做非线性区非平衡态，研究非线性区特性的热力学称为非线性非平衡热力学。

2.3　最小熵产生原理与线性区非平衡态的稳定性

利用线性条件(2.29)式,扩散流 j_i 和反应流 w_ρ 都是相应的热力学力的线性函数,即

$$j_i = -\sum_j L_{ij} \nabla \frac{\mu_j}{T} \tag{2.32}$$

$$w_\rho = \sum_{\rho'} L_{\rho\rho'} \frac{a_{\rho'}}{T} \tag{2.33}$$

把(2.32)式和(2.33)式代入到(2.14)方程中,可得

$$\frac{\partial \rho_i}{\partial t} = \nabla \cdot \sum_j L_{ij} \nabla \frac{\mu_j}{T} + \sum_{\rho\rho'} \nu_{i\rho} L_{\rho\rho'} \frac{a_{\rho'}}{T} \tag{2.34}$$

其中

$$L_{ij} = L_{ji}, \quad L_{\rho\rho'} = L_{\rho'\rho} \tag{2.35}$$

若用 P 表示整个系统的总熵产生,则可得到线性区的总熵产生 P 的表达式为

$$P = \int \sigma \mathrm{d}v = \frac{1}{T^2} \int \mathrm{d}v \left[\sum_{ij} L_{ij} \nabla \mu_i \nabla \mu_j + \sum_{\rho\rho'} L_{\rho\rho'} a_\rho a_{\rho'} \right] \geqslant 0 \tag{2.36}$$

为了讨论线性区非平衡态的发展判据,需要计算熵产生的时间变化率 $\mathrm{d}P/\mathrm{d}t$。为此,将(2.36)式对时间 t 求导数,并使用 a_ρ 的表达式(2.23),可以得到

$$\frac{\mathrm{d}P}{\mathrm{d}t} = \frac{2}{T^2} \int \mathrm{d}v \left[\sum_{ij} L_{ij} \nabla \mu_i \nabla \frac{\partial \mu_j}{\partial t} - \sum_{i\rho\rho'} L_{\rho\rho'} a_\rho \nu_{i\rho'} \frac{\partial \mu_i}{\partial t} \right] \tag{2.37}$$

按照局域平衡假设 $\mu_i = \mu_i(\{\rho_i\})$,则有

$$\frac{\partial \mu_i}{\partial t} = \sum_j \left(\frac{\partial \mu_i}{\partial \rho_j} \right) \frac{\partial \rho_j}{\partial t} \tag{2.38}$$

从而可得

$$\frac{\mathrm{d}P}{\mathrm{d}t} = \frac{2}{T^2} \int \mathrm{d}v \left[\sum_{ijk} L_{ij} \nabla \mu_i \nabla \left(\frac{\partial \mu_j}{\partial \rho_k} \right) \frac{\partial \rho_k}{\partial t} - \sum_{ik\rho\rho'} \nu_{i\rho'} L_{\rho\rho'} \left(\frac{\partial \mu_i}{\partial \rho_k} \right) a_{\rho'} \frac{\partial \rho_k}{\partial t} \right] \tag{2.39}$$

对此式中第一项做分部积分,其中散度项可写成面积分,即

$$\left(\frac{\mathrm{d}P}{\mathrm{d}t} \right)_\Sigma = \frac{2}{T^2} \int_\Sigma \mathrm{d}\Sigma \boldsymbol{n} \cdot \sum_{ijk} \left(\frac{\partial \mu_j}{\partial \rho_k} \right) \frac{\partial \rho_k}{\partial t} L_{ij} \nabla \mu_i \tag{2.40}$$

若取与时间无关的稳定的边界条件，则此项为零。利用(2.34)式，可把 $\mathrm{d}P/\mathrm{d}t$ 中剩下的项写为

$$\frac{\mathrm{d}P}{\mathrm{d}t}=-\frac{2}{T}\int \mathrm{d}v\sum_{jk}\left(\frac{\partial\mu_j}{\partial\rho_k}\right)\frac{\partial\rho_k}{\partial t}\frac{\partial\rho_j}{\partial t} \tag{2.41}$$

为了确定 $\mathrm{d}P/\mathrm{d}t$ 的发展判据，需要把平衡态的热力学势 $\phi=\phi(T,P,\{\mu_i\})$ 推广到局域平衡的非衡态。从平衡态热力学可知，当系统处于平衡时，热力学势 ϕ 取极小值，即满足如下的判据：

$$(\delta\phi)_0=0,\quad(\delta^2\phi)_0\geqslant 0 \tag{2.42}$$

若用 ϕ 表示局域热力学势，即

$$\phi=\int\varphi\mathrm{d}v \tag{2.43}$$

则有

$$(\delta\varphi)_0=\sum_i\rho_i\delta\mu_i \tag{2.44}$$

$$(\delta^2\varphi)_0=\sum_i\delta\rho_i\delta\mu_i=\sum_{ij}\left(\frac{\partial\mu_i}{\partial\rho_j}\right)\delta\rho_i\delta\rho_j\geqslant 0 \tag{2.45}$$

把(2.45)式与(2.41)式相比较，可得到

$$\frac{\mathrm{d}P}{\mathrm{d}t}\leqslant 0 \tag{2.46}$$

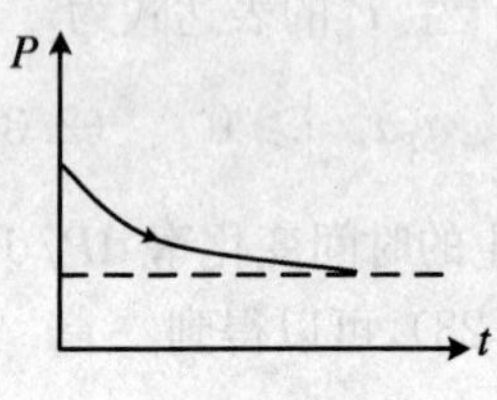

图 2.2 线性区熵产生的时间变化

其中，$\mathrm{d}P/\mathrm{d}t=0$ 对应于定态，而 $\mathrm{d}P/\mathrm{d}t<0$ 对应于偏离定态。(2.46)式表明：线性区非平衡系统随着时间的发展，总是朝着熵产生 P 减少的方向进行，即 $\mathrm{d}P/\mathrm{d}t$ 总朝减少的方向变化，直至达到定态，此时熵产生不再随时间变化 $\mathrm{d}P/\mathrm{d}t=0$。熵产生随时间变化的这种特性，如图 2.2 所示。在线性非平衡区，定态的熵产生达到极小值，通常称之为最小熵产生原理。

从最小熵产生原理可以得到一个重要结论：在非平衡态热力学的线性区，非平衡定态是稳定的。设想系统已处于定态，由于外界条件的无规则变化和系统内热力学量涨落所引起的扰动的作用，系统可偏离开这个定态。根据最小熵产生原理，此时的熵产生大于定态的熵产生值，而且随着时间的变化熵产生值要减少，直至达到定态，使系统最后又回到定态，因此，非平衡定态是稳定的。

当系统处于非平衡定态时，系统的宏观状态已不随时间变化，但系统内部仍可发生各种宏观过程，只是这些内部过程与外部交换过程的总效果使得系统的宏观

状态不变。但系统一旦达到平衡态，则系统不但不再与外界环境有任何的物质和能量的交换过程，而且系统内部也不再有任何的宏观过程。因此，平衡态是在没有外界影响条件下的定态。平衡态一般具有空间均匀性，除非导致受到某种外场或与空间有关的边界条件的作用。当非平衡定态与平衡态很接近时，它可以看做是通过逐渐改变对系统的外界限制而从平衡态逐渐过渡过来的。因此，从这种过渡的连续性来看，只要没有外场的作用并且边界条件始终维持与空间无关，则与平衡态很接近的非平衡定态也会具有空间均匀性。事实上，在均匀边界条件下，连续性方程(2.14)总有一个空间均匀的定态解。由于最小熵产生原理确保了这样定态的稳定性，因此可以得出这样的结论：在非平衡态热力学的线性区，或者说在平衡态附近，不会自发形成时空有序的结构，并且即使由初始条件强加一个有序结构，但随着时间的推移，系统终究要发展到一个无序的定态，任何初始的有序结构将会消失。换句话说，在线性区，自发过程总是趋于破坏任何有序，增加无序。

2.4　非线性区非平衡态的发展判据

在非平衡态热力学的整个范围内，熵产生是正定的，即 $P\geqslant 0$，而在非平衡态的线性区，熵产生的全导数是负定的，即 $\mathrm{d}P/\mathrm{d}t\leqslant 0$，因此熵产生完全决定了系统在线性区的发展方向和稳定性。为了研究非线性区系统的发展方向和稳定性，需要进一步考虑非线性区中熵产生的时间变化行为。形式上，熵产生的时间变化可分解为两个部分：一部分是与热力学力的时间变化有关；另一部分是与热力学流的时间变化有关，即

$$\begin{aligned}\frac{\mathrm{d}P}{\mathrm{d}t} &= \int \mathrm{d}v \sum_k \boldsymbol{J}_k \frac{\mathrm{d}\boldsymbol{X}_k}{\mathrm{d}t} + \int \mathrm{d}v \sum_k \boldsymbol{X}_k \frac{\mathrm{d}\boldsymbol{J}_k}{\mathrm{d}t} \\ &= \frac{\mathrm{d}_X P}{\mathrm{d}t} + \frac{\mathrm{d}_J P}{\mathrm{d}t}\end{aligned} \tag{2.47}$$

其中 $\mathrm{d}_X P/\mathrm{d}t$ 代表由力的时间变化对熵产生变化的贡献，$\mathrm{d}_J P/\mathrm{d}t$ 代表由流的时间变化对熵产生变化的贡献。

首先考虑在非平衡态的线性区熵产生的时间变化中这两部分贡献的行为。由于在线性区 Onsager 关系式成立，则有

$$\mathrm{d}_X P = \int \mathrm{d}v \sum_k \boldsymbol{J}_k \, \mathrm{d}\boldsymbol{X}_k$$

$$= \int \mathrm{d}v \sum_{kl} L_{kl} \boldsymbol{X}_l \mathrm{d}\boldsymbol{X}_k$$

$$= \int \mathrm{d}v \sum_{l} \boldsymbol{X}_l \mathrm{d} \sum_{kl} L_{lk} \boldsymbol{X}_k$$

$$= \int \mathrm{d}v \sum_{l} \boldsymbol{X}_l \mathrm{d}\boldsymbol{J}_l$$

$$= \mathrm{d}_J P \tag{2.48}$$

根据最小熵产生原理,从(2.48)式可得

$$\mathrm{d}_X P = \mathrm{d}_J P = \frac{1}{2}\mathrm{d}P \leqslant 0 \tag{2.49}$$

在非平衡态的非线性区,虽然 $\mathrm{d}P/\mathrm{d}t$ 没有任何一般的普适行为,但是可以证明:若边界条件与时间无关,则有

$$\frac{\mathrm{d}_X P}{\mathrm{d}t} \leqslant 0 \quad (\text{当定态时为 } 0) \tag{2.50}$$

这就是说,在熵产生的时间变化中,力的时间变化部分的贡献总为负或零。显然,当线性条件满足时,(2.50)式又回到最小熵产生原理。因此,可以把(2.50)式看作是最小熵产生原理的推广。由于(2.50)式同时适用于线性区和非线区,因而有时称它为非平衡态的一般发展判据。由于熵产生 P 可表达为

$$P = \int \sigma \mathrm{d}v = \int \mathrm{d}v \left(-\sum_i \boldsymbol{j}_i \cdot \nabla \frac{\mu_i}{T} + \sum_\rho w_\rho \frac{a_\rho}{T} \right)$$

$$= \int \mathrm{d}v \sum_k \boldsymbol{J}_k \boldsymbol{X}_k \tag{2.51}$$

不难得到 $\mathrm{d}_X P/\mathrm{d}t$ 的表达式为

$$\frac{\mathrm{d}_X P}{\mathrm{d}t} = \frac{1}{T} \int \mathrm{d}v \left(-\sum_i \boldsymbol{j}_i \cdot \nabla \frac{\partial \mu_i}{\partial t} + \sum_\rho w_\rho \frac{\partial a_\rho}{\partial t} \right) \tag{2.52}$$

将(2.52)式右边体积分中的第一项作分部积分,可以得到:

$$-\frac{1}{T} \int \mathrm{d}v \left(\sum_j \boldsymbol{j}_i \cdot \nabla \frac{\partial \mu_i}{\partial t} \right)$$

$$= -\frac{1}{T} \int_\Sigma \mathrm{d}\Sigma \cdot \left(\sum_i \boldsymbol{j}_i \frac{\partial \mu_i}{\partial t} \right) + \frac{1}{T} \int \mathrm{d}v \left(\sum_i \frac{\partial \mu_i}{\partial t} \nabla \cdot \boldsymbol{j}_i \right) \tag{2.53}$$

若取与时间无关的边界条件或零流边界条件,在边界面上各点或者 $\partial \mu_i/\partial t$ 为零,或者 $\mathrm{d}\Sigma \cdot \boldsymbol{j}_i$ 为零,则(2.53)式右边第一项面积分的值为零。另外,考虑到 $\mu_i = \mu_i(\{\rho_i\})$,即

$$\frac{\partial \mu_i}{\partial t} = \sum_j \left(\frac{\partial \mu_i}{\partial \rho_j} \right) \frac{\partial \rho_j}{\partial t} \tag{2.54}$$

以及

$$\frac{\partial a_\rho}{\partial t} = - \sum_{ij} \nu_{i\rho} \left(\frac{\partial \mu_i}{\partial \rho_j} \right) \frac{\partial \rho_j}{\partial t} \tag{2.55}$$

将(2.53)式、(2.54)式和(2.55)式代入到(2.52)式并考虑到连续性方程(2.14),可得到

$$\begin{aligned} \frac{\mathrm{d}_X P}{\mathrm{d}t} &= - \frac{1}{T} \int \mathrm{d}v \left[\sum_{ij} \left(\frac{\partial \mu_i}{\partial \rho_j} \right) \frac{\partial \rho_j}{\partial t} \left(- \nabla \cdot \boldsymbol{j}_i + \sum_\rho \nu_{i\rho} w_\rho \right) \right] \\ &= - \frac{1}{T} \int \mathrm{d}v \sum_{ij} \left(\frac{\partial \mu_i}{\partial \rho_j} \right) \frac{\partial \rho_j}{\partial t} \frac{\partial \rho_i}{\partial t} \end{aligned} \tag{2.56}$$

在平衡态保持稳定的条件中,已经证明:系统对组分浓度涨落的稳定性条件是

$$\sum_{ij} \left(\frac{\partial \mu_i}{\partial \rho_j} \right) \delta \rho_i \delta \rho_j > 0 \tag{2.57}$$

利用局域平衡假设和(2.57)式,可知(2.56)式右边为常负的,即证明了(2.50)式成立。

给系统以一定的近似条件,可以把(2.50)式所表达的发展判据,表达为更加实际有用的形式。我们取定态的流和力为$\{w_\rho^0\}$、$\{\boldsymbol{j}_i^0\}$、$\{a_\rho^0\}$、$\{\mu_i^0\}$。定态时的组分浓度变量$\{\rho_i^0\}$满足如下关系式:

$$\frac{\mathrm{d}\rho_i^0}{\mathrm{d}t} = - \nabla \cdot \boldsymbol{j}_i(\{\rho_i^0\}) + \sum_\rho \nu_{i\rho} w_\rho^0(\{\rho_j^0\}) = 0 \tag{2.58}$$

我们把定态作为参考态,并且令

$$\left. \begin{aligned} \rho_i &= \rho_i^0 + \delta \rho_i \\ w_\rho &= w_\rho^0 + \delta w_\rho \\ a_\rho &= a_\rho^0 + \delta a_\rho \end{aligned} \right\} \tag{2.59}$$

代入(2.52)式中,可得

$$\begin{aligned} \frac{\mathrm{d}_X P}{\mathrm{d}t} &= \frac{1}{T} \int \mathrm{d}v \left[- \sum_i \boldsymbol{j}_i^0 \nabla \frac{\partial \delta \mu_i}{\partial t} + \sum_\rho w_\rho^0 \frac{\partial a_\rho}{\partial t} \right] \\ &\quad + \frac{1}{T} \int \mathrm{d}v \left[- \sum_i \delta \boldsymbol{j}_i \nabla \frac{\partial \delta \mu_i}{\partial t} + \sum_\rho \delta w_\rho \frac{\partial \delta a_\rho}{\partial t} \right] \end{aligned} \tag{2.60}$$

在推导此式时利用了定态条件 $\partial \mu_i^0 / \partial t = 0$, $\partial a_\rho^0 / \partial t = 0$ 等。对于(2.60)式中第1项,作分部积分,并利用定态条件和固定边界条件,可得到此项为零,因此(2.60)式可写为

$$\frac{\mathrm{d}_X P}{\mathrm{d}t} = \frac{1}{T} \int \mathrm{d}v \left[- \sum_i \delta \boldsymbol{j}_i \nabla \frac{\partial \delta \mu_i}{\partial t} + \sum_\rho \delta w_\rho \frac{\partial a_\rho}{\partial t} \right] \leqslant 0 \tag{2.61}$$

由于(2.59)式已假设系统的状态对定态的偏离是很小的,因此有

$$\left|\frac{\delta \boldsymbol{J}_k}{\boldsymbol{J}_k^0}\right| \ll 1, \quad \left|\frac{\delta \boldsymbol{X}_k}{\boldsymbol{X}_k^0}\right| \ll 1 \tag{2.62}$$

将热力学流围绕定态的值作 Taylor 展开并取一级近似，则有

$$\begin{aligned}\delta \boldsymbol{J}_k &= \sum_{K'}\left(\frac{\partial \boldsymbol{J}_k}{\partial \boldsymbol{X}_{k'}}\right)_s \delta \boldsymbol{X}_{k'} \\ &= \sum_{k'} l_{kk'}\delta \boldsymbol{X}_{k'}\end{aligned} \tag{2.63}$$

其中

$$l_{kk'} = \left(\frac{\partial \boldsymbol{J}_k}{\partial \boldsymbol{X}_{k'}}\right)_s \tag{2.64}$$

一般来说，在非线性区 $l_{kk'} \neq l_{k'k}$，即不要求 $l_{kk'}$ 矩阵是对称的，但总可以把它分解为对称部分 $l^s_{kk'}$ 和反对称部分 $l^a_{kk'}$，即

$$\begin{aligned}l_{kk'} &= \frac{l_{kk'} + l_{k'k}}{2} + \frac{l_{kk'} - l_{k'k}}{2} \\ &= l^s_{kk'} + l^a_{kk'}\end{aligned} \tag{2.65}$$

若把(2.61)式简写为如下形式：

$$\mathrm{d}_X P = \int \mathrm{d}v \sum_k \delta \boldsymbol{J}_k \mathrm{d}\delta \boldsymbol{X}_k \leqslant 0 \tag{2.66}$$

考虑到(2.63)式和(2.65)式，则可把(2.66)式进一步写为

$$\begin{aligned}\mathrm{d}_X P &= \int \mathrm{d}v \sum_{kk'} l_{kk'}\delta \boldsymbol{X}_{k'}\mathrm{d}\delta \boldsymbol{X}_k \\ &= \int \mathrm{d}v \sum_{kk'} l^s_{kk'}\delta \boldsymbol{X}_{k'}\mathrm{d}\delta \boldsymbol{X}_k + \int \mathrm{d}v \sum_{kk'} l^a_{kk'}\delta \boldsymbol{X}_{k'}\mathrm{d}\delta \boldsymbol{X}_k \\ &= \mathrm{d}\,\frac{1}{2}\int \mathrm{d}v \sum_{kk'} l^s_{kk'}\delta \boldsymbol{X}_k \delta \boldsymbol{X}_{k'} + \int \mathrm{d}v \sum_{kk'} l^a_{kk'}\delta \boldsymbol{X}_{k'}\mathrm{d}\delta \boldsymbol{X}_k \\ &\leqslant 0\end{aligned} \tag{2.67}$$

由于出现在微分号下的量可变换为

$$\begin{aligned}\int \mathrm{d}v \sum_{kk'} l^s_{kk'}\delta \boldsymbol{X}_k \delta \boldsymbol{X}_{k'} &= \int \mathrm{d}v \sum_{kk'} l_{kk'}\delta \boldsymbol{X}_k \delta \boldsymbol{X}_{k'} \\ &= \int \mathrm{d}v \sum_k \delta \boldsymbol{J}_k \delta \boldsymbol{X}_k\end{aligned} \tag{2.68}$$

则可把(2.60)式写为

$$\mathrm{d}_X P = \mathrm{d}\,\frac{1}{2}\int \mathrm{d}v \sum_k \delta \boldsymbol{J}_k \delta \boldsymbol{X}_k + \int \mathrm{d}v \sum_{kk'} l^a_{kk'}\delta \boldsymbol{X}_{k'}\mathrm{d}\delta \boldsymbol{X}_k \leqslant 0 \tag{2.69}$$

现引入

$$\delta_X P = \int \mathrm{d}v \sum_k \delta \boldsymbol{J}_k \delta \boldsymbol{X}_k \tag{2.70}$$

若把 $\delta\boldsymbol{J}_k$ 和 $\delta\boldsymbol{X}_k$ 分别称为超流和超力，则为了与熵产生 P 为流$\boldsymbol{J}$ 和力 $\boldsymbol{X}$ 乘积的定义相对应，则把由(2.70)式所定义的 $\delta_X P$ 叫做超熵产生。从(2.68)式和(2.70)式可得到

$$\mathrm{d}_X P = \mathrm{d}\,\frac{1}{2}\delta_X P + \int \mathrm{d}v \sum_{kk'} l^a_{kk'} \delta \boldsymbol{X}_{k'} \mathrm{d}\delta \boldsymbol{X}_k \leqslant 0 \tag{2.71}$$

当系统中反对称系数 $l^a_{kk'}$ 为零时，从(2.71)式可知：$\mathrm{d}_X P$ 即为超熵产生 $\delta_X P$ 的微分的一半。在这种情况下，根据一般发展判据(2.50)式有

$$\frac{\mathrm{d}\delta_X P}{\mathrm{d}t} \leqslant 0 \tag{2.72}$$

如果 $\delta_X P \geqslant 0$，则 $\delta_X P$ 具有与线性区的熵产生 p 的类似行为，非平衡定态将是渐近稳定的，然而从 $\delta_X P$ 的表达式(2.70)可以看出，并不能要求 $\sum_k \delta\boldsymbol{J}_k \delta\boldsymbol{X}_k$ 总是正的。另外，在一般情况下反对称系数 $l^a_{kk'}$ 也并不一定为零。因此，在非平衡态的非线性区定态的稳定性就会呈现出各种复杂的情况。

2.5　非线性区非平衡态的稳定性

若系统的状态对定态的偏离很小，则可以把熵 S 和熵产生 P 都按定态进行展开：

$$S = S^0 + \delta S + \frac{1}{2}\delta^2 S + \cdots \tag{2.73}$$

$$P = P^0 + \delta S + \frac{1}{2}\delta^2 P + \cdots \tag{2.74}$$

其中

$$S^0 = S(\{\rho_i^0\})$$

$$P^0 = \int \mathrm{d}v \sum_k \boldsymbol{J}_k^0 \boldsymbol{X}_k^0$$

分别是定态的熵和熵产生，而其他各项分别为

$$\delta S = \int \mathrm{d}v \sum_i \left(\frac{\partial S}{\partial \rho_i}\right)_0 \delta\rho_i = -\frac{1}{T}\int \mathrm{d}v \sum_i \mu_i^0 \delta\rho_i \tag{2.75}$$

$$\delta^2 S=-\frac{1}{T}\int \mathrm{d}v\sum_{ij}\left(\frac{\partial\mu_i}{\partial\rho_j}\right)_0\delta\rho_i\delta\rho_j \tag{2.76}$$

$$\delta P=\int \mathrm{d}v\sum_k(\boldsymbol{J}_k^0\delta\boldsymbol{X}_k+\boldsymbol{X}_k^0\delta\boldsymbol{J}_k)=\int \mathrm{d}v\sum_k\boldsymbol{X}_k^0\delta\boldsymbol{J}_k \tag{2.77}$$

$$\frac{1}{2}\delta^2 P=\int \mathrm{d}v\sum_k\delta\boldsymbol{J}_k\delta\boldsymbol{X}_k=\delta_X P \tag{2.78}$$

由局域平衡假设可得到 $\delta^2 S$ 是负定的，即

$$\delta^2 S=-\frac{1}{T}\int \mathrm{d}v\sum_{ij}\left(\frac{\partial\mu_i}{\partial\rho_i}\right)_0\delta\rho_i\delta\rho_j\leqslant 0 \tag{2.79}$$

我们现在来计算 $\delta^2 S$ 对时间 t 的导数，即

$$\frac{\mathrm{d}}{\mathrm{d}t}\frac{1}{2}(\delta^2 S)=-\frac{1}{T}\int \mathrm{d}v\sum_{ij}\left(\frac{\partial\mu_i}{\partial\rho_i}\right)_0\delta\rho_j\frac{\partial(\delta\rho_i)}{\partial t} \tag{2.80}$$

其中已利用$\left(\frac{\partial\mu_i}{\partial\rho_j}\right)_0=\left(\frac{\partial\mu_j}{\partial\rho_i}\right)_0$，$\frac{\partial(\delta\rho_i)}{\partial t}$可以由如下的超平衡守恒方程给出

$$\frac{\partial(\delta\rho_i)}{\partial t}=-\nabla\cdot\delta\boldsymbol{j}_i+\sum_\rho\nu_{i\rho}\delta w_\rho \tag{2.80}$$

把此式代入到(2.80)式中，可得

$$\frac{\mathrm{d}}{\mathrm{d}t}\frac{1}{2}(\delta^2 S)=-\frac{1}{T}\int \mathrm{d}v\sum_{ij}\left(\frac{\partial\mu_i}{\partial\rho_j}\right)_0\delta\rho_j\left[-\nabla\cdot\delta\boldsymbol{j}_i+\sum_\rho\nu_{i\rho}\delta w_\rho\right] \tag{2.82}$$

对此式中第一项进行分部积分且散度项化为面积分

$$\begin{aligned}&\frac{1}{T}\int \mathrm{d}v\sum_{ij}\left(\frac{\partial\mu_i}{\partial\rho_j}\right)_0\delta\rho_j(\nabla\cdot\delta\boldsymbol{j}_i)\\&=\frac{1}{T}\int_\Sigma \mathrm{d}\boldsymbol{v}\cdot\sum_{ij}\left(\frac{\partial\mu_i}{\partial\rho_j}\right)_0\delta\rho_j\delta\boldsymbol{j}_i-\frac{1}{T}\int \mathrm{d}v\sum_{ij}\left[\delta\boldsymbol{j}_i\cdot\nabla\left(\frac{\partial\mu_i}{\partial\rho_j}\right)_0\delta\rho_j\right]\end{aligned} \tag{2.83}$$

对于固定边界条件或恒流边界条件，此式右边第一项面积分为零。从(2.82)式和(2.83)式，并考虑到 $a_\rho=-\sum_j\mu_j\nu_{j\rho}$，我们可得到

$$\begin{aligned}\frac{\mathrm{d}}{\mathrm{d}t}\frac{1}{2}(\delta^2 S)&=\int \mathrm{d}v\left[-\sum_i\delta\boldsymbol{j}_i\delta\left(\nabla\frac{\mu_i}{T}\right)+\sum_\rho\delta w_\rho\delta\frac{a_\rho}{T}\right]\\&=\int \mathrm{d}v\sum_k\delta\boldsymbol{J}_k\delta\boldsymbol{X}_k=\delta_X P\end{aligned} \tag{2.84}$$

此式表明：对$\frac{1}{2}(\delta^2 S)$的时间导数正好等于超熵产生 $\delta_X P$。

正如在 2.4 节中所述，根据动力学的具体情况，$\delta_X P$ 的符号可正可负也可为零，因此$\frac{\mathrm{d}}{\mathrm{d}t}(\delta^2 S)$也可能是正的、负的或为零。另外，在局域平衡假设成立的条件

下，$\delta^2 S$ 总是小于零的，除了在定态时 $\delta^2 S$ 为零。据此，我们可以根据$\frac{\mathrm{d}}{\mathrm{d}t}(\delta^2 S)$的正负号来判别定态的稳定性。若由于某种扰动系统偏离了某个参考定态，对于扰动态，总有 $\delta^2 S<0$，如果$\frac{\mathrm{d}}{\mathrm{d}t}(\delta^2 S)>0$，则 $\delta^2 S$ 的值将慢慢重新趋于零，即扰动态将回到参考态，于是可以做出结论：参考定态是稳定的。相反，如果$\frac{\mathrm{d}}{\mathrm{d}t}(\delta^2 S)<0$，$(\delta^2 S)$将越来越负，也就是说，系统的状态将越来越偏离参考定态，参考定态对这样的扰动是不稳定的。对于$\frac{\mathrm{d}}{\mathrm{d}t}(\delta^2 S)=0$的情况下，扰动态既不回到参考定态，也不进一步偏离开参考定态，则参考态处于一种临界状态。在图 2.3 上给出了 $\delta^2 S$ 随时间的变化和参考定态的稳定性的示意图。从图 2.3 可以看到：对于远离平衡的系统有这样一种可能性：在 $t<t_0$ 时，$\frac{\mathrm{d}}{\mathrm{d}t}\frac{1}{2}(\delta^2 S)>0$，系统处于稳定状态；而当 $t\geqslant t_0$ 以后，经过一个临界状态而使$\frac{\mathrm{d}}{\mathrm{d}t}\frac{1}{2}(\delta^2 S)<0$，系统变得不稳定，这时在不稳定性之上可呈现出新的时空有序结构。从而从热力学角度论证了在远离平衡的条件下形成耗散结构的可能性。

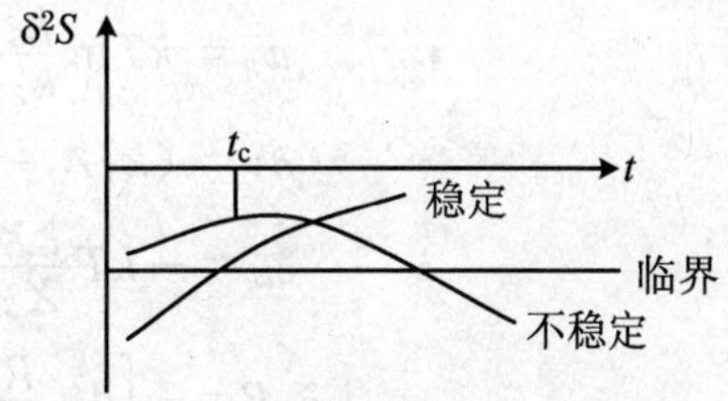

图 2.3　$\delta^2 S$ 随时间的变化和参考定态的稳定性

显然，非线性非平衡热力学理论只能给出形成耗散结构的可能性，只有把热力学理论和动力学分析结合起来，才能得到具体的稳定性判据及产生耗散结构的条件。例如，在一个理想的系统中发生着一系列的化学反应步骤，它们组成一个反应链。对于单分子的反应步骤

$$X \underset{k_2}{\overset{k_1}{\rightleftharpoons}} A \tag{2.85}$$

根据反应推动力和反应流的定义，对此反应步骤的热力学流和力分别为

$$v = k_1 X - k_2 A$$

$$\frac{a_\rho}{T} = R\ln\frac{k_1 X}{k_2 A}$$

在组分浓度 A 和温度 T 保持恒定的开放系统中，由偏离定态 X_S 的扰动 δX 所引起的力和流的变化为

$$\delta\left(\frac{a_\rho}{T}\right) = R\,\frac{\delta X}{X_S}$$

$$\delta v = k_1 \delta X$$

则有

$$\frac{\mathrm{d}}{\mathrm{d}t}\left(\frac{1}{2}\delta^2 S\right) = \delta_X P = \int \mathrm{d}v \delta v \delta\left(\frac{a_\rho}{T}\right)$$

$$= k_1 R \int \mathrm{d}v \frac{(\delta X)^2}{X_S} > 0 \tag{2.86}$$

此式表明：反应步骤(2.85)对系统起着一个稳定化的作用。但对于如下的一个自催化的反应步骤：

$$A + X \underset{k_2}{\overset{k_1}{\rightleftharpoons}} 2X \tag{2.87}$$

可得到

$$a_\rho = kT \ln \frac{k_1 A}{k_2 X}$$

$$\delta v = (k_1 A - 2k_2 X_S)\delta X$$

$$\delta_{a\rho} = -kT \frac{\delta X}{X_S}$$

$$\delta_X P = -\int \mathrm{d}v \frac{R}{X_S}(k_1 A - 2k_2 X_S)(\delta X)^2 \tag{2.88}$$

此式表明：超熵产生 $\delta_X P$ 并没有确定的正负号，这取决于详细的动力学机理和所处的条件，例如各种速率系数和控制参量 A 的值。原则上，(2.88)的反应步骤可以使 $\delta_X P$ 取负值，因而该反应步骤可使系统失稳，或更一般的说，非线性动力学反应步骤，有可能使系统失去稳定性。

第 3 章　非线性化学的宏观动力学理论

3.1 引　言

非线性非平衡热力学理论从原则上指出了在远离平衡的系统中产生时空有序结构的可能性。为了定量研究时空有序结构的具体形式和产生的条件，就必须对化学反应系统中的动力学过程进行具体分析。对于只包括化学反应和扩散过程的系统，基本的宏观动力学方程是如下形式的反应扩散方程：

$$\frac{\partial \rho_j}{\partial t} = -\nabla \cdot \boldsymbol{j}_j + \sum_{\rho} \nu_{j\rho} w_{\rho} \tag{3.1}$$

此式右边的第一项为扩散项，第二项为反应项。若忽略不同组分的扩散过程之间的相互耦合作用，在扩散项中的扩散流 $\boldsymbol{j}_j$ 可以表达为

$$\boldsymbol{j}_j = -L_{jj}\left(\nabla \frac{\mu_j}{T}\right) \tag{3.2}$$

其中，L_{jj} 依赖于溶剂的性质及溶液中组分 j 的浓度，由于 $\mu_j = \mu_j(\{\rho_j\})$，则有

$$\boldsymbol{j}_j = -\frac{L_{jj}}{T}\sum_i \left(\frac{\partial \mu_j}{\partial \rho_i}\right)_{T,p} \nabla \rho_i \tag{3.3}$$

对于稀薄的介质，可把(3.3)式进一步简化为

$$\boldsymbol{j}_j = -D_j \nabla \rho_j \tag{3.4}$$

其中，引入了扩散系数 D_j 为

$$D_j = \frac{L_{jj}}{T}\left(\frac{\partial \mu_j}{\partial \rho_j}\right)_{T,p} \tag{3.5}$$

通常称(3.4)式为 Fick 定律。在许多情况下，实验结果表明 D_j 可近似地看作是常数，因此，(3.1)方程中的扩散项可简化为

$$-\nabla \cdot \boldsymbol{j}_j = D_j \nabla^2 \rho_j \tag{3.6}$$

在(3.1)方程中的反应项，描述单位体积中第 j 种组分浓度 ρ_j 通过化学反应而产

生或消耗所引起的总的变化率，它是系统中各组分浓度$\{\rho_i\}$的非线性函数，同时它还决定于系统的动力学条件，例如各种速率常数和某些由外界控制的反应物或产物的浓度等。因此，可以把此反应项用符号 $f_j(\{\rho_i\},\lambda)$来表示，其中 λ 表征系统的动力学条件，通常称它为控制参数。实际上，λ 的值不仅反映系统受到控制的程度，而且可以描述系统偏离热力学平衡的程度。为了对控制参数 λ 的含义有个直观的理解，现举一个简单的例子。设系统中发生着如下一组反应：

$$A \underset{k_2}{\overset{k_1}{\rightleftharpoons}} X \underset{k_4}{\overset{k_3}{\rightleftharpoons}} B \tag{3.7}$$

并假定 A 和 B 的值可由外界控制。当 A 和 B 的值被控制在某个确定的值时，系统的状态由唯一的中间组分变量 X 的值来表征，而系统的状态变化则由如下的动力学方程来描述：

$$\frac{\mathrm{d}X}{\mathrm{d}t} = (k_1A + k_4B) - (k_2 + k_3)X \tag{3.8}$$

若取

$$\tau = (k_1A + k_4B)t \tag{3.9}$$

则(3.8)方程可取如下简单形式：

$$\frac{\mathrm{d}X}{\mathrm{d}\tau} = 1 - \lambda X \tag{3.10}$$

其中

$$\lambda = \frac{k_2 + k_3}{k_1A + k_4B} \tag{3.11}$$

对于确定的反应历程和恒定的温度条件下，速率常数 k_1、k_2、k_3 和 k_4 都有确定的值，如此就可以通过调节 A 和 B 的值来控制 λ 的值。在平衡态时，A 和 B 的取值并不是任意的，当 $A = A_0$ 时，B 的取值 B_0 必须满足：

$$B_0 = \frac{k_1k_3}{k_2k_4}A_0$$

于是 λ 也有确定的值 $\lambda = \lambda_0$，即

$$\lambda_0 = \frac{k_2 + k_3}{k_1A_0 + k_4B_0} = \frac{k_2}{k_1A_0}$$

因此，当 λ 的取值偏离 λ_0 时，系统将偏离平衡态，并且 λ 偏离 λ_0 的程度越大，系统偏离平衡态的程度也越大，即 λ 的值表征了系统偏离平衡态的程度。综上所述，可把反应扩散方程写为如下形式：

$$\frac{\partial\rho_j}{\partial t} = f_j(\{\rho_i\},\lambda) + D_j\nabla^2\rho_j \tag{3.12}$$

为了描述系统的动力学过程,除了上述的反应扩散方程外,还必须给出有关的边界条件,这些边界条件表明了系统与外界环境之间的关系。在大多数实际应用中,主要涉及如下两类边界条件:

第一类边界条件是在边界面上组分浓度保持恒定,即

$$\{\rho_1,\rho_2,\cdots,\rho_n\}^{\Sigma} = \text{常数} \tag{3.13}$$

这类边界条件也称为固定边界条件或Dirichlet条件。

第二类边界条件是通过边界面的流保持恒定。由于流正比于浓度梯度,这类边界条件可表示为

$$\{\boldsymbol{n}\cdot\nabla\rho_1,\boldsymbol{n}\cdot\nabla\rho_2,\cdots,\boldsymbol{n}\cdot\nabla\rho_n\}^{\Sigma} = \text{常数} \tag{3.14}$$

其中,$\boldsymbol{n}$代表边界面的单位矢量。这类边界条件称为Neumann条件。当(3.14)式中的常数为零时,即系统与外界无物质流交换,这种边界条件也称为零流边界条件。

一旦系统中的动力学过程可以用一组适宜的反应扩散方程及边界条件和初始条件来模拟,那么原则上系统发展的一切宏观行为应该可以通过求解有关方程的办法来了解清楚。但是,一般来说非线性偏微分方程的严格求解是极为困难的,因此,目前对于反应扩散方程的分析主要通过一些近似方法来实现。近年来,偏微分方程的定性理论有了迅速的发展,特别是稳定性理论和分岔理论,为研究反应扩散方程解的特性,提供了强有力的工具。稳定性理论不但可以给出参考态失去稳定性的条件,而且可以判断在发生不稳定之后什么样的新态可能出现。分岔理论在稳定性分析的基础上,进一步确定在一定控制条件下分岔解的数目,分岔解的具体表达形式。在本章中,我们以三分子模型的反应扩散方程为具体对象,利用动力学方程的稳定性理论和分岔理论方法,研究反应扩散方程在远离平衡条件下非线性解的性质,从而给出系统产生时空有序结构的具体条件以及时空有序结构的性质。

3.2 Lyapounov稳定性理论

通常我们称动力学方程的某个定态解是稳定的,显然是指系统在内外扰动下偏离此解所表征的状态以后,它仍将自动返回此状态,即系统可以长期稳定地处于此状态,或至少不会偏离此状态太远。反之,我们称动力学方程的解是不稳定的,是指在扰动下系统一旦稍许偏离此状态,它将不断偏离此状态,而不能返回此

状态。

在 Lyapounov 的稳定性理论中，首先引入了微分方程稳定性的概念，给出了精确的定义。为此，考虑如下一般的一阶微分方程组

$$\frac{dX_i}{dt} = f_i(X_1, X_2, \cdots, X_n) \quad (i = 1, 2, \cdots, n) \tag{3.15}$$

设在初始条件 $X_i(t_0) = X_i^0$ 时方程组(3.15)有解 $X_i(t)$，当初始条件发生一个小的扰动 η_i 时，即初始条件变成 $X_i{}'(t_0) = X_i^0 + \eta_i$，方程组(3.15)有新解 $X_i(t, \{\eta_i\})$，则稳定性的定义为：若对于任意给定的 $\varepsilon > 0$，总有 $\delta > 0$，使得条件 $|\eta_i| \leqslant \delta$ 满足时，对一切 $t \geqslant t_0$ 总有

$$|X_i(t, \{\eta_i\}) - X_i(t)| < \varepsilon \quad (i = 1, 2, \cdots, n) \tag{3.16}$$

则称方程组(3.15)的解 $X_i(t)$ 为稳定的，否则为不稳定的；若 $X_i(t)$ 是稳定的，并且满足

$$\lim_{t \to \infty} |X_i(t, \{\eta_i\}) - X_i(t)| = 0 \quad (i = 1, 2, \cdots, n) \tag{3.17}$$

则称 $X_i(t)$ 是渐近稳定的。这样定义的稳定性，通常称之为 Lyapounov 稳定性。上述定义的稳定性也可以简单的理解为：若在某个初始条件 $X(t_0) = X_0$ 的情况下，方程组有解 $X(t)$，当初始条件发生了有限的变化 δ，方程组的解仍然并且永远留在原来初值条件下解 $X(t)$ 的有限范围 ε 内，则称 $X(t)$ 是稳定的；若在初值条件变化了的情况下方程组的解能逐渐趋于 $X(t)$ 并且最终会回到 $X(t)$，则称 $X(t)$ 是渐近稳定的。

为了更容易理解上述稳定性含义，现考虑只有两个变量的系统的定态解的稳定性。设这两个变量为 X_1 和 X_2，动力学方程组可写为

$$\left.\begin{aligned} \frac{dX_1}{dt} &= f_1(X_1, X_2) \\ \frac{dX_2}{dt} &= f_2(X_1, X_2) \end{aligned}\right\} \tag{3.18}$$

其定态解 (X_{1s}, X_{2s}) 满足如下条件：

$$\left.\begin{aligned} f_1(X_{1s}, X_{2s}) &= 0 \\ f_2(X_{1s}, X_{2s}) &= 0 \end{aligned}\right\} \tag{3.19}$$

若把时间 t 作为参数，X_1 和 X_2 取为坐标轴，所构成的空间称为方程组的相空间，则方程组的定态相应于相空间中某个固定的点，而与时间有关的方程组的特解相应于相空间中某条曲线，通常称此曲线为轨线。设 $s(\delta)$ 代表在相空间中绕定态点 (X_{1s}, X_{2s}) 的一个小区域，如图 3.1 所示，在这个区域中满足

$$|X - X_s| < \delta \tag{3.20}$$

设 $s(\varepsilon)$ 代表相空间中回绕 $s(\delta)$ 的另一个小区域，在这个区域中满足

$$|X - X_s| < \varepsilon \tag{3.21}$$

如果在时刻 $t = t_0$，从 $s(\delta)$ 中出发的一切轨线，在其后的时间中永不离开 $s(\varepsilon)$，如图 3.1 中左面的图所示，则称 X_s 是稳定的；如果在时刻 $t = t_0$ 从 $s(\delta)$ 中出发的一切轨线永远不会离开 $s(\varepsilon)$，并且最终会回到 X_s，如图 3.1 中右面的图所示，则称 X_s 是渐近稳定的；如果发生如图 3.1 中中间的图所示的情况，则称 X_s 是不稳定的。

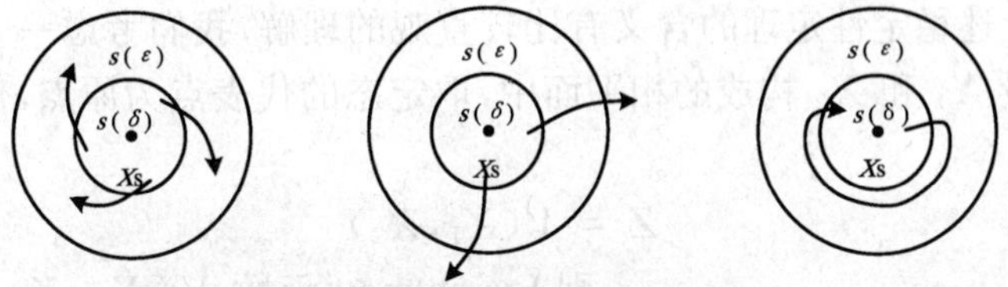

图 3.1　动力学方程解的稳定性

在 Lyapounov 稳定性理论中，除了上述稳定性的定义外，也提出了判断稳定性的两种方法。第一种方法是先把非线性方程在定态附近线性化，然后利用线性方程来判断定态的稳定性，通常把这种方法称为线性稳定性分析方法，又称 Lyapounov 间接法。第二种方法是类似于力学中用能量判断平衡态的稳定性那样，不用求解方程，通过引入 Lyapounov 函数，对非线性方程解的稳定性直接做出判断，通常称此方法为 Lyapounov 直接法。在本节中，我们介绍直接方法，在下节中再介绍间接方法。

设 $V(X_1, X_2, \cdots, X_n)$ 为在坐标原点 $(X_1 = X_2 = \cdots = X_n = 0)$ 某个邻域 Ω 内定义的连续的单值函数，$V(0,0\cdots) = 0$，若 V 在域 Ω 内不变号，则称 V 在域 Ω 内是定号的；若在域内恒有 $V \geqslant 0$，则称 V 在域 Ω 内为常正的；若在域 Ω 内除原点以外都有 $V > 0$，则称函数 V 是正定的；若 $-V$ 是正定的，则称 V 是负定的，$-V$ 是常正的，则 V 是常负的。假定方程组(3.15)有零解 $(X_1 = X_2 = \cdots = X_n = 0)$，并设函数 $V(X_1, X_2, \cdots, X_n)$ 关于所有 $X_i(i = 1, 2, \cdots, n)$ 的偏导数存在且连续，对 t 求导数，然后以方程组(3.15)的解代入，则有

$$\frac{dV}{dt} = \sum_i \frac{\partial V}{\partial X_i}\frac{dX_i}{dt} = \sum_i \frac{\partial V}{\partial X_i} f_i(X_1, X_2, \cdots, X_n) \tag{3.22}$$

这样求得的导数 dV/dt 称为函数 V 通过方程组(3.15)的全导数，具有这种特性的函数 V 称为 Lyapounov 函数。Lyapounov 直接法就是利用函数 V 及其全导数 dV/dt 的性质来确定微分方程组解的稳定性。Lyapounov 确立了如下的稳定性定理：若对微分方程组(3.15)可以找到一个正定函数 $V(X_1, X_2, \cdots, X_n)$，其通过

(3.15)方程的全导数 dV/dt 为常负的或恒等于零，则方程组(3.15)的零解($X_i=0, i=1,2,\cdots,n$)为稳定的；若 dV/dt 为负定的，则零解是渐近稳定的；若在除原点以外的某个邻域内恒有 $dV/dt>0$，则零解是不稳定的。

需要指出，在上述稳定性定理中，可以将正负两字做相应的对换，定理仍然成立。另外通过坐标变换，总可以把方程组(3.15)的某个定态解选作新坐标系的坐标原点，如此方程组(3.15)的定态解即为变换后的方程组的零解。因此，上述稳定性理论同样可以用来判断方程组(3.15)的非零定态解的稳定性。

为了对上述稳定性定理的含义有比较直观的理解，我们考虑一个两变量的系统。在两变量 X_1 和 X_2 构成的相平面中，取定态的代表点为原点，作垂直于此相平面的 Z 轴，令

$$Z = V(X_1, X_2)$$

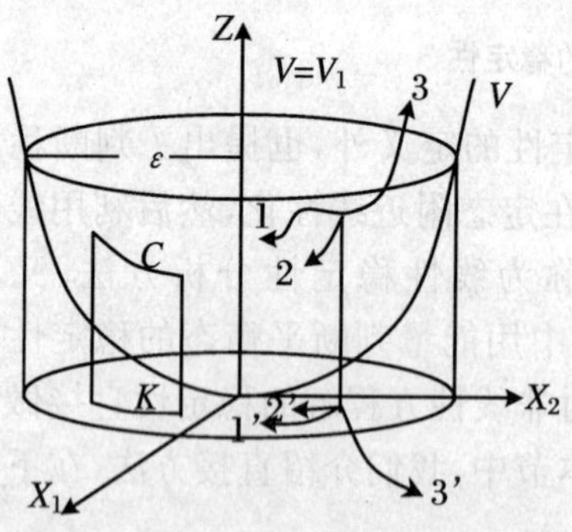

图 3.2 Lyapounov 定理示意图

则 Lyapounov 函数 $V(X_1, X_2)$ 组成一个曲面。根据 V 的定义，此曲面在原点(0,0)的邻域 D 具有杯子形状并且原点与相平面相切，如图 3.2 所示。任何解在相平面上的轨线 K 在曲面 V 上有相应的曲线 C，也就是说，当系统随时间变化时，曲面 V 上相应的曲线 C 在相平面上的投影 K 就是解的轨线。当 $dV/dt \leqslant 0$ 时，在曲面 V 上所相应的曲线 1 永不能向上而总是限制在 $V=V_1$ 以下，从而此曲线在相平面上的投影曲线 1′也总是限于某一半径为 ε 的区域内，因此原点所表示的定态是稳定的；当 $dV/dt>0$ 时，即 V 只能随着时间增大，在曲面 V 上所相应的曲线 3 总是斜向上，它在相平面上的投影曲线 3′终将越出有限大小的半径 ε，从而原点所表示的定态是不稳定的；当 $dV/dt<0$ 时，在曲面 V 上所相应的曲线 2 只能向下，最后它将指向原点。相应的相平面上的轨线 2′也要指向原点，因此原点所表示的定态是渐近稳定的。

如在第 2 章中所述，在非平衡线性区的熵产生 P 具有这样的性质：$P\geqslant 0$ 和 $dP/dt\leqslant 0$，因此熵产生 P 是线性区的 Lyapounov 函数。由 Lyapounov 定理可知，线性区的非平衡定态是稳定的。在非平衡态的非线性区也存在有一个 Lyapounov 函数，它就是熵的二次变分 $\delta^2 S$，因为它具有这样的性质：$\delta^2 S\leqslant 0$ 和 $\frac{d}{dt}(\delta^2 S)$ 不定

号。按照 Lyapounov 定理，由于$\frac{\mathrm{d}}{\mathrm{d}t}(\delta^2 S)$可以是正的、负的或为零，因此非线性区的非平衡态可以是稳定的，也可以是不稳定的，要看具体的条件而定。

3.3　线性稳定性分析方法

如在3.2节中所述，若能找到一个和定态相关的 Lyapounov 函数，则可以确定在定态的某一有限范围内的稳定性。但是，对于大多数实际遇到的反应扩散方程而言，寻找一个 Lyapounov 函数也还是比较困难的。因此，在对反应扩散方程进行稳定性分析时，不是讨论定态对有限大小扰动的稳定性，而是讨论对于无限小扰动的稳定性。现考虑如下的微分方程组：

$$\left.\begin{aligned}\frac{\mathrm{d}X_1}{\mathrm{d}t} &= f_1(X_1, X_2)\\ \frac{\mathrm{d}X_2}{\mathrm{d}t} &= f_2(X_1, X_2)\end{aligned}\right\} \tag{3.23}$$

取系统的定态解(X_{1s}, X_{2s})为参考态，当系统受到一个小的扰动时，相应的状态$(X_1(t), X_2(t))$可表示为如下形式：

$$\left.\begin{aligned}X_1(t) &= X_{1s} + x_1(t)\\ X_2(t) &= X_{2s} + x_2(t)\end{aligned}\right\} \tag{3.24}$$

其中，$x_1(t)$和$x_2(t)$就是$X_1(t)$和$X_2(t)$对参考态的微小的偏离。把(3.24)式代入到(3.23)方程组中，并以参考态(X_{1s}, X_{2s})进行展开，可得到

$$\left.\begin{aligned}\frac{\mathrm{d}x_1}{\mathrm{d}t} &= \left(\frac{\partial f_1}{\partial X_1}\right)_s x_1 + \left(\frac{\partial f_1}{\partial X_2}\right)_s x_2 + O(x^2)\\ \frac{\mathrm{d}x_2}{\mathrm{d}t} &= \left(\frac{\partial f_2}{\partial X_1}\right)_s x_1 + \left(\frac{\partial f_2}{\partial X_2}\right)_s x_2 + O(x^2)\end{aligned}\right\} \tag{3.25}$$

由于x_1和x_2是很小的量，忽略(3.25)式中的非线性项可得到如下的线性化方程组

$$\left.\begin{aligned}\frac{\mathrm{d}x_1}{\mathrm{d}t} &= a_{11}x_1 + a_{12}x_2\\ \frac{\mathrm{d}x_2}{\mathrm{d}t} &= a_{21}x_1 + a_{22}x_2\end{aligned}\right\} \tag{3.26}$$

其中

$$a_{ij} = \left(\frac{\partial f_i}{\partial X_j}\right)_s \tag{3.27}$$

通常方程(3.26)具有如下形式的解

$$\left.\begin{aligned} x_1 &= x_{10}e^{\omega t} \\ x_2 &= x_{20}e^{\omega t} \end{aligned}\right\} \tag{3.28}$$

其中 x_{10} 和 x_{20} 与时间 t 无关。将(3.28)式代入到(3.26)方程中,可得 x_{10} 和 x_{20} 所满足的齐次代数方程

$$\omega\begin{bmatrix} x_{10} \\ x_{20} \end{bmatrix} = \begin{bmatrix} a_{11} & a_{12} \\ a_{21} & a_{22} \end{bmatrix}\begin{bmatrix} x_{10} \\ x_{20} \end{bmatrix} \tag{3.29}$$

此式有非零解的充要条件是

$$\begin{vmatrix} a_{11} - \omega & a_{12} \\ a_{21} & a_{22} - \omega \end{vmatrix} = 0 \tag{3.30}$$

或者写为

$$\omega^2 - T\omega + \Delta = 0 \tag{3.31}$$

其中

$$T = a_{11} + a_{22} = \left(\frac{\partial f_1}{\partial X_1}\right)_s + \left(\frac{\partial f_2}{\partial X_2}\right)_s \tag{3.32}$$

$$\Delta = a_{11}a_{22} - a_{12}a_{21} = \begin{vmatrix} \left(\frac{\partial f_1}{\partial X_1}\right)_s & \left(\frac{\partial f_1}{\partial X_2}\right)_s \\ \left(\frac{\partial f_2}{\partial X_1}\right)_s & \left(\frac{\partial f_2}{\partial X_2}\right)_s \end{vmatrix} \tag{3.33}$$

显然,T 和 Δ 分别是(3.26)方程系数矩阵的迹和行列式。通常把(3.30)式或(3.31)式称为线性化方程组(3.26)的本征方程,相应地把 ω 称为线性化方程(3.26)的本征值。

本征方程(3.30)或(3.31)有两个本征值 ω_1 和 ω_2,即

$$\omega_1 = \frac{T + \sqrt{T^2 - 4\Delta}}{2} \tag{3.34}$$

$$\omega_2 = \frac{T - \sqrt{T^2 - 4\Delta}}{2} \tag{3.35}$$

从而线性方程组(3.26)有两组线性无关的解,它们可以写为

$$\begin{cases} x_1 = A_1 e^{\omega_1 t} \\ x_2 = B_1 e^{\omega_1 t} \end{cases}, \quad \begin{cases} x_1 = A_2 e^{\omega_2 t} \\ x_2 = B_2 e^{\omega_2 t} \end{cases} \tag{3.36}$$

其中,$\begin{pmatrix} A_1 \\ B_1 \end{pmatrix}$和$\begin{pmatrix} A_2 \\ B_2 \end{pmatrix}$分别是系数矩阵对应于本征值 ω_1 和 ω_2 的本征矢。因此,线性

化方程组(3.26)的解的一般形式为

$$\left.\begin{aligned} x_1 &= c_1A_1e^{\omega_1 t} + c_2A_2e^{\omega_2 t} \\ x_2 &= c_1B_1e^{\omega_1 t} + c_2B_2e^{\omega_2 t} \end{aligned}\right\} \tag{3.37}$$

其中,系数 c_1 和 c_2 由初始条件决定。从(3.37)式可以得出关于定态解的稳定性的如下结论:

(1) 若 ω_1 和 ω_2 的实部都是负的,则有

$$\lim_{t\to\infty} | x_i | = 0$$

即线性化方程(3.26)解 x_i 是渐近稳定的。由于扰动分量 x_i 是随着时间 t 衰减的,则非线性方程(3.23)的定态(X_{1s}, X_{2s})也是渐近稳定的。

(2) 若 ω_1 和 ω_2 中至少有一个实部是正的,则有

$$\lim_{t\to\infty} | x_i | = \infty$$

即线性化方程(3.26)解 x_i 是不稳定的。由于扰动分量 x_i 随时间按指数规律增长,则非线性方程(3.23)的定态(X_{1s}, X_{2s})也是不稳定的。

(3) 若 ω_1 和 ω_2 中至少有一个实部等于零,另一个实部也是负的,则 x_i 是稳定的,但不是渐近稳定的,从而(X_{1s}, X_{2s})处于临界稳定的。在这种临界情形下,微小的扰动或方程中某些参数值的微小变化,都可以使非线性方程的解发生变化。因此,从线性化方程解 x_i 只是稳定而不是渐近稳定的情形,不能对非线性方程解的性质做出判别。

上述表明,从线性化方程(3.26)解 x_i 的稳定性可以判断非线性方程(3.23)解(X_{1s}, X_{2s})的稳定性,它们之间的关系可由线性稳定性定理表述为:若非线性方程的线性化方程的零解是渐近稳定的,则参考态是非线性方程的一个渐近稳定解;若线性化方程的零解是不稳定的,则参考态也是非线性方程的不稳定解。利用线性稳定性定理来研究一个非线性方程的解的稳定性的过程称为线性稳定性分析。

在由(X_1, X_2)形成的二维相空间中,轨线所满足的方程是

$$\frac{dX_1}{dX_2} = \frac{f_1(X_1, X_2)}{f_2(X_1, X_2)} \quad (f_2 \neq 0)$$

或者

$$\frac{dX_2}{dX_1} = \frac{f_2(X_1, X_2)}{f_1(X_1, X_2)} \quad (f_1 \neq 0) \tag{3.38}$$

当 f_1 和 f_2 不同时为零并且具有连续偏导数时,方程(3.38)的右端在相空间中每点处有确定值,于是轨线上每点处的切线有确定的斜率,轨线不能在这些点相交,也就是说,只有一条轨线通过这些点,通常把这类点叫做正则点。反之,当 f_1 和 f_2 同时为零时,方程(3.28)的右端不再有确定值,轨线在这些点不再满足连续可微条

件，它们可在这些点相交，通常把这类点叫作奇异点，由(3.23)方程可以看到，奇点是微分方程组的定态解。利用上述线性稳定性分析方法，可以把二维相空间中的奇异点分类如下：

(1) 当 $T^2-4\Delta>0,\Delta>0$ 时，两个本征值 ω_1 和 ω_2 都是实数，而且具有相同的正负号。由(3.37)式可知；线性化方程的解按指数规律发展而远离奇异点或按指数规律衰减而趋于奇异点。这类奇异点称为结点。当 $T<0$ 时，ω_1 和 ω_2 都是负实数，X_1 和 X_2 趋于奇点 O。根据 ω_1 和 ω_2 的相对大小，趋于奇异点 O 的轨线的形状，或者如图 3.3(a)所示（当 $\omega_1=\omega_2<0$），或者如图 3.3(b)所示（当 $\omega_2<\omega_1<0$）。这样的奇异点 O 称为稳定结点。当 $T>0$ 时，ω_1 和 ω_2 都是正实数，X_1 和 X_2 离开奇异点，如图 3.3(c)和图 3.3(d)所示，这样的奇异点 O 称为不稳定结点。

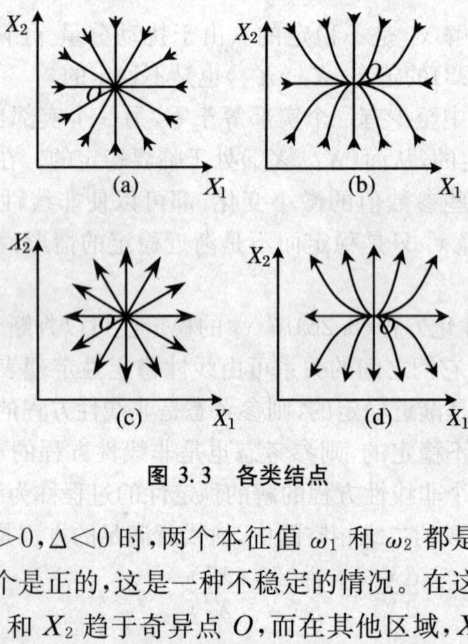

图 3.3 各类结点

(2) 当 $T^2-4\Delta>0,\Delta<0$ 时，两个本征值 ω_1 和 ω_2 都是实数，它们有不同的正负号，其中必有一个是正的，这是一种不稳定的情况。在这种情况下，在奇异点周围的某一区域，X_1 和 X_2 趋于奇异点 O，而在其他区域，X_1 和 X_2 离开奇异点 O，如图 3.4 所示，这样的奇异点称为鞍点。

(3) 当 $T^2-4\Delta<0,T\neq0$ 时，本征值 ω_1 和 ω_2 都是复数。于是 X_1 和 X_2 会以振荡的方式接近或离开奇异点。这样的奇异点称为焦点。当 $T<0$ 时，X_1 和 X_2 振荡地趋于奇异点，如图 3.5(a)所示，称这样的奇异点为稳定焦点。当 $T>0$ 时，X_1 和 X_2 振荡地离开奇异点，如图 3.5(b)所示，称这样的奇异点为不稳定焦点。

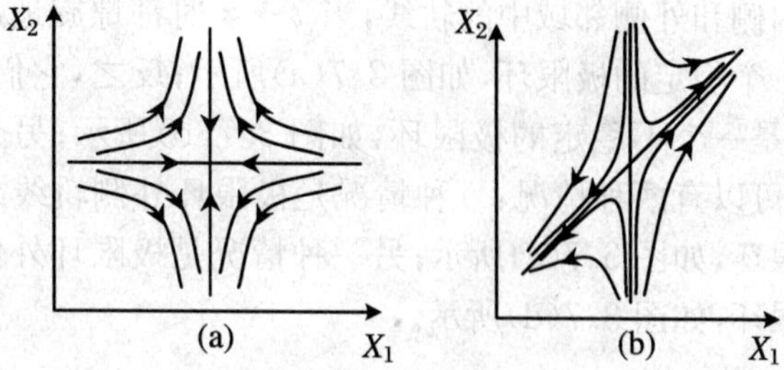

图 3.4 鞍点

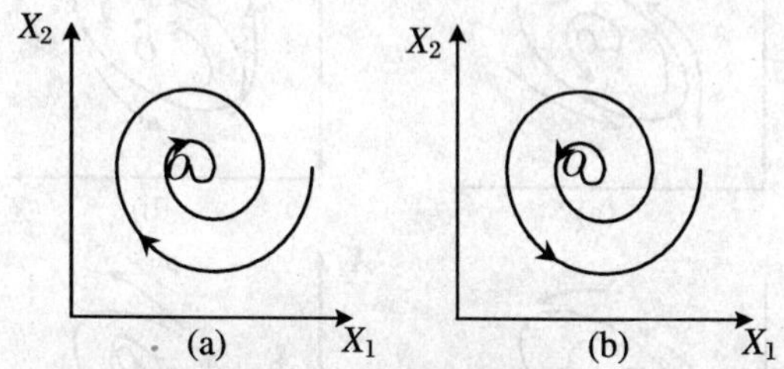

图 3.5 各类焦点

(4) 当 $T=0$,$\Delta>0$ 时,本征值 ω_1 和 ω_2 都是纯虚数。若系统的初始状态处于这样的奇异点附近,则它既不无限地离开也不无限地趋于奇异点,而是围绕奇异点振荡的运动,如图 3.6 所示。这样的奇异点称为中心点。由于中心点附近的封闭曲线并不趋于中心点,因此中心点是 Lyapounov 稳定的,但不是渐近稳定的。

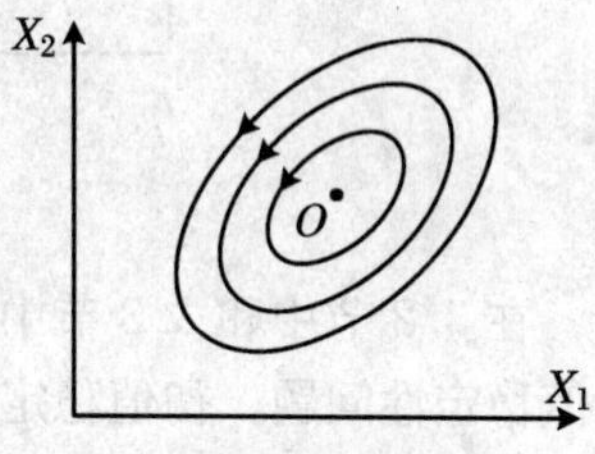

图 3.6 中心点

3.4 极限环和轨道稳定性

如 3.3 节中所述,当奇异点为中心点时,在中心点附近可存在许多封闭的轨线,可简称它们为闭轨。对于非线性系统来说,除了中心点周围的这类连续的闭轨族以外,还存在有孤立的闭轨,即在此闭轨两侧足够小的邻域内不存在其他闭轨,而在这个邻域内的轨线都螺旋形地趋于或远离这条闭轨,通常称这种闭轨为极限环。若在极限环内侧和外侧邻域中的轨线，当 $t\to\infty$ 时都螺旋地趋于极限环时，则定义此极限环是一个稳定的极限环，如图 3.7(a)所示；反之，它们都螺旋地远离极限环时，此极限环是一个不稳定的极限环，如图 3.7(b)所示；另外，还可以有半稳定的极限环，它们可以有两种情况：一种情况是极限环外侧轨线趋近于极限环，而内侧轨线远离极限环，如图 3.7(c)所示；另一种情况是极限环外侧轨线远离，而内侧轨线趋近于极限环，如图 3.7(d)所示。

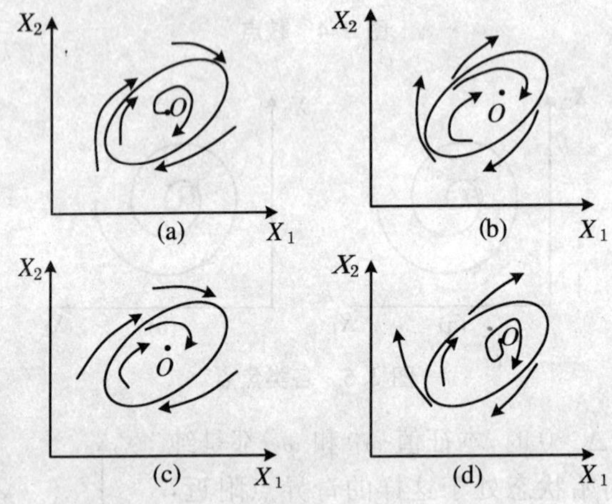

图 3.7　极限环及其稳定性

在 3.2 节中和 3.3 节中所阐述的 Lyapounov 稳定性理论是属于微分方程的初值稳定性问题。初值稳定性问题反映了初始的瞬时扰动对一个动力系统运动的影响。若瞬时扰动对系统的影响被衰减掉，则系统的运动是稳定的。反之，若瞬时扰动对系统的影响被放大，最终导致系统大大偏离原来的运动状态，则系统的运动是不稳定的。但是，在上述极限环的稳定性问题中，所涉及的稳定性概念是另一类轨道稳定性。若用 $T(t)$表示我们所考虑的轨道，用 $X(t)$表示 $T(t)$轨道附近的另一条轨道，则可把轨道稳定性定义为：如果任给 $\varepsilon>0$，存在有 $\eta>0$，若 t_0 时刻 $X(t_0)$与 T 的距离小于η，在 $t>t_0$ 时 $X(t)$与 T 距离小于ε 时，则称轨道 T 是稳定的；若轨道 T 不满足此轨道稳定性条件，则称轨道 T 是不稳定的；若轨道 T 满足轨道稳定性条件，而且当 $t\to\infty$ 时，$X(t)$与 T 的距离趋于零，则称 T 轨道是渐近稳定的。对于轨道稳定性的这个定义，可直观地理解为：若随着时间变化，轨道 T 附近的所有其他轨道始终保持在与 T 有限距离内，则 T 是轨道稳定的；若 T 附近的轨道最终趋于 T，则 T 是渐近轨道稳定的；若 T 附近的轨道最终都要远离 T，则 T 是轨道不稳的。由此可以看到，上述的稳定极限环是渐近轨道稳定的，而不稳定的极限环则是轨道不稳定的。在3.3节中所述的中心点附近的闭轨是轨道稳定的,但不是渐近轨道稳定的,因为中心点周围每一闭轨的附近还存在有其他闭轨,相邻两闭轨始终保持在有限距离内。

从极限环的定义和轨道稳定性分析,可以看出极限环有如下一些特点:

(1) 一个极限环的邻域不可能有另外的极限环。这表示在相平面中,极限环所表示的振荡状态是孤立的。

(2) 极限环的一些特征(如形状,大小,周期等)由系统的动力学规律(或方程)和固有性质(或参数)决定,与初始状态无关。

(3) 包围不稳定奇点的极限环一定是轨道稳定的,而包围稳定奇点的极限环总是轨道不稳定的。

极限环的概念在研究时空有序现象中具有重要的意义,因为它可以用来模拟某些稳定而持久的振荡现象,它与中心点附近的闭轨行为不同,在中心点附近的有限区域内,可以存在无限多条闭轨,每条闭轨所对应的振幅和频率完全由系统的初始条件决定,并且一个微小扰动可以使系统从一个闭轨跳跃到另一条闭轨,显然这样的闭轨不能用来解释实验上所能看到的并能重复的持久振荡现象。而极限环则不同,如上所述,它的振幅和频率并不决定于初始条件,而完全决定于系统内在的特性。稳定的极限环对小的扰动是稳定的。

能够产生极限环类型解的动力学方程通常都是比较复杂的,只有极小数可以得到极限环的解析解,因此判断极限环类型解的存在与否就是一个十分重要的问题。极限环的存在性问题是一个极为复杂的问题,目前还没有一种普适的关于极限环存在的判据。但是,对于只有两个变量的动力学方程(3.23),已经得到了一些简单的判别方法:

(1) 如果动力学方程只有一个奇异点,那么极限环存在时,该奇异点一定不是鞍点,因为从鞍点附近的轨线分布即可看出它不可能被极限环所包围。实际上,极限环只可能包围焦点或结点。这就意味着,线性化方程的系数矩阵行列式要大于零,即 $\Delta>0$。

(2) Bendixson 负判据:对于(3.23)方程组,若$\nabla\cdot f=\dfrac{\partial f_1}{\partial X_1}+\dfrac{\partial f_2}{\partial X_2}$在相平面的某一区域内不改变符号,则在此区域内不可能存在极限环。此结论可简单证明如下:考虑在区域 D 中为某一闭曲线 C 所包围的区域 R,根据 Green 公式有

$$\iint_R\left(\frac{\partial f_1}{\partial X_1}+\frac{\partial f_2}{\partial X_2}\right)\mathrm{d}X_1\mathrm{d}X_2=\oint_C(f_1\mathrm{d}X_2-f_2\mathrm{d}X_1)$$

由于$\nabla\cdot f$有确定符号,则上式积分结果也应有确定符号。若 C 是方程(3.23)的

一条闭轨解,则

$$\oint_C (f_1 \mathrm{d}X_2 - f_2 \mathrm{d}X_1) = \oint_C \left(f_1 \frac{\mathrm{d}X_2}{\mathrm{d}t} - f_2 \frac{\mathrm{d}X_1}{\mathrm{d}t}\right)\mathrm{d}t = \oint_C (f_1 f_2 - f_2 f_1)\mathrm{d}t = 0$$

这显然与$\nabla \cdot f$有确定符号是矛盾的,从而表明闭曲线不可能是方程(3.23)的解,从 Bendixson 负判据可以导出:线性方程组不可能有极限环型的解,因为对于线性方程组(例如(3.26)方程),$\nabla \cdot f = T = a_{11} + a_{22}$,它是一个常数,从而在整个相平面内都有确定的符号。因此,Bendixson 负判据意味着极限环解只能从非线性方程组产生。

(3) Poincare-Bendixson 定理:如果方程组(3.23)有一条轨线总是局限于相平面中不包含任何奇异点的有限区域 D 内,则此轨线或者是一个极限环,或者趋于一个极限环。此定理是很容易直观理解的,因为如果此轨线既不会终于某一奇点,又不会趋于无限远,它只有可能最后趋于一闭曲线。

3.5 分岔理论[63~64]

在 Lyapounov 稳定性和轨道稳定性的定义中都隐含着这样的假设,动力学方程的结构保持不变。一般来说,在含参数的微分方程中,参数的改变将改变微分方程本身的结构,改变后的微分方程将有另一组解。我们知道微分方程的解对应于相空间中的轨线,微分方程本身的变化必将引起相空间中轨线形态的改变。如果改变后的微分方程与原来微分方程的轨线在相空间中是拓扑等价的,则称方程的解是结构稳定的,反之如果是拓扑不等价的,则称为结构不稳定的。因此,通常把参数改变对微分方程解的性质的影响问题称为微分方程解的结构稳定性问题,或称为动力系统的结构稳定性问题。

在大量的实际问题中,微分方程中所含参数代表外界环境对动力系统的控制条件,在不断改变控制条件的过程中发现,当控制条件达到一定的临界条件时,动力系统的性质会发生突然变化,通常把这种突变现象称为分岔现象。从数学上来看,分岔现象的存在与描述动力系统的微分方程的结构稳定性问题密切相关。若所考虑的动力系统由如下微分方程组描述:

$$\frac{\mathrm{d}X_i}{\mathrm{d}t} = f_i(X_1, X_2, \cdots, X_n, \mu_1, \mu_2, \cdots, \mu_m) \tag{3.39}$$

其中，$X=(X_1,X_2,\cdots,X_n)$是状态变量，$\mu=(\mu_1,\mu_2,\cdots,\mu_m)$是控制参数，则可把分岔定义为：当控制参数 μ 连续地改变并通过μ_c时，系统(3.39)失去结构稳定性，即系统的定性性态(如平衡点或闭轨的数目和稳定性等)发生突然变化，则称该系统在 μ_c 处出现分岔，μ_c 称为临界值或分岔值。全体分岔值组成的集合称为该系统在控制参数空间中的分岔集。为了清楚地描述由分岔所引起系统的定性性态变化的情况，我们可在(X,μ)空间中画出该系统 $t\to\infty$时的极限状态随参数 μ 而变化的图形，这种图形称为分岔图，它反映了动力系统的定性性态随控制参数变化的情况。为了对上述分岔概念有比较具体的理解，现考虑如下的简单的微分方程：

$$\frac{\mathrm{d}x}{\mathrm{d}t}=\mu x-x^3 \tag{3.40}$$

定态解所满足的方程为

$$\mu x-x^3=0 \tag{3.41}$$

当参数 $\mu\leqslant 0$ 时，(3.41)方程有唯一解 $x=0$；当 $\mu>0$ 时，(3.41)方程有三个解：$x=0$ 和 $x=\pm\sqrt{\mu}$。方程(3.41)解的数目在 $\mu=0$ 处发生突然变化，也就是说，微分方程(3.40)平衡点的数目在 $\mu=0$ 处发生了突变。因此，方程(3.40)在 $\mu=\mu_c=0$ 处出现了分岔。分岔图如图 3.8 所示，它反映了方程(3.40)平衡点的数目随参数 μ 而变化的情况，在此图中的实线代表所相应的状态是稳定的，即 $\mu<0$ 时，定态 $x=0$ 是稳定的，虚线代表所相应的状态是不稳定的，即 $\mu>0$ 时，定态 $x=0$ 变成不稳定的，而 $x=\sqrt{\mu}$和$x=-\sqrt{\mu}$的两个定态是稳定的。通常，称此类分岔为叉形分岔。

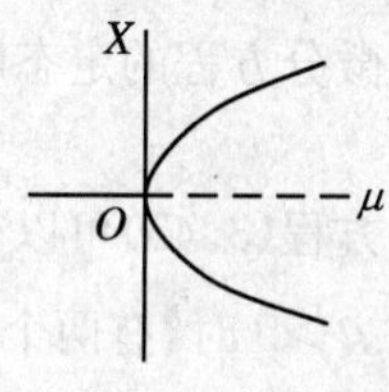

图 3.8　叉形分岔

一般来说，完整的分岔分析需要了解动力系统的全局拓扑结构，这是十分复杂甚至难以做到的，在实际应用中，通常只需考虑在某个平衡点的邻域内动力系统拓扑结构的变化，这类分岔问题称为局部分岔。当然，局部分岔本身也是全局分岔分析的重要内容，二者是密切相关的。

按照研究的对象还可以把分岔问题分为静态分岔和动态分叉。静态分岔是指只有平衡点的数目和稳定性发生变化的分岔问题，即研究静态方程

$$f(X,\mu)=0 \tag{3.42}$$

的解的数目和稳定性随参数 μ 变化而出现的突然改变，例如平衡点的鞍结分岔、跨临界分岔和叉形分岔等都属于静态分岔。动态分岔是研究动态方程

$$\frac{\mathrm{d}X}{\mathrm{d}t}=f(X,\mu) \tag{3.43}$$

解的拓扑结构随参数 μ 变化而发生的突然变化，在这种问题中，不仅有平衡点和闭

轨的数目和稳定性的变化，而且还有解随着时间变化的形态问题，例如 Hopf 分岔、闭轨分岔和同宿或异宿分岔等都属于动态分岔。实际上，静态分岔问题是动态分岔问题的一部分内容，因为平衡点数目的突然变化(静态分岔)往往要引起一般解的性质的突然变化(动态分岔)。

在分岔问题中，为了深入分析非线性动力系统的拓扑结构和稳定性变化规律，必须使用现代数学方法和计算手段。目前，在分岔理论中已建立起确定分岔值 μ_c，分岔类型和分岔解性质等的若干分析方法[63]。我们将结合具体问题，对于有关的分析方法，在本书中逐步的给予适当的介绍。在本节中，我们只对于若干常用而重要的分岔类型，进行简单的介绍：

1. 鞍结分岔

考虑如下微分方程组：

$$\left.\begin{aligned}\frac{dx}{dt} &= \mu - x^2 \\ \frac{dy}{dt} &= -y\end{aligned}\right\} \tag{3.44}$$

此微分方程的定态解所满足的方程为

$$\mu - x^2 = 0, \quad -y = 0 \tag{3.45}$$

由方程(3.45)可以得出：当 $\mu<0$ 时，无平衡点存在；当 $\mu=0$ 时，平衡点为(0,0)；当 $\mu>0$ 时，有两个平衡点($+\sqrt{\mu}$,0)和($-\sqrt{\mu}$,0)。

对于 $\mu>0$ 时两个平衡点的类型和稳定性，可从(3.44)方程的线性化方程的如下本征方程得到：

$$\begin{vmatrix} -2x-\omega & 0 \\ 0 & -1-\omega \end{vmatrix}_{x=\pm\sqrt{\mu},\,y=0} = 0 \tag{3.46}$$

由(3.46)式可解出其特征值为：当 $x=\sqrt{\mu}$ 时，$\omega_1=-2\sqrt{\mu}$，$\omega_2=-1$，则此平衡点为稳定结点。在图 3.9 上用符号 $A(\sqrt{\mu},0)$ 表示；当 $x=\sqrt{\mu}$ 时，$\omega_1=2\sqrt{\mu}$，$\omega_2=$

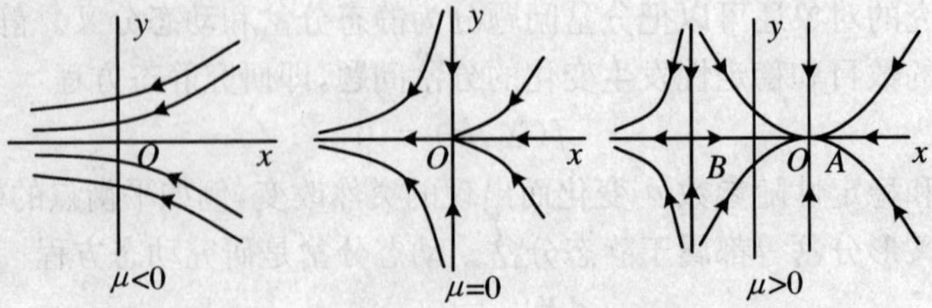

图 3.9　鞍结分岔的相图

-1,则此平衡点为不稳定的鞍点,在图3.9上用符号$B(-\sqrt{\mu},0)$表示。在图3.9中给出了在(xy)相平面上轨线的形态随参数μ而变化的情况,即相图随参数μ变化的情况。图3.10是分岔图,它描述了平衡点的位置和稳定性随参数μ变化的情况,其中实线代表稳定的结点,虚线代表不稳定的鞍点。由图3.9和图3.10可以看到,当$\mu=\mu_c=0$时,鞍点和结点合并成一个鞍结点,或者说,当μ从小于零增加到零时,系统从无平衡点状态突然分岔出一个鞍点和一个结点的状态。因此,把此类分岔称为鞍结分岔,有时也称极限点分岔。

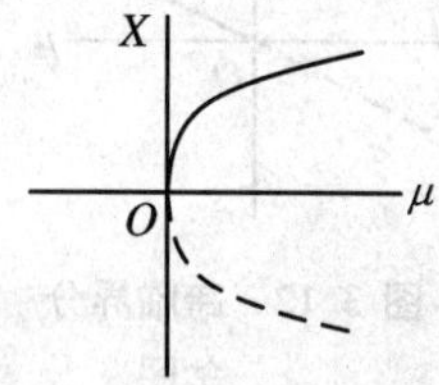

图3.10　鞍结分岔图

2. 跨临界分岔

考虑微分方程组

$$\left.\begin{aligned}\frac{dx}{dt}&=\mu x-x^2\\ \frac{dy}{dt}&=-y\end{aligned}\right\}\tag{3.47}$$

由其定态方程可得到:$\mu<0$时有两个平衡点$O(0,0)$和$A(\mu,0)$;$\mu=0$时有一个平衡点$O(0,0)$;$\mu>0$时有两个平衡点$O(0,0)$和$A(\mu,0)$。由方程(3.47)的线性化方程的本征方程

$$\begin{vmatrix}\mu-2x-\omega & 0\\ 0 & -1-\omega\end{vmatrix}=0\tag{3.48}$$

可以得到:当$\mu<0$时,对于平衡点$O(0,0)$的本征值$\omega_1=\mu<0,\omega_2=-1$,则为稳定结点,对于平衡点$A(\mu,0)$的本征值$\omega_1=-\mu>0,\omega_2=-1$,则为不稳定鞍点;对于$\mu=0$的平衡点$O(0,0)$,它的本征值为:$\omega_1=0,\omega_2=1$,则为鞍结点;当$\mu>0$时,对于平衡点$O(0,0)$的本征值$\omega_1=\mu,\omega_2=-1$,则为不稳定鞍点,对于平衡点$A(\mu,0)$的本征值$\omega_1=-\mu,\omega_2=-1$,则为稳定结点。在图3.11和图3.12中分别给出了相图随μ变化的情况和分岔图。由这些图可以看到,在$\mu=\mu_c=0$分岔

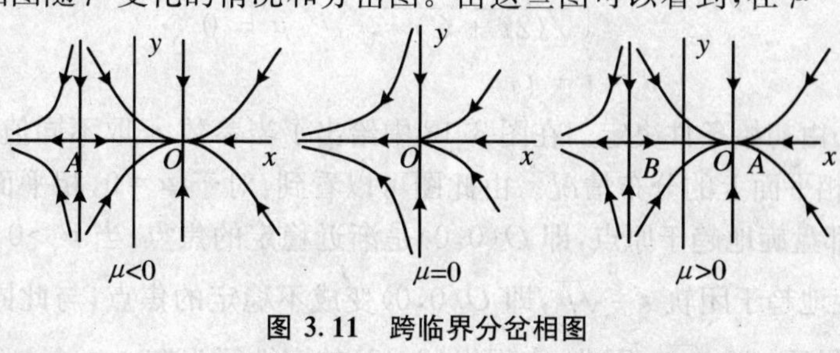

图3.11　跨临界分岔相图

点处,平衡点 O 和 A 的稳定性互相交换,故称其为跨临界分岔。

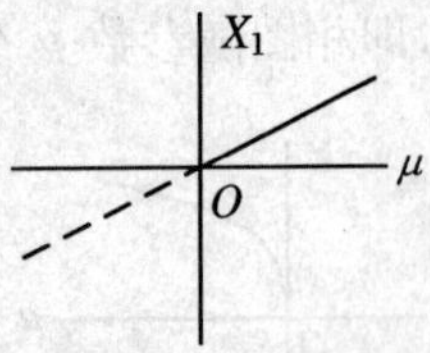

图 3.12　跨临界分岔图

3. Hopf 分岔

考虑微分方程组

$$\left.\begin{aligned}\frac{dx}{dt}&=-y+x[\mu-(x^2+y^2)]\\\frac{dy}{dt}&=x+y[\mu-(x^2+y^2)]\end{aligned}\right\}\tag{3.49}$$

的解随参数 μ 而变化的情况。在极坐标系中,此方程组可写为

$$\frac{dr}{dt}=r(\mu-r^2)\tag{3.50a}$$

$$\frac{d\theta}{dt}=1\tag{3.50b}$$

显然,(3.50b)式表明,方程的解的轨线以常角速度旋转。由(3.50a)式可得到方程的奇异点有:当 $\mu<0$ 时,只有 $r=0$ 为平衡点,即 $O(0,0)$为平衡点;当 $\mu>0$ 时,有一个平衡点 $r=0$ 和 $r=\sqrt{\mu}$的闭轨。由此可见,当 μ 值变化时,$O(0,0)$始终是一个平衡点。对于此 $O(0,0)$平衡点,它相应的线性化方程的本征方程为

$$\begin{vmatrix}\mu-\omega & -1\\ 1 & \mu-\omega\end{vmatrix}=0\tag{3.51}$$

由此式可得,它的本征值 $\omega=\mu\pm i$ 是共轭复数。由此可以看到,当 μ 从负变正时,$O(0,0)$平衡点从稳定焦点变成不稳定的焦点,当 $\mu>0$ 时,还将出现另一个分岔解 $r=\sqrt{\mu}$。由(3.50a)式可以看到:若 $r<\sqrt{\mu}$,则 $dr/dt>0$,r 要变大,使平衡点不稳;若 $r>\sqrt{\mu}$,则 $dr/dt<0$,r 要变小,因此 $r=\sqrt{\mu}$,便是一个稳定的极限环。

另外,利用初等积分法,不难得到(3.50)方程的解为

$$r=\begin{cases}\sqrt{\mu(1+e^{-2\mu t})^{-1}}, & \mu\neq 0\\ \sqrt{(2t+C)^{-1}}, & \mu=0\end{cases}\tag{3.52a}$$

$$\theta=t-t_0\tag{3.52b}$$

其中 C 和 t_0 由初始条件决定。在图 3.13 中给出了当参数 μ 取不同值时,方程组解的轨线在相平面上的分布情况。由此图可以看到:对于 $\mu=0$,相平面上的轨线当 $t\to\infty$ 时都盘旋地趋于原点,即 $O(0,0)$是渐近稳定的焦点;当 $\mu>0$ 时,轨线当 $t\to\infty$ 时盘旋地趋于闭轨 $r=\sqrt{\mu}$,即 $O(0,0)$变成不稳定的焦点,与此同时出现一个稳定的极限环 $r=\sqrt{\mu}$。因此,方程组(3.49)的定性行为在 $\mu=\mu_c=0$ 处发生了

突然变化。通常把从平衡点(焦点)产生极限环的分岔称为 Hopf 分岔。为简单起见,在涉及闭轨的分岔问题中,通常取闭轨的振幅 r 作为分岔图的纵坐标。图 3.14 给出了 Hopf 分岔图,图中 $r>0$ 的实线代表稳定的极限环。

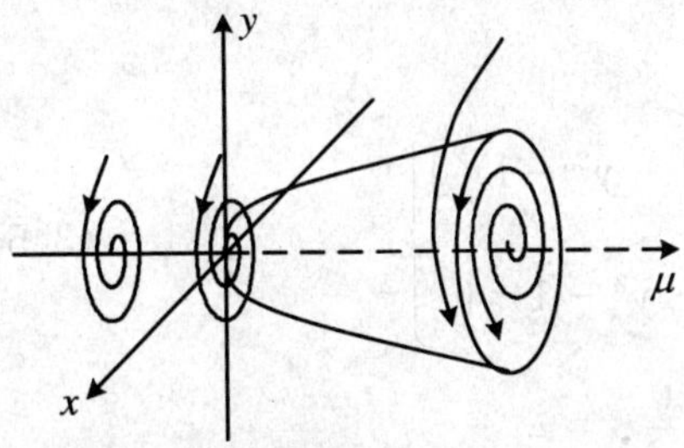

图 3.13　超临界 Hopf 分岔相图

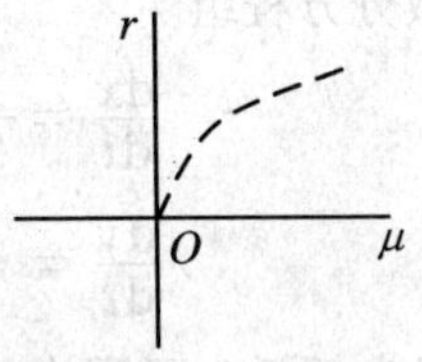

图 3.14　超临界 Hopf 分岔相图

需要指出,极限环也有稳定与不稳定之分,因此 Hopf 分岔也有两种结果。对于如下的微分方程组:

$$\left.\begin{aligned}\frac{dx}{dt} &= \mu x - y + x(x^2 + y^2)\\ \frac{dy}{dt} &= x + \mu y + y(x^2 + y^2)\end{aligned}\right\} \tag{3.53}$$

进行上述的类似分析,可得到与微分方程组(3.49)不同的结果。图 3.15 和图 3.16 分别给出了(3.53)方程组所相应的 Hopf 分岔相图和分岔图。由这些图可以看到,当 μ 通过分岔点 $\mu_c=0$ 时,由平衡点产生的极限环是不稳定的极限环。通常,把由图 3.13 和图 3.14 所表示的 Hopf 分岔叫做超临界 Hopf 分岔,它的特点是极限环是在参数 μ 大于分岔值 μ_c 的范围内存在,而且分岔出来的稳定极限环与稳定的平衡点是分别处在分岔点的两侧。由图 3.15 和图 3.16 所表示的 Hopf 分岔叫做亚临界 Hopf 分岔,它的特点是极限环是在参数 μ 小于分岔值 μ_c 的范围内存

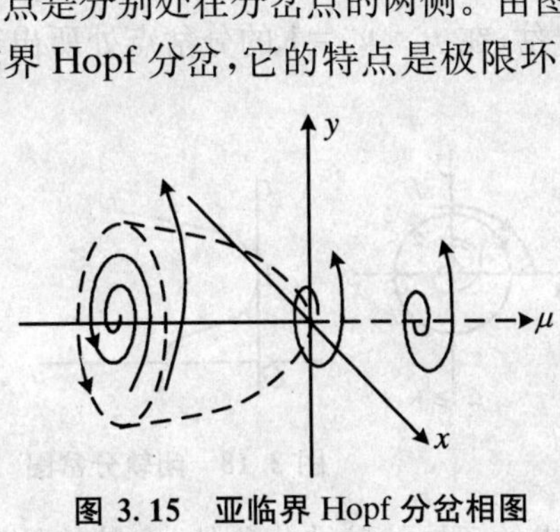

图 3.15　亚临界 Hopf 分岔相图

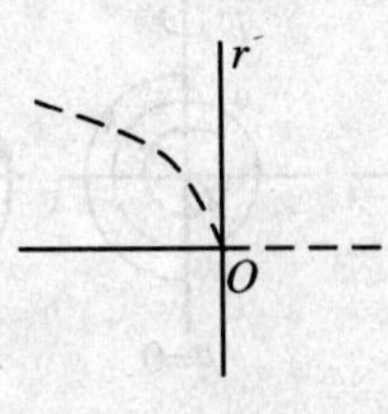

图 3.16　亚临界 Hopf 分岔图

在，而且分岔出来的不稳定极限环与原来的稳定平衡点出现在分岔点的同一侧。由图 3.14 和图 3.16 可以看到这样的规律：包围不稳定奇点的极限环一定是稳定的，而包围稳定奇点的极限环总是不稳定的。

（4）闭轨分岔

考虑微分方程组

$$\left.\begin{aligned}\frac{dx}{dt}&=-y-x[\mu-(x^2+y^2-1)^2]\\\frac{dy}{dt}&=x-y[\mu-(x^2+y^2-1)^2]\end{aligned}\right\}\tag{3.54}$$

此方程在极坐标系中可写为

$$\frac{dr}{dt}=-r[\mu-(r-1)^2]\tag{3.55a}$$

$$\frac{d\theta}{dt}=1\tag{3.55b}$$

由(3.55b)式可知，方程的解的轨线以常角速度旋转。由(3.55a)式可得方程的奇异点有：当 $\mu<0$ 时，只有 $r=0$ 或 $O(0,0)$ 的焦点，无闭轨；当 $\mu=0$ 时，有 $r=0$ 的焦点和 $r=1$ 的闭轨，用 Γ_0 表示；当 $0<\mu<1$ 时，有 $r=0$ 的焦点和 $r=\sqrt{1-\sqrt{\mu}}$ 的闭轨 Γ_1 及 $r=\sqrt{1+\sqrt{\mu}}$ 的闭轨 Γ_2。通过线性稳定性分析，可以得到上述各类奇点的稳定性如下：对于 $O(0,0)$ 焦点，当 $\mu<1$ 时是不稳定的焦点，当 $\mu\geqslant1$ 时是稳定焦点；当 $\mu=0$ 时，闭轨 Γ_0 是一个半稳定极限环；当 $0<\mu<1$ 时，闭轨 Γ_1 是稳定极限环，闭轨 Γ_2 是不稳定极限；当 $\mu\geqslant1$ 时，闭轨 Γ_2 是不稳定极限环。图 3.17 给出方程组(3.54)的相图随参数 μ 变化的情况，图 3.18 给出了分岔图。由这些图可以看到：随着 μ 增加并经过 $\mu=0$ 时，闭轨 Γ_0 分成两条闭轨 Γ_1 和 Γ_2，通常把 $\mu=\mu_c=0$ 时出现的这类分岔称为闭轨的鞍结分岔；在 $\mu=\mu_c=1$ 的分岔点处所出现的分岔是亚临界 Hopf 分岔。

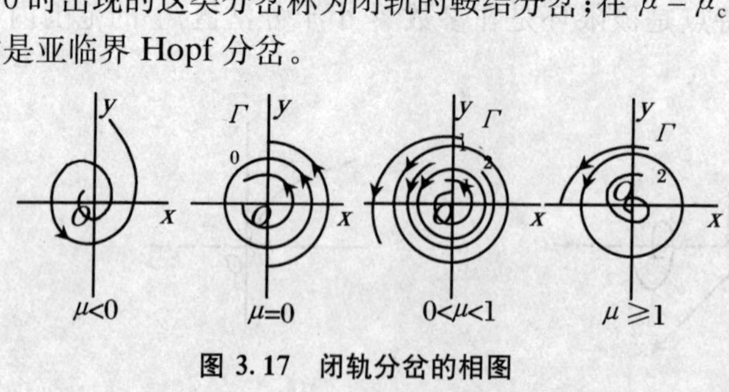

图 3.17　闭轨分岔的相图

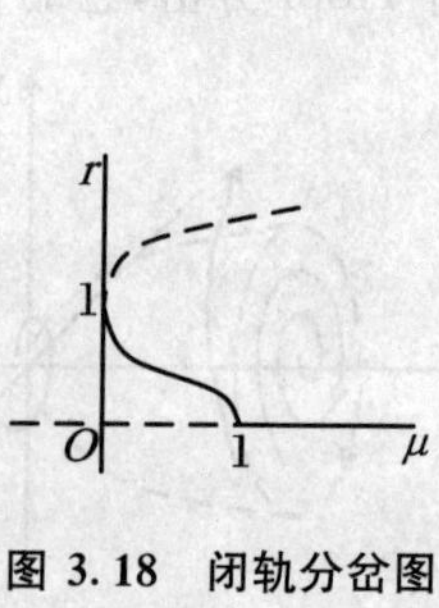

图 3.18　闭轨分岔图

需要指出，除了方程组(3.54)所表现出的闭轨的鞍结分岔外，在其他的微分方程中也存在有闭轨的跨临界分岔以及闭轨的叉形分岔等。所有这些类型的分岔可统称为闭轨分岔。

(5) 同宿或异宿分岔

在非线性系统中可能存在一条轨线连接两个奇异点，这样的轨线称为异宿轨线，也可能存在一条轨线首尾与一个奇异点连接，称它为同宿轨线。如果非线性系统存在连接鞍点的同宿或异宿轨线，则此系统是全局结构不稳定的。在这种情况下，适当的小扰动可以使系统的拓扑结构发生突然变化，例如闭轨的产生或消失等，这种分岔称为同宿或异宿分岔，它属于全局分岔的范畴。

考虑微分方程组

$$\left.\begin{aligned}\frac{\mathrm{d}x}{\mathrm{d}t} &= y\\ \frac{\mathrm{d}y}{\mathrm{d}t} &= x + x^2 - xy + \mu y\end{aligned}\right\}\tag{3.56}$$

此系统有两个平衡点：鞍点 $O(0,0)$ 和焦点（或结点）$A(-1,0)$。随着参数 μ 增加并经过 $\mu=-1$ 时，点 A 由稳定焦点变为不稳定焦点，同时由平衡点 A 分岔出一个稳定极限环 Γ_μ，也就是说在 $\mu=\mu_c=-1$ 出现了超临界 Hopf 分岔。随着 μ 进一步增加，稳定极限环 Γ_μ 不断扩大，若用 ρ 表示极限环 Γ_μ 到 A 点的距离，即 ρ 随着 μ 增加而不断增大。当 $\mu=\mu_0\approx-0.85$ 时，Γ_μ 与鞍点 O 相交，并成为鞍点分界线，即为同宿轨线。当 $\mu>\mu_0$ 以后，此同宿轨线不再存在。另外，当 μ 由 μ_0 减少时，此同宿轨线也突然消失，变成一个稳定极限环 Γ_μ。因此，在 $\mu=\mu_0$ 处出现了同宿分岔。在图 3.19 和图 3.20 中分别给出相图随 μ 变化的情况和分岔图。

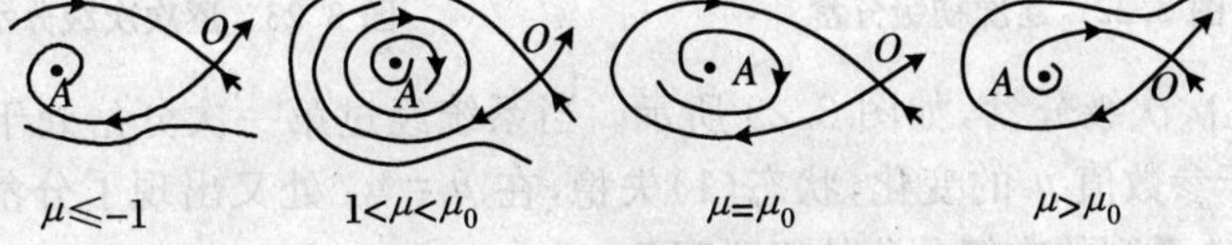

图 3.19　同宿分岔相图

对如下微分方程组

$$\left.\begin{aligned}\frac{\mathrm{d}x}{\mathrm{d}t} &= x^2 - y^2 - 1\\ \frac{\mathrm{d}y}{\mathrm{d}t} &= \mu + y^2 - xy\end{aligned}\right\}\tag{3.57}$$

在 $\mu=0$ 时存在有连接鞍点 $A(1,0)$ 和 $B(-1,0)$ 的异宿轨线，而当 $\mu\neq0$ 时不存在异宿轨线，如图 3.21 所示。因此，在 $\mu=\mu_c=0$ 处出现了异宿分岔。

最后需要指出，随着参数值 μ 的不断变化，复杂的动力系统会出现一系列的分岔点，也就是出现逐次分岔的现象。逐次分岔可有如下两种基本类型：

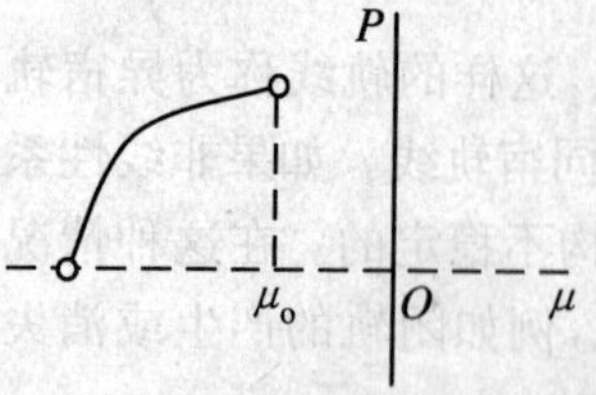

图 3.20　同宿分岔图

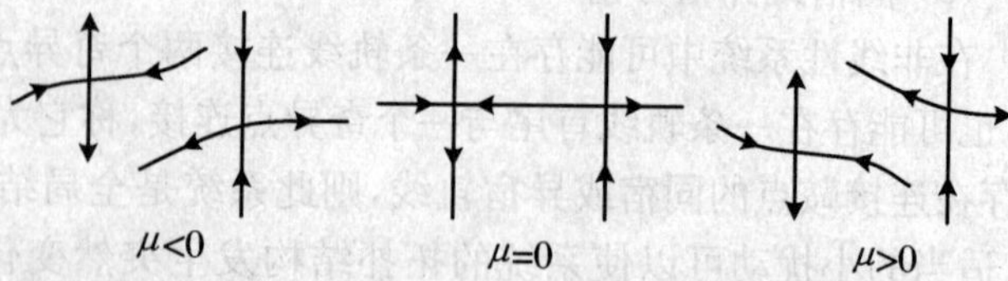

图 3.21　异宿分岔示意图

(1) 逐次初级分岔，如图 3.22 所示。设图中(O)是原来的稳定定态，通常是热力学平衡态。在参数 μ 取 μ_{c_1}、μ_{c_2}、μ_{c_3}…等处都出现了分岔，从而出现了一系列的分岔解(1)、(2)、(3)…，通常称之为分岔分支。由图 3.22 可以看到，当 $\mu>\mu_{c_3}$ 时，例如可有 7 种可能的状态存在，其中 6 个是稳定的状态，而原来的热力学平衡态变成为不稳定的分支(O')。

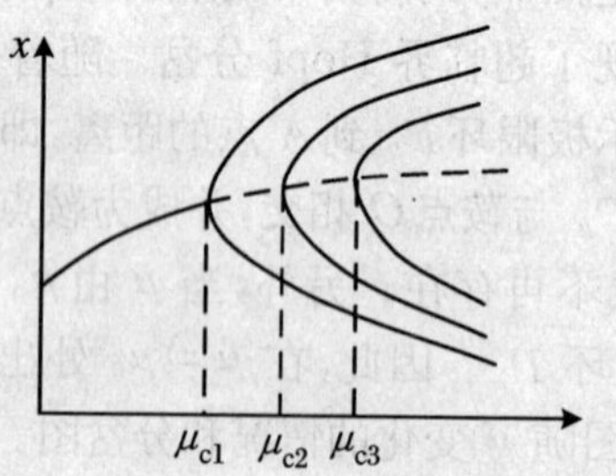

图 3.22　逐次初级分岔

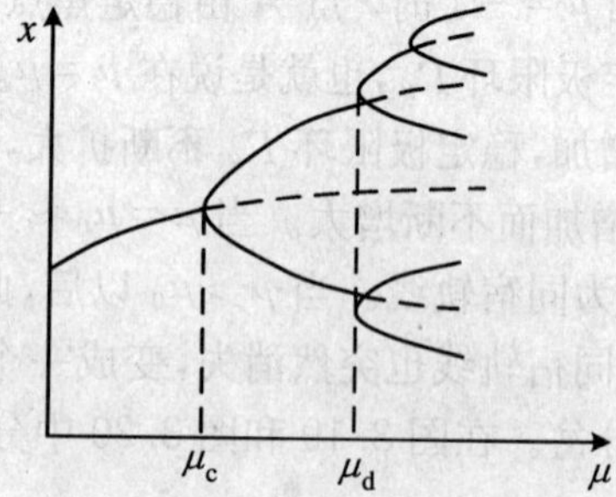

图 3.23　逐次次级分岔

(2) 逐次次级分岔，如图 3.23 所示。当系统经过第一次分岔处于稳定状态(1)时，由于参数值 μ 的变化，状态(1)失稳，在 $\mu=\mu_d$ 处又出现了分岔。如此下去，将出现一系列的次级分岔的级联现象。

在一定参数值范围内由逐级分岔得到的多个状态通常都是离散的，人们有时称这种由逐次分岔出现多个离散状态的现象为“宏观量子化”。这种状态的“量子化”又使人们认识到复杂的动力系统具有“记忆”作用并使系统具有储存信息的本领。进一步的高级分岔过程不但可以导致混沌状态的出现，而且不同非平衡非线性态之间的相互作用，形成了非线性态-态动力学的新的研究领域。

3.6　三分子模型的线性稳定性分析[60~61]

这个反应扩散模型是首先由 Prigogine 及其同事提出来的，因此也被称为 Brussels 模型。这个模型中包括如下三分子自催化反应步骤：

$$2X + Y \longrightarrow 3X$$

也就是说，在动力学方程中包含了三次非线性项。尽管在实际化学反应体系中，三分子反应很少，但是这个模型表明了当系统远离平衡时确实可以出现各种时空有序结构。因此，它作为阐述耗散结构的理想的理论模型，被广泛使用着。

设开放系统中进行着如下一系列化学反应：

$$\left.\begin{aligned} &A \underset{k_{-1}}{\overset{k_1}{\rightleftharpoons}} X \\ &B + X \underset{k_{-2}}{\overset{k_2}{\rightleftharpoons}} Y + D \\ &2X + Y \underset{k_{-3}}{\overset{k_3}{\rightleftharpoons}} 3X \\ &X \underset{k_{-4}}{\overset{k_4}{\rightleftharpoons}} E \end{aligned}\right\} \tag{3.58}$$

并假定：反应物 A 和 B 的浓度很高，在反应过程中是恒定和均匀的，完全可由外界控制；产物 D 和 E 一经产生即可除去，即 $k_{-2} = k_{-4} = 0$；由于 A 浓度很高，可忽略第一反应步骤中的逆反应的作用，即取 $k_{-1} = 0$；为了使分析更简单，取 $k_{-3} = 0$；各组分的扩散过程是彼此独立的，扩散系数 D_i 取为常数。在上述假定条件下，对于中间产物 X 和 Y 的反应扩散方程可写为

$$\left.\begin{aligned} \frac{\partial \overline{X}}{\partial \overline{t}} &= k_1 \overline{A} - (k_2 \overline{B} + k_4)\overline{X} + k_3 \overline{X}^2 \overline{Y} + \overline{D}_1 \nabla^2 \overline{X} \\ \frac{\partial \overline{Y}}{\partial \overline{t}} &= k_2 \overline{B}\,\overline{X} - k_3 \overline{X}^2 \overline{Y} + \overline{D}_2 \nabla^2 \overline{X} \end{aligned}\right\} \tag{3.59}$$

其中，$\overline{X}$、$\overline{Y}$、$\overline{A}$、$\overline{B}$、$\overline{t}$ 和 $\overline{D}_1$、$\overline{D}_2$ 代表系统中的实际浓度，实际时间和实际扩散系数。为了简化讨论，只考虑一维系统，若系统的长度为 l，则

$$\nabla^2 = \frac{\partial^2}{\partial r^2}, \quad 0 \leqslant r \leqslant l \tag{3.60}$$

并引入如下标度变量：

$$\left.\begin{aligned} X &= \left(\frac{k_3}{k_4}\right)^{\frac{1}{2}}\overline{X}, \qquad Y = \left(\frac{k_3}{k_4}\right)^{\frac{1}{2}}\overline{Y} \\ t &= k_4\overline{t}, \qquad\qquad D_i = \frac{\overline{D}_i}{k_4} \\ A &= \left(\frac{k_1^2 k_3}{k_4^3}\right)^{\frac{1}{2}}\overline{A}, \quad B = \left(\frac{k_2}{k_4}\right)\overline{B} \end{aligned}\right\} \tag{3.61}$$

则可得 X 和 Y 所满足的反应扩散方程为

$$\left.\begin{aligned} \frac{\partial X}{\partial t} &= A-(B+1)X+X^2Y+D_1\frac{\partial^2 X}{\partial r^2} \\ \frac{\partial Y}{\partial t} &= BX-X^2Y+D_2\frac{\partial^2 X}{\partial r^2} \end{aligned}\right\} \tag{3.62}$$

在求解(3.62)方程时的两类边界条件是

(1) 固定边界条件取为

$$\left.\begin{aligned} X(0,t) &= X(l,t) = A \\ Y(0,t) &= Y(l,t) = \frac{B}{A} \end{aligned}\right\} \tag{3.63}$$

(2) 零流边界条件取为

$$\left(\frac{\partial X}{\partial r}\right)_{r=0,l} = \left(\frac{\partial Y}{\partial r}\right)_{r=0,l} = 0 \tag{3.64}$$

方程(3.62)在(3.63)和(3.64)两类边界条件下，存在有唯一的均匀定态解：

$$X_{\mathrm{S}} = A, \quad Y_{\mathrm{S}} = \frac{B}{A} \tag{3.65}$$

为了确定出现时空有序结构的条件，现以定态解($X_{\mathrm{S}}, Y_{\mathrm{S}}$)作为参考态，进行线性稳定性分析。若取：

$$\begin{aligned} X &= A + x \\ Y &= \frac{B}{A} + y \end{aligned} \tag{3.66}$$

则可得到 x 和 y 所满足的线性化方程为

$$\frac{\partial}{\partial t}\begin{bmatrix} x \\ y \end{bmatrix} = L\begin{bmatrix} x \\ y \end{bmatrix} \tag{3.67}$$

$$L = \begin{bmatrix} B-1+D_1\dfrac{\partial^2}{\partial r^2} & A^2 \\ -B & -A^2+D_2\dfrac{\partial^2}{\partial r^2} \end{bmatrix} \tag{3.68}$$

线性化方程(3.67)满足边界条件：

$$x(0,t) = x(l,t) = y(0,t) = y(l,t) = 0 \tag{3.69}$$

$$\left(\frac{\partial x}{\partial r}\right)_{r=0,l} = \left(\frac{\partial y}{\partial r}\right)_{r=0,l} = 0 \tag{3.70}$$

显然，(3.69)式是固定边界条件，(3.70)式是零流边界条件。

线性化方程(3.67)在(3.69)式和(3.70)式边界条件下的解，分别具有如下形式：

$$\begin{bmatrix} x \\ y \end{bmatrix} = \begin{bmatrix} c_1 \\ c_2 \end{bmatrix} e^{\omega_n t} \sin \frac{n\pi}{l} r \quad (n = 1,2,\cdots) \tag{3.71}$$

$$\begin{bmatrix} x \\ y \end{bmatrix} = \begin{bmatrix} c_1 \\ c_2 \end{bmatrix} e^{\omega_n t} \cos \frac{n\pi}{l} r \quad (n = 0,1,\cdots) \tag{3.72}$$

把(3.71)式或(3.72)式代入到方程(3.67)中，可得本征方程为

$$\omega_n^2 - T\omega_n + \Delta = 0 \tag{3.73}$$

其中

$$T = B - (A^2 + 1) - \beta(D_1 + D_2) \tag{3.74}$$

$$\Delta = A^2 + \beta[A^2 D_1 + (1 - B)D^2] + \beta^2 D_1 D_2 \tag{3.75}$$

$$\beta = \left(\frac{n\pi}{l}\right)^2 \tag{3.76}$$

由(3.73)式可得本征值 ω_n 为

$$\omega_n = \frac{1}{2}\left(T \pm \sqrt{T^2 - 4\Delta}\right) \tag{3.77}$$

由(3.77)式可以得到如下的结论：

(1) 当 $n \to \infty$ 时，ω_n 有负实部，因此定态(X_S, Y_S)对波数很大的扰动总是稳定的。

(2) 当 $T^2 - 4\Delta < 0$ 时，ω_n 是复数，如果同时有 $T > 0$，即

$$B > A^2 + 1 + (D_1 + D_2)\frac{n^2\pi^2}{l^2} \tag{3.78}$$

时，则 ω_n 的实部是正的，此时系统是不稳定的。系统从稳定到不稳定的临界曲线为

$$\widetilde{B}_n = A^2 + A + (D_1 + D_2)\frac{n^2\pi^2}{l^2} \tag{3.79}$$

此式给出了图3.24中稳定区和不稳定区的分界线。图中 n 取 $0,1,2,\cdots$ 时各本征解对应的 B 值取 $\widetilde{B}_0, \widetilde{B}_1, \widetilde{B}_2, \cdots$，这些点是产生分岔解的所在之处，也就是说，对于 n 的某个值，每当至少有

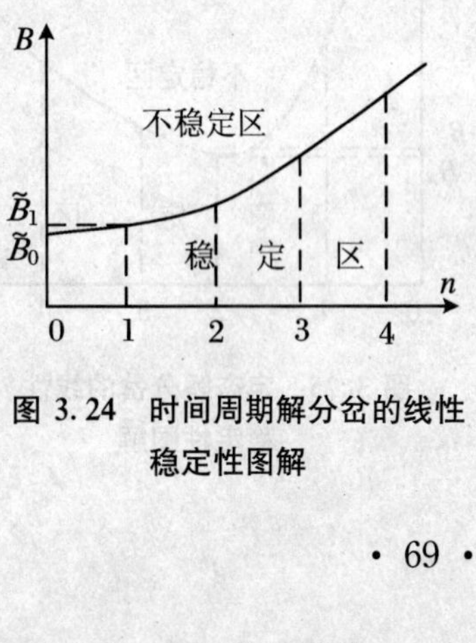

图3.24　时间周期解分岔的线性稳定性图解

一个相应的本征值 ω_n 的实部为正时，定态解(X_S, Y_S)对波数为 n 的不均匀扰动是不稳定的，这样的扰动便会长大而可能导致某种以波数 n 为特征的有序结构。由$T^2-4\Delta<0$本征值 ω_n 为复数的条件，可得到

$$(A-\delta_n^{\frac{1}{2}})^2 < B < (A+\delta_n^{\frac{1}{2}})^2 \tag{3.80}$$

其中

$$\delta_n = 1 + \frac{n^2\pi^2}{l^2}(D_1 - D_2) \tag{3.81}$$

同时满足(3.79)式和(3.80)式的分岔解是属于时间周期解，(3.79)式所表达的曲线是稳定区和扰动能够振荡地长大的不稳定区之间的分界线。

(3) 当 $\Delta<0$ 时，本征值 ω_n 为实数，其中必有一个为正实数，系统是不稳定的。若用 B 所满足的关系式来表示，则为

$$B > 1 + \frac{D_1}{D_2}A^2 + \frac{A^2}{D_2 n^2\pi^2}l^2 + \frac{D_1 n^2\pi^2}{l^2} \tag{3.82}$$

此时，系统从稳定到不稳定的临界曲线为

$$B_n = 1 + \frac{D_1}{D_2}A^2 + \frac{A^2}{D_2}\frac{l^2}{n^2\pi^2} + D_1\frac{n^2\pi^2}{l^2} \tag{3.83}$$

此式给出了图 3.25 中稳定区和不稳定区的分界线。由于 ω_n 是实数，则(3.83)式所表达的曲线是稳定区和扰动能够非振荡地长大的不稳定区之间的分界线。

如上所述，在图 3.24 和图 3.25 中分界线上与 n 取整数值对应的点是分岔点。当 B 的值随控制条件改变而逐渐增加时，导致第一次分岔的分岔点相当于图 3.24 中分界线的最低点和图 3.25 中分界线的最低点两者中较低的点。对于图 3.24 中分界线的最低点而言，对于零流边界条件取 $\widetilde{B}_0$，对于固定边界条件取 $\widetilde{B}_1$。对于图 3.25 中分界线的最低点而言，如果 μ 为整数则取 B_μ，否则取与 B_μ 最为接近的 n 取整数的 B_n，即 B_c。因此，若 B_μ(或 B_c)小于 $\widetilde{B}_0$(或 $\widetilde{B}_1$)时，则第一个分岔点对应的本征值是实的，由它产生的分岔解是定态解，即不随时间振荡的解。若 $\widetilde{B}_0$(或 $\widetilde{B}_1$)小于 B_μ(或 B_c)时，则第一个分岔点对应的本征值带有虚部，由它产生的分岔解是随时间振荡的。

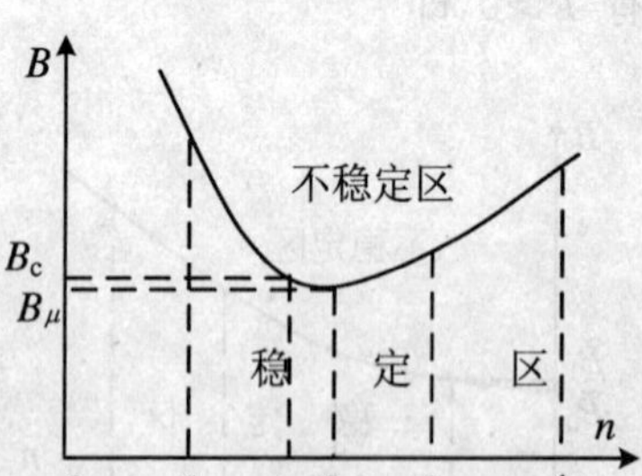

图 3.25　定态解分岔的线性稳定性图解

从上述的三分子模型的线性稳定性分析，可以看到，当 B 的值增加时在什么情况下均匀的定态(X_S, Y_S)会变得不稳定，从而发生分岔现象。还可以知道，当 B 的值处于第一个

分岔点附近时分岔解的定性行为，例如分岔解是时间振荡的还是空间有序的，及其特征频率和特征波长(即波数 n)大致是多少。显然，这些定性行为是从线性化方程(3.67)的解(3.71)和(3.72)的形式中分析出来的。但为要得到分岔解的较为定量的信息，例如分岔点邻域内分岔解的表达形式，还必须考虑微分方程(3.62)中所有非线性项的作用。在本章的下面的各节中，将介绍三分子模型的非线性分析，进一步给出它空间有序结构和时间有序结构的具体形式及其特性。

3.7　三分子模型的空间有序结构[60~61]

若第一个分岔点是 B_c，则三分子模型的第一个分岔解是定态分岔解，它属于空间有序结构。在本节中，我们确定分岔点 B_c 的邻域内的分岔解的解析形式并讨论其性质。为此，我们把(3.66)式代入到(3.62)方程中，并保留 x 和 y 的非线性项的贡献，可得到：

$$\begin{bmatrix} B-1+D_1\dfrac{\partial^2}{\partial r^2} & A^2 \\ -B & -A^2+D_2\dfrac{\partial^2}{\partial r^2} \end{bmatrix}\begin{bmatrix} x \\ y \end{bmatrix} = \begin{bmatrix} -\left(2Axy+\dfrac{B}{A}x^2+x^2y\right) \\ 2Axy+\dfrac{B}{A}x^2+x^2y \end{bmatrix} \tag{3.84}$$

此式左端的矩阵算子即为(3.68)式所定义的线性算子 L，为了得到在分岔点 B_c 邻域内分岔解的性质，引入算子 L_c 为

$$L_c = \begin{bmatrix} B_c-1+D_1\dfrac{\partial^2}{\partial r^2} & A^2 \\ -B_c & -A^2+D_2\dfrac{\partial^2}{\partial r^2} \end{bmatrix} \tag{3.85}$$

则有

$$L = L_c + (L-L_c) = L_c + \begin{bmatrix} B-B_c & 0 \\ -(B-B_c) & 0 \end{bmatrix} \tag{3.86}$$

把(3.86)式代入到(3.84)方程中，可得到：

$$L_c\begin{bmatrix}x\\y\end{bmatrix}=\begin{bmatrix}-h(x,y)\\h(x,y)\end{bmatrix} \tag{3.87}$$

其中

$$h(x,y)=(B-B_c)x+2Axy+\frac{B}{A}x^2+x^2y \tag{3.88}$$

为了求出方程(3.87)在 B_c 邻域的解，考虑到在分岔点 B_c 的小的邻域内，分岔解 x 和 y 对参考解(即热力学分支解)的修正应该是小的，则可通过小参数 ε 展开 x 和 y，以及 $r=B-B_c$，即

$$\begin{bmatrix}x\\y\end{bmatrix}=\varepsilon\begin{bmatrix}x_0\\y_0\end{bmatrix}+\varepsilon^2\begin{bmatrix}x_1\\y_1\end{bmatrix}+\cdots \tag{3.89}$$

$$r=B-B_c=\varepsilon r_1+\varepsilon^2 r_2+\cdots \tag{3.90}$$

其中，$x_0,x_1,\cdots,y_0,y_1,\cdots$ 和 $r_1,r_2,\cdots$ 是各级展开系数。把(3.89)式和(3.90)式代入到方程(3.87)中，并将方程两边 ω 的同次幂的项一一相等，便可得到如下形式的一组关系式：

$$L_c\begin{bmatrix}x_k\\y_k\end{bmatrix}=\begin{bmatrix}-a_k\\a_k\end{bmatrix}\quad(k=0,1,\cdots) \tag{3.91}$$

其中，a_k 的最初几个表达式为

$$\left.\begin{aligned}&a_0=0\\&a_1=r_1x_0+\frac{B_c}{A}x_0^2+2Ax_0y_0\\&a_2=r_2x_0+\left(r_1+2\frac{B_c}{A}x_0+2Ay_0\right)x_1\\&\qquad+2Ax_0y_1+r_1\frac{x_0^2}{A}+x_0^2y_0\\&\cdots\cdots\end{aligned}\right\} \tag{3.92}$$

为了求解方程(3.91)，固定边界条件为

$$x_k(0)=x_k(l)=y_k(0)=y_k(l)=0 \tag{3.93}$$

而零流边界条件为

$$\frac{dx_k(0)}{dr}=\frac{dx_k(l)}{dr}=\frac{dy_k(0)}{dr}=\frac{dy_k(l)}{dr}=0 \tag{3.94}$$

如果能够确定(3.90)式中的展开系数 $r_1,r_2,\cdots$ 的大小，便可确定小参数 ε 和 $B-B_c$ 之间的关系。把所得到的这个 ε 作为 $B-B_c$ 的函数关系代入到(3.89)式中，便可知道分岔解 x 和 y 与 $B-B_c$ 之间的量级关系。然后，求解方程组(3.91)，可得到一系列的 x_k 和 y_k，从而由(3.89)式可得到分岔解 x 和 y 的明确形式。下

面我们分别对固定边界条件和零流边界条件下，利用上述方法确定 B_c 邻域分岔解的具体形式。

1. 固定边界条件的分岔解

首先需要指出，为了能够确定(3.90)式中的展开系数 $r_1, r_2, \cdots$，通常利用如下的 Fredhol 的定理[60]：如果矢量$\begin{bmatrix} x_k \\ y_k \end{bmatrix}$是方程(3.91)的一个解，只需方程(3.91)右端$\begin{bmatrix} -a_k \\ a_k \end{bmatrix}$与$L_c$ 的伴算子 L_c^* 的零本征矢量正交，即

$$\langle (x^*, y^*) \begin{bmatrix} -a_k \\ a_k \end{bmatrix} \rangle = \int_0^l \mathrm{d}r(y^* - x^*)a_k = 0 \tag{3.95}$$

其中，x^* 和 y^* 是 L_c 的伴算子 L_c^*

$$L_c^* = \begin{bmatrix} B_c - 1 + D_1 \dfrac{\partial^2}{\partial r^2} & -B_c \\ A^2 & -A^2 + D_2 \dfrac{\partial^2}{\partial r^2} \end{bmatrix} \tag{3.96}$$

的零本征函数，即

$$L_c^* = \begin{bmatrix} x^* \\ y^* \end{bmatrix} = 0 \tag{3.97}$$

由于 L_c^* 和 L_c 是相同的空间作用算符，则$\begin{bmatrix} x^* \\ y^* \end{bmatrix}$和$\begin{bmatrix} x_0 \\ y_0 \end{bmatrix}$有相同的空间特性，只是它们的振幅有所不同。如此，对于固定边界条件的情况下，由(3.71)式可知，$\begin{bmatrix} x^* \\ y^* \end{bmatrix}$的空间特性可表达为

$$\begin{bmatrix} x^* \\ y^* \end{bmatrix} = \begin{bmatrix} d_1 \\ d_2 \end{bmatrix} \sin \frac{n_c \pi r}{l} \tag{3.98}$$

若在(3.95)式中的 a_k 用 a_1 取代，再考虑到 a_1 的表达和 x_0 与 y_0 的(3.71)表达式，则可得到：

$$\int_0^l \mathrm{d}r \sin \frac{n_c \pi r}{l} \left(r_1 \sin \frac{n_c \pi r}{l} + \frac{B_c}{A} c_1 \sin^2 \frac{n_c \pi r}{l} + 2Ac_2 \sin^2 \frac{n_c \pi r}{l} \right) = 0 \tag{3.99}$$

或写为

$$r_1 \int_0^l \mathrm{d}r \sin^2 \frac{n_c \pi r}{l} = -\left(\frac{B_c}{A} c_1 + 2Ac_2 \right) \int_0^l \mathrm{d}r \sin^3 \frac{n_c \pi r}{l} \tag{3.100}$$

当 n_c 是偶数时，(3.100)式右边的被积函数在区间 $0 \leqslant r \leqslant l$ 中是 r 的奇函数，

于是等式右边为零,从而得到

$$r_1 = 0 \tag{3.101}$$

由(3.95)式和(3.92)式可知,为了要进一步确定 r_2,需要知道 x_1 和 y_1。为此,通过引进 Fourier 展开

$$\begin{bmatrix} x_1(r) \\ y_1(r) \end{bmatrix} = \sum_{m=1}^{\infty} \begin{bmatrix} p_m \\ q_m \end{bmatrix} \sin \frac{m\pi r}{l} \tag{3.102}$$

求解如下方程

$$L_c = \begin{bmatrix} x_1 \\ y_1 \end{bmatrix} = \begin{bmatrix} -a_1 \\ a_1 \end{bmatrix} \tag{3.103}$$

把(3.102)式代入到(3.103)方程中,可得到

$$\begin{bmatrix} -D_1 \dfrac{m^2\pi^2}{l^2} + B_c - 1 & A^2 \\ -B_c & -\left(A^2 + D_2 \dfrac{m^2\pi^2}{l^2}\right) \end{bmatrix} \begin{bmatrix} p_m \\ q_m \end{bmatrix} = \begin{bmatrix} -b_m \\ b_m \end{bmatrix} \tag{3.104}$$

其中

$$b_m = \begin{cases} 0, & \text{若 } m \text{ 是偶数} \\ -8\alpha n_c/\pi(m^2 - 4n_c^2)m, & \text{若 } m \text{ 是奇数} \end{cases} \tag{3.105}$$

$$\alpha = \left(\frac{B_c}{A}c_1 + 2Ac_2\right)c_1 \tag{3.106}$$

由方程(3.104)可反解出$\begin{bmatrix} p_m \\ q_m \end{bmatrix}$,从而就确定了$\begin{bmatrix} x_1 \\ y_1 \end{bmatrix}$的表达式。然后,把所得到的$\begin{bmatrix} x_1 \\ y_1 \end{bmatrix}$表达式代入到 a_1 的(3.92)式中,并把 a_2 代入到(3.95)式,就可以得系数 r_2,它具有如下形式:

$$r_2 = c_1^2 \phi \tag{3.107}$$

其中,ϕ 在分岔点 B_c 附近是 A、D_1 和 D_2 的函数。把上面所得到 $r_1 = 0$ 和 $r_2 = C_1^2\phi$ 代入到(3.90)式中,并且只保留(3.90)式到 ε^2 项,则可得到:若 $\phi > 0$ 或 $r_2 > 0$,则有

$$\varepsilon = \pm\left(\frac{B - B_c}{r_2}\right)^{\frac{1}{2}}, \quad \text{当 } B > B_c \tag{3.108}$$

也就是说,分岔解定义于超临界区域中;若 $\phi < 0$ 或 $r_2 < 0$,则有

$$\varepsilon = \pm\left(\frac{B - B_c}{-r_2}\right)^{\frac{1}{2}}, \quad \text{当 } B < B_c \tag{3.109}$$

也就是说，分岔解定义于亚临界区域中。把所得到 ε 值代入到(3.89)式中，并只保留最初的两项，可以计算出 $B=B_c$ 附近的分岔解准确到第一级近似的表达式为

$$x(r)=\pm\left(\frac{B-B_c}{\phi}\right)^{\frac{1}{2}}\sin\frac{n_c\pi r}{l}+\left(\frac{B-B_c}{\phi}\right)\frac{8n_c^2l^2}{D_1A\pi^3}$$

$$\times\left[B_c-2\left(1+D_1\frac{n_c^2\pi^2}{l^2}\right)\right]$$

$$\times\sum_{m\text{为奇}}\frac{m}{(m^2-n_c^2)^2}\frac{\sin\frac{m\pi r}{l}}{m^2-4n_c^2}\tag{3.110}$$

对 $y(r)$ 也可得到类似的表达式。这样得到的分岔解的形状，如图 3.26 所示。在此图中的(a)图是相应于超临界分岔解，即 $B>B_c$ 时分岔解是渐近稳定的；(b)图是相应于亚临界分岔解，在此图中的(b)和(c)两段虚线表示此亚临界分岔解是不稳定，当其终止于某一最小值 B_{min} 以后，这些分岔的分支转向并沿着 B 值增加的方向延续下去，直至 $B\to\infty$。

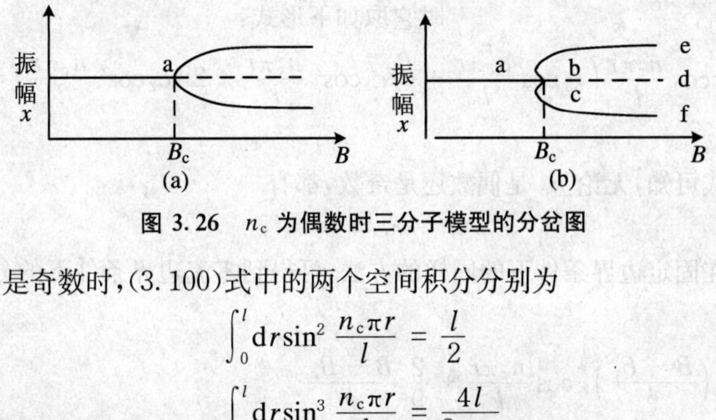

图 3.26　n_c 为偶数时三分子模型的分岔图

当 n_c 是奇数时，(3.100)式中的两个空间积分分别为

$$\int_0^l dr\sin^2\frac{n_c\pi r}{l}=\frac{l}{2}\tag{3.111}$$

$$\int_0^l dr\sin^3\frac{n_c\pi r}{l}=\frac{4l}{3n_c\pi}\tag{3.112}$$

把(3.111)式和(3.112)式代入到(3.100)式中，则有

$$\frac{r_1}{c_1}=-\frac{8}{3n_c\pi}\left(\frac{B_c}{A}+2A\frac{c_2}{c_1}\right)\tag{3.113}$$

另外，由(3.68)方程和(3.71)式，可得到 c_2/c_1 的比值为

$$\frac{c_2}{c_1}=\frac{Dn^2\pi/l^2+1-B_n}{A^2}\tag{3.114}$$

对于 $B_n=B_c$ 时，把(3.114)式代入到(3.113)式中，则得到：

$$\frac{r_1}{c_1}=-\frac{8}{3n_c\pi}\frac{\left[2\left(\frac{D_1n_c^2\pi^2}{l^2}+1\right)-B_c\right]}{A}\tag{3.115}$$

$$= g\left(n_c, A, B_c, \frac{D_1}{l^2}\right)$$

由此可见,与 n_c 为偶数时不同,n_c 为奇数时 $r_1 \neq 0$,然后,按照 n_c 是偶数时所采取的方法,最后可得到分岔解的一级近似表达式为

$$x(r) = \frac{B - B_c}{g}\sin\frac{n_c \pi r}{l} + O[(B - B_c)^2] \tag{3.116}$$

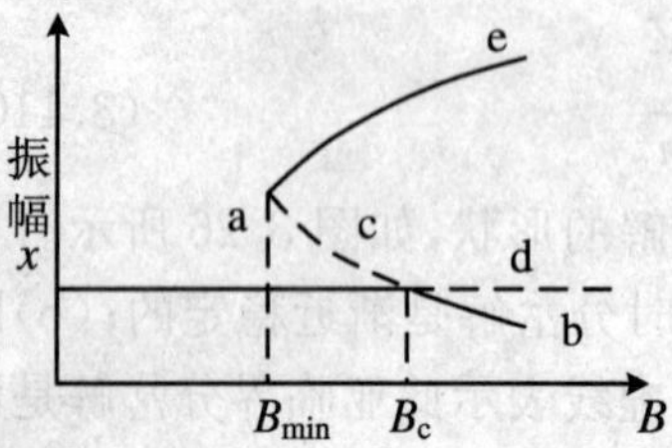

图 3.27 n_c 为奇数时三分子模型的分岔图

对于 $y(r)$ 也有类似的表达式。n_c 为奇数时的分岔图如图 3.27 所示。在 $B>B_c$ 的超临界分支(b)是稳定的,而 $B<B_c$ 的亚临界分支(c)是不稳定的。在图 3.27 上也给出 B 达到一个小值 B_{min} 以后,出现突然转变的现象。

2. 零流边界条件的分岔解

在零流边界条件下,由于 x_0 和 y_0 的(3.72)表达式,与固定边界条件时的(3.99)式不同,此时它取如下形式:

$$\int_0^l \mathrm{d}r \cos\frac{n_c \pi r}{l}\left(r_1 \cos\frac{n_c \pi r}{l} + \frac{B_c}{A}c_1 \cos^2\frac{n_c \pi r}{l} + 2Ac_2 \cos^2\frac{n_c \pi r}{l}\right) = 0 \tag{3.117}$$

由(3.117)式可知,无论 n_c 是偶数还是奇数,都有

$$r_1 = 0$$

然后,利用在固定边界条件下的同样的方法,可得到零流边界条件下的分岔解的近似表达式:

$$x(r) = \pm\left(\frac{B - B_c}{\phi}\right)^{\frac{1}{2}}\cos\frac{n_c \pi r}{l} + \frac{2}{9}\frac{B - B_c}{\phi} \times \frac{\left[2\left(D_1\frac{n_c^2\pi^2}{l^2} + 1\right) - B_c\right]}{AD_1\frac{n_c^2\pi^2}{l^2}}\cos\frac{2n_c \pi r}{l} \tag{3.118}$$

$$y(r) = \pm\left(\frac{B - B_c}{\phi}\right)^{\frac{1}{2}}\frac{\left[D_1\frac{n_c^2\pi^2}{l^2} + 1 - B_c\right]}{A^2}\cos\frac{n_c \pi r}{l} + \frac{2}{9}\frac{B - B_c}{\phi}\frac{\left[2\left(D_1\frac{n_c^2\pi^2}{l^2} + 1\right) - B_c\right]\left[\frac{7}{4}D_1\frac{n_c^2\pi^2}{l^2} + 1 - B_c\right]}{A^3 D_1\frac{n_c^2\pi^2}{l^2}}\cos\frac{2n_c \pi r}{l}$$

$$-\frac{1}{2}\left(\frac{B-B_c}{\phi}\right)\frac{\left[2\left(D_1\frac{n_c^2\pi^2}{l^2}+1\right)-B_c\right]}{A^3} \tag{3.119}$$

其中

$$\phi=\phi\left(n_c,A,\frac{D_1}{l^2},D_c\right) \tag{3.120}$$

如同固定边界时一样，当 $\phi>0$ 时，分岔解是超临界的，有类似于图 3.26(a)的分岔图；当 $\phi<0$ 时，分岔解是亚临界的，有类似于图 3.26(b)的分岔图。

综上所述，(3.110)、(3.116)、(3.118)和(3.119)各式给出了在第一分岔点 B_c 附近，分岔解的近似表达式。由分岔解的这些表达式，可以得到空间有序结构的如下特性：

(1) 当 B 值超过分岔点 B_c 以后，原来空间均匀的热力学分支变得不稳定，并导致空间有序的耗散结构出现，它们在空间的分布特性可用周期函数描述。

(2) 空间有序耗散结构的形式，破坏了原来空间均匀的热力学分支解的空间对称性，系统发展到具有较小对称性状态，因此这是一种空间对称性破缺现象。

(3) 若对分岔解 $x(r)$ 和 $y(r)$ 在空间上进行平均：

$$\left.\begin{aligned}\bar{x}&=\int_0^l x(r)\mathrm{d}r\\ \bar{y}&=\int_0^l y(r)\mathrm{d}r\end{aligned}\right\} \tag{3.121}$$

可以发现，对零流边界条件而言有

$$\begin{aligned}\bar{x}&=0\\ \bar{y}&=\frac{1}{2}\left(\frac{B-B_C}{\phi}\right)\frac{-2\left(\frac{D_1n_c^2\pi^2}{l^2}+1\right)+B_c}{A^3}\neq 0\end{aligned} \tag{3.122}$$

平均值 $\bar{x}=0$ 意味着，当系统处于空间有序的耗散结构状态时，X 组分是守恒的，而 $\bar{y}\neq0$ 意味着 Y 组分不再守恒。这就表明，在相同的操作条件下，系统运行在热力学分支或耗散结构分支，将可能导致有用产品的产率不同。

(4) 从 $x(r)$ 和 $y(r)$ 的表达式可以看出，空间有序的分布方式与系统长度 l 有关。另外，从(3.83)式也可以看到，若 l 值过小，则要求 B_n 的值很大。实际上，对于一个具体的物理化学系统，B 值总是受到某些条件限制。因此，只有系统的大小 l 超过某个临界值 l_c 时，空间有序结构才能形成，也就是说，当 $l<l_c$ 时，系统不会向空间有序的耗散结构转变的。

3.8 三分子模型的时间有序结构[60~61]

当第一个分岔点对应的线性化方程的本征值带有虚部时，热力学分支不稳定的结果可导致某个呈时间周期变化的分岔解，确定时间周期的分岔解形式的方法类似于上述过程。主要差别在于速率方程中保留时间导数$\left(\frac{\partial x}{\partial t},\frac{\partial y}{\partial t}\right)$，即速率方程写成如下形式：

$$\frac{\partial}{\partial t}\begin{bmatrix}x\\y\end{bmatrix}=L_n\begin{bmatrix}x\\y\end{bmatrix}+\begin{bmatrix}h(x,y)\\-h(x,y)\end{bmatrix}\tag{3.123}$$

其中

$$L_n = L\widetilde{B}_n\tag{3.124}$$

而 $\widetilde{B}_n$ 由(3.79)式给出，当然我们主要考虑在 $\widetilde{B}_0$ 和 $\widetilde{B}_1$ 的分岔解。

我们引入标度变量

$$\tau = \Omega t\tag{3.125}$$

其中，Ω 是时间周期分岔解的频率，它是待定的未知量。由于我们所考虑的分岔解是接近 $B=\widetilde{B}_n$ 的小振幅的并且频率接近 $i\omega_n$ 的周期解，ω_n 是由(3.77)式给出的，如此，可把 x、y、B 和 Ω 按小参数 ε 展开为

$$\begin{bmatrix}x\\y\end{bmatrix}=\varepsilon\begin{bmatrix}x_1\\y_1\end{bmatrix}+\varepsilon^2\begin{bmatrix}x_2\\y_2\end{bmatrix}+\cdots\tag{3.126}$$

$$B=\widetilde{B}_n+\varepsilon r_1+\varepsilon^2 r_2+\cdots\tag{3.127}$$

$$\Omega=\mu_n+\varepsilon\omega_1+\varepsilon^2\omega_2+\cdots\tag{3.128}$$

其中，μ_n 是 ω_n 的虚部，即

$$\mu_n = I_m\omega_n\tag{3.129}$$

把(3.126)式至(3.129)式代入到(3.123)方程中，并将方程两边 ε 的同次幂的项一一相等，便可得到如下形式的一组关系式：

$$\mu_n\frac{\partial}{\partial\tau}\begin{bmatrix}x_k\\y_k\end{bmatrix}-L_n\begin{bmatrix}x_k\\y_k\end{bmatrix}=-\sum_{m=1}^{k-1}\omega_m\frac{\partial}{\partial\tau}\begin{bmatrix}x_{k-1}\\y_{k-1}\end{bmatrix}+\begin{bmatrix}a_k\\-a_k\end{bmatrix}\tag{3.130}$$

其中

$$a_1 = 0$$

$$a_2 = x_1\left(r_1 + \frac{\widetilde{B}_n}{A}x_1 + 2Ay_1\right) \tag{3.131}$$

$$a_3 = r_2 x_1 + \left(r_1 + \frac{2\widetilde{B}_n}{A}x_1 + 2Ay_1\right)x_2 + 2Ax_1 y_1 + \frac{r_1 x_1^2}{A} + x_1^2 y_1 \tag{3.132}$$

对于 $k>1$，方程(3.130)是非齐次线性方程，此时，Fredholm 定理可以写为如下的形式：

$$\begin{aligned}
&\int_0^{2\pi}\int_0^l [x^*(r,\tau) - y^*(r,\tau)]a_k(r,\tau)\mathrm{d}r\mathrm{d}\tau \\
&= -\sum_{m=1}^{k-1}\omega_m\int_0^{2\pi}\int_0^l \left(x^* \frac{\partial}{\partial\tau}x_{k-m} + y^* \frac{\partial}{\partial\tau}y_{k-m}\right)\mathrm{d}r\mathrm{d}\tau \\
&= -\sum_{m=1}^{k-1}\omega_m\int_0^{2\pi}\int_0^l \left(x_{k-m}\frac{\partial x^*}{\partial\tau} + y_{k-m}\frac{\partial x^*}{\partial\tau}\right)\mathrm{d}r\mathrm{d}\tau
\end{aligned} \tag{3.133}$$

对于每个 k 值，这个方程给出两个实方程，它们一起足够决定出现于展开式(3.127)和(3.128)中的参数 r_{k-1} 和 ω_{k-1}。利用这些值，我们可以由(3.127)式解出 ε，以及由方程(3.130)解出 $\begin{bmatrix} x_k \\ y_k \end{bmatrix}$。然后代入(3.126)式，我们得到，当 ε 充分小时是收敛的级数展开，它给出了 $\begin{bmatrix} x \\ y \end{bmatrix}$ 的解析表达式。利用这样的计算程序，对于固定边界条件的情况，所得到的第一个分岔解的表达式为

$$\begin{aligned}
\begin{bmatrix} x(rt) \\ y(rt) \end{bmatrix} &= \left(\frac{B_1 - \widetilde{B}_1}{\phi_1}\right)^{\frac{1}{2}}\begin{bmatrix} \cos\Omega t \\ \beta_1\rho\cos(\Omega t + \theta) \end{bmatrix}\sin\frac{\pi r}{l} \\
&\quad + \left(\frac{B_1 - \widetilde{B}_1}{\phi_1}\right)\sum_{m=1}^{\infty}\begin{bmatrix} a_m + \tilde{a}_m\cos(2\Omega t + \psi_m) \\ b_m + \tilde{b}_m\sin(2\Omega t + \varphi_m) \end{bmatrix}\sin\frac{n\pi r}{l}
\end{aligned} \tag{3.134}$$

$$\Omega = \mu_1 + \frac{B_1 - \widetilde{B}_1}{\phi_1}\omega_2 \tag{3.135}$$

其中 ρ、θ 和 μ_1 分别由下式定义：

$$\rho^2 = \left[\left(A^2 + D_2\frac{\pi^2}{l^2}\right)^2 + \mu_1^2\right]^{-1} \tag{3.136}$$

$$\sin\theta = \mu_1\left[\left(A^2 + D_2\frac{\pi^2}{l^2}\right)^2 + \mu_1^2\right]^{-\frac{1}{2}} \quad \left(\frac{\pi}{2} \leqslant \theta \leqslant \pi\right) \tag{3.137}$$

$$\mu_1 = A\left[1 + \frac{\pi^2(D_1 - D_2)}{l^2} - \frac{\pi^4 D_2^2}{A^2 l^4}\right]^{\frac{1}{2}} \tag{3.138}$$

而 ϕ_1、ω_2、a_m、b_m、$\tilde{a}_m$、$\tilde{b}_m$、ψ_m 和 φ_m 都是依赖于系数 A、D_1 和 D_2 的函数。对于零流边界条件的情况，所得到的第一个分岔解的表达式为

$$\begin{bmatrix} x(t) \\ y(t) \end{bmatrix} = \left(\frac{B-1-A^2}{\phi_0}\right)^{\frac{1}{2}} \begin{bmatrix} \cos\Omega t \\ B_0\rho\cos(\Omega t+\theta) \end{bmatrix} + \left(\frac{B-1-A^2}{\phi_0}\right) \begin{bmatrix} a\cos(2\Omega t+\psi_1) \\ b_0+b\cos(2\Omega t+\varphi_1) \end{bmatrix} \tag{3.139}$$

$$\Omega = A + \frac{B-1-A^2}{\phi_0}\omega_2 \quad (\omega_2 < 0) \tag{3.140}$$

其中,ϕ_0、a、b_0、b、ψ_1 和 φ_1 都是参数 A 的函数。

由上述的分岔解的形式中,可以得到三分子模型时间有序结构具有如下的特性:

(1) 由(3.139)式可以看到,第一个与时间有关的分岔解是空间均匀的和随时间振荡的。数值模拟表明,这样的时间周期解可以是渐近稳定的,因为从不同的初始条件出发最终会到达相同的周期运动,如图 3.28 所示,其中 s 代表不稳定的定态点,数字 1、2、3 和 4 代表从不同初始条件出发的轨线。显然,这种时间周期解是相应于极限环。由于极限环运动具有确定的时间方向,它的出现破坏了原来均匀定态的时间对称性,因此极限环型分岔解的出现可以看做是一种时间对称性破缺现象。

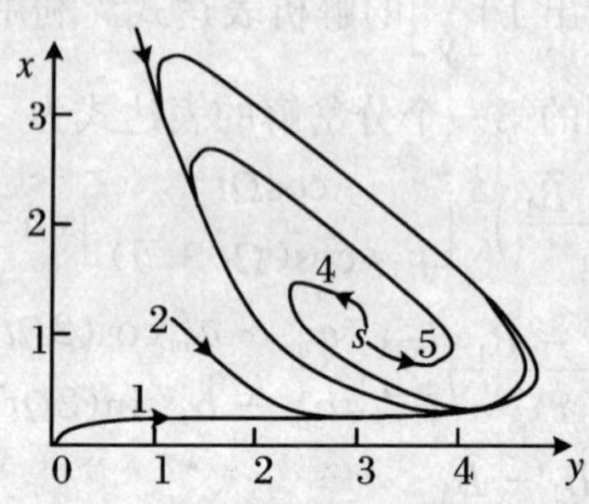

图 3.28 三分子模型的极限环振荡

(2) 从(3.134)式中可以看到,它描述了两个不同频率 Ω 和 2Ω 的驻波的叠加。在某些条件下,这种叠加能产生传播波面,这些波面在总周期的一部分时间可以继续存在。在图 3.29 中给出了用数值模拟方法得到的 X 组分浓度在不同时刻的空间分布情况。这种浓度随时间和空间变化的现象是某种浓度波沿着空间位置传递,即为化学波。化学波可赋予系统某种传递信息的能力。

(3) 在没有扩散的情况下,只要 $B > \widetilde{B}_0$,三分子模型中的中间产物浓度在空间各点是随时间振荡的。当扩散发生作用时,这些局域振子相互耦合起来,其耦合系数是与 D_i/l^2 成比例的。通过这种扩散耦合在某些条件下可以使这些局域振子同

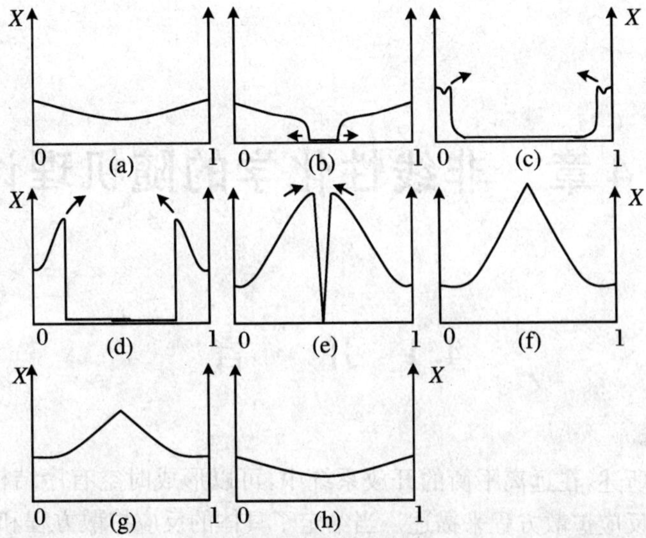

图 3.29 三分子模型的化学波现象

步,而且在它们之间保持在一个周期后能完全再现的明显相位关系,也就是说,由于这种扩散耦合,相干时空结构可以出现并且无限地继续存在。由于耦合系数与系统的尺度 l 成反比,因此系统的大小对于时间有序解也起着重要作用,即只有系统的尺度 l 大于某个临界值 l^* 值,才可能出现上述的时间周期解。

第 4 章　非线性化学的随机理论

4.1 引　　言

如第 3 章所述，在远离平衡的开放系统中，可以形成时空有序结构，系统的宏观性质由一组反应扩散方程来描述。当给定了具体的反应扩散方程和边界条件以后，通过求解方程，可以确定系统的各种宏观行为，因此宏观动力学理论是确定性的理论。但是，当系统控制条件超过分岔点以后，系统可以有多种状态，宏观的确定性理论不能给出系统选择某种特定状态的概率，也不能提供不同状态之间跃迁的规律。这是因为在宏观动力学方程组中完全忽略了涨落的作用。

在一个宏观系统中，由于存在着大量自由度，涨落是必然存在的。在一个自由度数目为 N 的系统中，只要密度不是十分稀薄，则 N 大体上是 10^{23} 的数量级。在宏观动力学理论中，我们是用数目为 n 的一组宏观变量对系统做宏观描述，显然宏观变量的数目远远小于系统的自由度数目，即 $n \ll N$。这就意味着，除了 n 个宏观变量所描述的系统性质以外，其余的自由度就以涨落的特征表现出来。换句话说，我们可以把引起宏观变量演化的原因唯象地分成两个部分：一部分为持续对宏观变量的动力学过程起作用的因素，可由宏观动力学方程表示；另一部分是反映微观粒子运动对宏观变量的影响，它的变化的时间尺度与宏观运动相比小得多，从而这一影响可以看成是快速变化的，随机的和不可预言的，因此通常把这类影响叫做“随机力”、“噪声”或“涨落力”。在很多情况下，涨落是很小的，对宏观运动的影响是很小的。但是，在平衡态相变点附近，以及在非平衡态分岔点附近，小的涨落被放大可达到宏观的量级，并驱动系统达到一个新的相或新的状态，对系统的演化起到了决定性作用，在形成时空有序结构中起着十分积极的作用。因此，研究在非线性条件下涨落所产生的各种效应，也是非线性化学中的重要内容之一。

涨落理论的研究是统计物理中一个重要课题。为了明显地考虑涨落，系统的

状态可用分布函数 $\rho(\{r_i\},\{p_i\},t)$来描述。分布函数 ρ 是系统中所有微观粒子坐标$\{r_i\}$和动量$\{p_i\}$及时间 t 的函数。一旦知道了这种分布函数以及它们的发展规律,系统的微观状态以及其发展就完全确定了,由此可以讨论系统的涨落以及其他一些性质。但是对于非平衡系统,特别是在非线性区,分布函数 ρ 随时间的变化规律实在过于复杂,虽然进行了不少工作,但目前还没有令人很满意的理论。另外,我们所关心的问题是涨落对宏观量演化过程的影响,并不需要了解产生涨落的微观运动的细节,也就是说,这种影响是由涨落的各种统计性质而不是由它的具体的变化细节来决定的。由于这些原因,目前已发展起来一种介于微观描述和宏观描述之间的随机理论,在研究非平衡系统中的性质,包括涨落及其各种效应方面,发挥着重要作用。

自然界中有些事件是完全可以预言的,称这类事件为确定性事件。还有一类事件,我们只能够确定影响事件的一部分因素,还有一些因素无法确定和控制,这类事件的结果在进行前不能预言,称这类事件为随机事件。假定 $A_i(i=1,2,\cdots,n)$是一组随机事件,人们无法在实验前预言 A_i 是否在某次实验中出现。但在进行了 N 次实验后,可以得到 A_i 出现的次数,即

$$\nu_i = \frac{N_i}{N} \tag{4.1}$$

显然,ν_i 随着N 变化,且随着 N 增加ν_i 会稳定在某一值附近,当 $N\to\infty$时 ν_i 趋于某一极限值,即

$$P(A_i) = \lim_{N\to\infty}\nu_i \tag{4.2}$$

通常定义 $P(A_i)$为事件 A_i 出现的概率。尽管在某次试验中 A_i 事件出现与否是偶然的,不可预测的,但它出现的概率是确定的。这就是随机事件所具有的规律性。如果将随机事件与一定的变量对应,即在试验中变量的取值不可预言,但它取不同值的概率是确定的,可称这类变量为随机变量。若随机变量 X 可能取 $x_1,x_2,\cdots,x_n$ 的值,所对应的概率 $P(X)$分别为 $P_1(X=x_1),P_2(X=x_2)\cdots,P_n(X=x_n)$,即随机变量 X 的所有可能取值的概率与取值数之间存在着如下的对应关系

$$\begin{Bmatrix} x_1,x_2,\cdots,x_n \\ P_1,P_2,\cdots,P_n \end{Bmatrix} \tag{4.3}$$

称这种一一对应的函数关系为随机变量 X 的概率分布函数。随机变量 X 可以取离散值,也可以取连续值。对于连续随机变量 X 而言,可把 X 取值在$x\sim x+\mathrm{d}x$区间内的概率 $\mathrm{d}P$ 表示为

$$\mathrm{d}P = P(x)\mathrm{d}x \tag{4.4}$$

其中,$P(x)$是 X 取值在x 处单位间隔内的概率,称为概率分布密度。在非平衡态

随机理论中，把宏观动力学理论中的 n 个宏观变量$(X_1, X_2, \cdots, X_n)$都取为随机变量，用 $P(\{X_j\}, t)\{\mathrm{d}X_j\}$表示随机变量取值为$\{X_j\}$到$\{X_j + \mathrm{d}X_j\}$的概率，则它与统计物理中分布函数 $\rho(\{r_i\}, \{p_i\}, t)$之间的关系为

$$P(\{X_j\}, t)\{\mathrm{d}X_j\} = \int_{X_j, X_j+\mathrm{d}X_j} \rho(\{r_i\}, \{p_i\}, t)\{\mathrm{d}r_i\}\{\mathrm{d}p_i\} \tag{4.5}$$

利用概率分布函数或概率分布密度，原则上可得到随机变量的一切信息，例如可以得到随机变量 X 的各阶矩，X 的 m 阶矩定义为

$$\langle X^m \rangle = \sum_{i=1}^{n} x_i^m P(x_i) \tag{4.6}$$

显然，当 $m = 1$ 时的一阶矩就是 X 的平均值，即

$$\langle X \rangle = \sum_{i=1}^{n} x_i P(x_i) \tag{4.7}$$

当 $m = 2$ 时的二阶矩$\langle X^2 \rangle$和平均值平方$\langle X \rangle^2$ 的差通常称为方差，用 σ^2 表示为

$$\sigma^2 = \langle (\delta X)^2 \rangle = \sum_{i=1}^{n} (x_i - \langle X \rangle)^2 P(x_i) = \langle X^2 \rangle - \langle X \rangle^2 \tag{4.8}$$

由于方差可以量度随机变量取值对平均值的偏差的程度，则可用它表示涨落的大小。用随机理论研究非平衡系统时，最重要的是确定 $P(\{X_i\}, t)$，因此需要给出 $P(\{X_i\}, t)$所满足的方程。在一定条件下，$P(\{X_i\}, t) = P(k, t)$满足如下形式的方程：

$$\frac{\mathrm{d}P(k, t)}{\mathrm{d}t} = \sum_{l \neq k} [W_{lk} P(l, t) - W_{kl} P(k, t)] \tag{4.9}$$

其中，W_{lk} 叫做转移概率，表示两个不同的态 $k \neq l$ 之间进行转移的概率。通常把(4.9)方程叫做主方程(master equation)。(4.9)方程是主方程的比较一般的形式，为了利用它研究耗散结构的形成机制和如何通过涨落触发耗散结构，prigogine 学派先后讨论过三种具体形式，即生灭过程主方程、相空间主方程和非线性主方程，都得到了一定的结果。目前，这种随机理论方法还在继续发展着。

我们把系统的宏观量$(X_1, X_2, \cdots, X_n)$所遵循的宏观动力学方程简写为如下形式：

$$\frac{\mathrm{d}X_i}{\mathrm{d}t} = f_i(X_1, X_2, \cdots, X_n) \tag{4.10}$$

$$(i = 1, 2, \cdots, n)$$

在此宏观方程的基础上通过引入随机力 $F(t)$，也可以考虑微观运动对宏观量的影响，即

$$\frac{\mathrm{d}X_i}{\mathrm{d}t} = \psi_i(X_1, X_2, \cdots, X_n, F(t)) \tag{4.11}$$

这是一个随机微分方程。它与宏观方程一样，只考虑了 n 个宏观变量，但它通过随机力 $F(t)$考虑了微观作用，它比(4.10)方程包含了更多的信息。例如，在 Brown 粒子运动中，可把液体分子对 Brown 粒子所作用的力分成两类：一类是有宏观效应的持续作用，这就是当 Brown 粒子以速度 V 在液体中运动时，液体分子的碰撞所产生的阻碍这一运动的集体效应，可用粘滞力 $-\alpha V$ 来表示；除此之外，Brown 粒子还要受到分子杂乱无章的碰撞，使它在各个方向作无规则的运动，这种杂乱碰撞作用可用随机力 $F(t)$描述。因此，Brown 粒子运动的宏观方程为

$$\frac{\mathrm{d}V}{\mathrm{d}t} = -\alpha V \tag{4.12}$$

而描述 Brown 粒子随机运动的方程为

$$m\frac{\mathrm{d}V}{\mathrm{d}t} = -\alpha V + F(t) \tag{4.13}$$

将(4.13)方程两边同除以 m，并只考虑一维问题，可以得到：

$$\frac{\mathrm{d}V}{\mathrm{d}t} = rV + \Gamma(t) \tag{4.14}$$

其中，$r = \alpha/m$ 和$\Gamma(t) = F(t)/m$ 分别是单位质量的阻尼系数和分子碰撞的涨落力。在文献中，把 $\Gamma(t)$叫做 Langevin 力，而(4.14)方程就叫作 Langevin 方程。显然，要求解 Langevin 方程，就需要知道 $\Gamma(t)$的具体形式。但是，只有从微观理论出发才能给出 $\Gamma(t)$的确切的形式。在随机理论的描述中根据不同系统赋予它一定的合理的统计性质，而这类作为假设的统计性质可以通过实验进行检验的。首先，既然 $\Gamma(t)$是涨落力，我们可以合理地认为它的统计平均值为零，即

$$\langle\Gamma(t)\rangle = 0 \tag{4.15}$$

其次，由于宏观观测时间远大于微观分子对 Brown 粒子的碰撞时间，所以不同时刻的 $\Gamma(t)$可近似认为互相独立的，即 $\Gamma(t)$不同时刻的相关矩$\langle\Gamma(t)\Gamma(t')\rangle$可合理地假设为

$$\langle\Gamma(t)\Gamma(t')\rangle = 2D\delta(t-t') \tag{4.16}$$

它表明不同时刻的 Langevin 力是互不相关的，而系数 D 表达了涨落或噪声的强度。从(4.14)方程及 $\Gamma(t)$的统计性质(4.15)式和(4.16)式出发，尽管我们不能给出 Brown 粒子的运动轨道，但是可以确切的给出这些轨道的统计行为，并可把所得到的结果应用于实际目的。方程(4.14)是线性的，可以把它推广到如下的非线性方程

$$\frac{dX}{dt} = f(X) + \Gamma(t) \tag{4.17}$$

其中，$f(X)$是 X 的非线性函数，则方程(4.17)称为非线性 Langevin 方程，在(4.17)方程中的涨落力 $\Gamma(t)$是与随机变量 X 无关的，这样的噪声通常称为加性噪声，系统的内噪声常常是加性噪声。当涨落力的强度随 X 变化时，可把 Langevin 方程写为如下形式：

$$\frac{dX}{dt} = f(X) + g(X)\Gamma(t) \tag{4.18}$$

这种噪声称为乘性噪声，$g(X)$的形式由具体问题给出。外噪声常常表现为乘性噪声。上述的一维系统 Langevin 方程推广到多维系统时，可以写为如下形式：

$$\frac{dX_i}{dt} = f_i(X_1, X_2, \cdots, X_n, t) + \sum_{j=1}^{m} g_{ij}\Gamma_j(t) \tag{4.19}$$

$$(i = 1, 2, \cdots, n)$$

其中

$$\langle \Gamma_j(t) \rangle = 0 \tag{4.20}$$

$$\langle \Gamma_i(t)\Gamma_j(t') \rangle = 2D_i\delta_{ij}\delta(t - t') \tag{4.21}$$

$$\delta_{ij} = \begin{cases} 1, & \text{当 } i = j \text{ 时} \\ 0, & \text{当 } i \neq j \text{ 时} \end{cases} \tag{4.22}$$

如上所述，通过引入随机力或涨落力 $F(t)$，可以把宏观动力学的微分方程转变为 Langevin 的随机微分方程，通过求解 Langevin 方程可以得到运动轨道的统计性质。可以证明[65]，这种随机理论方法与主方程理论方法有着密切的关系，也就是说，由(4.18)形式的 Langevin 方程可推导出概率分布函数 $\rho(x, t)$所满足的如下形式的演化方程：

$$\frac{\partial \rho(X,t)}{\partial t} = -\frac{\partial}{\partial X}[f(X,t) + Dg'(X,t)g(X,t)]\rho(X,t) + D\frac{\partial^2}{\partial X^2}[g(X,t)^2\rho(X,t)] \tag{4.23}$$

其中

$$g'(X,t) = \frac{\partial g(X,t)}{\partial X} \tag{4.24}$$

通常把方程(4.23)称为 Fokker-plank 方程，他们首先用此方程讨论了 Brown 粒子运动的问题。一般来说，由多变量的 Langevin 方程(4.19)可以导出相应的多变量 Fokker-plank 方程为

$$\frac{\partial\rho(X,t)}{\partial t}=-\sum_i\frac{\partial}{\partial X_i}[D_i(X,t)\rho(X,t)]+\sum_i\sum_j\frac{\partial^2}{2X_i2X_j}[D_{ij}(X,t)\rho(X,t)] \tag{4.25}$$

其中

$$D_i(X,t)=\lim_{\tau\to 0}\frac{\langle X_i(X+\tau)-X_i\rangle}{\tau}=f_i(X,t)+D\sum_k\sum_j g_{kj}\frac{\partial}{\partial X_k}g_{ij} \tag{4.26}$$

$$D_{ij}(X,t)=\lim_{\tau\to 0}\frac{\langle[X_i(t+\tau-X_i][X_j(t+\tau)-X_j]\rangle}{\tau}=D\sum_k g_{ik}g_{jk} \tag{4.27}$$

目前,利用 Fokker-plank 方程研究非线性系统中不稳定态的演化规律及随机力在演化过程中的作用,研究了各种稳定态之间的跃迁规律,研究了噪声诱导的非平衡相变,以及随机共振等一系列问题,都取得了重要的成果。

在本章中,我们将结合具体的非线性化学系统,系统地阐述上述随机理论的基本内容和主要方法。

4.2　主方程和母函数方法

如上所述,为了研究非平衡系统中涨落的行为及其各种效应,需要确定非平衡系统中的概率分布函数 $P(X_i,t)$。在非平衡系统中概率分布函数 $P(X_i,t)$的演化方程是主方程(4.9)。现对主方程(4.9)的导出作简单介绍。为了导出主方程(4.9),首先需要定义如下的条件概率:

$$W(X_n,t_n\mid X_1,t_1,X_2,t_2,\cdots,X_{n-1},t_{n-1})$$

它代表当 X 在 t_1 时刻处于 X_1,在 t_2 时刻处于 $X_2\cdots$,在 t_{n-1}时刻处于 X_{n-1}的情况下在将来时刻 t_n 时处于 X_n 的概率。按照这个定义有

$$\begin{aligned}&P(X_1,t_1,X_2,t_2,\cdots,X_n,t_n)\\&=P(X_1,t_1)W(X_2,t_2\mid X_1,t_1)W(X_3,t_3\mid X_1,t_1,t_1,X_2,t_2)\\&\quad\cdots W(X_n,t_n\mid X_1,t_1,X_2,t_2,\cdots,X_{n-1},t_{n-1})\end{aligned} \tag{4.28}$$

此式表明，为了确定在 t_n 时刻的概率分布函数 $P(\{X_i\},t)$，需要知道 P 的发展的整个历史，这显然是十分复杂的问题。但有一类重要的随机过程，它满足如下的关系式：

$$W(X_n,t_n \mid X_1,t_1,X_2,t_2,\cdots,X_{n-1},t_{n-1}) = W(X_n,t_n \mid X_{n-1},t_{n-1}) \tag{4.29}$$

此式意味着，若知道了 t_{n-1}时刻的系统的行为，就可以确定 t_n 时刻的行为，而系统过去其他时刻（$t_1,t_2,\cdots,t_{n-2}$）的行为并不影响 t_n 时刻的行为。通常把满足(4.29)条件的随机过程称为 Markov 过程，把 $W(X_n,t_n|X_{n-1},t_{n-1})$称为转移概率。对于 Markov 过程，(4.28)式可简化为

$$\begin{aligned}&P(X_1.t_1,X_2.t_2,\cdots,X_n.t_n)\\&= P(X_1,t_1)W(X_2,t_2 \mid X_1,t_1)\cdots W(X_n,t_n \mid X_{n-1},t_{n-1})\end{aligned} \tag{4.30}$$

此式表明，从概率分布的初始条件及转移概率，便可确定 Markov 过程的概率分布。若用 $P(k,t)$表示在时刻 t，$\{X_i\}$取值为 k 的状态的概率，W_{kl} 表示在单位时间内由k 表征的状态转移到由 l 表征的状态的转移概率，而 W_{lk} 表示在单位时间内由 l 表征的状态转移到k 表征的状态的转移概率，则单位时间内由所有其他状态转移到 k 状态的概率为

$$\sum_{l\neq k} W_{lk}P(l,t) \tag{4.31}$$

而单位时间内由 k 状态转移到所有其他状态的概率为

$$\sum_{l\neq k} W_{kl}P(k,t) \tag{4.32}$$

显然，(4.31)式给出 k 状态的概率的增加，即属于生的过程，(4.32)式给出 k 状态的概率的减少，即属于灭的过程。若用 $\mathrm{d}P(k,t)/\mathrm{d}t$ 表示单位时间内k 状态的概率的变化率，则可导出主方程(4.9)。由此可见，主方程(4.9)是 Markov 过程所满足的演化规律。

对于化学反应系统而言，如果局域平衡的假设成立，在每两次相邻的反应事件之间发生着大量的弹性碰撞事件，这些弹性碰撞使得分子的分布充分地混乱，从而使系统失去记忆，因此在这种情况下的化学反应过程可以用 Markov 过程描述。如果不考虑扩散的作用，可把化学反应的整个系统中的粒子数$\{X_i\}$取作随机变量，随机变量的变化就是粒子数的增加或减少，则可把主方程(4.9)写为

$$\begin{aligned}\frac{\mathrm{d}P(\{X_i\},t)}{\mathrm{d}t} &= \sum_\rho \{W_\rho(\{X_i - \nu_{i\rho}\}) \rightarrow \{X_i\}\}P(\{X_i - \nu_{i\rho},t\})\\&\quad - W_\rho(\{X_i\} \rightarrow \{X_i + \nu_{i\rho}\})P(\{X_i\},t)\end{aligned} \tag{4.33}$$

其中 ρ 表征系统中发生的第ρ 个反应步骤，$\nu_{i\rho}$表示在第ρ 个反应步骤中产生($\nu_{i\rho}>$

0)或消耗($\nu_{i\rho}<0$)X_i 的分子数,W_ρ 是和第 ρ 个反应步骤对应的单位时间的转移概率。通常把方程(4.33)称为生灭过程的主方程。当反应物的化学计量系数 $\nu_{i\rho}=\pm 1$ 时,也就是说,在所有反应步骤中,反应分子数的变化只有 1 时,(4.33)方程中的转移概率 W_ρ 可表达为

$$W_\rho(\{X_i\} \rightarrow \{X_i - \nu_{i\rho}\}) = K_\rho N \prod_i \left(\frac{X_i}{N}\right) \tag{4.34}$$

其中,K_ρ 是第 ρ 个反应步骤的速率系数,N 是总粒子数。某反应组分 X_a 的化学计量系数 $\nu_{a\rho}>1$,而其余反应组分 $X_{j\neq a}$ 的化学计量系数 $\nu_{j\rho}=\pm 1$,则 W_ρ 可表达为

$$\begin{aligned} &W_\rho(X_a,\{X_{j\neq a}\} \rightarrow X_a - \nu_{a\rho},\{X_j - \nu_{j\rho}\}_{j\neq a}) \\ &\quad = K_\rho N\left(\frac{X_a}{N}\right)\cdots\left(\frac{X_a - \nu_{a\rho} + 1}{N}\right)\prod_{j\neq a}\left(\frac{X_j}{N}\right) \end{aligned} \tag{4.35}$$

显然,给定了转移概率的形式,便可写出主方程(4.9)的具体形式。通过求解此方程,由解 $P(\{X_i\},t)$ 便可得到随机变量的全部信息。一般来说,主方程的精确求解是很困难的,但在许多情况下并不需要知道随机变量的全部信息,而只需要随机变量低阶矩,例如平均值和方差。对于求这些低阶矩的一种比较方便的方法,就是母函数(或生成函数)方法。为了说明母函数的概念,先讨论只有一个随机变量的情况。若令

$$\begin{aligned} f(s) &= \sum_{X=0}^{\infty} s^X P(X) \\ &= P(0) + P(1)s + P(2)s^2 + \cdots \end{aligned} \tag{4.36}$$

由于 $f(s)$的 s 的幂级数的各级展开系数是随机变量取各种值的概率,则把 $f(s)$叫做概率 $P(x)$的母函数。从(4.36)式不难得到:

$$f(s)\big|_{s=1} = \sum_{X=0}^{\infty} P(X) = 1 \tag{4.37}$$

$$\left.\frac{\mathrm{d}f(s)}{\mathrm{d}s}\right|_{s=1} = \sum_{X=0}^{\infty} XP(X) = \langle X\rangle \tag{4.38}$$

$$\begin{aligned} \left.\frac{\mathrm{d}^n f(s)}{\mathrm{d}s^n}\right|_{s=1} &= \sum_{X=0}^{\infty} X(X-1)\cdots(X-n+1)P(X) \\ &= \langle X(X-1)\cdots(X-n+1)\rangle \end{aligned} \tag{4.39}$$

$$\begin{aligned} \langle \delta X^2\rangle &= \langle X^2\rangle - \langle X\rangle^2 \\ &= \left(\frac{\mathrm{d}}{\mathrm{d}s}s\frac{\mathrm{d}f(s)}{\mathrm{d}s}\right)_{s=1} - \left(\frac{\mathrm{d}f(s)}{\mathrm{d}s}\right)_{s=1}^2 \end{aligned} \tag{4.40}$$

对于有多个随机变量的情况,可定义如下的多变量母函数:

$$f(\{s_i\},t)=\sum_{\{X_i\}=0}\prod_i s_i^{X_i}P(\{X_i\},t) \tag{4.41}$$

并且可得到如下的关系式：

$$f(\{s_i\},t)\big|_{\{s_i\}=\{1\}}=\sum_{\{X_i\}=0}^{\infty}\prod_i P(\{X_i\},t)=1 \tag{4.42}$$

$$\left.\frac{\partial f(\{s_i\},t)}{\partial s_j}\right|_{\{s_i\}=\{1\}}=\langle X_j\rangle \tag{4.43}$$

$$\left[\frac{\partial}{\partial s_j}s_j\frac{\partial f(\{s_i\},t)}{\partial s_j}\right]_{\{s_i\}=\{1\}}-\left[\frac{\partial f(\{s_i\},t)}{\partial s_j}\right]^2_{\{s_i\}=\{1\}}=\langle(\delta X_j)^2\rangle \tag{4.44}$$

$$\left[\frac{\partial^2 f(\{s_i\},t)}{\partial s_j\partial s_k}\right]_{\{s_i\}=\{1\}}-\left(\frac{\partial f}{\partial s_j}\right)_{\{s_i\}=\{1\}}\left(\frac{\partial f}{\partial s_k}\right)_{\{s_i\}=\{1\}}=\langle\delta X_j\delta X_k\rangle \tag{4.45}$$

由此可见，母函数方法是借助于母函数把主方程变成母函数的方程，然后从解得的母函数可求出随机变量的各阶矩。为了建立母函数 f 所满足的方程，我们用 $\prod s_i^{X_i}$ 去乘主方程(4.33)的两边并对$\{X_i\}$求和，结果得到：

$$\begin{aligned}\frac{\partial f}{\partial t}=&\sum_{\{X_i\}}\sum_{\rho}\prod_i s_i^{X_i}W(\{X_i-\nu_{i\rho}\}\to\{X_i\})P(\{X_i-\nu_{i\rho}\},t)\\&-\sum_{\{X_i\}}\sum_{\rho}\prod_i s_i^{X_i}W(\{X_i\}\to\{X_i+\nu_{i\rho}\})P(\{X_i\},t)\end{aligned} \tag{4.46}$$

为了对上述有较为具体的理解，现考虑如下一个涉及简单的双分子反应步骤的化学反应系统：

$$\left.\begin{aligned}A+B&\xrightarrow{k_1}x+B\\2x&\xrightarrow{k_2}C+D\end{aligned}\right\} \tag{4.47}$$

在上述反应历程中，已忽略了逆反应，因此相当于远离平衡时的情况。若取 A、B、C、D 的浓度为恒定值，则关于组分 X 的确定性的宏观动力学方程为

$$\frac{\mathrm{d}X}{\mathrm{d}t}=k_1AB-2k_2X^2 \tag{4.48}$$

它的定态解为

$$X_0=\left(\frac{k_1AB}{2k_2}\right)^{\frac{1}{2}} \tag{4.49}$$

按照(4.33)方程和(4.35)式，可写出相应的主方程，并将与总粒子数有关的因子并入到 k_ρ 中去，同时假设组分 X 和其他组分的分布彼此独立，则可得到关于组分 X 的主方程为

$$\frac{\mathrm{d}P(X,t)}{\mathrm{d}t} = k_1\langle A\rangle\langle B\rangle[P(X-1,t) - P(X,t)] + k_2[(X+2)(X+1)P(X+2,t) - X(X-1)P(X,t)] \tag{4.50}$$

引入母函数

$$f(s,t) = \sum_X s^X P(X,t) \tag{4.51}$$

可得到相应的母函数 $f(s,t)$ 所满足的方程为

$$\frac{\partial f(s,t)}{\partial t} = k_1\langle A\rangle\langle B\rangle(s-1)f(s,t) + k_2(1-s^2)\frac{\partial^2 f(s,t)}{\partial s^2} \tag{4.52}$$

此方程相应的定态方程为

$$\frac{\partial^2 f(s)}{\partial s^2} = \frac{2\langle X_0\rangle^2}{1+s}f(s) \tag{4.53}$$

其中根据(4.49)式引入了

$$\langle X_0\rangle = \left(\frac{k_1\langle A\rangle\langle B\rangle}{2k_2}\right)^{\frac{1}{2}} \tag{4.54}$$

定态方程(4.53)是一个二阶方程，需要两个边界条件。根据母函数的定义，为了保证对于 $f(\{s_i\},t)$ 的级数表达式的收敛性，$|s_i|$ 必须不超过1。因此，我们取 $s=1$ 和 $s=-1$ 时的两个边界条件。在 $s=1$ 时，$f(1)=1$；在 $s=-1$ 时，有

$$f(-1) = \sum_{X=0}^{\infty}(-1)^X P(X) = \sum_{X_{偶}} P(X) - \sum_{X_{奇}} P(X) = 0$$

因为当 $X\to\infty$ 时，对于具有偶数个或奇数个 X 粒子的概率是相等的。现引入如下的新的变量

$$z = \frac{1}{2}(s+1) \tag{4.55}$$

此时可把(4.53)方程写为

$$\frac{\mathrm{d}^2 g(z)}{\mathrm{d}z^2} = \frac{4X_0^2}{z}g(z) \tag{4.56}$$

相应的边界条件可写为

$$g(0) = 0,\quad g(1) = 1 \tag{4.57}$$

方程(4.56)满足边界条件(4.57)的解是

$$g(z) = z^{\frac{1}{2}} \frac{I_1(4X_0 z^{\frac{1}{2}})}{I_1(4X_0)} \tag{4.58}$$

其中 I_1 是 Bessel 函数。应用 Bessel 函数性质可得到如下的结果：

(1) X 的平均值为

$$\langle X \rangle = X_0 \left[1 + \frac{1}{8X_0} + O\left(\frac{1}{X_0^2} \right) \right] \tag{4.59}$$

这个结果表明，宏观动力学方程(4.48)相应于(4.59)式中的一级近似，即只取其第一项。

(2) X 的方差或涨落为

$$\begin{aligned} \langle \delta X^2 \rangle &= \langle X^2 \rangle - \langle X \rangle^2 \\ &= \frac{3}{4} X_0 + O(1) \\ &= \frac{3}{4} \langle X \rangle + O(1) \end{aligned} \tag{4.60}$$

对于 Poisson 分布

$$P(X) = \frac{a^X \mathrm{e}^{-a}}{X!} \tag{4.61}$$

不难得到

$$\langle (\delta X)^2 \rangle = \langle X \rangle \tag{4.62}$$

此结果表明：方差等于平均值是 Poisson 分布的特征。大量事实说明系统处于平衡态时，粒子数分布是属于 Poisson 分布。因此，(4.60)式表明，对于反应历程(4.47)，它的定态分布不服从 Poisson 分布，而(4.60)式中的系数 3/4 反映了对 Poisson 分布偏离的程度。

上述的例子是含有一个随机变量的系统，下面以 Lotka-Volterra 反应模型为具体对象，阐述含有两个随机变量系统的主方程及其母函数分析方法。Lotka-Volterra 反应模型为

$$\left.\begin{aligned} A + X &\xrightarrow{k_1} 2X \\ X + Y &\xrightarrow{k_2} 2Y \\ Y + B &\xrightarrow{k_3} E + B \end{aligned}\right\} \tag{4.63}$$

其中，A 和 B 是反应物，E 是产物，它们的浓度在系统中维持恒定和均匀，可由外界控制，则系统是一个开放的系统。X 和 Y 是两种反应中间产物，它们的浓度是可变化的。现把粒子数 X 和 Y 取为随机变量，在粒子数空间可定义一个生灭过程，相应的主方程可写为

$$\frac{\mathrm{d}P(X,Y,t)}{\mathrm{d}t}=A(X-1)P(X-1,Y,t)-AXP(X,Y,t)$$
$$+(X+1)(Y-1)P(X+1,Y-1,t)$$
$$-XYP(X,Y,t)+B(Y+1)P(X,Y+1,t)$$
$$-BYP(X,Y,t) \tag{4.64}$$

在导出此方程式过程中,为简单起见,已令所有反应速率系数都等于1。引入母函数

$$f(s_X,s_Y,t)=\sum_{X-Y=0}^{\infty}s_X^X s_Y^Y P(X,Y,t) \tag{4.65}$$

主方程(4.64)可变换为母函数 $f(s_X,s_Y,t)$的方程

$$\frac{\partial f}{\partial t}=(\eta+1)(\eta-\xi)\frac{\partial^2 f}{\partial\xi\partial\eta}+\xi(\xi+1)A\frac{\partial f}{\partial\xi}-\eta B\frac{\partial f}{\partial\eta} \tag{4.66}$$

其中

$$\xi=s_X-1,\quad \eta=s_Y-1 \tag{4.67}$$

为了求解(4.66)方程,现引入一个辅助函数 $\psi(s_X,s_Y,t)$,它与母函数$f(s_X,s_Y,t)$之间存在有如下关系:

$$f(s_X,s_Y,t)=\exp[N\psi(s_X,s_Y,t)] \tag{4.68}$$

其中,N 是系统的总粒子数。由(4.66)方程和(4.68)式,可得 ψ 所满足的方程为

$$\frac{\partial\psi}{\partial\tau}=\alpha\xi(\xi+1)\frac{\partial\psi}{\partial\xi}-\beta\eta\frac{\partial\psi}{\partial\eta}+(\eta+1)(\eta-\zeta)$$
$$\times\left[\frac{\partial\psi}{\partial\xi}\frac{\partial\psi}{\partial\eta}+\frac{1}{N}\frac{\partial^2\psi}{\partial\zeta\partial\eta}\right] \tag{4.69}$$

其中,已令

$$A=\alpha N,\quad B=\beta N,\quad \tau=Nt \tag{4.70}$$

在(4.69)方程中,二阶导数项被乘以$1/N$,因而当 N 很大时,它可以被认为是一个小量。我们寻求方程(4.69)的下列形式的解:

$$\psi=a_1(t)\xi+a_2(t)\eta+b_{11}(t)\frac{\xi^2}{2}+b_{12}(t)\xi\eta+b_{22}(t)\frac{\eta^2}{2}+\cdots \tag{4.71}$$

根据(4.43)式、(4.44)式、(4.45)式和 ψ 的定义(4.68)式,可得到(4.71)式中的展开系数与概率分布的矩之间存在有如下关系:

$$a_i=\frac{\langle X_i\rangle}{N} \tag{4.72}$$

$$b_{ii}=\frac{1}{N}[\langle(\delta X_i)^2\rangle-\langle X_i\rangle] \tag{4.73}$$

$$b_{ij} = \frac{1}{N}\langle \delta X_i \delta X_j \rangle$$
$$= \frac{1}{N}[\langle X_i X_j \rangle - \langle X_i \rangle \langle X_j \rangle] \tag{4.74}$$

因此,得到了展开系数 a_i、b_{ii} 和 b_{ij} 的表达式或数值,就可以得到随机变量的平均值、方差等各阶矩的信息。为此,我们把(4.71)式代入到(4.69)方程中,由于 ξ 和 η 的同幂项的系数相等,则可得到展开系数所满足的一组非线性微分方程如下:

$$\left.\begin{aligned}\frac{\mathrm{d}a_1}{\mathrm{d}\tau} &= \alpha a_1 - a_1 a_2 - \frac{b_{12}}{N}\\ \frac{\mathrm{d}a_2}{\mathrm{d}\tau} &= -\beta a_2 + a_1 a_2 + \frac{b_{12}}{N}\end{aligned}\right\} \tag{4.75}$$

以及 b_{11}、b_{12} 和 b_{22} 的方程,为简洁起见,可把它们写为如下的矩阵形式:

$$\frac{\mathrm{d}}{\mathrm{d}\tau}\begin{bmatrix} b_{11}\\ b_{12}\\ b_{22}\end{bmatrix} = \begin{bmatrix} 2\alpha a_1\\ -a_1 a_2\\ 2a_1 a_2\end{bmatrix} + \begin{bmatrix} 2(\alpha - a_2) & -2a_1 & 0\\ a_2 & \alpha - \beta + a_1 - a_2 - \frac{1}{N} & -a_1\\ 0 & 2\left(a_2 + \frac{1}{N}\right) & 2(a_1 - \beta)\end{bmatrix}\begin{bmatrix} b_{11}\\ b_{12}\\ b_{22}\end{bmatrix} \tag{4.76}$$

在 $N\to\infty$ 的极限情况下,可以忽略掉所有正比于 $1/N$ 的项,则(4.75)方程可成为不依赖于方差 b_{12} 的闭合方程组,即

$$\left.\begin{aligned}\frac{\mathrm{d}a_1}{\mathrm{d}\tau} &= \alpha a_1 - a_1 a_2\\ \frac{\mathrm{d}a_2}{\mathrm{d}\tau} &= -\beta a_2 + a_1 a_2\end{aligned}\right\} \tag{4.77}$$

此方程组的定态解是

$$a_1 = \beta, \quad a_2 = \alpha \tag{4.78}$$

把此定态解代入到(4.76)方程中,并忽略掉与 $1/N$ 有关的项,则得到如下简化的方程:

$$\frac{\mathrm{d}}{\mathrm{d}\tau}\begin{bmatrix} b_{11}\\ b_{12}\\ b_{22}\end{bmatrix} = \begin{bmatrix} 2\alpha\beta\\ -\alpha\beta\\ 2\alpha\beta\end{bmatrix} + \begin{bmatrix} 0 & -2\beta & 0\\ \alpha & 0 & -\beta\\ 0 & 2\alpha & 0\end{bmatrix}\begin{bmatrix} b_{11}\\ b_{12}\\ b_{22}\end{bmatrix} \tag{4.79}$$

我们是要寻求此方程与时间相关的解,为此,把对于 b_{11} 和 b_{22} 的两个方程相加,

得到

$$\frac{\mathrm{d}}{\mathrm{d}\tau}(\alpha b_{11}+\beta b_{22})=2\alpha\beta(\alpha+\beta) \tag{4.80}$$

另外,把 b_{12} 的方程再求一次导数,得到

$$\frac{\mathrm{d}^2 b_{12}}{\mathrm{d}\tau^2}=\alpha\frac{\mathrm{d}b_{11}}{\mathrm{d}\tau}-\beta\frac{\mathrm{d}b_{22}}{\mathrm{d}\tau} \tag{4.81}$$

把(4.79)式中第一和第三个方程代入到(4.81)式中,可消去 $\mathrm{d}b_{11}/\mathrm{d}\tau$ 和 $\mathrm{d}b_{22}/\mathrm{d}\tau$,从而得到 b_{12} 的闭合方程为

$$\frac{\mathrm{d}^2 b_{12}}{\mathrm{d}\tau^2}+4\alpha\beta b_{12}=2\alpha\beta(\alpha-\beta) \tag{4.82}$$

为了求解方差的微分方程(4.80)和(4.82),必须规定起始条件。假设 $t=0$ 时,系统由 Poisson 分布描述,即

$$\left.\begin{aligned}\langle\delta X^2\rangle_{t=0}&=\langle X\rangle_{t=0}\\ \langle\delta Y^2\rangle_{t=0}&=\langle Y\rangle_{t=0}\\ \langle\delta X\delta Y\rangle_{t=0}&=0\end{aligned}\right\} \tag{4.83}$$

由(4.74)式可知,这样的起始条件意味着对于 b_{ij} 的值为

$$b_{ij}(t=0)=0 \tag{4.84}$$

满足这些起始条件时,(4.80)方程的解是

$$\alpha b_{11}+\beta b_{22}=2\alpha\beta(\alpha+\beta)\tau \tag{4.85}$$

(4.82)方程的解是

$$\begin{aligned}b_{12}=&\frac{\alpha-\beta}{2}\left[1-\cos(2(\alpha\beta)^{\frac{1}{2}}\tau)\right]\\&-\frac{1}{2}(\alpha\beta)^{\frac{1}{2}}\sin(2(\alpha\beta)^{\frac{1}{2}}\tau)\end{aligned} \tag{4.86}$$

由这些解可以看到:尽管起始时为 Poisson 分布,系统在宏观上处于定态,但方差 $\langle\delta X^2\rangle$ 和 $\langle\delta Y^2\rangle$ 随着时间增长,使系统偏离开 Poisson 分布,也就是说,系统显示出反常涨落,它随着时间线性增长。最终,由于涨落的不断增大改变了 $1/N$ 项的量级,它们在矩方程中不可再忽略。结果导致平均值被涨落驱动至远离定态的与时间有关的状态。

4.3 多变量主方程[60]

在4.2节中，我们是假设系统始终保持均匀的、随机变量 X 是对整个系统而言的，因此所考虑的涨落也是对系统整体而言的。事实上，涨落的基本特性是局域的，而且不同空间位置上的涨落之间是相关的。涨落的这些性质对于系统在分岔点附近的行为以及对于宏观有序结构的形成是极为重要的。为了考虑涨落的上述特性，可把整个系统划分为 n 个元胞。每个元胞在微观上保持足够大，而在每个元胞内是均匀的，可用4.2节中所述的生灭过程主方程描述。在这种模型中，所取的随机变量是各组分在空间位置 r 处的元胞中的粒子数 $\{X_{ir}\}$，于是系统的状态用多变量的概率分布函数 $P(\{X_{ir}\},t)$ 表示，它所满足的主方程称为多变量主方程。在本节中，以三分子模型为具体对象，阐述利用多变量主方程研究非平衡态涨落的行为及其作用的方法。

对于三分子反应模型而言，在均匀反应系统中概率分布函数 $P(X,Y,t)$ 是两个随机变量 X 和 Y 的函数，按照4.2节所述，它所满足的生灭主方程为

$$\begin{aligned}\frac{\mathrm{d}P(X,Y,t)}{\mathrm{d}t} &= A[P(X-1,Y,t)-P(X,Y,t)]\\&\quad+\frac{1}{2}(X-1)(X-2)(Y+1)P(X-1,Y+1,t)\\&\quad-\frac{1}{2}X(X-1)YP(X,Y,t)\\&\quad+B(X+1)P(X-1,Y+1,t)-BXP(X,Y,t)\\&\quad+(X+1)P(X+1,Y,t)-XP(X,Y,t)\end{aligned}\tag{4.87}$$

如在3.6节中所述，三分子模型的均匀定态解为

$$X=A,\quad Y=\frac{B}{A}\tag{4.88}$$

我们首先讨论在定态(4.88)附近，生灭主方程(4.87)的解的性质。按照在4.2节中对于Lotka-Volterra模型的生灭主方程的分析方法，可以得到 X 和 Y 的平均值及方差所满足的微分方程组。为了简化起见，我们把 $\langle X\rangle$ 和 $\langle Y\rangle$ 取由(4.88)式所给定的值。如此，方差的方程组可简化为类似于(4.79)形式的具有常系数的线性方程组：

$$\frac{\mathrm{d}M}{\mathrm{d}t} = T + CM \tag{4.89}$$

其中，M 是方差矩阵，即

$$M = \begin{bmatrix} M_{XX} & M_{XY} \\ M_{YX} & M_{YY} \end{bmatrix} \tag{4.90}$$

T 是一个常数矩阵，它等于

$$T = \begin{bmatrix} 2A(B+A) & -2AB \\ -2AB & 2AB \end{bmatrix} \tag{4.91}$$

C 具有四阶张量的结构，可以形式地写为

$$C = \Gamma \times I + I \times \Gamma \tag{4.92}$$

其中 Γ 是设有扩散条件下宏观动力学方程的线性化系数矩阵：

$$\Gamma = \begin{bmatrix} B-1 & A^2 \\ -B & -A^2 \end{bmatrix} \tag{4.93}$$

而 I 是单位矩阵，即

$$I = \begin{bmatrix} 1 & 0 \\ 0 & 1 \end{bmatrix} \tag{4.94}$$

在定态时的方差所满足的方程，由(4.89)方程和(4.90)和(4.94)式，不难得到具有如下形式：

$$\left.\begin{aligned} 2(B-1)M_{XX} + (A^2 - B)M_{XY} + (B - 1 - A^2)M_{YY} &= -2A(B+1) \\ A^2 M_{XX} + A^2 M_{YY} &= 2AB \\ (B - 1 - A^2)M_{XX} + (A^2 - B)M_{XY} - 2A^2 M_{YY} &= -2AB \end{aligned}\right\} \tag{4.95}$$

由于对于 Poisson 分布的方差为

$$M = \begin{bmatrix} \langle X \rangle & 0 \\ 0 & \langle Y \rangle \end{bmatrix} = \begin{bmatrix} A & 0 \\ 0 & \dfrac{B}{A} \end{bmatrix} = S \tag{4.96}$$

则由(4.95)方程所得到的方差 M 是非 Poisson 分布类型的。另外，当系统处于极限环的分岔点时，由(3.79)式可知，不考虑扩散时 $B = A^2 + 1$，则(4.95)方程的系数矩阵变成为

$$\begin{bmatrix} 2A^2 & -1 & 0 \\ A^2 & 0 & A^2 \\ 0 & -1 & -2A^2 \end{bmatrix}$$

显然这个矩阵是奇异的，也就是说，当趋近于分岔点时定态的方差趋向发散。

当我们把整个系统划分成 n 个元胞以后，整个系统所发生的过程是由粒子通过元胞间的输运过程和元胞内化学反应过程所构成。上述均匀反应系统中所得到的结果运用于每个元胞内的化学反应过程，也就是说，对每个元胞的随机变量 (X_i, Y_i) 的生灭过程，可用(4.87)形式的主方程进行描述。为了进一步考虑元胞间的输运过程，只考虑一维问题和固定边界条件的约束。在这种情况下，系统在其两端与两个元胞 0 和 $n+1$ 相互作用，而后者的浓度 X 和 Y 由热力学分支的宏观定态解给出，即

$$\left.\begin{aligned} X_{i0} &= A \\ Y_{i0} &= \frac{B}{A} \end{aligned}\right\} \tag{4.97}$$

若用 $P(X_0, Y_0, X_1, Y_1, \cdots, X_n, Y_n, X_{n+1}, Y_{n+1}, t)$ 表示整个系统的多变量概率分布函数，那么此分布函数所满足的多变量主方程具有如下的形式：

$$\begin{aligned} \frac{\mathrm{d}P}{\mathrm{d}t} = & A\Big[\sum_{i=0}^{n+1} P(X_i - 1) - (n+2)P\Big] \\ & + \sum_{i=0}^{n+1} \frac{1}{2}(X_i - 1)(X_i - 2)(Y_i + 1)P((X_i - 1, Y_i + 1) \\ & - \sum_{i=0}^{n+1} \frac{1}{2} X_i (X_i - 1) Y_i P \\ & + B\Big[\sum_{i=0}^{n+1} (X_{i+1}) P(X_i + 1, Y_i - 1) - \sum_{i=0}^{n+1} X_i P\Big] \\ & + \sum_{i=0}^{n+1} (X_i + 1) P(X_i + 1) - \sum_{i=0}^{n+1} X_i P \\ & + d_1\{(X_0 + 1)P(X_0 + 1, X_1 - 1) \\ & + (X_{n+1} + 1)P(X_n - 1, X_{n+1} + 1) \\ & - (X_0 + X_{n+1})P + \sum_{i=1}^{n} (X_i + 1)[P(X_{i-1} - 1, X_i + 1) \\ & + P(X_i + 1, X_{i+1} - 1)] - 2\sum_{i=1}^{n} X_i P\} \\ & + d_2\{(Y_0 + 1)P(Y_0 + 1, Y_1 - 1) \\ & + (Y_{n+1} + 1)P(Y_n - 1, Y_{n+1} + 1) \\ & - (Y_0 + Y_{n+1})P + \sum_{i=1}^{n} (Y_i + 1)[P(Y_{i-1} - 1, Y_i + 1) \end{aligned}$$

$$+ P(Y_i + 1, Y_{i+1} - 1)] - 2\sum_{i=1}^{n} Y_i P\} \tag{4.98}$$

其中，d_1 和 d_2 称为输运频率，它们与扩散系统 D_1 和 D_2 之间的关系为

$$\frac{d}{n^2} \approx \frac{D}{l^2} \tag{4.99}$$

l 是系统的总长度，n 是元胞数目。

利用对均匀系统主方程(4.87)的类似方法，可对方程(4.98)进行分析，从而得到围绕宏观定态(4.97)的方差的闭合方程组。由于导致这些方程的计算很冗长，现只给出所得到的主要结果。对于方差所满足的微分方程组，可写为如下的简洁形式：

$$\frac{\mathrm{d}M_{ij}}{\mathrm{d}t} = E_{ij} + \sum_{kl} K_{ijkl} M_{kl} \tag{4.100}$$

$$(i, j = 1, 2, \cdots, n)$$

其中，方差矩阵 M_{ij} 定义为

$$M_{ij} = \begin{bmatrix} M_{X_iX_j} & M_{X_iY_j} \\ M_{Y_iX_j} & M_{Y_iY_j} \end{bmatrix} \tag{4.101}$$

E_{ij} 是 2×2 矩阵，它的不为零的元素只有

$$E_{ii} = T + 4\Delta s \tag{4.102}$$

$$E_{i,i+1} = E_{i+1,i} = -2\Delta s \tag{4.103}$$

其中 Δ 是系数 d_i 的矩阵，即

$$\Delta = \begin{bmatrix} d_1 & 0 \\ 0 & d_2 \end{bmatrix} \tag{4.104}$$

K_{ijkl} 是具有与 C 相同结构的张量，它的不为零的元素只有

$$K_{ij,ij} = C - 2(\Delta \times I + I \times \Delta) \tag{4.105}$$

$$K_{i+1,ij} = K_{ij,i+1,j} = \Delta \times I \tag{4.106}$$

$$K_{i,j+1,ij} = K_{ij,i,j+1} = I \times \Delta \tag{4.107}$$

方差方程(4.100)的定态解 $M_{ij}^{(0)}$ 可表达为如下形式：

$$M_{ij}^{(0)} = s\delta_{ij} + \frac{1}{n+1}\sum_{k=1}^{n}\left[\cos(i+j)\frac{k\pi}{n+1} - \cos(i-j)\frac{k\pi}{n+1}\right]\mathscr{L}_{kk}^{-1}\mathscr{E} \tag{4.108}$$

其中

$$\mathscr{L}_{kk} = \Lambda_k \times I + I \times \Lambda_k \tag{4.109}$$

$$\Lambda_k = \Gamma - \lambda_k \Delta \tag{4.110}$$

$$\mathscr{E} = T + \Gamma s + s\Gamma^t \tag{4.111}$$

Γ^t 为矩阵 Γ 的转置矩阵。在(4.110)式中的 λ_k 是如下差分算符 L 的本征值,即

$$Lf_i = f_{j+1} + f_{j-1} - 2f_j \tag{4.112}$$

$$LU_j^{(k)} = -\lambda_k U_j^{(k)} \tag{4.113}$$

对于固定边界条件,可得到(4.113)本征方程的解为

$$U_j^{(k)} = C\sin\frac{k\pi}{n+1}j \tag{4.114}$$

$$\lambda_k = 2\left(1 - \cos\frac{k\pi}{n+1}\right) \geqslant 0 \tag{4.115}$$

从定态解(4.108)可以得到若干重要的结果,现在概述如下:

(1) 首先讨论在离散元胞表示中,开始出现空间有序结构和时间有序结构的临界条件。如在第3章中所述,线性稳定性是由线性化方程中算符本征值实部的符号所确定。在三分子模型中,这个算符由(3.68)式给出。在现在的离散元胞模型中,相应的算符 Λ_k 定义于(4.110)式,或者明显地写为

$$\Lambda_k = \begin{bmatrix} B - 1 - \lambda_k d_1 & A^2 \\ -B & -A^2 - \lambda_k d_2 \end{bmatrix} \tag{4.116}$$

其中 λ_k 由(4.115)式给出。这个矩阵的本征值 ω_{k_1} 和 ω_{k_2} 可以用类似于方程(3.77)的表达式给出。利用本征值 ω_{k_1} 和 ω_{k_2},可以把 $\mathscr{L}_{kk}^{-1}$ 表达为如下形式:

$$\begin{aligned} \mathscr{L}_{kk}^{-1} = &[2\omega_{k_1}\omega_{k_2}(\omega_{k_1} + \omega_{k_2})]^{-1}\{\omega_{k_1}\omega_{k_2} I \times I \\ &+ [\Lambda_k - (\omega_{k_1} + \omega_{k_2})I][\Lambda_k - (\omega_{k_1} + \omega_{k_2})I]\} \end{aligned} \tag{4.117}$$

由此式可以看到,在 $\mathscr{L}_{kk}^{-1}$ 的表达式中只与本征值的和 $\omega_{k_1} + \omega_{k_2}$ 或积 $\omega_{k_1}\omega_{k_2}$ 有关。因此,对于含有元胞 $1,2,\cdots,n$ 的离散表示中的宏观发展方程而言。每当两根之和 $\omega_{k_1} + \omega_{k_2}$ 或两根之积 $\omega_{k_1}\omega_{k_2}$ 通过零值时,系统的状态就会出现不稳定,导致时空有序结构的出现。在出现空间有序和时间有序结构的两种情况下,我们都假设是从下面趋向临界点,则可令浓度的宏观值等于均匀定态值(4.97)。对于离散元胞表示中两个本征值的和或积,可以直接给出:

$$\omega_{k_1} + \omega_{k_2} = B - 1 - A^2 - \lambda_k(d_1 + d_2) \tag{4.118}$$

$$\omega_{k_1}\omega_{k_2} = (1 + \lambda_k d_1)(A + \lambda_k d_2) - \lambda_k B d_2 \tag{4.119}$$

若保持 A、d_1 和 d_2 固定,由(4.118)式可以得到导致时间有序结构的临界条件为

$$B > 1 + A^2 + \lambda_k(d_1 + d_2) = \widetilde{B}_k \tag{4.120}$$

由(4.119)式可以得到导致空间有序结构的临界条件为

$$B > 1 + A^2 \frac{d_1}{d_2} + \lambda_k d_1 + \frac{A^2}{\lambda_k d_1} = B_k \tag{4.121}$$

离散元胞表示中对于三分子模型相应于开始出现空间有序结构 B_k 和时间有序结构 $\widetilde{B}_k$ 的临界曲线，如图 4.1 所示。由此图可以看到，若出现空间有序结构，必须使 B 大于临界曲线 B_k 上的最小值 β_μ。β_k 曲线上最小值所对应的 β_μ 和 λ_μ 分别为

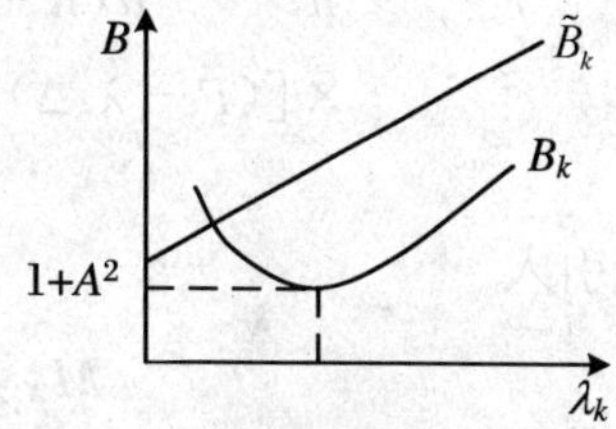

图 4.1　离散元胞表示中三分子模型的临界条件

$$\beta_\mu = \left(1 + A\sqrt{\frac{d_1}{d_2}}\right)^2 \tag{4.122}$$

$$\lambda_\mu = \frac{A}{(d_1 d_2)^{\frac{1}{2}}} \tag{4.123}$$

(2) 形状因子 $\mathscr{L}_{kk}^{-1}\mathscr{E}$ 对波数 k 的依赖关系。把(4.118)式至(4.123)式代入到(4.109)式和(4.111)式的 $\mathscr{L}_{kk}$ 和 $\mathscr{E}$ 的定义中，对于离散元胞系统，我们可以得到：

$$\begin{aligned}\mathscr{L}_{kk}^{1}\mathscr{E} = 2AB\Bigg\{&\begin{bmatrix} A^2 & -A^2 \\ A^2 & B \end{bmatrix} \\ &+ \lambda_k \begin{bmatrix} A^2 d_1 + (A^2 + 1 - B) d_2 & -A^2 d_1 - d_2 \\ -A^2 d_1 - d_2 & B d_2 \end{bmatrix} \\ &+ \lambda_k^2 \begin{bmatrix} d_2^2 + d_1 d_2 & -d_1 d_2 \\ -d_1 d_2 & 0 \end{bmatrix}\Bigg\}\left[B - 1 - A^2 - \lambda_k (d_1 + d_2)\right]^{-1} \\ &\times \left[A^2 + \lambda_k (A^2 d_1 - (B-1) d_2) + \lambda_k^2 d_1 d_2\right]^{-1}\end{aligned} \tag{4.124}$$

通常把这个量称为形状因子。对于三分子模型中取 $A = 2$，$d_1 = 1$ 和 $d_2 = 4$ 的情况下，对于 100 个元胞系统，由(4.124)式所计算出来的结果，如图 4.2 所示。由此图可以看到，$\mathscr{L}_{kk}^{-1}\mathscr{E}$ 随着波数 k 呈现出一个最大值，并且当 B 趋近临界值 B_c 时，这个最大值变得更加陡峭，在 $B = B_c$ 时，形状因子发散。从定态解(4.108)可以看到，$M_{ij}^{(0)}$ 包含两个部分：一是相应于 Poisson 型的方差；另一部分是表达元胞空间相关所给出的贡献。随着 B 趋近临界值，形状因子趋于发散，这意味着空间相关范围增大。

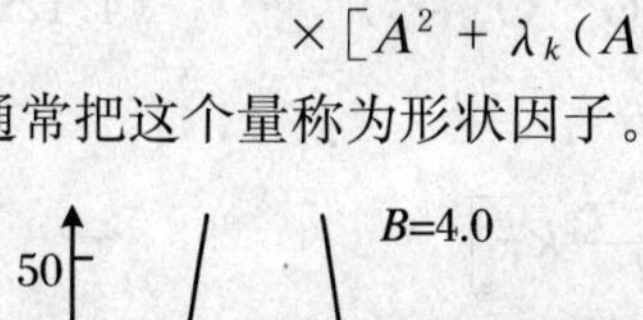

图 4.2　形状因子 $\mathscr{L}_{kk}^{-1}\mathscr{E}$ 对波数 k 的依赖关系

(3) 相关函数 G_{ij}^{XX} 的临界行为。我们令系统的总长度为 l，每个元胞的大小等于 $\lambda = l/n$。对每个元胞而言，可用 λS、λT 和 $\lambda\mathscr{E}$ 替代(4.108)中的

S、T 和 $\mathscr{E}$,则有

$$M_{ij}^{(0)} = \frac{l}{n}S\delta_{ij} + \frac{l}{n(n+1)}\sum_{k=1}^{n}\left[\cos(i+j)\frac{k\pi}{n+1} - \cos(i-j)\frac{k\pi}{n+1}\right] \times [(\Gamma - \lambda_k\Delta)\times I + I\times(\Gamma - \lambda_k\Delta)]^{-1}\mathscr{E} \tag{4.125}$$

现引入

$$M_{X_iX_j} = \frac{X_i - \langle X_i\rangle}{\lambda}\frac{X_j - \langle X_j\rangle}{\lambda} = (x_i - \langle x_i\rangle)(x_j - \langle x_j\rangle) \tag{4.126}$$

其中$\langle x\rangle$表示 X 的浓度,我们得到:

$$M_{X_iX_j}^{(0)} = \frac{1}{l}\langle x\rangle n\delta_{ij} + \frac{1}{l}G_{ij}^{XX} \tag{4.127}$$

其中

$$G_{ij}^{XX} = \sum_{k=1}^{n}\left[\cos(i+j)\frac{k\pi}{n+1} - \cos(i-j)\frac{k\pi}{n+1}\right] \times \{(\Gamma - \lambda_k\Delta)\times I + I\times(\Gamma - \lambda_k\Delta)\}^{-1}\mathscr{E} \tag{4.128}$$

通常把 G_{ij}^{XX} 称为元胞 i 和 j 之间的相关函数。若把元胞大小趋于零时,元胞 i 和 j 的坐标可用 r_1 和 r_2 表示,并考虑到输运频率 d_1 和 d_2 与扩散系数 D_1 和 D_2 之间的关系式(4.99),则有

$$m^{XX}(r_1,r_2) = \langle x\rangle\delta(r_1 - r_2) + \frac{1}{l}G^{XX}(r_1,r_2) \tag{4.129}$$

其中

$$G^{XX}(r_1,r_2) = \sum_{k=1}^{\infty}\left[\cos\frac{r_1+r_2}{l}k\pi - \cos\frac{r_1-r_2}{l}k\pi\right] \times \left[\left(\Gamma - \frac{k^2\pi^2}{l^2}D\right)\times I + I\times\left(\Gamma - \frac{k^2\pi^2}{l^2}D\right)\right]^{-1}\mathscr{E} \tag{4.130}$$

对于 100 个元胞的系统,由(4.128)式进行数值计算,所得到的结果如图 4.3、图 4.4 和图 4.5 所示。在图 4.3 上所给出的是 B 值远低于临界值 B_c 的结果。由图 4.3 可以看到,$i=j$ 时相关为最大,随着距离增加一小段后,G_{ij}^{XX} 明显的减小。在图 4.4 上的所给出的是 B 值接近临界值 B_c 的结果。由图 4.4 可以看到,随着距离增加,G_{ij}^{XX} 明显减小的距离略微增大。同时出现波荡行为,然后也被阻尼掉。在图 4.5 上所给出的是 B 值取为临界值 B_c 时的结果。从图 4.5 可以看到,相关函数 G_{ij}^{XX} 随着距离增加呈现出空间振荡,同时呈现出线性阻尼特性。这些结果表明:起始处于均匀状态的系统,在非平衡不稳定性的临界点或其邻近,会出现宏观涨落之

间的长程相关，即系统中不同宏观区域并不是独立地发展，而是通过这些长程相关变成相互耦合起来。

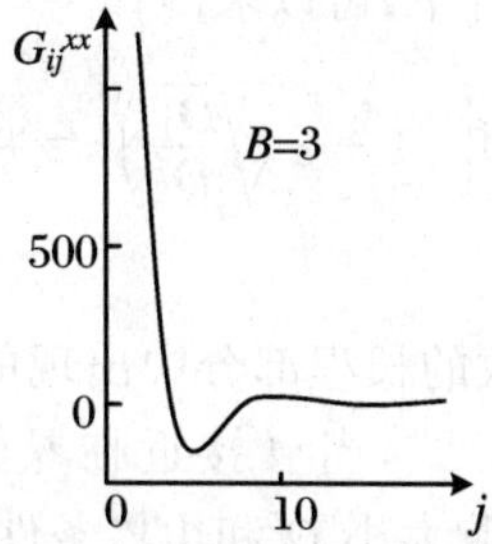

图 4.3　B 远小于 B_c 时 G_{ij}^{XX} 与距离的关系

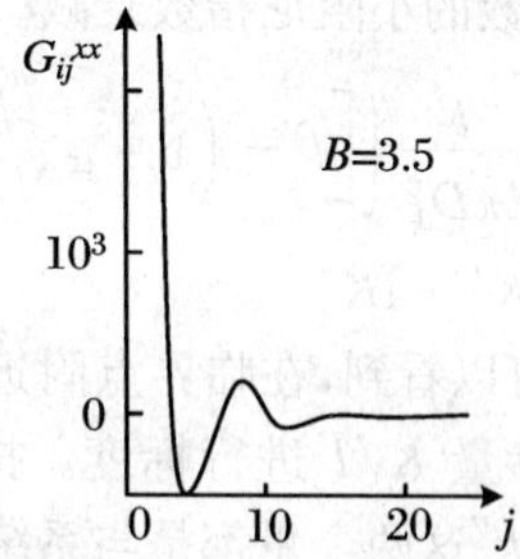

图 4.4　B 接近于 B_c 时 G_{ij}^{XX} 与距离的关系

(4) 相关花样的波长与宏观浓度花样的波长相同。在连续系统的极限，相关函数也可以解析地加以计算，求得的 $G^{XX}(r_1, r_2)$ 可以表达为两项之和：

$$G^{XX}(r_1, r_2) = G_{sr}^{XX} + G_{lr}^{XX} \quad (4.131)$$

其中，G_{sr}^{XX} 是随距离指数衰减的短程部分，而 G_{lr}^{XX} 是长程相关部分。若保持 r_1 固定仅表示对 r_2 的依赖关系，长程项 G_{lr}^{XX} 具有如下形式：

$$\begin{aligned} G_{lr}^{XX}(r_1, r_2) = {} & a(K)\sin K\pi\left(1 - \frac{r_2}{l}\right) \\ & + b(K)K\pi\left(1 - \frac{r_2}{l}\right)\cos K\pi \\ & \times\left(1 - \frac{r_2}{l}\right) + c(K) \end{aligned} \quad (4.132)$$

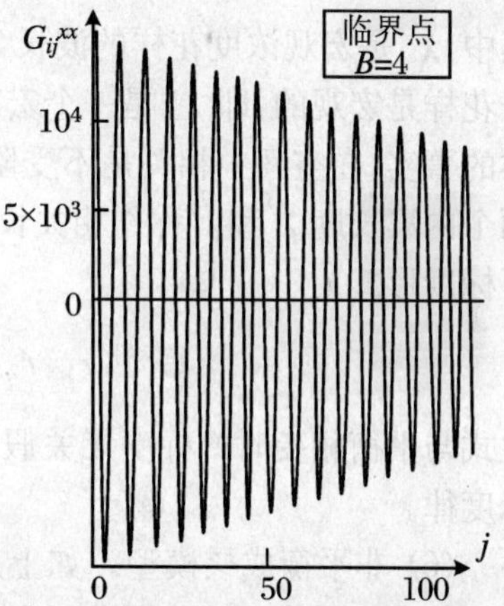

图 4.5　$B = B_c$ 时 G_{ij}^{XX} 与距离的关系

其中系数 a、b 和 c 是 A、B、D_1、D_2 和 K 的函数。在临界态，波数 K 由下式表达：

$$K^2 = \frac{l^2}{4\pi^2 D_1}\left[\beta_c - \left(1 - \alpha\sqrt{\frac{D_1}{D_2}}\right)^2\right] \quad (4.133)$$

其中，α 和 β 分别是 A 和 B 的浓度，它们与相应的粒子数的关系是 $\alpha = \frac{A}{\Omega}$，$\beta = \frac{B}{\Omega}$，而 Ω 是每个元胞的大小。考虑到对于临界值 β_c 的表达式(4.122)，我们得到：

$$K^2 = \frac{l^2}{\pi^2}\frac{\alpha}{(D_1 D_2)^{\frac{1}{2}}} = k_c^2 \quad (4.134)$$

此式表明,相关花样的波数 K 与宏观浓度花样的波数 k_c 是相同的。

(5) 非平衡定态涨落相关的标度律。若系统略低于临界态,则 K 将含有虚部,它描述相关函数的小阻尼指数衰减。在这种情况下,可以求得

$$
\begin{aligned}
K &= \frac{l}{2\pi D_1^{\frac{1}{2}}}\left\{\left[\beta - \left(1 - \alpha\sqrt{\frac{D_1}{D_2}}\right)^2\right]^{\frac{1}{2}} - \mathrm{i}\left[\left(1 + \alpha\sqrt{\frac{D_1}{D_2}}\right)^2 - \beta\right]^{\frac{1}{2}}\right\} \\
&= K' + \mathrm{i}K''
\end{aligned}
\tag{4.135}
$$

从(4.132)式可以看到,在临界点附近,相关函数的长程部分中出现的所有空间坐标,都可按着参量 K/l 进行标度。按照(4.135)式,当 β 接近临界值 β_c 时,$\lambda' = l/k'$ 和 $\lambda'' = l/k''$ 这两个量都是与系统大小 l、元胞大小 Ω 和边界条件无关的,它是系统的内禀参量。当 $\beta \to \beta_c$ 时,这两个量为

$$
\left.\begin{aligned}
\lambda' &= \frac{l}{k_c'} = \frac{l}{k_c} = \lambda_c \\
\lambda'' &\to \infty
\end{aligned}\right\}
\tag{4.136}
$$

其中,λ_c 是宏观浓度花样的波长,因此,长度 λ' 表达了空间中相关花样的结构。这个花样是宏观的,即 λ_c 是一个宏观长度。长度 λ'' 在临界点是发散的,它表达了这样的事实,在空间中相关是不受阻尼,而是达到一个自持状态。如此,我们可把这两个内禀长度 λ' 和 λ'' 称作相关长度。对于固定 r_1,相关函数长程部分可以写为如下标度形式:

$$
G_{\mathrm{lr}}^{XX}(r_1, r_2) = g_{\mathrm{I}}\left(\frac{r_2}{\lambda_c}\right) g_{\mathrm{II}}\left(\frac{r_2}{\lambda''}\right) + \text{恒量}
\tag{4.137}
$$

此式与平衡相变时的标度无关假设类似,它表达了围绕非平衡定态的涨落相关的标度律。

(6) 非平衡成核模型。如上所述,通过临界点时,由于形状因子的发散性,相关函数发生异常变化。因此,可以设想方程(4.100)的与时间有关的解,应描述在不稳定点以上和邻近临界模的增长。由于这个增长将继续发展,M_{ij} 对 Poisson 型分布值 $s\delta_{ij}$ 的偏差会变得越来越大。因此,对 X 和 Y 的平均值的演化方程中出现一个新的不可忽略的贡献

$$
\frac{\mathrm{d}\langle X\rangle}{\mathrm{d}t} = (\text{宏观表达式}) + (\text{对 Poisson 型的偏差})
\tag{4.138}
$$

在增长的早期阶段,这个新项对 $\langle X\rangle$ 和 $\langle Y\rangle$ 的影响仍保持很小。最后,经过一段时间后,这些贡献变得占优势并策动平均值到一个新的宏观值。这表明系统内存在一个体积元,其尺度远大于特征分子尺度而远小于系统的总体积,这个体积元内涨落表现出相关,并且增长到可观的程度,继而使总的宏观行为发生改变,可以把这

种发展过程描述为一种新型的特定非平衡成核模型。在图4.6上给出了含有多重定态系统中的成核现象。在图4.6(a)和(b)上分别给出了系统的方差和平均值随时间的演化规律。可以看到,当系统经过一段早期阶段,到达A点时,涨落开始明显增大,在系统中出现了个一个"胚芽",而跟着在B点出现二个"胚芽"等等,而最后到达D状态。

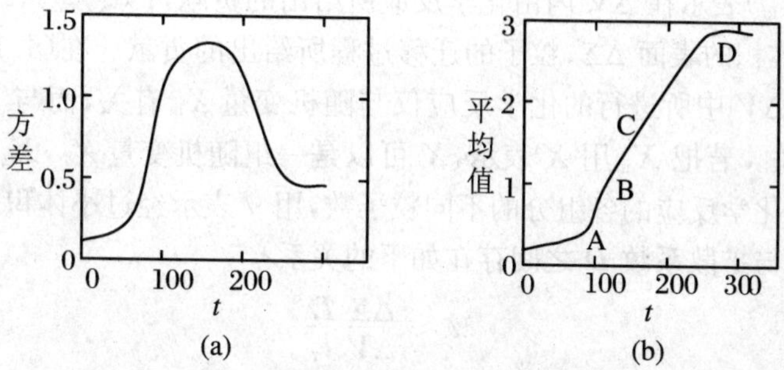

图4.6 含有多重定态系统的成核现象

4.4 非线性主方程[60]

从4.3节可以看到,如果元胞数目很大,以多变量主方程为基础的描述能正确地表现宏观系统的行为。但是,在这种情况下,随机变量的数目也很大,对求解描述其概率随时间发展的主方程变得非常复杂。为了发展一种处理非平衡系统的简化形式的主方程,可把非平衡系统分为相互作用着的两个子系统:一个取为小体积ΔV,另一个取为其余部分$V-\Delta V$。如此选择ΔV以后,并不意味着ΔV具有某种特定的规律。事实上,我们可以想象整个空间充满着这种子体积ΔV。我们仅仅是分析这些子体积中的一个,而将其余体积对ΔV的影响通过一个"平均场"来描述。在这样处理的基础上,可以讨论局域化的涨落,在子系统中的涨落采用离散变量来处理。设随机变量X_{in}和X_{out}分别代表ΔV内和$V-\Delta V$内的粒子数,定义$P_{\Delta V}(X_{\text{in}},t)$是$\Delta V$中$X_{\text{in}}$的概率分布函数,则整个系统的粒子数的概率分布函数$P(X_{\text{in}},X_{\text{out}},t)$可表达为

$$P(X_{\text{in}},X_{\text{out}},t)=P_{\Delta V}(X_{\text{in}},t)P_{V-\Delta V}(X_{\text{out}},t)+G(X_{\text{in}},X_{\text{out}},t) \qquad (4.139)$$

其中,$P_{V-\Delta V}(X_{\text{out}},t)$是$V-\Delta V$中$X_{\text{out}}$的概率分布函数,$G(X_{\text{in}},X_{\text{out}},t)$是$\Delta V$和

$V-\Delta V$ 之间的关联函数。如果 G 很小时，则表示系统 ΔV 和 $V-\Delta V$ 之间几乎是统计上独立的。

显然，$P_{\Delta V}(X_{\text{in}},t)$ 是我们要讨论的量，它随着时间的变化由两部分构成：

$$\frac{\mathrm{d}P_{\Delta V}(X_{\text{in}},t)}{\mathrm{d}t}=R_{\Delta V}(X_{\text{in}})+F_{\Delta V,V-\Delta V}(X_{\text{in}},X_{\text{out}}) \tag{4.140}$$

其中，$R_{\Delta V}(X_{\text{in}})$ 表示在 ΔV 内由化学反应所给出的贡献，$F_{\Delta V,V-\Delta V}(X_{\text{in}},X_{\text{out}})$ 表示通过 ΔV 小体积的表面 $\Delta\Sigma$，粒子的迁移过程所给出的贡献。在(4.140)式中包含着一个假定：ΔV 中所进行的化学反应仅与随机变量 X_{in} 有关，而与 ΔV 小体积以外的粒子无关。若把 X_{in} 用 X 表示，X 可以是一组随机变量 $X_1,X_2,\cdots,X_n$ 的集合，表示参与化学反应的各组分的不同粒子数，用 $\mathscr{D}$ 表示经过小体积表面 $\Delta\Sigma$ 粒子的扩散率，它与扩散系数 D 之间存在如下的关系：

$$\mathscr{D}\approx\frac{\Delta\Sigma}{\Delta V}\frac{D}{l_{\text{r}}} \tag{4.141}$$

其中 l_{r} 反应介质内部 X 的平均自由程，则可把(4.140)式写为如下的简化形式：

$$\begin{aligned}\frac{\mathrm{d}P_{\Delta V}(X,t)}{\mathrm{d}t}=&R_{\Delta V}(X)+\mathscr{D}\langle X\rangle[P_{\Delta V}(X-1,t)-P_{\Delta V}(X,t)]\\&+\mathscr{D}[(X+1)P_{\Delta V}(X+1,t)-XP_{\Delta V}(X,t)]\end{aligned} \tag{4.142}$$

其中

$$\langle X\rangle=\sum_{X=0}^{\infty}XP_{\Delta V}(X,t) \tag{4.143}$$

通常把(4.142)方程称为非线性主方程，方程(4.142)的非线性是因为在其右边包含有因子$\langle X\rangle$，而$\langle X\rangle$是由(4.143)式与 $P_{\Delta V}$ 关联着。

非线性主方程(4.142)可以用母函数等方法进行求解。现仍以Volterra-Lotka反应模型作为一个基本例子，说明用母函数求解(4.142)方程的方法，若把 $P_{\Delta V}(X,Y,t)$ 中的符号 ΔV 省略，用 $P(X,Y,t)$ 表示它，用 $\mathscr{D}_X$ 和 $\mathscr{D}_Y$ 分别表示组分 X 和 Y 的扩散率，N_0 为 ΔV 内的粒子总数目，则可把(4.142)方程写为如下的具体形式：

$$\begin{aligned}\frac{\mathrm{d}P(X,Y,t)}{\mathrm{d}t}=&\frac{1}{N_0}[A(X-1)P(X-1,Y,t)-AXP(X,Y,t)]\\&+\frac{1}{N_0}[(X+1)(Y-1)P(X+1,Y-1,t)-XYP(X,Y,t)]\\&+\frac{1}{N_0}[B(Y+1)P(X,Y+1,t)-BYP(X,Y,t)]\\&+\mathscr{D}_X\langle X\rangle[P(X-1,Y,t)-P(X,Y,t)]\end{aligned}$$

$$
\begin{aligned}
&+\mathscr{D}_X(X+1)P(X+1,Y,t)-\mathscr{D}_X XP(X,Y,t)\\
&+\mathscr{D}_Y\langle Y\rangle[P(X,Y-1,t)-P(X,Y,t)]\\
&+\mathscr{D}_Y(Y+1)P(X,Y+1,t)-\mathscr{D}_Y YP(X,Y,t)
\end{aligned}
\tag{4.144}
$$

式中前三项描述反应过程，后面各项描述扩散过程。为了求解(4.144)方程，引入母函数

$$
F(s_1,s_2,t)=\sum_{X=0}^{\infty}\sum_{Y=0}^{\infty}s_1^X s_2^Y P(X,Y,t)
\tag{4.145}
$$

并引入 $\psi(s_1,s_2,t)$，它与母函数 $F(s_1,s_2,t)$ 有下列关系：

$$
F(s_1,s_2,t)=\exp[N_0\psi(s_1,s_2,t)]
\tag{4.146}
$$

代入(4.144)方程中，可得

$$
\begin{aligned}
\frac{\partial\psi}{\partial t}&=[\alpha\xi(\xi+1)-\mathscr{D}_X\xi]\frac{\partial\psi}{\partial\xi}+[-\eta\beta-\mathscr{D}_Y\eta]\frac{\partial\psi}{\partial\eta}\\
&+(\eta+1)(\eta-\xi)\left(\frac{\partial\psi}{\partial\xi}\frac{\partial\psi}{\partial\eta}+\frac{1}{N_0}\frac{\partial^2\psi}{\partial\xi\partial\eta}\right)\\
&+\mathscr{D}_X\xi\frac{\langle X\rangle}{N_0}+\mathscr{D}_Y\eta\frac{\langle Y\rangle}{N_0}
\end{aligned}
\tag{4.147}
$$

其中

$$
\left.
\begin{aligned}
&\alpha=\frac{A}{N_0},\quad \beta=\frac{B}{N_0}\\
&\xi=s_1-1,\quad \eta=s_2-1
\end{aligned}
\right\}
\tag{4.148}
$$

为了求得方程(4.147)的解，把 $\psi(s_1,s_2,t)=\psi(\xi,\eta,t)$ 按 ξ 和 η 展开：

$$
\psi=a_1\xi+a_2\eta+\frac{1}{2}b_{11}\xi^2+b_{12}\xi\eta+\frac{1}{2}b_{22}\eta^2+\cdots
\tag{4.149}
$$

按照母函数的性质可知，ψ 展开式中的系数是 X 和 Y 的各次矩，即

$$
\left.
\begin{aligned}
&N_0a_1=\langle X\rangle,\quad N_0a_2=\langle Y\rangle\\
&N_0b_{11}=\langle\delta X^2\rangle-\langle X\rangle\\
&N_0b_{22}=\langle\delta Y^2\rangle-\langle Y\rangle\\
&N_0b_{12}=\langle\delta X\delta Y\rangle
\end{aligned}
\right\}
\tag{4.150}
$$

由于 N_0 是个大数，二次矩以上的各项可以忽略。如此，把 ψ 的展开式(4.149)代入到(4.147)方程中，可以得到系数 a_1、a_2、b_{11}、b_{22} 和 b_{12} 的一组非线性方程。由于 a_1 和 a_2 只与平均值 $\langle X\rangle$ 和 $\langle Y\rangle$ 相关，我们所要讨论的涨落与 b_{11}、b_{22} 和 b_{12} 有关，它们满足下列方程：

$$\left.\begin{aligned}\frac{\mathrm{d}b_{11}}{\mathrm{d}t}&=2(\alpha\beta-\beta b_{12}-\mathscr{D}b_{11})\\\frac{\mathrm{d}b_{22}}{\mathrm{d}t}&=2(\alpha\beta+\alpha b_{12}-\mathscr{D}b_{22})\\\frac{\mathrm{d}b_{12}}{\mathrm{d}t}&=-\alpha\beta+\alpha b_{11}-\beta b_{22}-2\mathscr{D}b_{12}\end{aligned}\right\}\tag{4.151}$$

其中我们已假设 $\mathscr{D}_X=\mathscr{D}_Y=\mathscr{D}$。由第一和第二两式中消去 b_{12}，可得

$$\frac{\mathrm{d}}{\mathrm{d}t}(\alpha b_{11}+\beta b_{22})=2\alpha\beta(\alpha+\beta)-2\mathscr{D}(\alpha b_{11}+b_{22})\tag{4.152}$$

对初始条件：

$$b_{11}=b_{22}=0$$

(4.152)方程有解：

$$\alpha b_{11}+\beta b_{22}=\left(\frac{1}{\mathscr{D}}\right)\alpha\beta(\alpha+\beta)(1-\mathrm{e}^{-2\mathscr{D}t})\tag{4.153}$$

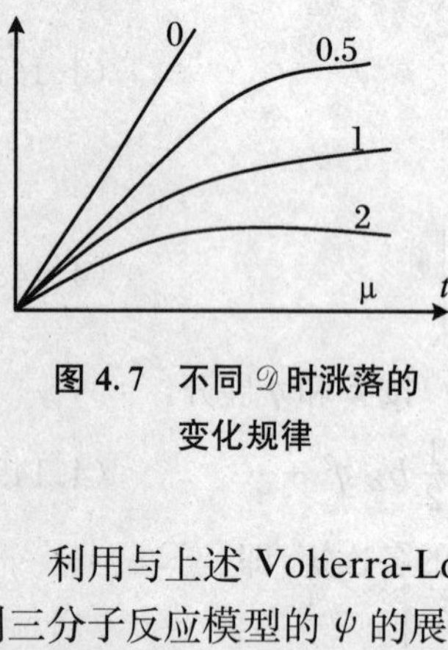

图 4.7 不同 $\mathscr{D}$ 时涨落的变化规律

如果对于给定的 α 和 β 值，把(4.153)式左边的与涨落有关的量对于不同的 $\mathscr{D}$ 作图，如图 4.7 所示。从此图可以看到：当 $\mathscr{D}=0$ 时，涨落随时间的变化总是增长，系统是不稳定的；对于 $\mathscr{D}$ 取有限值的情况，经过一段时间 t，涨落到达一个恒定值，而使系统进入稳定态；$\mathscr{D}$ 值越小，所需要经过的时间就越长；当 $\mathscr{D}=\infty$ 时，系统维持初始的分布。由此可见，系统是可以具有很多稳定态，这是与宏观理论分析相一致的。

利用与上述 Volterra-Lotka 反应模型相同的母函数求解方法。我们也可以得到三分子反应模型的 ψ 的展开式系数 a_1、a_2、b_{11}、b_{22} 和 b_{12} 的一组非线性方程，通过求解这些非线性方程，可以讨论其涨落的性质及时空有序结构的性质。对于三分子模型，当 $\mathscr{D}_X=\mathscr{D}_Y$ 时，形成一个均匀的极限环，而当 $\mathscr{D}_X\neq\mathscr{D}_Y$ 时，可以导致对称性的破坏，形成空间有序的结构。如此，下面我们对这两种情况分别进行讨论。

(1) $\mathscr{D}_X=\mathscr{D}_Y=\mathscr{D}$ 的情况。在这种情况下，b_{11}、b_{22} 和 b_{12} 所遵从的方程为

$$\frac{\mathrm{d}}{\mathrm{d}t}\begin{bmatrix}b_{11}\\b_{22}\\b_{12}\end{bmatrix}=\begin{bmatrix}2(\beta-1)-2\mathscr{D} & 2\alpha^2 & 0\\-\beta & \beta-\alpha^2-1-2\mathscr{D} & \alpha^2\\0 & -2\beta & -2\alpha^2-2\mathscr{D}\end{bmatrix}\times\begin{bmatrix}b_{11}\\b_{22}\\b_{12}\end{bmatrix}+\begin{bmatrix}4\alpha\beta\\-\alpha\beta\\0\end{bmatrix}\tag{4.154}$$

显然，这个方程组的性质由系数矩阵的本征值确定。写出特征方程，我们可求得它

的本征值为

$$\omega_1 = \beta - \alpha^2 - 1 - 2\mathscr{D} \tag{4.155}$$

$$\omega_\pm = \omega_1 \pm [(\beta - \alpha^2 - 1)^2 - 4\alpha^2]^{\frac{1}{2}} \tag{4.156}$$

当 ω 为实数时取负值,或当 ω 为复数时实部取负值,系统有稳定解,因此,系统在如下几种情况下是稳定的:

① 若 $0<\beta<\alpha^2+1$,则 $\mathscr{D}$ 值任意; (4.157)

② 若 $\alpha^2+1<\beta<(\alpha+1)^2$,则 $\mathscr{D}>\frac{1}{2}(\beta-\alpha^2-1)$; (4.158)

③ 若 $\beta>(\alpha+1)^2$,则

$$\mathscr{D} > \frac{1}{2}\{\beta - \alpha^2 - 1 + [(\beta - \alpha^2 - 1)^2 - 4\alpha^2]^{\frac{1}{2}}\} \tag{4.159}$$

β 与 $\mathscr{D}$ 的上述关系,可以用图来表示。为此,我们定义如下的临界长度 l_c:

$$l_c = \frac{(D/l_r)}{\mathscr{D}_c} \tag{4.160}$$

其中,$\mathscr{D}_c$ 是由(4.158)式和(4.159)式取等号时给出的量。在图4.8中给出了临界点涨落的相关长度 l_c 与化学参量 β 之间的关系。在图4.8中带阴影的区域表示稳定,而其余空白的区域表示不稳定。在图4.8中 $l_c^{(a)}$ 和 $l_c^{(b)}$ 两条临界曲线分别为

$$l_c^{(a)} = \frac{2(D/l_r)}{\beta - \alpha^2 - 1} \tag{4.161}$$

$$l_c^{(b)} = \frac{2(D/l_r)}{\beta - \alpha^2 - 1 + \sqrt{(\beta - \alpha^2 - 1)^2 - 4\alpha^2}} \tag{4.162}$$

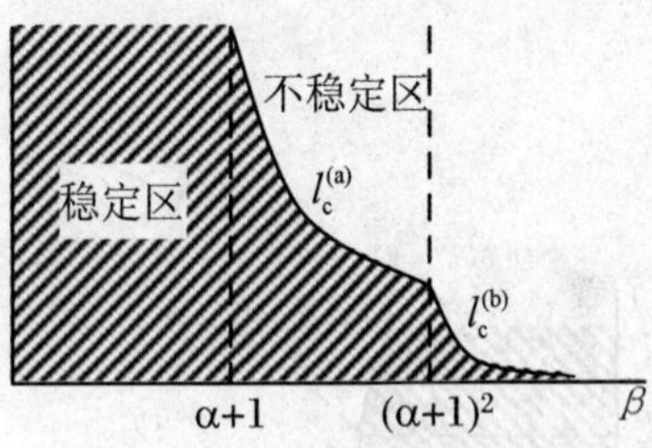

图4.8　三分子模型 l_c 与 β 的关系

($\mathscr{D}_X = \mathscr{D}_Y$)

从图4.8可以看到,向不稳定性的跃迁由这样的情况所反映,出现具有半径不为零的极限环。如果在 ΔV 内部一点邻近出现涨落,这个涨落的相关长度 $l<l_c$,即在图中阴影区,则这个局域涨落的衰减过程超过放大机制,使涨落消失掉。对于 $\beta<\alpha^2+1$,即使起始时强加一无限大的相关长度,涨落也将衰减。但对于 $\beta<\alpha^2+1$ 的情况,相关长度 $l>l_c$ 的那些涨落被放大而散布于整个系统中。对于 $\beta>(\alpha+1)^2$ 的情况,衰减涨落的范围迅速减小,即阴影区缩小,最后当 $\beta\gg\alpha^2+1$ 时,$l_c\to0$,这意味着离开参考态的发展是自发的。显然,上述的 $l>l_c$ 的局域涨落被放大并扩展开来的性质,具有非平衡的成核过程的特征。

(2) $\mathscr{D}_X\neq\mathscr{D}_Y=\mathscr{D}$ 的情况。完全类似地,可以列出(4.154)形式的方程,但其中

的系数矩阵不同，它具有如下表达式：

$$\begin{bmatrix} 2(\beta-1)-2\mathscr{D}_X & 2\alpha^2 & 0 \\ -\beta & \beta-\alpha^2-1-\mathscr{D}_X-\mathscr{D}_Y & \alpha^2 \\ 0 & -2\beta & -2\alpha^2-2\mathscr{D}_Y \end{bmatrix} \tag{4.163}$$

这个矩阵的本征值为

$$\omega_1 = \beta - \alpha^2 - 1 - (\mathscr{D}_X + \mathscr{D}_Y) \tag{4.164}$$

$$\omega_\pm = \beta - \alpha^2 - 1 - (\mathscr{D}_X + \mathscr{D}_Y) \pm \sqrt{\Delta} \tag{4.165}$$

其中

$$\sqrt{\Delta} = [\beta - \alpha^2 - 1 - (\mathscr{D}_X + \mathscr{D}_Y)]^2 - 4(\mathscr{D}_X\mathscr{D}_Y - \beta\mathscr{D}_Y + \mathscr{D}_Y + \alpha^2\mathscr{D}_X + \alpha^2) \tag{4.166}$$

由此可以得到稳定解需要满足的条件如下：

$$\beta - \alpha^2 - 1 - (\mathscr{D}_X + \mathscr{D}_Y) < 0 \tag{4.167}$$

$$\mathscr{D}_X\mathscr{D}_Y - \beta\mathscr{D}_Y + \mathscr{D}_Y + \alpha^2\mathscr{D}_X + \alpha^2 > 0 \tag{4.168}$$

这两个条件相当于：

$$\beta < 1 + \alpha^2 + \mathscr{D}_X + \mathscr{D}_Y = \tilde{\beta}_c \tag{4.169}$$

$$\beta > 1 + \alpha^2 \frac{\mathscr{D}_X}{\mathscr{D}_Y} + \mathscr{D}_X + \frac{\alpha^2}{\mathscr{D}_Y} = \beta_c \tag{4.170}$$

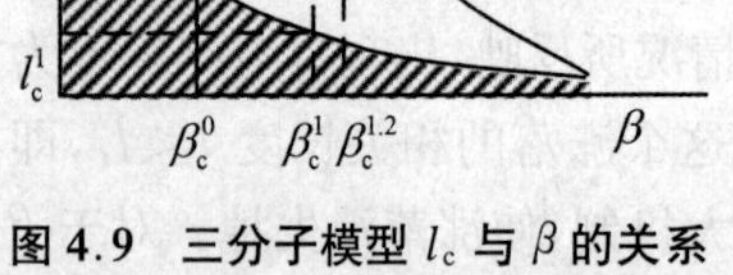

图 4.9 三分子模型 l_c 与 β 的关系

($\mathscr{D}_X \neq \mathscr{D}_Y$)

把稳定区和不稳定区画出，如图 4.9 所示。由此图可以看到，当 β 取值在

$$\beta_c < \beta < \tilde{\beta}_c$$

时，可以存在一个不稳定区域。特别重要的是在 β 取值在

$$\beta_c^0 < \beta < \beta_c^1$$

时，在这个区域中如果涨落的相关长度 l 是有限值，即在

$$l_c^1 < l < l_c^2$$

时，则系统仍在不稳定区。如果涨落的相关长度 $l > l_c^2$，即出现大的涨落时，则能使系统通过涨落而达到稳定区。这就在一定程度上说明了空间耗散结构的出现。然而，当 $\beta > \beta_c^1$ 以后，即超过 $\beta = \tilde{\beta}_c$ 的曲线以后，系统的行为与 $\mathscr{D}_X = \mathscr{D}_Y$ 的情况相类似了。

4.5 Fokker-planck 方程及其定态解[65]

在 4.1 节中我们已经指出,除了用上述的主方程方法研究化学反应系统中的时空有序结构外,还可以通过引入随机力 $F(t)$,利用 Langevin 方程及 Fokker-planck 方程的方法,研究非平衡系统中的各类非线性问题。现在我们首先阐述如何从 Langevin 方程推导出相应的 Fokker-planck 方程。为此,我们对于一个 Markov 过程,可以从 t 时刻的分布函数 $\rho(X,t)$ 求出 $t+\tau$ 时刻的分布函数为

$$\rho(X,t+\tau)=\int\rho(X,t+\tau\mid X',t)\rho(X',t)\mathrm{d}\tau \tag{4.171}$$

其中

$$P(X,t+\tau\mid X',t)=\int\delta(Y-X)P(Y,t+\tau\mid X',t)\mathrm{d}Y \tag{4.172}$$

把(4.172)式中的 δ 函数展开:

$$\begin{aligned}\delta(Y-X)&=\delta(X'-X+Y-X')\\&=\sum_{n=0}^{\infty}\frac{(Y-X')^n}{n!}\left(\frac{\partial}{\partial X'}\right)^n\delta(X'-X)\\&=\sum_{n=0}^{\infty}\frac{(Y-X')^n}{n!}\left(-\frac{\partial}{\partial X}\right)^n\delta(X'-X)\end{aligned} \tag{4.173}$$

把(4.173)式代入(4.172)式中,可得

$$\begin{aligned}P(X,t+\tau\mid X',t)&=\left[1+\sum_{n=1}^{\infty}\frac{1}{n!}\left(-\frac{\partial}{\partial X}\right)^n M_n(X',t,\tau)\right]\delta(X-X')\\&=\left[1+\sum_{n=1}^{\infty}\frac{1}{n!}\left(-\frac{\partial}{\partial X}\right)^n M_n(X,t,\tau)\right]\delta(X-X')\end{aligned} \tag{4.174}$$

其中

$$M_n(X',t,\tau)=\int(Y-X')^nP(Y,t+\tau\mid X',t)\mathrm{d}y \tag{4.175}$$

称 M_n 为随机变量的 n 阶跃迁矩。另外,为了导出 $\rho(X,t)$ 所遵循的演化方程,若假设 $\tau\ll1$,则有

$$\rho(X,t+\tau)-\rho(X,t)=\frac{\partial\rho(X,t)}{\partial t}\tau+O(\tau^2) \tag{4.176}$$

把(4.174)式代入到(4.171)式中,并与(4.176)式进行比较,再令 $\tau\to0$,可得到

$$\frac{\partial\rho(X,t)}{\partial t}=L_{\mathrm{KM}}\rho(X,t) \tag{4.177}$$

其中

$$L_{\mathrm{KM}}=\sum_{n=1}^{\infty}\left(-\frac{\partial}{\partial X}\right)^n D_n(X,t) \tag{4.178}$$

$$D_n(X,t)=\lim_{\tau\to0}\frac{M_n(X,t,\tau)}{n!\,\tau} \tag{4.179}$$

通常把它称为 Markov 过程的 Kramers-Moyal 展开。由此可见,为了从 Langevin 方程推导出 $\rho(X,t)$所遵循的方程,问题的关键是利用 Langevin 方程求出各阶跃迁矩 $M_n(t,\tau)$,即求出当随机变量在 t 时刻取 X 值的条件下在 $t+\tau$ 时刻以 X 为中心的各阶中心矩:

$$M_n(X,t,\tau)=\langle[X(t+\tau)-X]^n\rangle \tag{4.180}$$

为了简化起见,我们考虑一维问题。利用(4.18)形式的 Langevin 方程,可得

$$X(t+\tau)-X=\int_t^{t+\tau}[f(X(t'),t)+g(X(t'),t')\Gamma(t')]\mathrm{d}t' \tag{4.181}$$

若积分中 f 和 g 可对 $X(t')-X$ 进行展开,即

$$f(X(t'),t')=f(X,t')+f'(X,t')(X(t')-X)+\cdots \tag{4.182}$$

$$g(X(t'),t')=g(X,t')+g'(X,t')(X(t')-X)+\cdots \tag{4.183}$$

其中,f'和 g'表示函数对 X 的导数。将(4.182)式和(4.183)式代入到(4.181)式中,可得

$$\begin{aligned}X(t+\tau)-X=&\int_t^{t+\tau}f(X,t')\mathrm{d}t'+\int_t^{t+\tau}f'(X,t')[X(t')-X]\mathrm{d}t'\\&+\cdots+\int_t^{t+\tau}g(X,t')\Gamma(t')\mathrm{d}t'\\&+\int_t^{t+\tau}g(X,t')[X(t')-X)]\Gamma(t')\mathrm{d}t'+\cdots\end{aligned} \tag{4.184}$$

对(4.184)式中的 $X(t')-X$ 重复使用此式,可得

$$\begin{aligned}X(t+\tau)-X=&\int_t^{t+\tau}f(X,t')\mathrm{d}t'\\&+\int_t^{t+\tau}f'(X,t')\mathrm{d}t'+\int_t^{t'}h(X,t'')\mathrm{d}t''\mathrm{d}t'\\&+\int_t^{t+\tau}f'(X,t')\int_t^{t'}g(X,t'')\Gamma(t'')\mathrm{d}t''\mathrm{d}t'+\cdots\end{aligned}$$

$$+\int_t^{t+\tau} g(X,t')\Gamma(t')\mathrm{d}t'$$

$$+\int_t^{t+\tau} g'(X,t')\int_t^{t'} f(X,t'')\Gamma(t')\mathrm{d}t''\mathrm{d}t'$$

$$+\int_t^{t+\tau} g'(X,t')\int_t^{t'} g'(X,t'')\Gamma(t'')\Gamma(t')\mathrm{d}t''\mathrm{d}t' \tag{4.185}$$

现在再利用随机力的统计性质(4.15)式和(4.16)式，就可以求得各阶跃迁矩如下：

$$M_1(X,t,\tau) = \langle X(t+\tau) - X\rangle$$

$$= [f(X,t) + Dg'(X,t)g(X,t)] + 0(\tau^2) \tag{4.186}$$

$$M_2(X,t,\tau) = \langle [X(t+\tau) - X]^2\rangle$$

$$= 2Dg^2(X,t)\tau + 0(\tau^2) \tag{4.187}$$

$$M_n(X,t,\tau) = \langle [X(t+\tau) - X]^n\rangle \leqslant 0(\tau^2) \tag{4.188}$$

其中，$n\geqslant 3$。把这些表达式代入到(4.155)式中，得到

$$D_1(X,t) = f(X,t) + Dg'(X,t)g(X,t) \tag{4.189}$$

$$D_2(X,t) = Dg^2(X,t) \tag{4.190}$$

$$D_n(X,t) = 0 \qquad (n\geqslant 3) \tag{4.191}$$

把这些表达式代入到(4.179)式后，再代入到(4.177)方程，最后得到

$$\frac{\partial\rho(X,t)}{\partial t} = -\frac{\partial}{\partial X}[f(X,t) - Dg'(X,t)g(X,t)]\rho(X,t)$$

$$+ D\frac{\partial^2}{\partial X^2}[g(X,t)^2\rho(X,t)] \tag{4.192}$$

这就是 Fokker-planck 方程(4.23)。多变量的 Fokker-planck 方程由(4.25)式给出。Fokker-planck 方程表明，分布函数 $\rho(X,t)$的变化是有两部分贡献来源，其一是漂移作用，即方程右边的第一项所表达的贡献，其二是扩散作用，即方程右边第二项所表达的贡献。因此，通常把(4.25)方程中的 D_i 称为漂移系数，把 D_{ij} 称为扩散系数。

Fokker-planck 方程的定态解反映系统的长时间行为，即对于有限空间的随机过程，经过各种不同长短的瞬态过程后，系统就会被这种长时间行为所统治，所以在大多数时间内人们对系统进行测量得到的正是这类定态解的性质。同时，FP 方程的定态解还联系着确定性方程的某种势函数，作为平衡系统的推广可称这种势函数为广义势函数。广义势函数不仅决定了系统的静态性质，而且支配着确定性方程和 FP 方程的一些重要的动力学性质。FP 方程定态解的精确可解模型是很少的，它们可以作为研究更复杂问题的基础。下面介绍两个简单的可解模型：

(1) 一维 FP 方程的定态解。我们考虑如下的 FP 方程：

$$\frac{\partial\rho(X,t)}{\partial t}=-\frac{\partial}{\partial X}[C(X)\rho(X,t)]+\frac{\partial^2}{\partial X^2}[D(X)\rho(X,t)] \quad (4.193)$$

令方程左边为零,对右边 X 进行一次积分,得到

$$C(X)\rho(X)-\frac{\mathrm{d}}{\mathrm{d}X}[D(X)\rho(X)]=J \quad (4.194)$$

其中,J 为任意常量,它代表定态时概率流的强度。对(4.194)再一次积分,得到

$$\rho(X)=N\mathrm{e}^{-\phi(X)/D}-J\mathrm{e}^{-\phi(X)/D}\int^{X}\frac{\mathrm{e}^{-\phi(X')/D}}{D(X')}\mathrm{d}X' \quad (4.195)$$

其中

$$\phi(X)=\ln D(X)-\int^{X}\frac{C(X')}{D(X')}\mathrm{d}X' \quad (4.196)$$

如果系统是局限于随机变量取有限值的范围内,即概率分布满足如下的自然边界条件

$$\lim_{|X|\to\infty}\rho^{(n)}(X,t)=0 \quad (4.197)$$

其中

$$\rho^{(n)}=\frac{\mathrm{d}^n\rho}{\mathrm{d}X^n}\quad (n=0,1,2\cdots)$$

则定态概率流 $J=0$,从而得到

$$\rho(X)=N\mathrm{e}^{-\phi(X)/D} \quad (4.198)$$

其中,N 由归一的条件决定,即

$$N=\left[\int\mathrm{e}^{-\phi(X)/D}\mathrm{d}X\right]^{-1} \quad (4.199)$$

如果实际问题中出现的是周期边界条件,那么(4.195)式中的 N 和 J 两个常数由归一化条件和边界条件共同确定。

(2) 二维 FP 方程的定态解。具有非线性漂移项的多变量 FP 方程的定态解一般不能解析求出,如下的 Kramers 方程是很少的可求出定态解的实例之一:

$$\begin{aligned}\frac{\partial\rho(X,Y,t)}{\partial t}=&-\frac{\partial}{\partial X}[Y\rho(X,Y,t)]\\&-\frac{\partial}{\partial Y}[(-rY+f(X))\rho(X,Y,t)]\\&+D\frac{\partial^2}{\partial Y^2}\rho(X,Y,t)\end{aligned} \quad (4.200)$$

令

$$\rho(X,Y)=\mathrm{e}^{-\alpha Y^2}\phi(X) \quad (4.201)$$

代入(4.200)方程中,并比较 Y 的各次幂,可得

零次幂：

$$r - 2aD = 0 \tag{4.202}$$

一次幂：

$$-\phi'(X) + 2af(X)\phi(X) = 0 \tag{4.203}$$

二次幂：

$$-2ar + 4a^2 D = 0 \tag{4.204}$$

方程(4.202)和(4.204)为同一方程，由此解出 a 为

$$a = \frac{r}{2D} \tag{4.205}$$

而从(4.199)方程可解出 $\phi(X)$ 为

$$\phi(X) = N\exp\left[-\frac{r}{D}\int f(X)\mathrm{d}X\right] \tag{4.206}$$

最后，可得到 Kramers 方程的定态解为

$$\rho(X,Y) = N\exp\left[-\frac{r}{2D}Y^2 - \frac{r}{D}\int f(X)\mathrm{d}X\right] \tag{4.207}$$

对于复杂的 FP 方程，就必须采取各种近似方法求其定态解，其中最常用而有效的一种近似是弱噪声近似。在弱噪声情况下，$D \ll 1$，可以把 FP 方程(4.25)的定态解对 D 展开，即

$$\rho(X) = N\mathrm{e}^{-\phi(X)/D} \tag{4.208}$$

$$\phi(X) = \phi_0(X) + D\phi_1(X) + D^2\phi_2(X) + \cdots \tag{4.209}$$

把(4.208)式和(4.209)式代入(4.25)方程中，并比较方程两边 D 的各次幂的系数，可得到 $\phi_i(X)$ 的一组方程：

D^{-1} 次幂：

$$H = \sum_{i=1}^{n} D_i(X)\frac{\partial\phi_0}{\partial X_i} + \sum_{i=1}^{n}\sum_{j=1}^{n} D_{ij}(X)\frac{\partial\phi_0}{\partial X_i}\frac{\partial\phi_0}{\partial X_j} = 0 \tag{4.210}$$

D^0 次幂：

$$\begin{aligned}\sum_{i=1}^{n} D_i(X)\frac{\partial\phi_1}{\partial X_i} &+ \sum_{i=1}^{n}\sum_{j=1}^{n} 2D_{ij}(X)\frac{\partial\phi_0}{\partial X_i}\frac{\partial\phi_1}{\partial X_j} \\ &= \sum_{i}^{n}\frac{\partial D_i(X)}{\partial X_i} + \sum_{i=1}^{n}\sum_{j=1}^{n} D_{ij}(X)2\frac{\partial D_{ij}(X)}{\partial X_i}\frac{\partial\phi_0}{\partial X_j} \\ &\quad + \sum_{i=1}^{n}\sum_{j=1}^{n} D_{ij}(X)\frac{\partial^2\phi_0}{\partial X_i\partial X_j}\end{aligned} \tag{4.211}$$

D^1 次幂：……

由(4.210)方程可以独立解出(4.209)式中的首项 $\phi_0(X)$，将结果代入(4.211)方

程中可以求出第二项 $\phi_1(X)$。以此类推,可逐级顺次求解各高阶展开项。在 $D \ll 1$ 时,(4.209)式中的首项在定态解中起着主导地位,因此求解 $\phi_0(X)$就成为求解定态解的关键。$\phi_0(X)$所遵循的方程(4.210)称为 Hamiltan-Jacobi 方程。$\phi_0(X)$不仅在弱噪声情况下确定了 FP 方程的定态性质,而且也可以作为非平衡系统的一种广义势函数。在热力学平衡态情况中,作为其势函数的熵 S 与系统的概率分布 $P(X)$之间满足如下的 Einstein 关系式:

$$P(X) = P(X_0)\exp\left[\frac{S(X) - S(X_0)}{K}\right] \tag{4.212}$$

式中 X_0 代表热力学平衡态。在非平衡态情况,由 FP 方程的 ϕ_0 描述的分布函数为

$$\rho(X) = N\exp\left[-\frac{\phi_0(X)}{D}\right] \tag{4.213}$$

比较(4.212)式和(4.213)式可以看到,$\phi_0(X)$处在负熵 $-S(X)$的位置上,所以 $\phi_0(X)$是 $S(X)$的一种推广。另外,熵在孤立热力学系统是单调增加。对于由 FP 方程描述的非平衡系统的演化过程,它相应的宏观的动力学方程为

$$\frac{\mathrm{d}X_i}{\mathrm{d}t} = D_i(X) \quad (i = 1,2,\cdots,n) \tag{4.214}$$

在满足(4.214)方程条件下,$\phi_0(X)$的演化规律为

$$\frac{\mathrm{d}\phi_0(X)}{\mathrm{d}t} = \sum_i \frac{\partial \phi_0}{\partial X_i}\frac{\mathrm{d}X_i}{\mathrm{d}t} = \sum_i D_i(X)\frac{\partial \phi_0}{\partial X_i} \tag{4.215}$$

把(4.210)式代入(4.215)式中,可得

$$\frac{\mathrm{d}\phi_0(X)}{\mathrm{d}t} = -\sum_i\sum_j D_{ij}\frac{\partial \phi_0}{\partial X_i}\frac{\partial \phi_0}{\partial X_j} \leqslant 0 \tag{4.216}$$

最后一个不等号是基于扩散矩阵(D_{ij})的正定性。由此可以看到,在满足(4.214)演化下 $\phi_0(X)$单调减小,直到到达某些宏观态 $E_j(j=1,2,\cdots,m)$,使

$$\frac{\partial \phi_0}{\partial X_i} = 0 \quad (i = 1,2,\cdots,n) \tag{4.217}$$

后,这种演化过程才停止。在 E_j 处 $\phi_0(X)$必定取极小值,而 E_j 必定为方程(4.214)的稳定集合,如稳定奇点、稳定极限环等等。这些集合正是非平衡态的渐近态。因此,$\phi_0(X)$在非平衡态所起的作用与负熵在平衡态的作用完全相同。

尽管 $\phi_0(X)$所遵循的 HJ 方程(4.210)比 FP 方程(4.25) 简单得多,但它仍然是非线性的偏微分方程,仍然需要采取各种近似方法求解。小参数展开方法就是一种常用的近似方法。若在 HJ 方程中存在有一个动力学小参数 β,例如,对于如下的二维 FP 方程:

$$\frac{\partial\rho(X,Y,t)}{\partial t} = -\frac{\partial}{\partial X}[(-X+\beta Y^3)\rho(X,Y,t)] - \frac{\partial}{\partial Y}[(-Y+\beta X^3)\rho(X,Y,t)] + \frac{D}{2}\left(\frac{\partial^2}{\partial X^2}+\frac{\partial^2}{\partial Y^2}\right)\rho(X,Y,t) \tag{4.218}$$

它相应的 HJ 方程为

$$(-X+\beta Y^3)\frac{\partial\phi_0}{\partial X} + (-Y-\beta X^3)\frac{\partial\phi_0}{\partial Y} + \frac{1}{2}\left(\frac{\partial\phi_0}{\partial X}\right)^2 + \frac{1}{2}\left(\frac{\partial\phi_0}{\partial Y}\right)^2 = 0 \tag{4.219}$$

其中 β 是一个小参数,则可把 HJ 方程写为如下形式:

$$\sum_{i=1}^{n} D_i(X,\beta)\frac{\partial\phi_0(X,\beta)}{\partial X_i} + \sum_{i=1}^{n}\sum_{j=1}^{n} D_{ij}(X,\beta)\frac{\partial\phi_0(X,\beta)}{\partial X_i}\frac{\partial\phi_0(X,\beta)}{\partial X_j} = 0 \tag{4.220}$$

现将 $D_i(X,\beta)$、$D_{ij}(X,\beta)$和 $\phi_0(X,\beta)$对 β 进行展开,并比较方程两边 β 的各次幂,可得到

β^0 次幂:

$$\sum_{i=1}^{n} D_i(X,0)\frac{\partial\phi_0(X,0)}{\partial X_i} + \sum_{i=1}^{n}\sum_{j=1}^{n} D_{ij}(X,0)\frac{\partial\phi_0(X,0)}{\partial X_i}\frac{\partial\phi_0(X,0)}{\partial X_j} = 0 \tag{4.221}$$

β^1 次幂:

$$\sum_{i=1}^{n} D_i(X,0)\frac{\partial\phi_{01}(X,0)}{\partial X_i} + \sum_{i=1}^{n}\sum_{j=1}^{n} 2D_{ij}(X,0)\frac{\partial\phi_{00}}{\partial X_i}\frac{\partial\phi_{01}}{\partial X_j} + \sum_{i=1}^{n} D_i^{(1)}(X,0)\frac{\partial\phi_{00}}{\partial X_i} + \sum_{i=1}^{n}\sum_{j=1}^{n} D_{ij}^{(1)}(X,0)\frac{\partial\phi_{00}}{\partial X_i}\frac{\partial\phi_{00}}{\partial X_j} = 0 \tag{4.222}$$

β^2 次幂:……

其中

$$\phi_{00} = \phi_0(X,\beta=0) \tag{4.223}$$

$$\phi_{01} = \left.\frac{\partial\phi_0}{\partial\beta}\right|_{\beta=0} \tag{4.224}$$

$$D_i^{(1)} = \left.\frac{\partial D_i}{\partial\beta}\right|_{\beta=0} \tag{4.225}$$

$$D_{ij}^{(1)} = \frac{\partial D_{ij}}{\partial \beta}\bigg|_{\beta=0} \tag{4.226}$$

在 β 的各次幂的方程中，只有零次幂的方程是非线性的。如果方程(4.221)可解，那么以下 β 的各高次幂的线性方程都可依次解出。例如，对于(4.219)方程而言当 $\beta=0$ 时，即可得到其相应的(4.221)方程为

$$-X\frac{\partial \phi_{00}}{\partial X} - Y\frac{\partial \phi_{00}}{\partial Y} + \frac{1}{2}\left(\frac{\partial \phi_{00}}{\partial X}\right)^2 + \frac{1}{2}\left(\frac{\partial \phi_{00}}{\partial Y}\right)^2 = 0 \tag{4.227}$$

此方程的精确解为

$$\phi_{00}(X,Y) = X^2 + Y^2 \tag{4.228}$$

把此解代入到(4.222)方程中，同时考虑到：

$$D_1(X,Y) = -X + \beta Y^3,\quad D_2(X,Y) = -Y - \beta X^3$$

$$D_{11} = D_{22} = \frac{1}{2},\quad D_{12} = D_{21} = 0$$

则可得到如下方程：

$$X\frac{\partial \phi_{01}}{\partial X} + Y\frac{\partial \phi_{01}}{\partial Y} = 2XY(X^2 - Y^2) \tag{4.229}$$

此方程的解为

$$\phi_{01}(X,Y) = \frac{1}{2}XY(X^2 - Y^2) \tag{4.230}$$

从而可得(4.219)方程展开到 β 一次量级的解为

$$\phi_0(X,Y) = (X^2 + Y^2) + \frac{\beta}{2}XY(X^2 - Y^2) \tag{4.231}$$

4.6 非线性系统中状态之间转变规律

本节以 Schlogl 反应模型为例，利用 FP 方程研究非线性系统中不同状态之间的转变规律。Schlogl 反应模型为

$$B \underset{k_2}{\overset{k_1}{\rightleftharpoons}} X,\quad A + 2X \underset{k_4}{\overset{k_3}{\rightleftharpoons}} 3X \tag{4.232}$$

其中 A、B 和 X 为三种参与化学反应的组分，k_i 为反应速率系数。A 和 B 两种组分的浓度保持恒定，X 组分浓度在反应过程中变化。(4.232)反应模型的宏观动

力学方程为

$$\frac{\mathrm{d}X}{\mathrm{d}t} = k_1 B - k_2 X + k_3 A X^2 - k_4 X^3 \tag{4.233}$$

引入如下的标度变换：

$$x = \frac{3k_4}{k_2 A} X - 1, \tag{4.234}$$

$$\delta_1 = \frac{9k_2 k_4}{k_3^2 A^2} - 3, \tag{4.235}$$

$$\delta_2 = \frac{27k_4^2 k_1}{k_3^2 A^3} B - 1, \tag{4.236}$$

可把(4.233)方程写为

$$\frac{\mathrm{d}x}{\mathrm{d}t} = -\delta_1 x - x^3 + (\delta_2 - \delta_1) \tag{4.237}$$

若调节控制参数使 $\delta_2 = \delta_1 = \delta$，则(4.237)方程简化为

$$\frac{\mathrm{d}x}{\mathrm{d}t} = -\delta x - x^3 \tag{4.238}$$

这是典型的叉型分岔方程。当 $\delta > 0$ 时，方程有一个稳定的定态解 $x = 0$。当 $\delta < 0$ 时，方程有三个解：两个稳定的定态解 $x = \pm\sqrt{-\delta}$，一个不稳定的定态解 $x = 0$。如果我们首先控制 A、B 和 k_i（通过控制温度实现），使 $\delta > 0$，此时系统处于 $x = 0$ 的稳定定态。然后用迅速加大 A 的浓度，或突然改变温度，或增加催化剂等方式，使 δ 快速降为负值。与此同时，由于控制参数变化迅速，系统来不及反应，即在 δ 已经改变符号时，x 值仍然停留在 $x = 0$ 的原稳定定态附近，但从分岔图上可知，此时 $x = 0$ 的状态已是不稳定定态，也就是说，控制参数迅速越过临界点，使原来的稳定点变为新系统的不稳定点。显然，上述的操作类似于淬火操作。当系统处于这种不稳定态时，一个小扰动（或涨落）能使系统离开此不稳定态，最后转变为 $x = \sqrt{-\delta}$ 或 $x = -\sqrt{-\delta}$ 态，至于究竟转变为哪一种状态，完全取决于初始小扰动是正还是负。所以，系统最后实现的状态是被非线性机制放大了的扰动。从概率分布来看，在 $t = 0$ 时它是处于不稳定定态的一个单峰分布，当 $t \to \infty$ 时绝大部分概率将离开不稳定定态，分布到以确定性方程各个稳定定态为中心的概率峰内，即从单峰发展为双峰的概率分布。需要指出，在一般情况下，这种双峰的概率分布还不是FP方程的定态解(4.198)，而是另一种准稳态。这种准稳态在各稳定定态的势阱内的概率分布的形状与FP方程的定态解(4.198)很相近，即具有相同的局域性质。但是在准稳态中两势阱内包含的概率总量并没有达到FP方程定态解(4.198)的整体平衡。因此，这种准稳态还需要进一步通过两势阱之间的概率交换而进一步演

化，最后达到 FP 方程的定态。当噪声强度不大时，准稳态的寿命（约为 $e^{\frac{1}{D}}$ 的量级）远远大于从不稳定态到准稳态的弛豫时间（$-\ln D$ 量级）。所以这种状态很容易被人们观察到和利用。在需要经常改变控制参数的系统中，由于改变控制参数的时间间隔远小于准稳态的寿命，人们观察到的“定态”通常是准稳态。因此，研究非线性系统从不稳定态向准稳态的转变规律，以及从准稳态发展到 FP 方程定态的稳定定态之间的概率跃迁规律，是本节要进一步阐述的两部分主要内容。

1. 从不稳定态向准稳态的转变规律

若用符号 a 代替 $-\delta$，则与确定性方程(4.238)相关 Langevin 方程可写为

$$\frac{dx}{dt} = ax - a^3 + \Gamma(t) \tag{4.239}$$

对于不稳定态的演化，$a>0$，初始条件 $x(0)=0$。与(4.239)方程相应的 FP 方程为

$$\frac{\partial\rho(x,t)}{\partial t} = -\frac{\partial}{\partial x}[(ax - x^3)\rho(x,t)] + D\frac{\partial^2}{\partial x^2}\rho(x,t) \tag{4.240}$$

其中，D 是由(4.16)式表示的噪声强度。初始条件 $x(0)=0$ 时对应于 $t=0$ 的 δ 分布 $\rho(x,0)=\delta(x)$。如果将这一初始分布推广为

$$\rho(x,0) = \delta\left(x - b\sqrt{\frac{D}{a}}\right) \tag{4.241}$$

其中，$a,b=O(1)$，则不仅包含了 $t=0$ 时系统处在不稳定态上的情况，而且也包含处于不稳定态附近的情况。

标度理论[65]是求解不稳定态演化问题的有效方法。在标度理论中引入如下的标度时间 τ：

$$\tau = \sqrt{\frac{D}{a}}e^{at} \tag{4.242}$$

利用标度时间 τ 把整个演化过程分成三个时区：$\tau \ll 1$；$\tau = O(1)$；$\tau \gg 1$。对于每一时区，采取适合于该时区特点的近似，得到 FP 方程的解的形式，然后将各时区的解对接起来，描述系统整个演化过程。

(1) $\tau \ll 1$ 的初始时区。在这个时区中，从初始时的 δ 分布函数出发，系统的概率分布仍然集中在 $x=0$ 的附近，则有 $|x^3| \ll |x|$，即可忽略(4.240)方程中的非线性项。如此，可把(4.240)方程简化为

$$\frac{\partial\rho_{\rm I}(x,t)}{\partial t} = -\frac{\partial}{\partial x}[ax\rho_{\rm I}(x,t)] + D\frac{\partial^2}{\partial x^2}[\rho_{\rm I}(x,t)] \tag{4.243}$$

此方程的解为

$$\rho_{\mathrm{I}}(x,t)=\frac{\sqrt{a}}{\sqrt{2\pi D(\mathrm{e}^{2at}-1)}}\exp\left\{-\frac{a\left(x-b\sqrt{\frac{D}{a}}\mathrm{e}^{at}\right)^2}{2D(\mathrm{e}^{2at}-1)}\right\} \tag{4.244}$$

当

$$\sqrt{D}\ll\tau=\sqrt{\frac{D}{a}}\mathrm{e}^{at}\ll 1$$

时,(4.244)式可简化为

$$\rho_{\mathrm{I}}(x,\tau)=\frac{1}{\sqrt{2\pi}\tau}\exp\left\{-\frac{(x-b\tau)^2}{2\tau^2}\right\} \tag{4.245}$$

此式表明,系统的概率分布集中在离原点距离为 τ 的范围内。

(2) $\tau=O(1)$的标度区。随着 τ 的增加,概率分布越来越远离原点,用上述线性近似获得的解的误差逐渐增大,但与此时同,概率分布的峰也变得越来越平坦,表明在(4.240)方程中的扩散项的作用逐渐减小。把(4.245)式代入到(4.240)方程中,可以验证扩散项的强度远远小于漂移项,因此,在这一时区中可以略去(4.216)方程中的扩散项,则有

$$\frac{\partial\rho_{\mathrm{II}}(x,t)}{\partial t}=-\frac{\partial}{\partial x}[(ax-x^3)\rho_{\mathrm{I}}(x,t)] \tag{4.246}$$

的方程就是确定性方程 $\dot{x}=ax-x^3$ 的概率表示形式,而确定性方程的解为

$$x(t,t_0)=\frac{\sqrt{a}x_0\mathrm{e}^{a(t-t_0)}}{\sqrt{a-x_0^2+x_0^2\mathrm{e}^{2a(t-t_0)}}} \tag{4.247}$$

它的逆函数为

$$x_0=x_0(x,t)=\frac{\sqrt{a}x_0\mathrm{e}^{-a(t-t_0)}}{\sqrt{a-x_0^2+x^2\mathrm{e}^{-2a(t-t_0)}}} \tag{4.248}$$

方程(4.246)的解可由初始分布 $\rho(x,x_0)$直接用 δ 函数的积分求出 t 时刻的分布函数方法得到,即

$$\rho_{\mathrm{II}}(x,t)=\frac{\partial x_0(x,t)}{\partial x}\int\rho(x_0,t_0)\delta[x_0-x_0(x,t)]\mathrm{d}x_0 \tag{4.249}$$

式中积分前的乘积因子是为了保证归一化条件所必须的雅可比因子。

随着 t 的增加,绝大部分概率分别趋向 $x=\pm\sqrt{a}$附近的两个势谷内,并在 $x=\pm\sqrt{a}$的$\sqrt{D}$邻域重新形成两个尖峰。随着新的尖峰的形成扩散项重新产生重要影响,扩散项就不能再忽略,从而标度区的近似就不再运用,标度区的时间范围为:$\sqrt{D}\ll\sqrt{\frac{D}{a}}\mathrm{e}^{at}\ll D^{-\frac{1}{4}}$。若以(4.245)式为 t_0 时刻的初始条件,将标度区解(4.249)

式与初始区的解对接，并考虑到 $e^{a(t-t_0)} \gg 1$，可以得到从初始区到标度区的统一解为

$$\rho(x,t) = \frac{1}{\sqrt{2\pi\tau_1}} \cdot \frac{\sqrt{a^3}\,\tau_1}{\sqrt{(a-x^2)^3\tau}} \exp\left\{ - \frac{\left[\dfrac{\sqrt{a}x\dfrac{\tau_1}{\tau}}{\sqrt{a-x^2}} - b\tau_1 \right]^2}{2\tau_1^2} \right\}$$

$$= \frac{\sqrt{a^3}}{\sqrt{2\pi}\sqrt{(a-x^2)^3\tau}} \exp\left\{ - \frac{(\sqrt{a}x - b\tau\sqrt{a-x^2})^2}{(a-x^2)\tau^2} \right\} \qquad (4.250)$$

其中 $\tau_1 = \sqrt{\dfrac{D}{a}} e^{at_0}$ 是初始区与标度区对接的时刻。(4.250)式表明，具体的对接时刻的选择并不影响最后得到的解的形式。

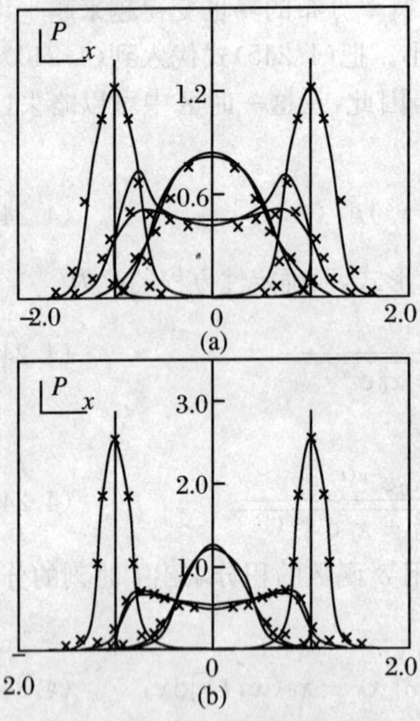

图 4.10　双稳系统分布函数 $\rho(x,t)$ 的演化

标度理论利用时区的划分，考虑了不同演化阶段随机力和非线性力的不同作用，不但降低了复杂的非线性随机微分方程的数学难度，而且也保证了这两个主要因素产生的本质作用，从而成功地描述了从不稳定态出发的双稳系统的概率分布从单峰到双峰的发展过程。但是，在处理 $\tau \gg 1$ 的最终时区的解及其对接问题时，是不够成功的。我国学者胡岗发展了标度理论方法，提出一种格林函数 Ω 展开方法[66~68]。在这个新的理论方法中用初始和广延两个时区代替标度理论中的三个时区的划分，即不存在独立的最终时区，认为最终时区的解应是广延时区的解在 $t \to \infty$ 时的自然发展结果。此理论给出了从 $t=0$ 到 $t \to \infty$ 的统一 $\rho(x,\tau)$ 的解析表达形式，而且比标度理论结果更加符合数值模拟的精确解。在图 4.10 上的实线是对(4.240)方程数值模拟的精确解，虚线是标度理论的结果，斜十字是格林函数 Ω 展开理论的结果，参数 $a=1, b=0$，图 4.10(a)取 $D=0.05$，$t_1=0.7, t_2=1.3, t_3=5.8$；图 4.10(b)取 $D=0.01, t_1=1.0, t_2=2.0, t_3=5.9$，初始分布均为高斯分布：

$$\rho(x,0)=\frac{1}{\sqrt{2\pi D\sigma_0}}\exp\left(-\frac{x^2}{2D\sigma_0}\right)$$

$$2D\sigma_0=10^{-5}$$

由此图可以看到，在 $D=0.05$ 时斜十字几乎和精确解重叠，当 $D=0$ 时已经很难看出二者的差别。

2. 双稳系统势阱之间的概率跃迁规律

双稳系统的势场 $U(x)$ 有两个极小值 x_{s_1} 和 x_{s_2}，且令 $x_{s_1}<x_{s_2}$，其间有一个极大值 x_u。描述在这种双稳势场中随机运动的 Longevin 方程为

$$\frac{\mathrm{d}x}{\mathrm{d}t}=-U(x)+\Gamma(t) \tag{4.251}$$

相应的 FP 方程为

$$\frac{\partial\rho(x,t)}{\partial t}=\frac{\partial}{\partial x}[U(x)\rho(x,t)]+D\frac{\partial^2\rho(x,t)}{\partial x^2} \tag{4.252}$$

经过初始的弛豫过程，系统已处于准稳态，即在两势阱内达到了局域平衡，分别形成了以两稳态为中心的概率峰。

在弱噪声条件下，从准稳态到稳定态的时间（$e^{\frac{1}{D}}$ 量级）比从不稳定态到准稳态的时间（$-\ln D$ 量级）要长得多。因此，在准稳态向稳定态的转变过程中，不稳定点两边势阱内的概率分布总是来得及保持局域的定态分布，即概率在一个势阱内的流动可以认为是瞬时完成的。在整个准稳态期间概率分布函数可以表达为

$$\rho(x,t)=\begin{cases}\rho_+(x,t)=N_+(t)e^{-\frac{U(x)}{D}}, & x>x_u\\ \rho_-(x,t)=N_-(t)e^{-\frac{U(x)}{D}}, & x\leqslant x_u\end{cases} \tag{4.253}$$

由于稳定态未达到时，两个概率峰之间的概率平衡还未建立起来，则 $N_+(t)$ 和 $N_-(t)$ 会变化，而其他分布函数保持不变。由于 $-U(x)$ 分别在 x_{s_1} 和 x_{s_2} 处取极大值，即 $\rho(x,t)$ 在这两个稳定态附近有很尖的概率峰，则可采用以下的近似：

$$U(x)=U(x_{s_i})+\frac{1}{2}U''(x_{s_i})(X-x_{s_i})^2\quad(i=1,2) \tag{4.254}$$

令

$$P_+(t)=\int_{x_u}^{\infty}\rho_+(x,t)\mathrm{d}x=N_+(t)\sqrt{\frac{2\pi D}{U''(x_{s_2})}}e^{-\frac{U(x_{s_2})}{D}} \tag{4.255}$$

$$P_-(t)=\int_{-\infty}^{x_u}\rho_-(x,t)\mathrm{d}x=N_-(t)\sqrt{\frac{2\pi D}{U''(x_{s_1})}}e^{-\frac{U(x_{s_1})}{D}} \tag{4.256}$$

$P_+(t)$ 和 $P_-(t)$ 分别为 x_u 两边势阱在 t 时刻所含有的概率总量。显然，

$$P_+(t) + P_-(t) = 1 \tag{4.257}$$

现在我们讨论从 $P_-(t)$向 $P_+(t)$的流动。为此,假定 t 时刻的初始条件为

$$\rho_{\text{in}}(x,t) = \begin{cases} P_-(x,t), & x \leqslant x_u \\ 0, & x > x_u \end{cases} \tag{4.258}$$

由于概率流动发生 $x = x_u$ 附近,方程(4.252)可在不稳定点附近线性化,则可得到 $t + \Delta t$ 时刻的分布函数$\rho(x, t + \Delta t)$为

$$\rho(x,t+\Delta t) = \int_{-\infty}^{0} \rho_\Omega(x,t+\Delta t)\rho_{\text{in}}(y,t)\mathrm{d}y \tag{4.259}$$

其中

$$\rho_\Omega(x,t+\Delta t) = \sqrt{\frac{\mathrm{d}}{2\pi D(\mathrm{e}^{2a\Delta t}-1)}} \times \exp\frac{-\alpha(x - x_u - y\mathrm{e}^{d\Delta t})^2}{2D(\mathrm{e}^{2a\Delta t}-1)} \tag{4.260}$$

$$\alpha = |U''(x_u)| \tag{4.261}$$

$$\rho_{\text{in}}(y,t) = K_- P_-(t)\exp\frac{U''(x_u)y^2}{2D} \quad (y \leqslant 0) \tag{4.262}$$

$$K_- = \sqrt{\frac{U''(x_{s_1})}{2\pi D}}\exp\left[\frac{U(x_{s_1})}{D} - \frac{U(x_u)}{D}\right] \tag{4.263}$$

当 $1 \ll \mathrm{e}^{\alpha\Delta t} \ll D^{-\frac{1}{2}}$ 时,(4.259)式可积分为

$$\rho(x,t+\Delta t) = P_-(t)K_-\left[\frac{1}{2} + \sqrt{\frac{U''(x_u)}{2\pi D}}x\right] \tag{4.264}$$

对方程(4.252)在$(-\infty, x_u)$区段上积分,可得出 $P_-(t)$变化率为

$$\frac{\mathrm{d}P_-(t)}{\mathrm{d}t} = D\frac{\partial}{\partial x}\rho(x,t)\Big|_{x=x_u} \tag{4.265}$$

此式表明,变化率只与 $\rho(x,t)$在 x_u 附近的性质有关。把(4.264)式代入到(4.265)式中,并取 D 的最主要项,可以得到

$$\frac{\mathrm{d}P_-(t)}{\mathrm{d}t} = -R_- P_-(T) \tag{4.266}$$

其中

$$\begin{aligned} R_- &= DK_-\sqrt{\frac{U''(x_u)}{2\pi D}} \\ &= \frac{1}{2\pi}\sqrt{U''(x_{s_1})U''(x_u)}\exp\left[\frac{U(x_{s_1})}{D} - \frac{U(x_u)}{D}\right] \end{aligned} \tag{4.267}$$

同样方法可得

$$\frac{\mathrm{d}P_+(t)}{\mathrm{d}t} = -R_+P_+(t) \tag{4.268}$$

$$R_+ = \frac{1}{2\pi}\sqrt{U''(x_{s_1})U''(x_u)}\exp\left[\frac{U(x_{s_2})}{D} - \frac{U(x_u)}{D}\right] \tag{4.269}$$

它表示概率流入不稳定区的速率。因此，R_- 和 R_+ 分别为从 x_{s_1} 和 x_{s_2} 势阱出发的 Kramers 逃逸速率。综上所述，从准稳态到稳定态的概率跃迁过程完全由(4.266)方程、(4.268)方程和(4.255)式、(4.256)式描述。在两个势阱中的总概率量，则可由如下主方程决定：

$$\left.\begin{aligned}\frac{\mathrm{d}P_-(t)}{\mathrm{d}t} &= -R_-P_-(t) + R_+P_+(t)\\ \frac{\mathrm{d}P_+(t)}{\mathrm{d}t} &= -R_+P_+(t) + R_-P_-(t)\end{aligned}\right\} \tag{4.270}$$

此方程是二维的线性方程，它有两个本征值：

$$\left.\begin{aligned}\lambda_0 &= 0\\ -\lambda_1 &= R_0 = R_- + R_+\end{aligned}\right\} \tag{4.271}$$

λ_0 是 FP 方程(4.252)的定态本征值。$-\lambda_1$ 是 FP 方程(4.252)的除 0 以外的最大本征值，它反映了势阱之间概率交换的 FP 方程的最长时间尺度的演化过程。

第 5 章　化学混沌的机理和控制方法

5.1　引　　言

在任何实验条件下，由实验控制条件和检测仪器的不稳定性等环境涨落所引起来的外噪声总是存在的。另外，实验体系内部也总是存在涨落，这些涨落是由体系内部分子的不规则热运动引起的。因此，就需要深入判别，在实验上所观测到的浓度随时间不规则变化的现象究竟是由系统内在化学动力学产生的，还是由外噪声引起来的，因为只有由系统内在因素所引起来的不规则变化才是混沌现象的本质特征。目前，人们已经能够利用混沌理论所给出来的混沌的若干特征[69~70]，对实验现象进行分析：

(1) 混沌的形成过程是有内在规律的。尽管从实验现象上看，化学混沌表现为浓度随时间不规则的变化，但是混沌理论已经给出混沌的形成过程是有内在规律性的。化学振荡是一种规则的周期现象，可由其固有频率定量表征。但是当化学反应系统的控制条件发生变化时，一种频率的化学振荡可失去稳定性，而产生出具有新的频率的化学振荡。而且当反应的控制条件发生进一步变化时，由新的频率所表征的化学振荡状态又会失去稳定性，而产生出更新频率的化学振荡。如前所述，可把一种状态失稳而产生出新的状态的过程称为分岔过程，发生分岔的条件可用反应系统的控制参量 u 在分岔点的取值 u_k 来表征，u_k 称为分岔参数。若每通过一次分岔过程，新产生的振荡频率都等于分岔前振荡频率的一半，即振荡的周期加倍，这种分岔过程称为倍周期分岔。显然，通过这种有规律的逐级分岔过程，反应系统中出现的振荡频率会越来越多，使反应系统的时间特性变得越来越复杂，呈现出不规则的时间变化行为。人们从理论上预言并在实验上证实：随着逐级倍周期分岔过程的发生，在各级分岔点处，分岔参数 u_k 的取值逐渐趋于某个极限值 u_∞。当分岔参数的取值超过这个极限值 u_∞ 时，系统就达了混沌状态。这就是通过倍周期分岔到混沌的一条道路。在图5.1上给出了通过倍周期分岔形成混沌状态的示意图。由此图可以看到:在$u<u_\infty$的区域是分岔区域;$u>u_\infty$以后的区域是混沌区域;在$u>u_\infty$的混沌区域中,混沌理论指出,存在着周期振荡的窗口与混沌状态交替出现,在图5.1(a)中的白色带区表示周期振荡窗口,黑色带区表示混沌状态。

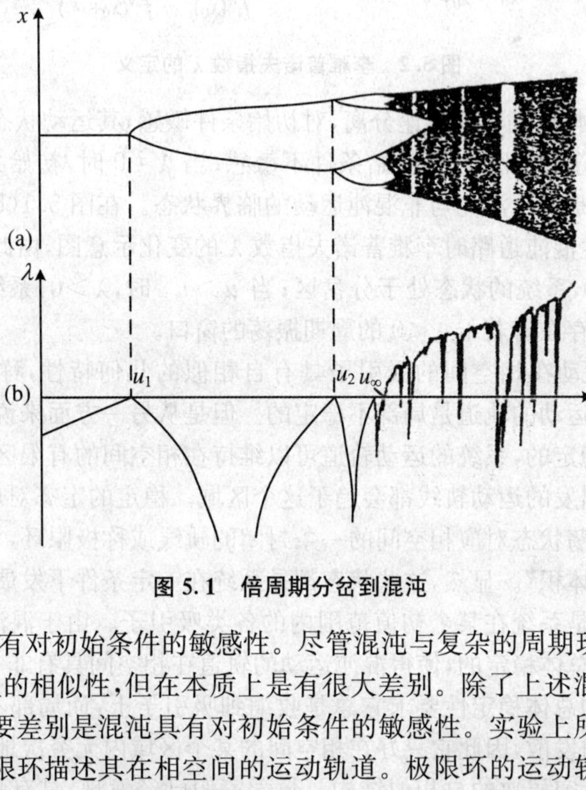

图5.1 倍周期分岔到混沌

(2) 混沌具有对初始条件的敏感性。尽管混沌与复杂的周期现象和准周期现象有许多表面上的相似性,但在本质上是有很大差别。除了上述混沌的起因不同以外,另一个重要差别是混沌具有对初始条件的敏感性。实验上所观测到的周期运动,通常用极限环描述其在相空间的运动轨道。极限环的运动轨道对初始条件是不敏感的,即从不同的初始条件出发系统会趋于同一个极限环,当其受到扰动时也能恢复沿极限环的运动,除非受到足够大的扰动才会跳跃到别的运动轨道。混沌运动与此完全不同,它对初始条件极为敏感,即任何初始条件的极小差别或极小的扰动,都会导致以后运动轨道按指数规律迅速分离,也就是说,混沌运动的轨道是局部不稳定的。李雅谱诺夫(Lyapunov)指数λ,可用来定量描述运动轨道发散或收敛程序。若在映射$x_{n+1}=f(x_n)$的作用下,相近邻两点x_0和$x_0+\varepsilon$按照指数规律分离,如图5.2所示。由此图可以看到:

$$\varepsilon e^{N\lambda(x_0)} = | f^N(x_0+\varepsilon) - f^N(x_0) | \tag{5.1}$$

则定义李雅普诺夫指数λ为

$$\lambda(x_0)=\lim_{N\to\infty}\lim_{\varepsilon\to 0}\frac{1}{N}\ln\left|\frac{f^N(x_0+\varepsilon)-f^N(x_0)}{\varepsilon}\right|$$
$$=\lim_{N\to\infty}\frac{1}{N}\ln\left|\frac{\mathrm{d}f^N(x_0)}{\mathrm{d}x_0}\right| \tag{5.2}$$

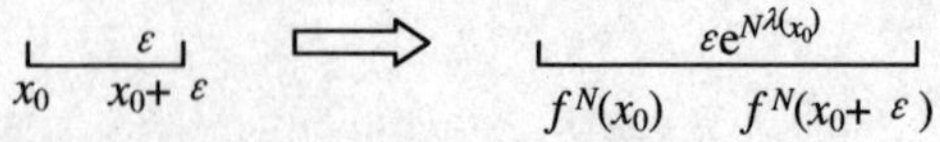

图 5.2　李雅普诺夫指数 λ 的定义

显然，当 $\lambda>0$ 时，运动轨道迅速分离，对初始条件敏感，其运动状态是混沌；当 $\lambda<0$ 时，这运动轨道迅速收敛，对初始条件不敏感；当 $\lambda=0$ 时，初始条件的差别既不放大也不缩小，是处于混沌与非混沌运动的临界状态。在图 5.1(b)上给出了通过倍周期分岔产生混沌道路时李雅普诺夫指数 λ 的变化示意图，由此图可以看到，当 $u<u_\infty$ 时，$\lambda<0$，系统的状态处于分岔区；当 $u>u_\infty$ 时，$\lambda>0$，系统的状态发展为混沌状态，同时存在着若干 $\lambda<0$ 的周期振荡的窗口。

(3) 混沌运动在相空间的吸引子具有自相似的几何特性，称为奇怪吸引子。如上所述，混沌运动的轨道是局部不稳定的。但是从另一方面来说，混沌运动从总体上来说还是稳定的，系统的运动轨道可以维持在相空间的有限区域内，而且从不同的初始位置出发的运动轨线都会趋于这个区域。稳定的定态对应相空间中的一个点，稳定的振荡状态对应相空间的一条封闭的轨线或称极限环，混沌状态对应于相空间的某个"体积"。显然，这些状态都是系统在一定条件下发展成的渐近状态，或者说，它们都是系统在某个初值范围内的各类吸引子。由于混沌运动既是局部不稳定的，又是总体稳定的，使得混沌运动的轨道在相空间具有非常奇特的几何特性。混沌轨道的总体稳定性要求它总是收缩到吸引子上，而局部不稳定性又要求它沿着某些方向发散，因此它只好在相空间的某个区域内无穷次地折叠起来，使得运动轨线具有无穷层次的自相似结构。数学家们已经发现，具有自相似的几何结构可有非整数维数[70]。因此，通常把混沌运动的吸引子称为奇怪吸引子。由于复杂的周期运动或准周期运动的轨线具有整数维数，因此，原则上可以通过测定运动轨线的维数去区分混沌运动和复杂的周期运动及准周期运动。另外，由于混沌运动通常有比相空间的维数低的非整数维数，而由随机外力引起的不规则运动的轨线通常有与相空间相同的维数，因此通过测定运动轨线的维数，原则上还可以区别某种运动的不规则性是由随机外力引起的，还是由内在因素引起的。

(4) 混沌的功率谱分析方法。根据傅里叶分析，任何一个周期为 T 的周期运动 $X(t)$ 都可以展成傅里叶级数：

$$X(t) = \sum_{n=-\infty}^{\infty} a_n e^{in\omega t} \tag{5.3}$$

$$a_n = \int_{-\frac{T}{2}}^{\frac{T}{2}} X(t) e^{-in\omega t} d\omega \tag{5.4}$$

上式的物理意义是：任何形式的周期运动可以看成是频率为 ω 的基频振动和其一系列的泛频振动的叠加。各泛频的振幅 a_n 与频率的关系为一分立谱，如图5.3所示。对于任何非周期运动的时间函数 $X(t)$，我们不能把它展成傅里叶级数，而只能把它写成傅里叶积分：

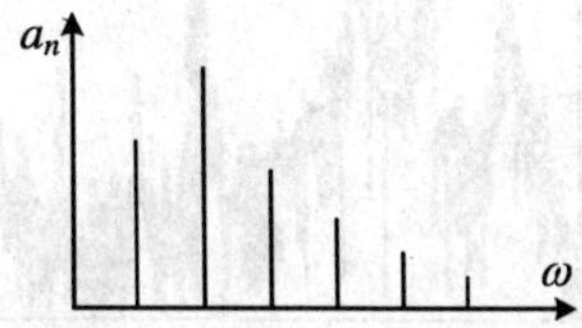

图 5.3　周期运动的频谱

$$X(t) = \int_{-\infty}^{\infty} F(\omega) e^{i\omega t} d\omega \tag{5.5}$$

$$F(\omega) = \frac{1}{2\pi}\int_{-\infty}^{\infty} X(t) e^{-i\omega t} d\omega \tag{5.6}$$

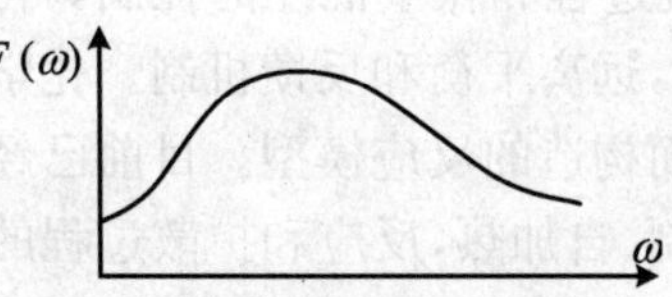

图 5.4　非周期运动的频谱

即非周期运动的频谱是连续谱，如图5.4所示。但是，对于包括混沌的随机运动，我们不可能利用上述的傅里叶谱分析方法，因为任何两个时刻的运动 $X(t)$ 和 $X(t+\tau)$ 之间存在着一定的随机性。对于完全的随机运动，$X(t)$ 与 $X(t+\tau)$ 之间是没有任何关联。对于混沌运动而言，这些量之间既有一定的随机性，而又有一定程度的关联。因此，为了用谱分析方法了解随机过程的特性，必须采取新的方法。为此，通常定义如下的自相关函数 $C(\tau)$：

$$C(\tau) = \lim_{T\to\infty} \frac{1}{T}\int_{-\frac{T}{2}}^{\frac{T}{2}} X(t)X(t+\tau)dt \tag{5.7}$$

这样定义的 $C(\tau)$ 值表示两个时刻 t 和 $t+\tau$ 的随机运动的相关联的程度。当 $X(t)$ 的幅值一定时，$C(\tau)$ 越大，则意味着 $X(t+\tau)$ 与 $X(t)$ 越相关。为了反映随机运动的频谱特性，可把自相关函数进行傅里叶变换：

$$S(\omega) = \frac{1}{2\pi}\int_{-\infty}^{\infty} C(\tau) e^{-i\omega t} d\tau \tag{5.8}$$

$$C(\tau) = \int_{-\infty}^{\infty} S(\omega) e^{i\omega t} d\omega \tag{5.9}$$

由于通常 $X(t)$ 表示振动位移，而功率与 $X^2(t)$ 成正比。因此 $S(\omega)$ 表示功率的频谱密度。通常称 $S(\omega)$ 为功率谱密度函数。通常周期运动或准周期运动只包括有限个频率。因此在功率谱图中只有有限个分立的尖峰。对于混沌运动，功率谱图中会出现噪声背景和宽峰,如图 5.5 所示。因此,可以通过功率谱分析来区别混沌运动与周期或准周期运动。对于化学混沌而言,若用 $X_1, X_2, \cdots, X_N$ 表示某种组分在 N 个不同时刻实验测定的浓度数值,可以利用下式计算自相关函数:

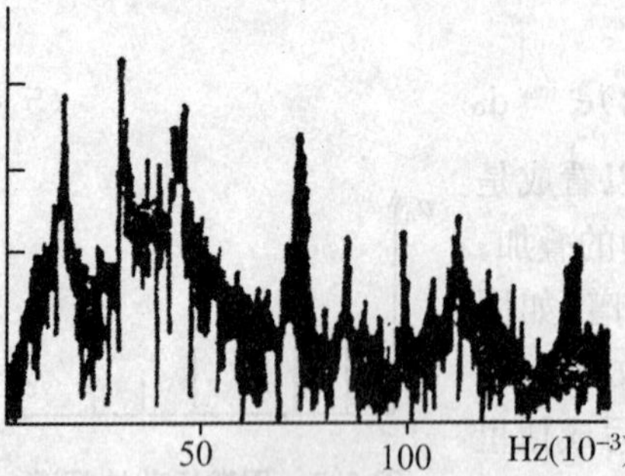

图 5.5 混沌的功率谱

$$c_j = \frac{1}{N}\sum_{i=1}^{N} X_i X_{j+i} \tag{5.10}$$

然后做离散傅里叶变换,计算出相应的傅里叶系数

$$S_k = \sum_{j=1}^{N} c_j e^{\frac{2\pi kj}{N}\sqrt{-1}} \tag{5.11}$$

由计算得到的一系列 S_k,即可得到功率谱。

在第 1 章中,我们已经综述了化学混沌研究的主要实验结果。在本章中,我们将着重阐述化学混沌的理论模型、化学混沌的微观过程和化学混沌的控制。化学混沌的出现一般要求满足三个条件:反应的非线性,远离平衡和反馈机制。化学混沌的理论模型是为了研究化学混沌的机制和条件而构造的反应模型。目前已经发现,化学混沌可以通过自反馈机制如自催化、自限制、自加热,反应和扩散过程的相互作用,简单振荡系统之间的耦合以及外界对反应系统的驱动等方式来实现,确定性化学混沌是由描述宏观耗散过程的唯象方程表现出来的。它们的物理基础是微观的,来源于微观粒子的碰撞、扩散、反应等微观过程。严格来说,这些微观过程的完整描述应当包括微观量的平均值以及围绕平均值的涨落两部分。通常情况下,涨落部分很小,常常可以忽略不计,而平均值则可用宏观唯象方程描述。但是,当唯象方程表现出对扰动敏感的混沌运动时,此时存在于系统中的内部涨落会以什么方式影响系统的运动?唯象方程还能真实地描述宏观耗散过程吗?显然,要回答这些问题,必须从微观或随机层次的描述出发。自从 1989 年 Keizer 和 Tilden[71] 首先对这个问题的讨论以来,目前国际上对该问题形成了截然相反的两种观点[72~73]。Fox 和 Keizer 等人从主方程出发对 Fokker-plank 方程的分析表明:方程中的线性涨落由唯象方程的雅可比矩阵决定,当确定性方程出现混沌时,内部涨落将以二倍于宏观方程最大李雅普诺夫指数的指数率增长。被指数放大的内部涨落的数值将达到宏观量的量级,从而使宏观量失去意义。他们得出的结论是当唯象方程表现出确定性混沌时,该方程实际上描述的并不是真实的物理过程,因而不再有效。Fox 和 Keizer 等人的观点受到了布鲁塞尔学派的 Nicolis 等人的批评,他们对布鲁塞尔子和 Willamowski-Rossler 模型的研究表明:宏观唯象方程正确地描述了系统的最可几值的行为，产生的混沌吸引子相空间密度类似于微观模型抽样轨道的相空间密度。他们认为从这个意义上说，唯象方程仍然有效。我们利用主方程累积母函数展开法和随机模拟方法对此问题进行了深入的研究[74~76]。我们的研究表明：情况要比上述复杂得多，从而提出了一些新的见解。混沌的控制一般是指将系统的奇怪吸引子内的某一不稳定轨道稳固起来，从而获得某种特定的运动模式。目前已获得的混沌的控制方法有两种：以映射为基础的OGY方法[77~80]和Pyragas提出来的连续反馈控制方法[81]。混沌的控制不仅意味着可以从混沌吸引子中获得各种各样周期运动模式，更重要的是它可能是生命系统中进行自我调节的一种机制，而且这种调节可能以化学混沌为基础。因此，混沌控制方法出现后，很快就有人把它们应用于BZ反应的化学混沌的实验控制[82~83]。化学混沌控制的研究已引起了研究者们的兴趣。我们对化学混沌的控制模型进行了分析，得到了一些新的认识[84]。

5.2 化学混沌的理论模型

构造化学混沌的动力学方程必须满足一定的化学要求，即要求浓度不会变为负值，质量守恒。早期混沌模型诸如Lorenz模型和Rossler模型都不能满足化学系统的要求。1980年Willamowski和Rossler提出了第一个由化学反应机理组成的化学混沌模型[85]，W-R模型的反应机理为

$$\left.\begin{aligned} A_1 + X &\rightleftharpoons 2X(R_1) \\ X + Y &\rightleftharpoons 2Y(R_2) \\ A_2 + Y &\rightleftharpoons A_3(R_3) \\ X + Z &\rightleftharpoons A_4(R_4) \\ A_5 + Z &\rightleftharpoons 2Z(R_5) \end{aligned}\right\} \tag{5.12}$$

其中A_1、A_2、A_3、A_4、A_5的浓度保持不变以使系统处于非平衡状态。在等温空间均匀的条件下，由质量作用定律可得其唯象动力学方程，即X、Y、Z物质的速率方程为

$$\left.\begin{aligned}\frac{dX}{dt} &= K_1X - K_{-1}X^2 - K_2XY \\ &\quad + K_{-2}Y^2 - K_4XZ + K_{-4} \\ \frac{dY}{dt} &= K_2XY - K_{-2}Y^2 - K_3Y + K_3 \\ \frac{dZ}{dt} &= -K_4XZ + K_{-4} + K_5Z - K_{-5}Z^2\end{aligned}\right\} \tag{5.13}$$

其中 A_i 的浓度已并入速率常数 K_1、K_3、K_{-3}、K_{-4} 和 K_5 之中，文献[85]详细地分析了该反应模型导致化学混沌的动力学机理。系统中存在两个动力学因素：基元过程 R_1、R_2、R_3 构成振幅衰减的 Lotka-Volterra 振子和由 R_1、R_4、R_5 组成的使 X 和 Z 浓度轮流切换的一个“开关”机制。L-V 振子涉及 X 和 Y 的自催化过程。两个动力学因素通过 X 物质相互耦合，混沌运动只有当 X 的自催化比 Z 物质的自催化快时才可能。从一个高 X 浓度和低 Y 物质浓度的初始条件出发，L-V 振子起主要作用，系统的轨道几乎在 XY 相平面上作衰减振荡直到 X 的浓度变得足够低，此时促使 Z 物质消失的开关机制被抑制，于是 Z 物质浓度在自催化作用下迅速升高，直到开关机制重新被激发从而使 Z 物质浓度不断减小，同时，使 X 物质浓度迅速升高。两个动力学因素的作用如图 5.6(a)和(b)所示。当以 K_2 作为分岔参数时，他们得到了通过倍周期分岔产生了化学混沌，图 5.6(c)给出了其相空间的奇怪吸引子。除了 W-K 化学混沌模型外，其后又相继提出了一些化学混沌的反应模型，比如，Hudson 和 Rossler 等人[86]提出了以自催化反馈和自限制为步骤的一系列模型，这些模型能支持一般的混沌运动和超混沌运动(即不只一个李雅普诺夫指数大于零)，其中的一个三变量反应模型为

$$\left.\begin{aligned}P &\longrightarrow A \\ Q &\longrightarrow B \\ A + B &\longrightarrow 2B \\ B &\longrightarrow D \\ A &\longrightarrow C\end{aligned}\right\} \tag{5.14}$$

又如，Pen 和 Scott[87~88]所提出的模型中也得到了通过倍周期分岔产生化学混沌。

空间非均匀系统中反应与扩散过程的相互作用可以导致化学波和时空混沌。目前在文献中报导较多的三个反应-扩散系统是布鲁塞尔子、自催化子和多孔催化小球内的自加热反应[89]。例如，非等温小球反应为

$$A \xrightarrow{k(T)} B + Q \tag{5.15}$$

在温度为 T_a 的热库中，A 物质的浓度恒为 a_{ex}。系统中的反应和扩散以及反应热

的产生和热传导的相互作用会导致复杂的动力学行为。若反应区为一维，则系统的演化方程可写为

$$\left.\begin{aligned}\frac{\partial a}{\partial t} &= D_a\frac{\partial^2 a}{\partial z^2} - k(T)a\\ c_p\frac{\partial T}{\partial t} &= K\frac{\partial^2 T}{\partial z^2} + Qk(T)a\end{aligned}\right\}\tag{5.16}$$

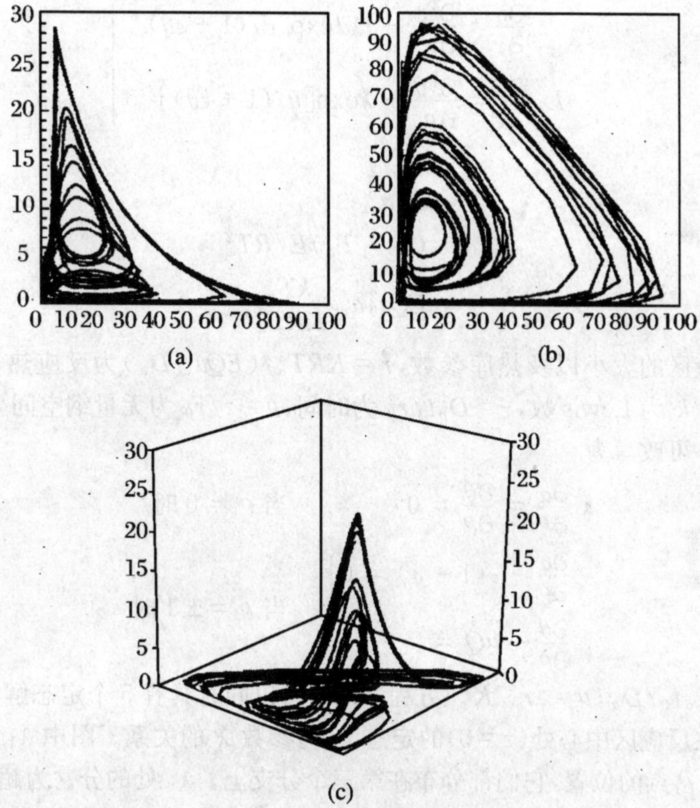

图 5.6　W-K 化学混沌模型

(a) 开关作用；(b) L-V 振子；(c) 相空间吸引子

其中 D_a 为扩散系数，K 为热导率，Q 为反应热，z 为空间坐标。设反应区为 $-r_0 \leqslant z \leqslant +r_0$，考虑如下边界条件：

$$\frac{\partial a}{\partial z} = \frac{\partial T}{\partial z} = 0,\quad 当\ z = 0\tag{5.17}$$

以及当 z 为 $-r_0$ 或 $+r_0$ 时：

$$\left.\begin{aligned} D_a\left(\frac{\partial a}{\partial z}\right)-k(T)(a_{\text{ex}}-a)=0 \\ K\left(\frac{\partial T}{\partial z}\right)+x(T-T_a)=0 \end{aligned}\right\} \tag{5.18}$$

边界条件假设了浓度和温度的中心对称性,第二个边界条件限制了质量在反应区和热库边界之间的传递。将动力学方程(5.16)写成无量纲形式:

$$\left.\begin{aligned} \frac{\partial\alpha}{\partial\tau}&=\frac{\partial^2\alpha}{\partial p^2}-r\lambda d\exp[\theta/(1+\varepsilon\theta)] \\ L_e\frac{\partial\theta}{\partial\tau}&=\frac{\partial^2\theta}{\partial p^2}+\lambda\exp[\theta/(1+\varepsilon\theta)] \end{aligned}\right\} \tag{5.19}$$

其中

$$\alpha = a/a_{\text{ex}}$$

$$\theta = (T-T_a)E/RT_a^2$$

$$\lambda = EQr_0^2 a_{\text{ex}}\frac{kT_a}{KRT_a^2}$$

反映了反应区的大小以及热库参数,$r=KRT_a^2/(EQa_{\text{ex}}D_a)$为反应热,$E=RT_a$,$L_e=Dac_p/k$ 为 Lewis 数,$\tau=D_at/r_0^2$ 为时间,$\rho=z/r_0$ 为无量纲空间坐标。相应的边界条件可改写为

$$\frac{\partial\alpha}{\partial\rho}=\frac{\partial\theta}{\partial\rho}=0 \qquad \text{当 } \rho=0 \text{ 时} \tag{5.20}$$

$$\left.\begin{aligned} \frac{\partial\alpha}{\partial\rho}-\nu(1-\alpha)=0 \\ \frac{\partial\theta}{\partial\rho}+\mu Q=0 \end{aligned}\right\} \qquad \text{当 } \rho=\pm 1 \text{ 时} \tag{5.21}$$

其中,$\nu=K_c r_0/D_a$,$\mu=xr_0/K$。方程(5.19)可以同时具有 5 个定态解。在图 5.7 上给出了在反应区中心处($z=0$)的定态 θ_{ss}与参数 λ 的关系。图中 λ_1 和 λ_2 为两个 Hopf 分岔点的位置,它们都分布在第三个分支上。λ_1 处的分岔为超临界 Hopf 分岔,定态解失稳产生一个稳定的周期振荡——极限环。当 λ 减小时,该极限环振幅变大,当 λ 减小到某一合适值时,该极限环失稳,并且 λ 的进一步减小会导致一系列的倍周期分岔,而产生混沌状态。

外力以某种方式对二维振荡系统的驱动会导致复杂的动力学行为。对于 CSTR 中的反应,一种简单的外力驱动方式是对输入的物质的流速作周期性调制。最早的一个例子是受迫的布鲁塞尔子。布鲁塞尔子的反应机理为

$$\left.\begin{aligned} A &\longrightarrow X \\ B + X &\longrightarrow Y + C \\ Y + 2X &\longrightarrow 3X \\ X &\longrightarrow D \end{aligned}\right\} \tag{5.16}$$

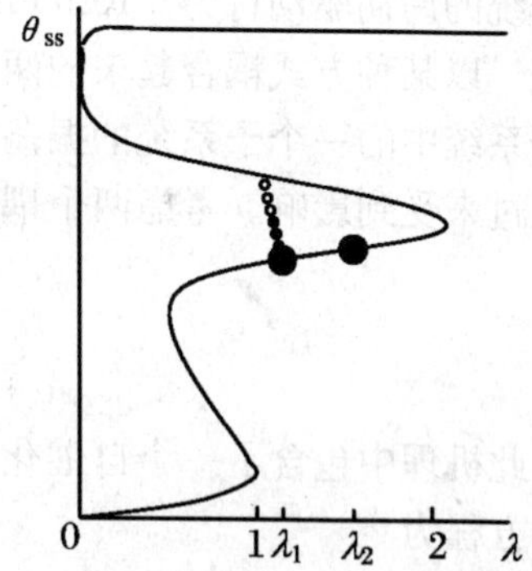

图 5.7 反应区中心定态温度 θ_{ss} 与 λ 的关系

$r=0.16, E=0.02, \nu=125, \mu=15$

A 和 B 物质浓度保持不变,中间产物 X 和 Y 的动力学行为构成一个二维动力学系统。Tomita 等人[90~91]以一定频率和幅度的余弦方式周期地改变 A 物质的浓度,即

$$a = \langle a \rangle [1 + a\cos(\omega_f t)] \tag{5.17}$$

其中$\langle a \rangle$为平均浓度,动力系统由一自治系统变为非自治系统。当没有外力驱动,$\langle a \rangle = 0.4$,物质 B 的浓度 $b = 1.2$ 时,系统表现出一频率 $\omega_0 = 0.3776$的极限环。当对 A 物质加上周期驱动时,引进的周期运动与系统内在的周期振荡相互作用会产生复杂运动。在图 5.8 中给出了不同频率和幅度的外力作用下系统的受激图。图中阴影部分为系统的准周期运动,在这些准周期区中存在称为"Arnold 舌头"的岛屿,这些岛屿对应于驱动频率之比为有理数的周期运动。当改变驱动幅度时,这些舌头会变开放。图中的另一个显著特点是在 2 : 1 共振之上存在一组 2^n : 1 的锁相周期运动区。当改变驱动频率和振幅横穿过该区时,系统经历一系列倍周期分岔并在该区的中心形成混沌运动。McKarnin 等人[92]用正弦波方式调制研究了 CRTR 中放热反应。Cordonier 等人[94]研究了双稳态无振荡

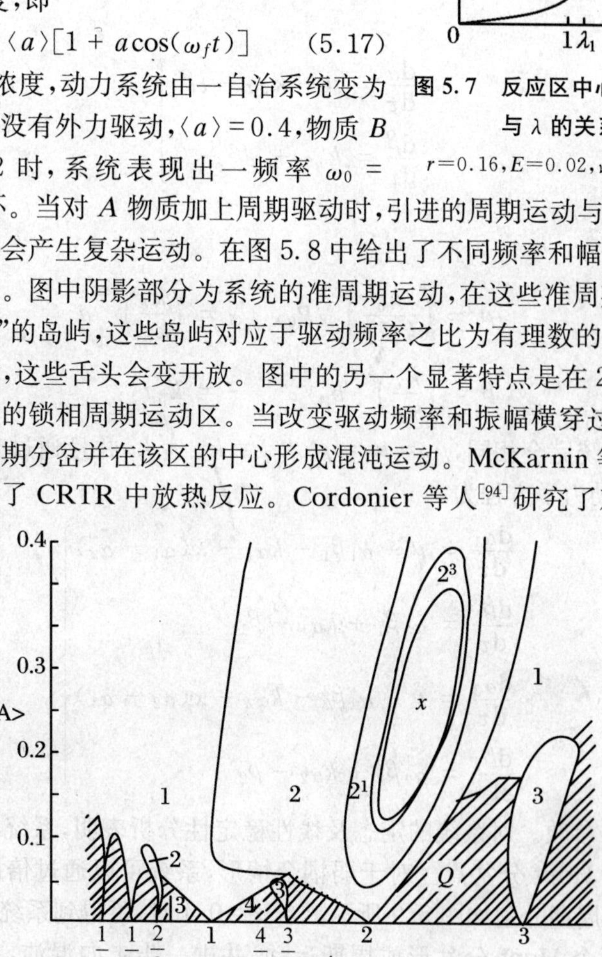

图 5.8 受通布鲁塞尔子的受激图

系统的周期驱动行为。Romeiras 等人[95]研究了准周期驱动对动力系统的影响。

以某种方式耦合起来的两个振荡系统之间的相互作用也会产生混沌运动。耦合系统中的一个子系统的振荡行为会对另一个子系统产生周期性激励,同时又会反过来受到影响。考虑两个耦合的自催化子的情形,自催化子的机理为

$$\left.\begin{aligned} &P \xrightarrow{k_0} A \qquad A \xrightarrow{k_u} B \\ &A + 2B \xrightarrow{k_c} 3B \qquad B \xrightarrow{k_d} C \end{aligned}\right\} \tag{5.18}$$

在此机理中包含了一个自催化反应步骤。P 物质的浓度保持不变,其无量纲动力学方程为

$$\left.\begin{aligned} \frac{\mathrm{d}\alpha}{\mathrm{d}\tau} &= \mu - k_u\alpha - \alpha\beta^2 \\ \frac{\mathrm{d}\beta}{\mathrm{d}\tau} &= k_u\alpha + \alpha\beta^2 - \beta \end{aligned}\right\} \tag{5.19}$$

其中

$$\mu = \left(\frac{k_0^2}{k_c k_d^3}\right)^{1/2} P_0, \quad \alpha = \left(\frac{k_c}{k_d}\right)^{1/2} a$$

$$\beta = \left(\frac{k_c}{k_d}\right)^{1/2} b, \qquad \tau = k_0 t$$

若两个耦合系统完全相同,$\mu_1 = \mu_2 = \mu$, $k_{\mu_1} = k_{\mu_2} = k$,并且通过交换催化物质 A 耦合起来,其动力学方程为

$$\left.\begin{aligned} \frac{\mathrm{d}\alpha_1}{\mathrm{d}\tau} &= \mu - \alpha_1\beta_1^2 - k\alpha_1 - x(\alpha_1 - \alpha_2) \\ \frac{\mathrm{d}\beta_1}{\mathrm{d}\tau} &= \alpha_1\beta_1^2 + k\alpha_1 - \beta_1 \\ \frac{\mathrm{d}\alpha_2}{\mathrm{d}\tau} &= \mu - \alpha_2\beta_2^2 - k\alpha_2 - x(\alpha_2 - \alpha_1) \\ \frac{\mathrm{d}\beta_2}{\mathrm{d}\tau} &= \alpha_2\beta_2^2 + k\alpha_2 - \rho_2 \end{aligned}\right\} \tag{5.20}$$

其中 x 为耦合参数。对系统的定态及线性稳定性分析表明,系统存在五个分支的稳定解和两个 Hopf 分岔点。对于弱耦合情形,系统可以通过倍周期分岔导致混沌。典型的倍周期分岔如图 5.9 所示。当 $x = 0.4$ 时,可得到系统经过一个周期分岔后跟着个两个 Hopf 分岔形成周期运动,并进一步走向混沌,如图 5.10 所示。Tysont 和 Kauffman 等人[96]研究了两个系统同时交换 A 和 B 两种物质而耦合起来的情形。他们发现此时系统不仅存在对称的定态解(即两个子系统行为完全相

同的运动)，而且还发现了不对称的定态解和振荡解。Schreiber 和 Marck[97] 细致地研究了耦合的两个相同布鲁塞尔子的情形：

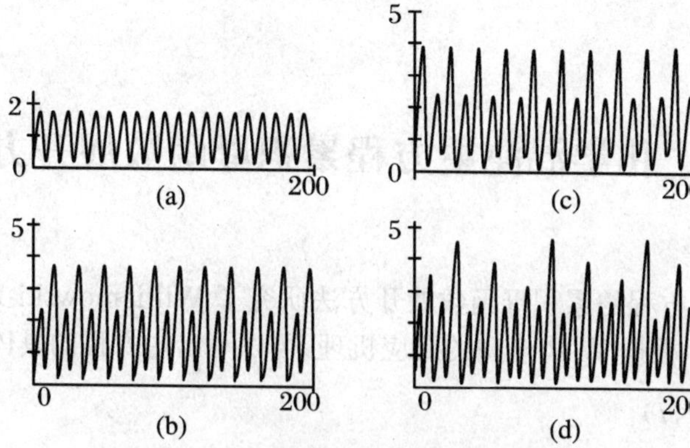

图 5.9 倍周期分岔序列($x=0.05$)

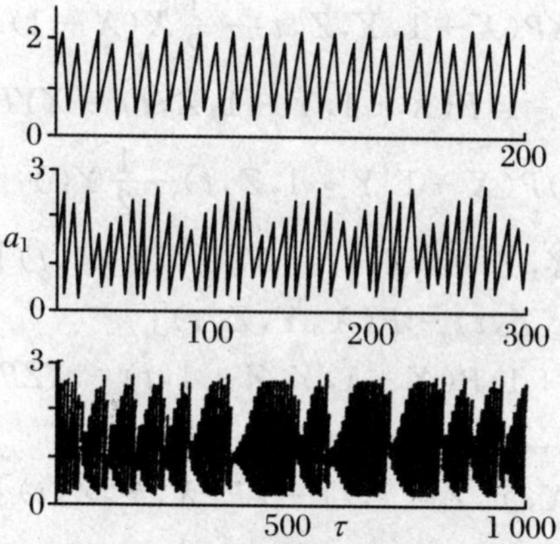

图 5.10 由准周期运动走向混沌

$$\left.\begin{aligned}
\frac{dx_1}{dt} &= A-(1+B)x_1+x_1^2y_1+D_x(x_2-x_1)\\
\frac{dy_1}{dt} &= Bx_1-x_1^2y_1+D_y(y_2-y_1)\\
\frac{dx_2}{dt} &= A-(1+B)x_2+x_2^2y_2+D_x(x_1-x_2)\\
\frac{dy_2}{dt} &= Bx_2-x_2^2y_2+D_y(y_1-y_2)
\end{aligned}\right\} \tag{5.21}$$

他们取 $A=2, B=5.9$，保持 $D_x/D_y=0.1$，改变 D_x 来考虑系统的行为，也发现了完全对称的两子系统耦合后能表现出非对称的定态解。

5.3 化学混沌主方程累积母函数展开方法

我们利用主方程的累积母函数展开方法研究了 Williamowski-Rossler 化学混沌的主方程[74]。根据 W-R 模型的反应机理，可以写出主方程的具体形式为

$$
\begin{aligned}
&\frac{\partial}{\partial t}P(X,Y,Z,t)\\
&= c_1[(X-1)P(X-1,Y,Z,t)-XP(X,Y,Z,t)]\\
&\quad + c_2\left[\frac{1}{2}(X+1)XP(X+1,Y,Z,t)-\frac{1}{2}X(X-1)P(X,Y,Z,t)\right]\\
&\quad + c_3[(X+1)(Y-1)P(X+1,Y-1,Z,t)-XYP(X,Y,Z,t)]\\
&\quad + c_4\left[\frac{1}{2}Y(Y+1)P(X-1,Y+1,Z,t)-\frac{1}{2}Y(Y-1)P(X,Y,Z,t)\right]\\
&\quad + c_5[(Y+1)(PX,Y+1,Z,t)-YP(X,Y,Z,t)]\\
&\quad + c_6[P(X,Y-1,Z,t)-P(X,Y,Z,t)]\\
&\quad + c_7[(X+1)(Z+1)P(X+1,Y,Z+1,t)-XZP(X,Y,Z,t)]\\
&\quad + c_8[P(X-1,Y,Z-1,t)-P(X,Y,Z,t)]\\
&\quad + c_9[(Z-1)P(X,Y,Z-1,t)-ZP(X,Y,Z,t)]\\
&\quad + c_{10}\left[\frac{1}{2}Z(Z+1)P(X,Y,Z+1,t)-\frac{1}{2}Z(Z-1)P(X,Y,Z,t)\right]
\end{aligned}
\tag{5.22}
$$

其中，$c_1, c_2, \cdots, c_{10}$ 为各基元反应微观速率系数。

对上述主方程可以定义母函数 $F(S_X, S_Y, S_Z, t)$ 为

$$F(S_X,S_Y,S_Z,t)=\sum_{X,Y,Z}S_X^X S_Y^Y S_Z^Z P(X,Y,Z,t) \tag{5.23}$$

其中，$|S_X|, |S_Y|, |S_Z| \leqslant 1$，当 $S_X=S_Y=S_Z=1$ 时，容易证明函数 F 的各阶偏导数与几率分布函数 P 的各阶矩相联系：

$$F'_{S_X}(1,1,1,t)=\sum_{X,Y,Z}XP(X,Y,Z,t)=\langle X\rangle \tag{5.24}$$

$$F'_{S_Y}(1,1,1,t)=\sum_{X,Y,Z}YP(X,Y,Z,t)=\langle Y\rangle \tag{5.25}$$

$$F'_{S_Z}(1,1,1,t) = \sum_{X,Y,Z} ZP(X,Y,Z,t) = \langle Z \rangle \tag{5.26}$$

$$F''_{S_X}(1,1,1,t) = \sum_{X,Y,Z} X(X-1)P(X,Y,Z,t) = \langle X^2 \rangle - \langle X \rangle \tag{5.27}$$

$$F''_{S_Y}(1,1,1,t) = \sum_{X,Y,Z} Y(Y-1)P(X,Y,Z,t) = \langle Y^2 \rangle - \langle Y \rangle \tag{5.28}$$

$$F''_{S_Z}(1,1,1,t) = \sum_{X,Y,Z} Z(Z-1)P(X,Y,Z,t) = \langle Z^2 \rangle - \langle Z \rangle \tag{5.29}$$

$$F''_{S_X S_Y}(1,1,1,t) = \sum_{X,Y,Z} XYP(X,Y,Z,t) = \langle XY \rangle \tag{5.30}$$

$$F''_{S_X S_Z}(1,1,1,t) = \sum_{X,Y,Z} XYP(X,Y,Z,t) = \langle XZ \rangle \tag{5.31}$$

$$F''_{S_Y S_Z}(1,1,1,t) = \sum_{X,Y,Z} XYP(X,Y,Z,t) = \langle YZ \rangle \tag{5.32}$$

由以上关系式可知，只要求出母函数 F，就可以计算出各分量的平均值以及涨落随时间的演化。我们将主方程(5.22)的两边乘上 $S_X^X S_Y^Y S_Z^Z$，并对 X、Y、Z 求和，可得到母函数 F 所满足的微分方程为

$$\begin{aligned}\frac{\partial F(S_X,S_Y,S_Z,t)}{\partial t} = & [c_6(S_Y-1)+c_8(S_XS_Z-1)]F(S_X,S_Y,S_Z,t) \\ & + c_1(S_X^2-S_X)F'_{S_X}(S_X,S_Y,S_Z,t) \\ & + c_5(1-S_Y)F'_{S_Y}(S_X,S_Y,S_Z,t) \\ & + c_9(S_Z^2-S_Z)F'_{S_Z}(S_X,S_Y,S_Z,t) \\ & + c_3(S_Y^2-S_XS_Y)F''_{S_XS_Y}(S_X,S_Y,S_Z,t) \\ & + c_7(1-S_XS_Z)F''_{S_XS_Z}(S_X,S_Y,S_Z,t) \\ & + \frac{1}{2}c_2(S_X-S_X^2)F''_{S_X}(S_X,S_Y,S_Z,t) \\ & + \frac{1}{2}c_4(S_XS_Y-S_Y^2)F''_{S_Y}(S_X,S_Y,S_Z,t) \\ & + \frac{1}{2}c_{10}(S_Z-S_Z^2)F''_{S_Z}(S_X,S_Y,S_Z,t)\end{aligned} \tag{5.33}$$

上式推导过程中的求和，其右边第一项如下：

$$\sum_{X,Y,Z} c_1[(X-1)S_X^X S_Y^Y S_Z^Z P(X-1,Y,Z,t) - XS_X^X S_Y^Y S_Z^Z P(X,Y,Z,t)]$$

$$= \sum_{X,Y,Z} c_1[S_X(X-1)S_X^{X-1} S_Y^Y S_Z^Z P(X-1,Y,Z,t) - XS_X^X S_Y^Y S_Z^Z P(X,Y,Z,t)]$$

$$= c_1(S_X - 1)\sum_{X,Y,Z} XS_X^X S_Y^Y S_Z^Z P(X,Y,Z,t)$$

$$= c_1(S_X - 1)S_X \frac{\partial}{\partial S_X} F(S_X,S_Y,S_Z,t) \tag{5.34}$$

其他九项的求和与此类似。如此,复杂的主方程(5.22)化成了较为简单的母函数 $F(S_X,S_Y,S_Z,t)$ 的偏微分方程(5.33)。

为了便于求解,(5.33)方程还可以进一步简化。为此,我们定义如下的累积母函数 $\psi(\tilde{S}_X,\tilde{S}_Y,\tilde{S}_Z,t)$:

$$F(S_X,S_Y,S_Z,t) = e^{\Omega\psi(\tilde{S}_X,\tilde{S}_Y,\tilde{S}_Z,t)} \tag{5.35}$$

$$\tilde{S}_X = S_X - 1,\quad \tilde{S}_Y = S_Y - 1,\quad \tilde{S}_Z = S_Z - 1$$

其中,Ω 表示系统的大小,通常指体积。将(5.35)式代入(5.33)方程中,可得到累积母函数 ψ 所满足的非线性偏微分方程为

$$\begin{aligned}\Omega\frac{\partial\psi}{\partial t} = {} & c_6\tilde{S}_Y + c_8[(\tilde{S}_X+1)(\tilde{S}_Z+1)-1] \\ & + \Omega c_1(\tilde{S}_X+1)\tilde{S}_X\psi'_{S_X} \\ & + \Omega c_9(\tilde{S}_Z+1)\tilde{S}_Z\psi'_{S_Z} + \Omega c_5 S_Y\psi'_{\tilde{S}_Y} \\ & + c_3[(\tilde{S}_Y+1)^2 - (\tilde{S}_X+1)(\tilde{S}_Y+1)](\Omega\psi''_{\tilde{S}_X\tilde{S}_Y} + \Omega^2\psi'_{\tilde{S}_X}\psi'_{\tilde{S}_Y}) \\ & + c_7[1-(\tilde{S}_X+1)(\tilde{S}_Z+1)](\Omega\psi''_{\tilde{S}_X\tilde{S}_Y} + \Omega^2\psi'_{\tilde{S}_X}\psi'\tilde{S}_Y) \\ & - \frac{1}{2}c_2(\tilde{S}_X+1)\tilde{S}_X(\Omega\psi''_{\tilde{S}_X} + \Omega^2\psi'^{\,2}_{\tilde{S}_X}) \\ & + \frac{1}{2}c_4(\tilde{S}_Y+1)(\tilde{S}_X-\tilde{S}_Y)(\Omega\psi''_{\tilde{S}_Y} + \Omega^2\psi'^{\,2}_{\tilde{S}_Y}) \\ & - \frac{1}{2}c_{10}\tilde{S}_Z(\tilde{S}_Z+1)(\Omega\psi''_{\tilde{S}_Z} + \Omega^2\psi'^{\,2}_{\tilde{S}_Z})\end{aligned} \tag{5.36}$$

由(5.35)式和(5.23)式可以得到如下的关系式:

$$\psi'_{\tilde{S}_X}(0,0,0,1) = \frac{\langle X\rangle}{\Omega} = x \tag{5.37}$$

$$\psi'_{\tilde{S}_Y}(0,0,0,1) = \frac{\langle Y\rangle}{\Omega} = y \tag{5.38}$$

$$\psi'_{\tilde{S}_Z}(0,0,0,1) = \frac{\langle Z\rangle}{\Omega} = z \tag{5.39}$$

$$\psi''_{\tilde{S}_X}(0,0,0,t) = \frac{\langle X^2\rangle - \langle X\rangle^2 - \langle X\rangle}{\Omega} = \frac{\langle\delta X^2\rangle - \langle X\rangle}{\Omega} = b_{11} \tag{5.40}$$

$$\psi''_{\tilde{S}_Y}(0,0,0,t) = \frac{\langle Y^2\rangle - \langle Y\rangle^2 - \langle Y\rangle}{\Omega} = \frac{\langle\delta Y^2\rangle - \langle Y\rangle}{\Omega} = b_{22} \tag{5.41}$$

$$\psi''_{\tilde{S}_Z}(0,0,0,t)=\frac{\langle Z^2\rangle-\langle Z\rangle^2-\langle Z\rangle}{\Omega}=\frac{\langle \delta Z^2\rangle-\langle Z\rangle}{\Omega}=b_{33} \tag{5.42}$$

$$\psi''_{\tilde{S}_X\tilde{S}_Y}(0,0,0,t)=\frac{\langle XY\rangle-\langle X\rangle\langle Y\rangle}{\Omega}=\frac{\langle \delta X\delta Y\rangle}{\Omega}=b_{12} \tag{5.43}$$

$$\psi''_{\tilde{S}_X\tilde{S}_Z}(0,0,0,t)=\frac{\langle XZ\rangle-\langle X\rangle\langle Z\rangle}{\Omega}=\frac{\langle \delta X\delta Z\rangle}{\Omega}=b_{13} \tag{5.44}$$

$$\psi''_{\tilde{S}_Y\tilde{S}_Z}(0,0,0,t)=\frac{\langle YZ\rangle-\langle Y\rangle\langle Z\rangle}{\Omega}=\frac{\langle \delta Y\delta Z\rangle}{\Omega}=b_{23} \tag{5.45}$$

其中小写字母 x、y、z 定义为粒子 X、Y、Z 的浓度。另外,把 $\psi(\tilde{S}_X,\tilde{S}_Y,\tilde{S}_Z,t)$在其自变量的零点附近展开可得到:

$$\begin{aligned}\psi(\tilde{S}_X,\tilde{S}_Y,\tilde{S}_Z,t)=&x\tilde{S}_X+y\tilde{S}_Y+z\tilde{S}_Z+\frac{1}{2}b_{11}\tilde{S}_X^2\\&+\frac{1}{2}b_{22}\tilde{S}_Y^2+\frac{1}{2}b_{33}\tilde{S}_Z^2+b_{12}\tilde{S}_X\tilde{S}_Y\\&+b_{13}\tilde{S}_X\tilde{S}_Z+b_{23}\tilde{S}_Y\tilde{S}_Z+\cdots\end{aligned} \tag{5.46}$$

我们把(5.46)式与(5.36)式两边对 $\tilde{S}_X$、$\tilde{S}_Y$、$\tilde{S}_Z$ 的同次幂进行比较,可得到如下的常微分方程组:

$$\left.\begin{aligned}\frac{dx}{dt}=&K_1x-K_3xy-K_7xz-K_2x^2+K_8+K_4y^2\\&-\frac{K_3}{\Omega}b_{12}-\frac{K_7}{\Omega}b_{13}-\frac{K_2}{\Omega}b_{11}+\frac{K_4}{\Omega}b_{22}\\\frac{dy}{dt}=&K_6-K_5y+K_3xy-K_4y^2+\frac{K_3}{\Omega}b_{12}-\frac{K_4}{\Omega}b_{22}\\\frac{dz}{dt}=&K_3+K_9z-K_7xz-K_{10}z^2-\frac{K_7}{\Omega}b_{13}-\frac{K_{10}}{\Omega}b_{33}\\\frac{1}{2}\frac{db_{11}}{dt}=&K_1x-K_2x^2-\frac{K_2}{\Omega}b_{11}\\\frac{1}{2}\frac{db_{22}}{dt}=&K_3xy-K_4y^2+\frac{K_3}{\Omega}b_{12}-\frac{K_4}{\Omega}b_{22}\\\frac{1}{2}\frac{db_{33}}{dt}=&K_9z-K_{10}z^2-\frac{K_{10}}{\Omega}b_{33}\\\frac{db_{12}}{dt}=&-K_3xy+K_4y^2-\frac{K_3}{\Omega}b_{12}+\frac{K_4}{\Omega}b_{22}\\\frac{db_{13}}{dt}=&K_8-K_7xz-\frac{K_7}{\Omega}b_{13}\end{aligned}\right\} \tag{5.47}$$

其中,$K_1,K_2,\cdots,K_{10}$为微观速率系数 $c_1,c_2,\cdots,c_{10}$对应的宏观速率系数。

(5.47)方程是从主方程出发得到的较为严格的方程,它同时包括了平均值和涨落随时间的演化规律。从此方程可以看到,在宏观极限的条件下,即 $\Omega \to \infty$ 时,由(5.47)式所得到的平均值的演化方程,就是由质量作用原理所得到的唯象动力学方程。另外,由(5.47)方程也可以看到平均值的演化与涨落随时间的变化是相互耦合,互相影响。对(5.47)方程的数值计算表明:当由质量作用原理得出的唯象方程表现出混沌状态时,也就是说,在确定性混沌条件下,分子内部涨落随时间不断被线性放大,其大小最终会超过宏观平均值,如图 5.11 所示,从而使唯象方程中的宏观量失去意义,此时宏观化学动力学方程失效。这个结论与 Fox 和 Keizer 等人[72]所得到的结论相一致。

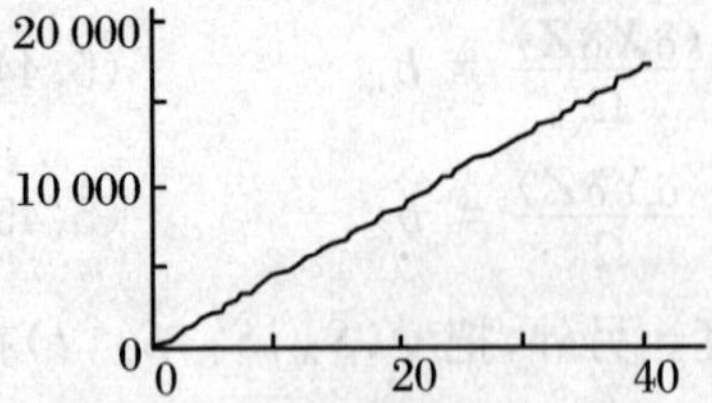

图 5.11 在确定性混沌时内部涨落随时间的变化规律

5.4 化学混沌主方程的随机模拟方法

在化学反应的随机模型中,反应系统中的反应转变过程被看作为马尔可夫过程。该过程的时间过程可用主方程很好的描述。从数学角度看,主方程包含了系统的所有统计性质,然而其求解无论从解析上还是从数值上都较困难。1977 年,Gillespile[98]提出了一种与主方程完全等价的随机模拟方法,它特别适合于研究化学混沌这种新的化学不稳定性。在本节中,首先简单介绍这种随机方法的基本内容,然后介绍我们利用这种随机方法对 Willamowski-Rossler 以及化学洛仑兹混沌的详细计算结果。

1. 随机模拟方法

对于由 N 个基元反应构成的反应网络,随机模拟方法的基本问题是按一定几率用随机的方法选择 N 个基元反应中的一步,并且用随机方法确定多长时间后发生该反应。首先,引进反应几率密度函数 $P(\tau, n)$,表示在时间间隔 $(t+\tau, t+\tau+\mathrm{d}\tau)$ 发生第 n 步反应的几率,其中 t 表示系统的当前时刻。其次,用 c_n 表示一对反应分子发生反应碰撞的几率,即微观反应几率。若用 h_n 表示第 n 步过程反应分子的组合数,则第 n 步反应的总反应几率 $a_n = h_n c_n$,例如,对于 $A + B \longrightarrow D$ 反应,总反应几率为 cab, a 和 b 分别为 A 和 B 的分子数。若 $P_0(\tau)$ 为在

时间 $d\tau$ 内不发生任何反应的几率，则存在如下关系：

$$P(\tau,n)d\tau = P_0(\tau)a_n d\tau \tag{5.48}$$

由于不发生反应的几率为 $1-\sum_n a_n d\tau$，故有

$$P_0(\tau+d\tau) = P_0(\tau)\left[1-\sum_n a_n d\tau\right] \tag{5.49}$$

由此式可得

$$P_0(\tau) = e^{-\sum_n a_n \tau} \tag{5.50}$$

把(5.50)式代入(5.48)式中可得反应几率密度函数为

$$P(\tau,n) = \begin{cases} a_n e^{-a_0\tau}, & 0 \leqslant \tau < +\infty, \quad n = 1,2,\cdots,N \\ 0, & \text{否则} \end{cases} \tag{5.51}$$

其中，$a_0 = \sum_n a_n$。可以证明 $P(\tau,n)$ 满足归一化条件：

$$\sum_n^N \int_0^\infty P(\tau,n)d\tau = 1 \tag{5.52}$$

按照分布函数(5.51)，可随机的产生 τ 和 n，如此，反应就可用随机实验的方式进行下去。在进行随机模拟时，首先用一单位区间均匀随机发生器产生随机数 r_1，r_2，由随机数可以构造出符合分布函数(5.51)的随机量 τ 和 n：

$$\tau = \frac{1}{a_0}\ln\left(\frac{1}{r_1}\right) \tag{5.53}$$

n 由下式决定：

$$\sum_{m=1}^{n-1} a_m < r_2 a_0 \leqslant \sum_{m=1}^{n} a_m \tag{5.54}$$

可以证明由上式产生的随机量 τ 和 n 是符合分布函数(5.51)。

2. W-R 化学混沌的随机模拟[75,76]

W-R 反应模型的唯象动力学方程可以表现出稳定的非平衡定态，极限环和混沌等丰富的非线性动力学行为。我们利用随机模拟方法研究与唯象方程的定态、极限环和混沌状态相对应的微观过程的特性。起始时以相同的分子数，不同的随机数种子，构造一个 δ 函数分布的系综，然后用上述随机模拟方法跟踪系综中的每一条轨道。这样，在每一时刻可以求出系综的平均值、均方差(内部涨落)以及系综中粒子分布的时间行为，还可以求出系综中的最可几值的时间变化。布鲁塞尔学派 Nicolis 等人的工作仅限于单条轨道的随机模拟，我们则获得了微观过程的完整信息，可以直接把唯象方程结果与微观平均值、最可几值进行比较，从而直接检验唯象方程的有效性。

在唯象方程非平衡定态附近(反应参数 $K_1=30$，$K_{-1}=0.25$，$K_2=1$，$K_{-2}=$

10^{-4}, $K_3=10$, $K_{-3}=10^{-3}$, $K_4=1.0$, $K_{-4}=10^{-3}$, $K_5=12$, $K_{-5}=0.5$)，随机模拟得到的系综平均值和最可几值，在它们趋向定态时与唯象方程结果符合得非常好，如图 5.12 所示。在图 5.13 上给出了最可几值与平均值分布的比较，显然二者也是比较相符的。这些结果表明：在宏观定态条件下，唯象方程可以较好地描述微观行为。

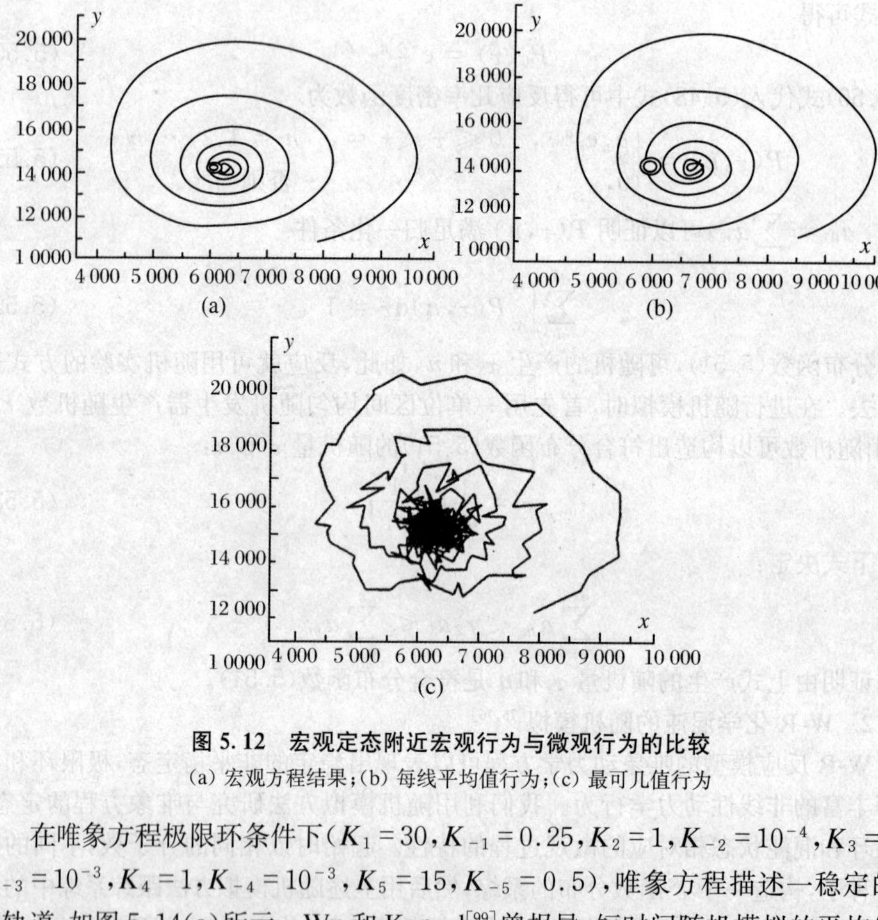

图 5.12　宏观定态附近宏观行为与微观行为的比较

(a) 宏观方程结果；(b) 每线平均值行为；(c) 最可几值行为

在唯象方程极限环条件下($K_1=30$, $K_{-1}=0.25$, $K_2=1$, $K_{-2}=10^{-4}$, $K_3=10$, $K_{-3}=10^{-3}$, $K_4=1$, $K_{-4}=10^{-3}$, $K_5=15$, $K_{-5}=0.5$)，唯象方程描述一稳定的周期轨道，如图 5.14(a)所示。Wu 和 Kapral[99] 曾报导，短时间随机模拟的平均值与唯象方程的极限环十分一致。因此他们做出唯象方程可正确地描述极限环的结论。然而，我们对长时间的随机模拟表明：所得到的系综平均值最初形成的极限环是不稳定的，它随着时间的变化会缓慢地不断收缩，最后塌缩为一不动点，如图 5.14(b)所示。我们的计算还发现：最可几值严重地偏离了唯象方程的结果。这些结果表明：在宏观极限环条件下，唯象方程已经不能很好地描述微观反应过程了。

在唯象方程混沌条件下（$K_1 = 30, K_{-1} = 0.25, K_2 = 1, K_{-2} = 10^{-4}, K_3 = 10, K_{-3} = 10^{-3}, K_4 = 1, K_{-4} = 10^{-3}, K_5 = 15, K_{-5} = 0.5$），唯象方程描述了混沌吸引子，我们利用随机模拟方法发现：从系综中抽样所得的模拟样本轨道与宏观吸引子外貌上十分相似，将两条轨道作时间平均所得到的几率分布也十分相似，在图5.15上给出了混吨吸引子与抽样轨道二分量分布直方图的比较。这些结论与布鲁塞尔学派Nicolis等人[73]的结果完全一致。但是，我们计算发现：模拟抽样单个轨道与唯象方程混沌吸

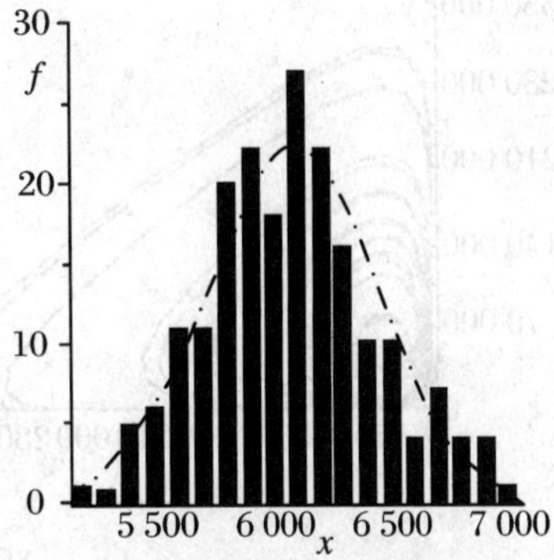

图5.13　非平衡态定态附近 X 粒子数分布直方图

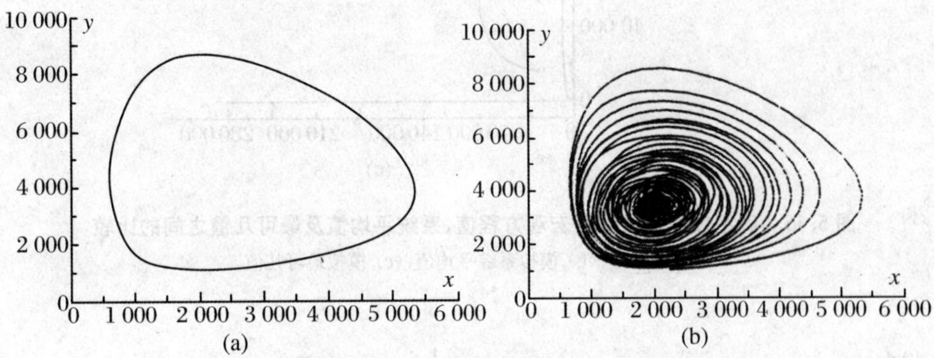

图5.14　唯象方程极限环与随机模拟系综平均值轨道的比较

(a) 宏观结果；(b) 系综平均

引子之间结构上的相似性并不意味着唯象方程结果与系综平均值及最可几值之间的一致性，实际上它们相差甚远，如图5.15所示。我们还发现在确定性混沌条件下，系综粒子数的分布也出现了反常现象，系综 X 分量的分布如图5.16所示，它以零为最可几值，大致呈指数型分布，它与极限环及非平衡定态上粒系数的钟型分布形成鲜明的对比。另外，在混沌条件下，内部涨落（均方差）也比其他两种情况大得多，如图5.17所示。这些结果表明，微观反应在混沌条件下发生了性质上的变化。

上述对W-R化学混沌的随机模拟表明：在确定性混沌条件下，唯象动力学方程既不能描述系综平均值，也不能描述最可几值的行为。从这个意义上说，唯象方程不再有效。

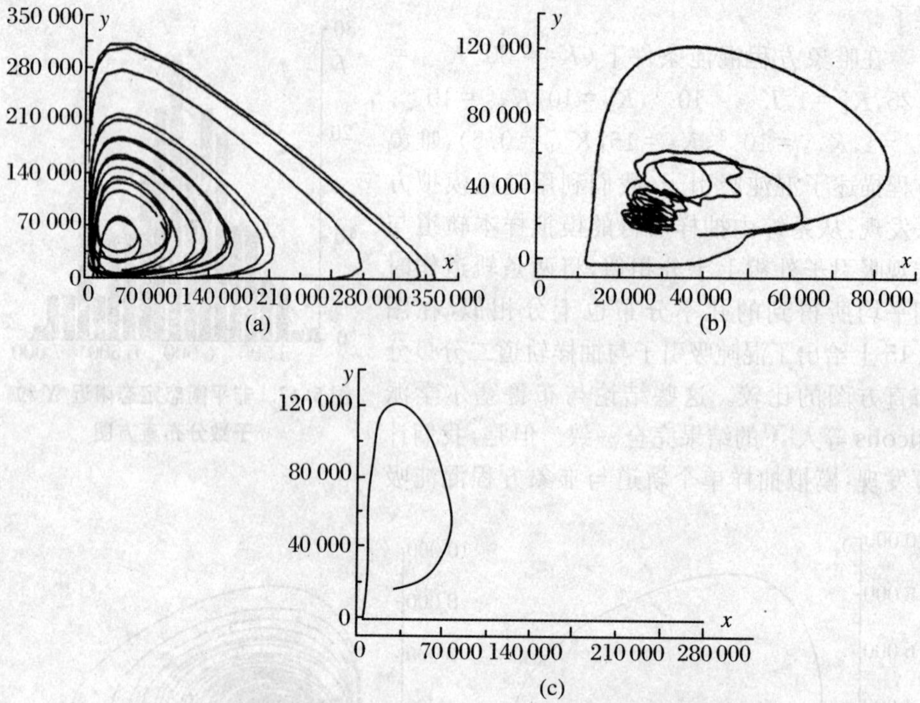

图 5.15　确定性混沌条件下宏观方程值，系统平均值及最可几值之间的比较

(a) 宏观值；(b) 模拟系综平均值；(c) 模拟最可几值

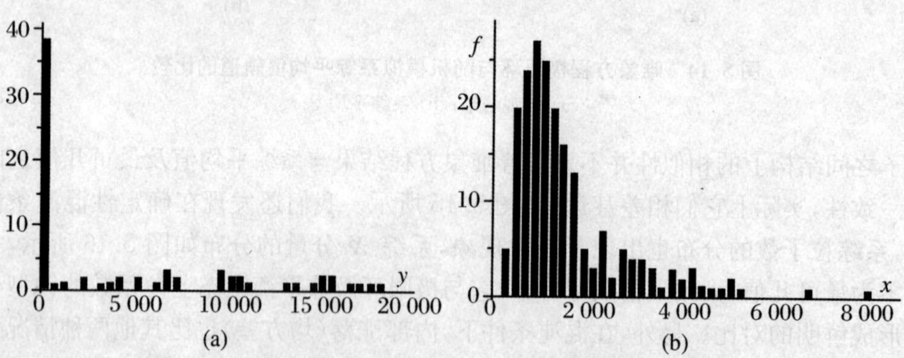

图 5.16　系综中 X 分量的直方图

(a) 混沌条件下；(b) 极限环条件下

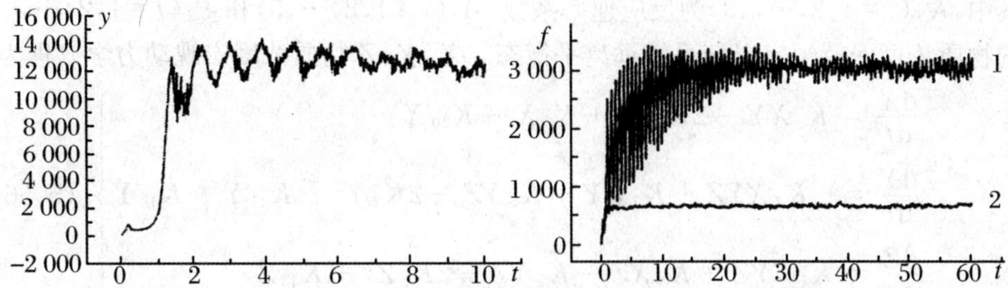

图 5.17　内部涨落的时间变化

(a) 混沌涨落;(b) 曲线 1 为极限环上涨落,曲线 2 为不动点上的涨落

3. 化学洛仑兹混沌的随机模拟[74]

化学洛仑兹混沌来源于流体力学中著名的洛仑兹方程。化学混沌对能表现出混沌运动的微分方程有一定限制,即方程的变量不能为负值。Samardzija 等人[100]用一种非线性变换将洛仑兹方程变换为一正定的仍保持其基本动力学性质的多项式常微分方程,并进一步由该方程构造出了对应的化学反应机理。化学洛仑兹系统的基元过程为

$$
\left.\begin{aligned}
X + Y + Z &\xrightarrow{K_1} X + 2Z \\
A_1 + X + Y &\xrightarrow{K_2} 2X + Y \\
A_2 + X + Y &\xrightarrow{K_3} X + 2Y \\
X + Z &\xrightarrow{K_4} X + P_1 \\
Y + Z &\xrightarrow{K_5} 2Y \\
2X &\xrightarrow{K_6} P_2 \\
2Y &\xrightarrow{K_7} P_3 \\
2Z &\xrightarrow{K_8} P_4 \\
A_3 + X &\xrightarrow{K_9} 2X \\
X &\xrightarrow{K_{10}} P_5 \\
Y &\xrightarrow{K_{11}} P_6 \\
A_4 + Y &\xrightarrow{K_{12}} 2Y \\
A_5 + Z &\xrightarrow{K_{13}} 2Z
\end{aligned}\right\} \tag{5.55}
$$

其中，K_i（$i=1,2,\cdots,13$）为反应速率系数，A_i（$i=1,2,\cdots,5$）和 P_i（$i=1,2,\cdots,6$）的物质浓度保持恒定以使系统远离平衡态。X、Y、Z 物质浓度宏观动力学方程为

$$\left.\begin{aligned}\frac{dX}{dt} &= K_2XY - 2K_6X^2 + K_9X - K_{10}X \\ \frac{dY}{dt} &= -K_1XYZ + K_3XY + K_5YZ - 2K_7Y^2 - K_{11}Y + K_{12}Y \\ \frac{dZ}{dt} &= K_1XYZ - K_4XZ - K_5YZ - 2K_8Z^2 + K_{13}Z\end{aligned}\right\} \tag{5.56}$$

上述方程即为化学洛仑兹方程，其化学混沌吸引子与原始的洛仑兹吸引子十分类似，如图 5.18 所示。

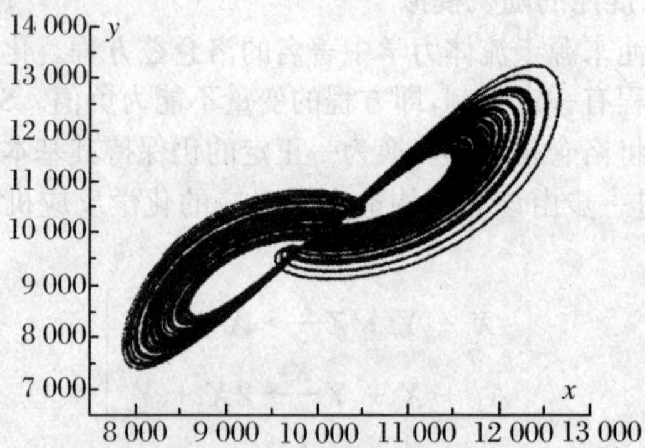

图 5.18　化学洛仑兹混沌吸引子

$K_1=0.001, K_2=0.1, K_3=0.29, K_4=1, K_5=1, K_6=0.05, K_7=0.005, K_8=0.0133, K_9=1000, K_{10}=1000, K_{11}=2900, K_{12}=100, K_{13}=10002.67$

我们用上述的随机模拟方法研究了化学洛伦兹混沌的微观过程，所取系综大小为 800。首先，对宏观方程(5.56)稳定不动点情形随机模拟的结果表明：最可几值的数据点极其无规律地分布在宏观方程不动点的四周，而系综平均值在一定程度上与确定性方程结果一致。但它与 W-R 模拟情况有所不同，在 W-R 模型中，如前所述，宏观方程值，系综平均值，最可几值均步调一致地趋向不动点。其次，对极限环条件下随机模拟的结果表明：宏观结果与模拟结果出现了较大的偏差，如图 5.19 所示。由此图可以看到，模拟结果呈出在宏观方程极限环附近的较为不规则的周期轨道。这表明内部涨落的影响改变了确定性极限环的空间结构。

如前所述，在 W-R 模型中，通过随机模拟的研究，我们与布鲁塞尔学派的 Nicolis 等人都得到了确定性混沌吸引子与模拟抽样轨道之间的相似性。然而在

化学洛仑兹混沌的条件下,与 W-R 化学混沌不同,即使是抽样轨道也与宏观方程的洛仑兹吸引子发生了十分明显的偏离。在图 5.20 上所示为模拟结果在 *x-y* 相平面上的投影,它与图 5.18 相比,其相空间密度大多集中在“吸引子”的中央。尽

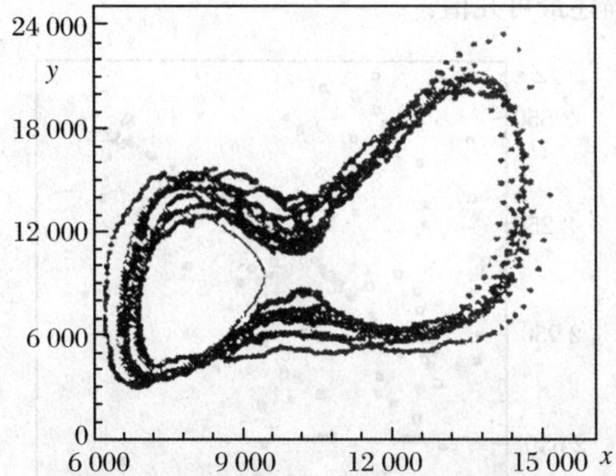

图 5.19 化学洛仑兹混沌确定性吸引子与抽样模拟的彭加勒截面的比较

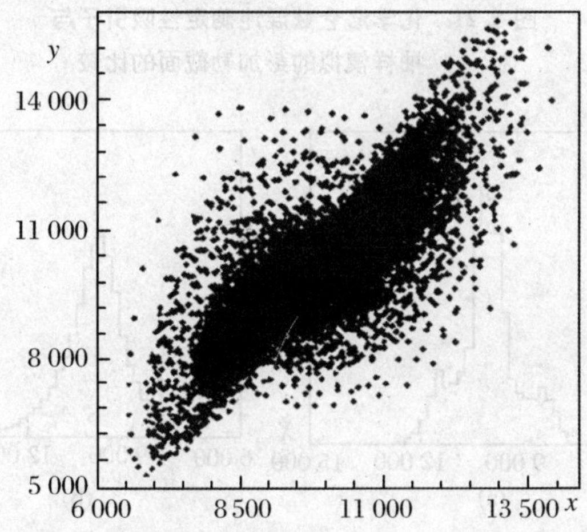

图 5.20 随机模拟抽样轨道相空间分布

管从外貌上仍然可以辨认出与确定性混沌吸引子具有相似的轮廓,但它们的彭加勒截面清楚地说明了它们在结构上的显著差异,如图 5.21 所示。由图 5.21 可以看到,由确定性混沌吸引子所得的彭加勒截面为线状结构,而模拟轨道的彭加勒截面上的点是十分凌乱地分布在线状结构的附近。这表明确定性混沌条件下真实微

观反应过程的杂乱无规性。我们的模拟结果还表明:宏观方程结果与模拟系综平均值及最可几值均不相符,如图 5.22 所示。由上述分析可以看到:唯象动力学方程在混沌条件下也不能真实地描述实际发生的微观反应过程,即它既不能描述微观平均值,也不能描述最可几值。

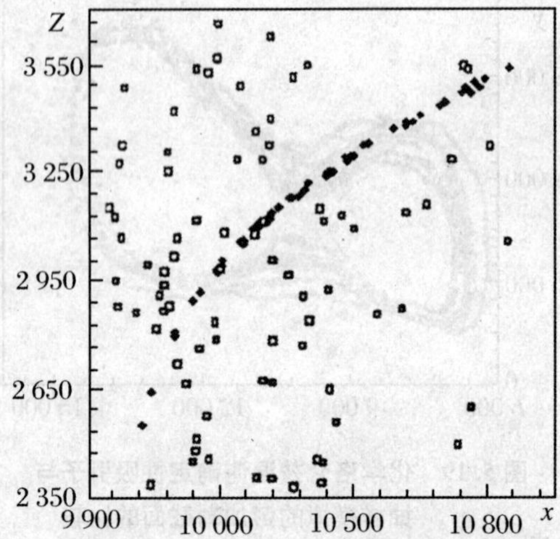

图 5.21　化学洛仑兹混沌确定性吸引子与抽样模拟的彭加勒截面的比较

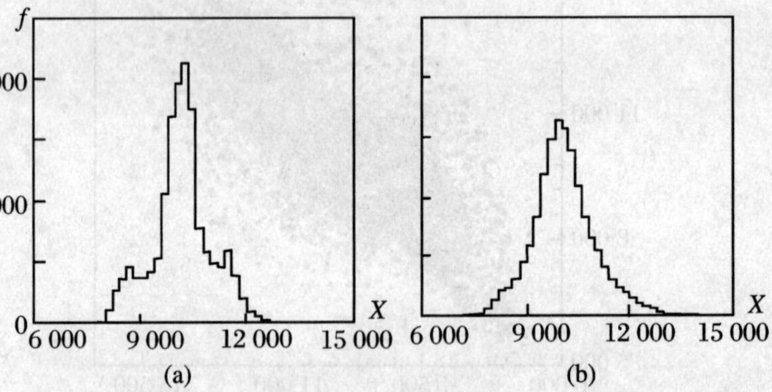

图 5.22　混沌吸引子和模拟轨道 X 分量的分布直方图

(a) 宏观方程;(b) 随机模拟

综上所述,利用随机模拟方法对化学混沌中微观反应过程的研究表明:在混沌区宏观量以及单独的宏观方程轨道等概念已不再有用。宏观方程至多从统计的意义上具有一定的价值,如在 W-R 模拟中所观察到的。我们对化学洛仑兹混沌的分析结果进一步削弱了唯象方程的价值。至于为什么在化学洛仑兹模型中比 W-R 模型中表现出了更强烈的内部涨落，我们认为可能的原因是两者的“双曲程度”不同，即洛仑兹吸引子中可能包含了比 W-R 模型吸引子更多成分的双曲点。

5.5　化学混沌的控制方法

目前已提出来的混沌控制方法有两种：OGY 控制方法和连续反馈控制方法。OGY 控制方法是 1990 年由 Ott、Gribogi 和 Yorke 提出来的[101~104]。OGY 控制方法是通过微扰系统的参量，实现吸引子中不稳周期轨道的稳固，并且可以使系统运动在各个不稳定周期轨道之间，随意的切换。1992 年，Pyragas 提出了一种连续反馈控制方法[105]，在这种控制方法中，首先必须要知道要稳固的不稳定轨道，通常称为目标轨道，在实现控制时，将当前轨道与目标轨道之间的差异反馈给动力系统。我们考虑如下的混沌动力系统：

$$\left.\begin{aligned}\frac{\mathrm{d}Y}{\mathrm{d}t} &= g(Y,\boldsymbol{X}) + f(t)\\ \frac{\mathrm{d}\boldsymbol{X}}{\mathrm{d}t} &= \boldsymbol{Q}(Y,\boldsymbol{X})\end{aligned}\right\}\tag{5.57}$$

其中，Y 为一输出标量，矢量 $\boldsymbol{X}$ 表示系统中不能被观测或不想观测的量，$f(t)$为控制输入，系统不受控制时 $f(t)=0$，系统为混沌运动。假若实验中测得吸引子中一不稳定轨道的分量为 $Y=Y_i(t)$，则控制输入为

$$f(t) = K[Y_i(t) - Y(t)] = KD(t)\tag{5.58}$$

其中，K 为实验上可调整的控制参量，$K>0$。若当前轨道与目标轨道存在偏离时，可以选择适当的控制权重 K，使当前轨道向目标轨道靠近，当两者完全重合时，控制项 $f(t)$自动为零。另外，对于不稳定周期轨道有

$$Y_i(t) = Y_i(t - T)\tag{5.59}$$

其中，T 为周期，此时控制输入可以写为

$$f(t) = K[Y_i(t - T) - Y(t)]\tag{5.60}$$

在这种情况下利用了被稳固周期轨道的周期性，有时也被称为时间滞后反馈法。需要指出，连续反馈控制方法可以使系统沿着吸引子上任意不稳定轨道运动，而不限于周期轨道。Pyragas 的控制方法利用了受控制变量与系统其余变量之间的耦

合，通过受控制参量的控制，驱动整个动力系统。因此，对于受控变量与其他变量耦合较弱的情况，不太有效。另外，Pyragas 方法与 OGY 方法的区别在于它改变了受控系统的整个动力系统的性质，从而使被稳固的不稳定轨道成为系统的吸引子。

混沌控制方法出现后，很快就有人将它们应用于 BZ 反应化学混沌的实验控制[106~107]。在 Petrov 等人[106]的工作中，他们将 BZ 反应中丙二酸的流速固定，将铈和溴酸盐溶液流入反应器的速率作为控制混沌的参量。具体条件为：反应驻留反应器时间 $\tau = 2.8\times10^3$ s，$[CH_2(COOH)_2] = 2.22\times10^{-1}$M，$[Ce(SO_4)_3] = 4.5\times10^{-4}$M，$[NaBrO_3] = 1.02\times10^{-1}$N，$[H_2SO_4] = 0.2$M，反应器体积为 34.9ml，搅拌速度为 1 800 rpm，反应温度控制在 28.0±0.1℃。他们使用了两个蠕动泵：一个速率固定，用于丙二酸的输入；另一个用于铈和溴酸盐液的输入，其速率由一微机调控。溴离子由一 16 字节数据采集板以 10 赫兹的频率收集。图 5.23 所示为混沌运动在控制作用下，不同周期运动模式之间的切换。在 Schneider 等人[107]的工作中，他们用 Pyragas 时滞反馈方法也实现了 CSTR-BZ 反应的混沌控制。在他们的实验中，将反馈函数(5.60)作为附加项作用于反应物流入反应器的速率。当时滞等于吸引子中一不稳定轨道的周期时，该轨道将获得稳定。具体实验材料和方法：从丙二酮中两次重结晶获得丙二酸，所用溴酸钾所含其他溴化物至多 0.02%，$Ce(SO_4)_3$ 纯度为 99.99%，H_2SO_4 纯度为 97%，输入反应物溶液由 0.6 M 的硫酸，

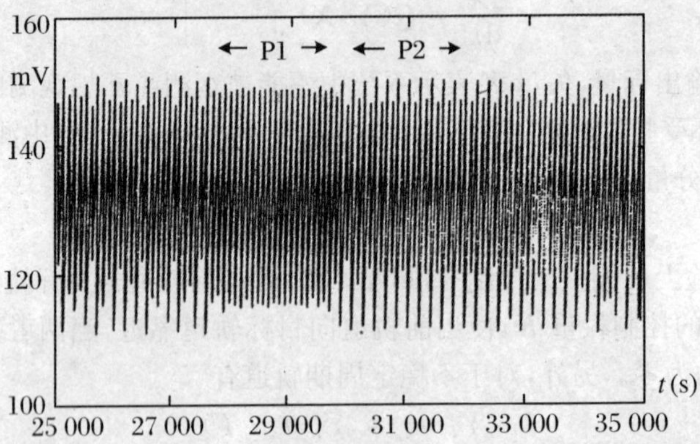

图 5.23 BZ 反应中混沌运动在控制作用下不同运动模式之间的切换

0.3 M 的溴酸钾和含有 2.5×10^{-3} M 硫酸铈的浓度为 0.75 M 的丙二酸溶液组成。CSTR 反应器体积为 1.92 mL，用小马达驱动磁棒以 1 200 rpm 的速率搅拌，以保

证反应物的有效混合，实验在恒温 $T = 28.0 \pm 0.12$℃下进行，铈离子 Ce^{4+} 的浓度随时间的变化由一波长为 350 nm 的分光光度计监测，取样频率为 1 Hz。实验控制结果如图 5.24 所示。由于时滞连续反馈法改变了系统的动力学性质，当时滞 T 不等于吸引子中不稳定的周期轨道时，动力学控制系统将出现原系统不具有的运动模式。这种方法的不足之处是它无法区分系统中具有相同周期的不稳定轨道。

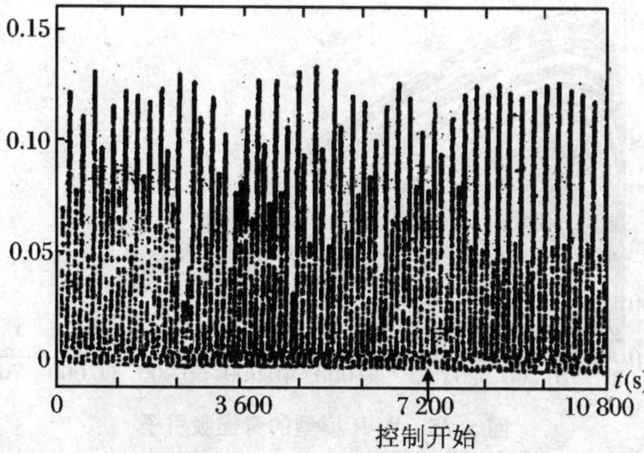

图 5.24 混沌吸引子中一周期 2 轨道的稳固

我们利用连续反馈控制方法，研究了 W-R 反应模型的化学混沌的控制[84]，发现化学混沌控制的临界控制权重比一般系统大很多，并且发现这种连续反馈方法同 OGY 方法一样不具有涨落稳定性。化学系统的特殊性在于一个复杂反应系统中快反应过程和慢反应过程共存，且其反应的特征时间可以有数量级的差别。为了研究化学系统的这种特殊性在混沌控制上的体现，我们具体分析了 Willamowski-Rossler 反应模型的化学混沌的控制。在 W-R 反应模型的唯象方程 (5.13)中，取速率参数 $K_1 = 30, K_{-1} = 0.25, K_2 = 1, K_{-2} = 10^{-4}, K_3 = 10, K_{-3} = 10^{-3}, K_4 = 1.0, K_{-4} = 10^{-3}, K_5 = 12, K_{-5} = 0.5$ 时，此系统出现混沌，其混沌吸引子如图 5.25 所示。为了模拟实验控制，假设测得了一不稳定轨道上 X 物质随时间的变化$X_0(t)$。为了使系统沿着该不稳定轨道运动，连续反馈控制方程为

$$\frac{\mathrm{d}X}{\mathrm{d}t} = K_1 X - K_{-1} X^2 - K_2 XY + K_{-2} Y^2 - K_4 XZ + K_{-4} + W[X_0(t) - X] \tag{5.61}$$

Y、Z 分量运动方程不变。(5.61)式中的 W 为控制权重。当前轨道与目标轨道不一致时，负反馈项自动调整当前轨道，达到一致时，反馈自动消失。计算表明：(5.13)方程只有一个李雅普诺夫指数大于零，因而单变量控制可以在一定控制权

重范围内实现。图 5.26 所示为一控制实例，其中图 5.26(c)为当前轨道与目标轨道在 X 分量上的距离，箭号表示控制加上的时刻。初始时，当前轨道与目标轨道靠的很近，由于混沌运动的初值敏感性，两轨道迅速分离。当加上控制并经过一个暂态过程以后，当前受控制道与目标轨道完全同步变化。控制能否成功与控制权

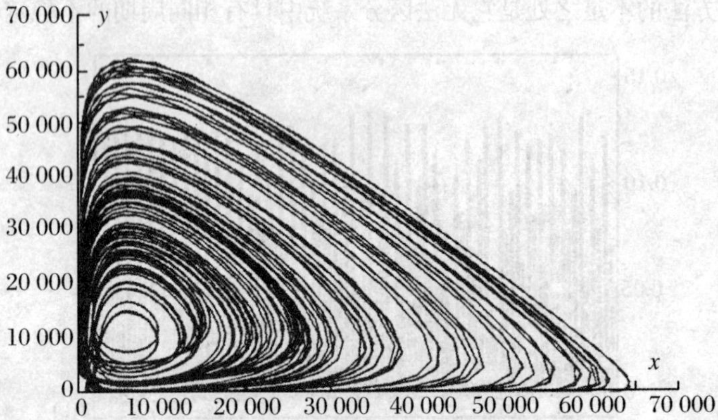

图 5.25　W-R 模型的奇怪吸引子

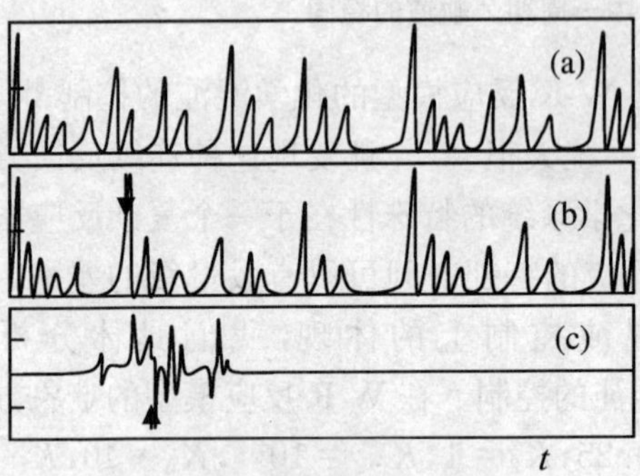

图 5.26　控制权重 $W=20.0$

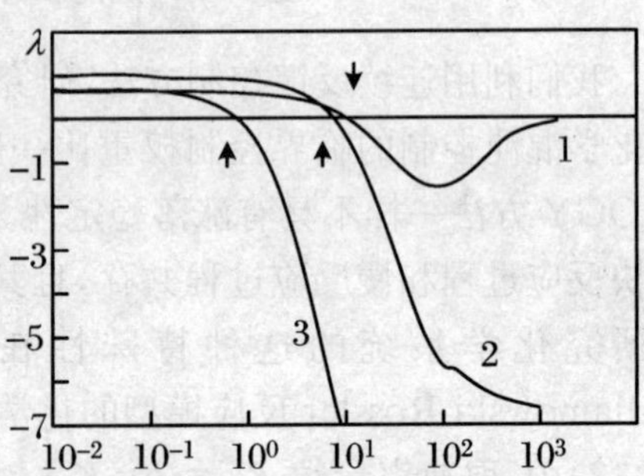

图 5.27　最大李雅普诺夫指数随控制权重的变化关系

数字 1,2,3 分别表示单变量、双变量和三变量控制

重有关。图 5.27 所示为李雅普诺夫指数随控制权重的变化关系。我们发现该系统的单变量临界控制权重比一般系统高很多，这是由于快过程和慢过程对控制的响应速度很不相同，快过程可以对反馈控制很快做出反应，慢过程则反应迟钝，而临界控制权重由慢过程决定。只有当控制权重足够大时，慢过程才能较快地响应控制，从而实现有效地控制整个系统。从图 5.27 上还可以看到：随着控制权重增大，单变量控制存在一个有效控制权重的区间，而双变量和三变量控制时，最大李

雅普诺夫指数单调递减。单变量控制时存在一个有效权重上限是由于控制权重太大,则 X 浓度变化很快,使得通过与 X 分量耦合而获得控制的 Y 和 Z 浓度变化跟不上 X 浓度变化。由此可以看到,化学系统需要很大的控制权重,从而增加了用连续反馈法进行实验控制的难度。

一个现实系统不可避免地会受到内外随机涨落的影响,连续反馈法是否具有噪声稳定性,直接影响其应用价值。为了模拟涨落,我们分别在(5.13)式和(5.61)式右边加上高斯型白噪声 f_1、f_2 和 f_3:

$$f_1 = \sqrt{-4Dh\ln r_1} \tag{5.62}$$

$$f_2 = (\sqrt{-4Dh\ln r_1})\cos 2\pi r_2 \tag{5.63}$$

$$f_3 = (\sqrt{-4Dh\ln r_1})\sin 2\pi r_2 \tag{5.64}$$

其中 r_1 和 r_2 为单位区间均匀分布随机数,D 为相关强度,h 为数值模拟积分步长。f_1、f_2 和 f_3 满足:

$$\langle f_i(t)\rangle = 0 \tag{5.65}$$

$$\langle f_i(t)f_j(s)\rangle = 2D\delta_{ij}\delta(t-s) \tag{5.66}$$

我们发现:考虑涨落影响时,无论控制权重多大,当前受控轨道总是偏离目标轨道。在图5.28上给出了同一涨落影响下不同权重的混沌控制的实例。由此图可以看

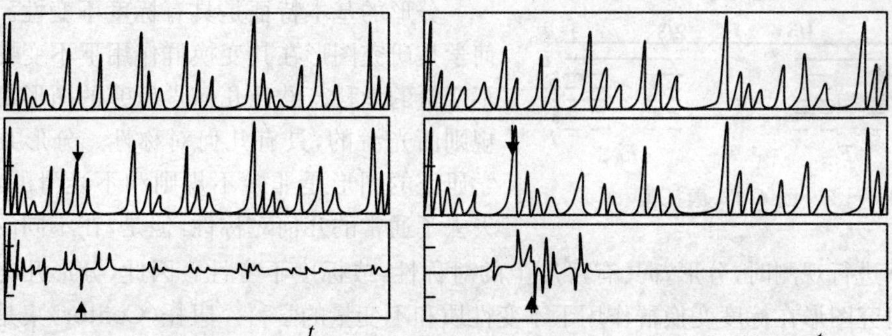

图5.28 弱噪音作用下的混沌控制

(a) $D=0.5, W=20.0$;(b) $D=0.5, W=100.0$

到:控制权重越大,受控轨道与目标轨道偏离越小,但这种偏离不会消失。存在涨落干扰时,由于负反馈对轨道的调整有一个过程,干扰的不可预测性使得控制对轨道的调整总是落后于涨落对当前轨道的,即连续反馈法的涨落不稳定性限制了它的实际应用范围。这个结果为混沌控制的理论探索提出了新的课题。

第 6 章　分形结构反应扩散动力学

6.1　引　言

分形(fractal)一词是由曼德尔布罗特(Mandelbrot)首先提出的，他的专著《分形——形，机遇和维数》于 1997 年出版[108]，标志着分形理论的正式诞生。他对分形是这样定义的[109]：其组成部分与整体以某种方式相似的"形"叫做分形。大量事实表明，自然界广泛存在着分形。分形理论已成为非线性科学的重要组成部分之一。

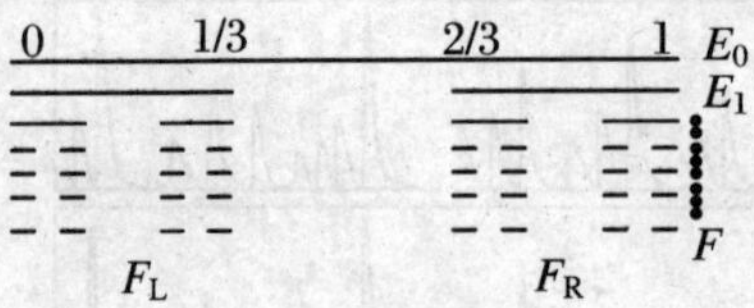

图 6.1　康托集

分形的基本特征是具有标度不变性。几何学是研究图形在其变换群作用下不变性和不变量的学科。欧氏几何学研究的图形都是规则而光滑的，具有几何对称性。分形几何学研究的图形是非常不规则和不光滑的，已失去了通常的几何对称性，但是，在不同的尺度下进行观测时，分形却具有尺度上的对称性，或标度不变性。因此，分形几何学是研究图形在标度变换群作用下不变性质和不变量的学科。康托(Contor)集是最简单的分形，如图 6.1 所示。它的构造方法如下：从单位区间[0,1]出发，去掉中间的 1/3，得到 E_1 集，它包含两个子区间[0,1/3]和[2/3,1]，再去掉 E_1 中两个子区间各自中间的 1/3，得到 E_2 集，它包含四个子区间[0,1/9]，[2/9,1/3]，[2/3,7/9][8/9,1]；按此方法继续进行下去，所得到的 E_n 是由 2^n 个长度各为 3^{-n} 的子区间组成，当 n 趋于无穷时所得到的极限集即为康托集，可表示为

$$F = \bigcup_{n=0}^{\infty} E_n \tag{6.1}$$

对于康托集，可引入如下两个标度变换：

$$S_1 = \left\{\frac{x}{3} : x \in E_0\right\} \tag{6.2}$$

$$S_2 = \left\{\frac{x}{3} + \frac{2}{3} : x \in E_0\right\} \tag{6.3}$$

其中，S_1 是纯压缩变换，压缩比为 $\lambda = 1/3$，它把单位区间 E_0 变换成$[0,1/3]$；S_2 是 S_1 添加上一个平移 $b = 2/3$，它把 E_0 变换成$[2/3,1]$。若用 T 表示 S_1 和 S_2 的并，即

$$T = S_1 \cup S_2 \tag{6.4}$$

则有

$$\left.\begin{aligned} E_1 &= TE_0 \\ E_2 &= TE_1 = T^2 E_0 \\ &\cdots\cdots \\ E_n &= TE_{n-1} = T^n E_0 \end{aligned}\right\} \tag{6.5}$$

从而，康托集 F 也可表为

$$F = \lim_{n\to\infty} T^n E_0 \tag{6.6}$$

由标度变换 T、T^2 等加上恒等变换 T^0 所构成的集合$(T^0, T^1, T^2, \cdots)$，就是描述康托集标度不变性的标度变换群。一般来说，若分形的嵌入空间是 d 维欧氏空间 R，E_0 是它的子集，即 $E_0 \in R$，用 d 维矢量 $\boldsymbol{x} = (x_1, x_2, \cdots, x_d)$ 表示空间 R 中任意点，所考虑的分形 F 是通过把 E_0 分成 m 个与它相似的部分的迭代过程构造出来的，则有

$$F = \lim_{n\to\infty} T^n E_0 \tag{6.7}$$

$$T = \bigcup_{i=1}^{m} S_i \tag{6.8}$$

$$S_i = \{A_i \boldsymbol{x} + \boldsymbol{b}_i : x \in E_0\} \tag{6.9}$$

其中，A_i 是一个 $d \times d$ 阶矩阵，它的作用是使 $\boldsymbol{x}$ 的长度受到压缩且绕某一轴回转某一角度，$\boldsymbol{b}_i$ 是一个 d 维矢量，它的作用是把压缩和回转后的矢量再进行平移。若图形的每一部分都是把整体在不同方向上均按相同的压缩比 λ_i 进行压缩变换所得到的，则为自相似分形。若每一部分是把整体在不同方向上按不同的压缩比$(\lambda_{i_1}, \lambda_{i_2}, \cdots, \lambda_{i_d})$进行压缩变换所得到的，则为自仿射分形。自相似分形和自仿射分形都可以通过上述完全确定性的迭代方法构造出来，把它们统称为确定性分形。若在构造它们的每一步中都引入某种随机因素，则它们的局部与整体之间就不再具有严格的相似性，但它们在统计意义上仍然具有标度不变性，通常称它为随机分形。

分形维数 d_f 是定量描述分形的基本参量,它是标度变换下的不变量。欧氏空间的几何图形的维数是整数值,而分形的维数是分数值。早在 1919 年,豪斯道夫(Hausdorff)就提出了维数可以取分数的思想,并创立了豪斯道夫测度和维数理论[110],已成为分形维数的测度理论基础。从豪斯道夫测度理论来看,维数的含义是:用低于测量对象维数的尺度去测量时,得到的结果是无穷大;用高于其维数的尺度去测量它时,得到结果是零;只有用与它本身维数相同的尺子去测量时,才得到有限数值的结果。现以科赫(Koch)曲线为例,来说明分形为什么具有分数维数。科赫曲线如图 6.2 所示。它的构造方法如下:取 E_0 为单位线段,将其余分为三段,中间的 1/3 用边 1/3 的等边三角形的两边代替后得到 E_1,它包含四条线段;对 E_1 的每条线段重复同样的操作后得到 E_2;继续重复这样的构造过程,当 $n\to\infty$ 时所得到的极限曲线就是科赫曲线,它是一种自相似分形。对科赫曲线而言,当用一维尺度去测量它的长度时,由于它具有无限嵌套层次的精细结构,因此它有无限延伸的长度,测量的结果是无穷大;当用二维的尺度去测量它的面积时,由于它是曲线而没有面积,测量的结果是零;只有用介于一维和二维之间的某一尺度测量它时,才会得到有限数值的测量结果。因此,科赫曲线的维数是分数值,即 $1<d_f<2$。由此可见,分形所具有的标度不变性要求调整其占有空间的结构,使之具有无限嵌套层次的精细结构,导致分形维数为分数值。分形维数描述了分形这种不规则图形的复杂程度和占有空间的程度。

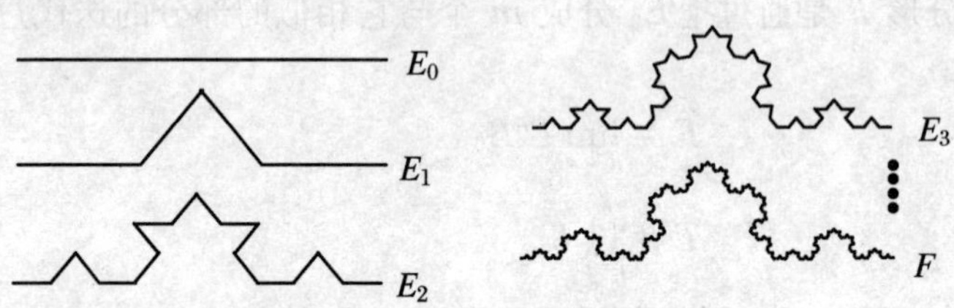

图 6.2　科赫曲线

长期以来,对化学反应系统中非线性动力学行为的研究,绝大多数的研究工作都集中在均相反应系统中。利用欧氏几何模型,远离平衡条件下反应扩散方程,对均相反应系统中的非线性化学现象进行了成功的分析,取得了非常显著的成果。但是,在自然界和工程技术中,绝大多数重要的反应都是在非均相系统中进行的,包括多相催化反应、电极反应、固态反应、生物酶和膜反应等。非均相反应是在不同相的界面上进行的,比如气-固界面和液-固界面。近年来,随着表面科学实验技术的进步,才对少量非均相化学反应系统中的各类非线性动力学行为进行了深入的观测,并开展了初步的理论研究。理论和实验研究表明,这些反应界面的几何结构非常复杂，具有分形结构的特征，并且利用分形几何模型代替欧氏几何模型描述其几何结构，成功地解释了在非均相反应系统中所发现的新的规律。同时也发现，反应界面的复杂结构和状态，对于分子的吸附、扩散和反应动力学过程有着重要的影响，从而对非线性化学动力学行为的形成和演化起着关键作用。因此，研究反应界面的分形结构与非线性反应动力学行为之间的关系，不但对发展非线性化学理论有着重要的作用，而且可以通过对反应界面结构和状态的调制，实现对非线性动力为行为的有效控制。

在凝聚态结构中，存在有两大类实空间有规律的结构：具有平移不变性的周期结构和具有标度不变性的分形结构。对于前者，人们已进行了相当深入的研究，所形成的一整套的概念、理论和研究方法在物理学、化学等学科领域得到了广泛应用。对于后者，则由分形几何理论的创建，而开拓出一个崭新的研究领域，分形给人们展示了一类具有标度不变性的新世界，在此世界中存在着新的物理规律，将对包括化学在内各学科领域的发展，起着重要的作用。近年来，越来越多的数学、物理和化学研究者开始研究分形结构上反应和扩散过程的新的规律性[111]。1982年，Alexander 和 Orbach 所提出来的分形子理论[112]，对分形结构上反应和扩散问题的研究，起到了巨大的作用，他们提出了分形子（Fracton）概念，并引入分形子维数（或谱维数），成为描述分形结构上动力学过程的一个新的参量。O'shaughnesy 和 Procaccia[113] 以分形结构的分形维数 d_f 和分形子维数 d_s 作为定量描述分形结构的静态和动态参数，首次建立了分形结构的扩散方程，在文献中简称为 O-P 扩散方程。Giona 和 Roman[114~116] 在分数微积分理论的基础上，重新表述了分形结构的扩散过程，从而导出 了分形结构扩散方程的分数微分方程形式。Pascal[119] 和 Stephenson[118] 对分形结构中扩散控制反应速率进行了大量而系统的理论和实验研究，得到若干重要的结果。Giona[120] 利用反应扩散方程方法，深入研究了分形结构中一级反应动力学的规律性。Coppens 和 Froment[121~122]，对多孔分形结构中反应扩散方程进行了研究，对于探索多孔催化剂中复杂几何结构与催化性能之间的关系，起到了推动作用。由于分形结构的复杂性，文献中很大一部分工作都是用数值模拟方法对其反应扩散方程进行求解，而且只是确定其稳定态解的性质。我们提出了一种新的数值模拟方法[123]，不但提高了数值模拟的速度，而且探讨了分形结构上反应扩散过程形成自组织现象的可能性。我们利用所提出来的方法研究了 williamowski-Rossler 反应模型在 Sierpinski 垫片上的反应扩散问题以及布鲁塞尔子反应模型在随机分形 DLA 上的反应扩散问题。目前，分形结构上反应扩散动力学方面的研究虽然得到了很多重要的结果，但是具有普遍性的处理这方面问题的一般性理论，还有待于进一步发展。

6.2 分形子维数

Alexander 和 Orbach 首次从量子力学原理出发,研究了分形结构中振动态的特性,引入了“分形子”概念,他们把分形子定义为分形结构的振动元激发。在具有平移不变性的周期结构中振动元激发是声子,声子的态密度 $N(\omega)$与欧氏空间维数 d 之间满足如下关系:

$$N(\omega) \propto \omega^{d-1} \tag{6.10}$$

而 Alexander 等人所得到的分形子态密度为

$$N(\omega) \propto \omega^{d_s-1} \tag{6.11}$$

他们称标度指数 d_s 为分形子维数,由于它是表达态密度频谱的标度指数,有时也称 d_s 为谱维数。分形子维数 d_s 是描述分形结构中动力学行为的重要参量。

在 Alexander 等人的工作中是以分形渗流结构作为具体研究对象,推导出分形子维数 d_s 的具体表达式。分形渗流结构是一种随机分形,它是研究分形结构中反应扩散过程的重要模型。我们考虑由 N 个格点构成的某种晶格点阵。若把 N_i 个粒子随机地分布在此晶格点阵的格点上,则晶格格点被占有的几率 p 定义为

$$p = \frac{N_i}{N} \tag{6.12}$$

当 N_i 数目比较小时,由相近邻的占有格点所形成的集团是比较小的。随着 N_i 数目增多,或者说,随着 p 增大,开始形成比较大的集团。当 p 达到某一个临界值 p_c 时,在整个晶格点阵上开始出现导通的集团。若我们所用的粒子是导电粒子,则当 $p<p_c$ 时,在晶格上加上电压也不会导电,即电导率 $\sigma=0$;但当 $p=p_c$ 时就会突然导电,即 $\sigma\neq0$;随着 p 进一步增大,σ 单调增大。通常,把 $p=p_c$ 时所产生的这种突变现象叫做渗流相变,p_c 叫做渗流临界值。在渗流相变中,p 中起到热力学相变中温度的作用。渗流相变的本质是属于连接性的突变,它是几何相变。由于它在无序介质研究中是一个很重要的理论模型,有着广泛的应用。

若在渗流结构中某一集团上取某一占有格点为原点,则可把渗流集团的相关函数 $c_2(r)$定义距此原点 r 的格点处于同一集团内的几率。通常,相关函数 $c_2(r)$ 随着距离 r 增大而减少,并且满足如下的指数衰减律:

$$c_2(r) \propto e^{-r/\xi_p} \tag{6.13}$$

其中，ξ_p 称为渗流集团的相关长度，它是 $c_2(r)$下降到 1/e 时的距离，它是渗流结构的特征长度。在临界点 p_c 附近，ξ_p 满足如下的标度关系：

$$\xi_p \propto |p - p_c|^{-\nu} \tag{6.14}$$

其中 ν 是临界指数。由(6.14)式可以看到，随着 p 增大，ξ_p 迅速增大，当 $p = p_c$ 时，ξ_p 变成无穷大，也就是说，对于渗流导通集团的特征长度无穷大。在这种渗流集团中，无论使用多大的测量尺度 L，都有 $L \ll \xi_p$，则所测量的结构与测量尺度的大小无关。因此，渗流导通集团具有标度不变性，称它为分形渗流结构。事实上，当 p 取 p_c 附近的数值时，尽管 ξ_p 为有限值，但仍可具有很大的值。若所考虑的动力学过程的特征长度，比如扩散过程的特征长度$\langle Y^2(t)\rangle^{1/2}$，比 ξ_p 小很多时，这些大的渗流集团的结构也可用分形几何描述。

若用 N_∞ 表示渗流导通集团上占有格点的数目，则导通集团的占有几率 p_∞ 定义为

$$p_\infty = \frac{N_\infty}{N} \tag{6.15}$$

在渗流相变中，p_∞ 起到序参量的作用，当 $p < p_c$ 时，$p_\infty = 0$；当 $p = p_c$ 时，$p_\infty \neq 0$；当 $p > p_c$ 时，p_∞ 单调增大。在渗流相变临界点附近，p_∞ 满足如下的标度关系：

$$p_\infty \propto (p - p_c)^{\beta} \tag{6.16}$$

其中，β 是临界指数。在 $p < p_c$ 时，在渗流结构中存在有许多大小不同的有限尺寸的集团。若用 $p_s(p)$表示在 p 时集团大小为 s 的占有几率，则这些有限集团尺寸大小的平均值 S_{av}定义为

$$S_{av} = \frac{\sum_s s p_s(p)}{\sum_s p_s(p)} \tag{6.17}$$

在临界点 p_c 附近，S_{av}满足如下的标度关系：

$$S_{av} \propto |p - p_c|^{-\gamma} \tag{6.18}$$

其中 γ 为临界指数，除了上述 ξ_p、p_∞ 和 S_{av} 这些参量外，在描述渗流相变时，还有一个参量 G，它定义为

$$G = \lim_{N\to\infty} \frac{N\text{ 个格点中集团的数目}}{N} \tag{6.19}$$

在临界点 p_c 附近，它满足的标度关系为

$$G \propto |p - p_c|^{2-\alpha} \tag{6.20}$$

其中 α 也是临界指数。需要指出：(6.14)式、(6.16)式、(6.18)式和(6.20)式所表达的标度关系，无论所考虑的晶格点阵具有什么类型，只要欧氏空间维数 d 给定，

这些临界指数 ν、β、γ、α 的数值就确定了。因此，这些标度关系具有普适性。另外，在相变理论中已经证明，这些临界指数之间也满足如下的普适的标度律：

$$\alpha + 2\beta + \gamma = 2 \tag{6.21}$$

$$2\beta + \gamma = \nu d \tag{6.22}$$

其中 d 是欧氏空间维数，(6.21)式和(6.22)式适用于所有维数的空间。

分形渗流结构的分形维数 d_f 的表达式。我们考虑边长 l 的正方体晶格点阵，若用 V 表示渗流导通集团的体积，则有

$$V = p_\infty l^d \propto (p - p_c)^\beta l^d \propto \xi_p^{-\beta/\nu} l^d \tag{6.23}$$

上式可写成如下等式的形式：

$$V(\xi_p, l) = m(l, \xi_p)\xi_p^{-\beta/\nu} l^d \tag{6.24}$$

由于渗流导通集团具有标度不变性，$V(\xi_p, l)$应与特征尺度 ξ_p 无关。为了使(6.24)式不存在对 ξ_p 的依赖性，$m(l, \xi_p)$只能取如下的形式：

$$m(l, \xi_p) \propto \left(\frac{1}{\xi_p}\right)^{\beta/\nu} \tag{6.25}$$

把(6.25)式代入到(6.24)式中，可得

$$V(l) \propto \left(\frac{1}{\xi_p}\right)^{-\beta/\nu} \xi_p^{-\beta/\nu} l^d = l^{d-\beta/\nu} \tag{6.26}$$

另外，由于导通集团是分形结构，$V(l)$应满足如下标度关系：

$$V(l) \propto l^{d_f} \tag{6.27}$$

从(6.26)式和(6.27)式，可得到分形渗流结构分形维数 d_f 的具体表达式为

$$d_f = d - \frac{\beta}{\nu} \tag{6.28}$$

利用(6.21)式和(6.22)式的标度律，也可把(6.28)式表达为其他的等价形式。

分形渗流结构的扩散系数。分形结构中的扩散过程可利用随机行走模型进行研究。在简单的随机行走模型中，随机行走的每一步是从晶格点阵上一个格位跳跃到最近邻的格位，并且跳跃到所有最近邻格位上的几率是相等的。通常把每一步的时间取为单位时间，因此，随机行走的步数 N 与所需要的时间 t，在数值上是相等的。研究表明，在分形结构中随机行走的路径所构成的复杂曲域与布朗运动一样，具有标度不变性。若用 d_w 表示分形结构中随机行走路径的分形维数，则有

$$t \propto R^{d_w} \tag{6.29}$$

其中，$R = \langle r^2(t) \rangle^{1/2}$。若用 σ、n 和 D 分别表示分形结构中的直流电导率、载流子密度和扩散系数，则它们之间满足如下的爱因斯坦关系式：

$$\sigma = \frac{e^2 n}{K_B T} D \tag{6.30}$$

一般来说,扩散系数可表达为

$$D = \langle r^2(t) \rangle / t \tag{6.31}$$

在分形结构中,载流子密度 n 与基质密度相关,具有相同的标度关系,即

$$n(r) \propto r^{d_f - d} \tag{6.32}$$

在渗流结构的临界点 p_c 附近,电导率 σ 满足如下标度关系:

$$\sigma \propto | p - p_c |^{\mu} \tag{6.33}$$

其中 μ 是临界指数。把(6.14)式代入到(6.33)式中,可得

$$\sigma \propto \xi_p^{-\mu/\nu} \tag{6.34}$$

把(6.31)式、(6.32)式和(6.34)式代入到(6.30)式中,可得

$$t \propto R^{2-d+d_f+\frac{\mu}{\nu}} \tag{6.35}$$

对比(6.29)式和(6.35)式,则得到

$$d_w = 2 - d + d_f + \frac{\mu}{\nu} = 2 + \theta \tag{6.36}$$

$$\theta = \frac{\mu - \beta}{\nu} \tag{6.37}$$

而扩散系数 D 可表达为

$$D(R) = D_0 R^{-\theta} \tag{6.38}$$

分形子维数 d_f 的表达式。若用 $p(0,t)$表示在任何晶格点阵中粒子随机行走 t 时间以后返回原点的几率 ,已经证明[124]:振动态密度 $N(\omega)$与 $p(0,t)$之间存在有如下的关系:

$$p(0,t) = \int_0^{\infty} N(\omega) \exp(-\omega t) \mathrm{d}\omega \tag{6.39}$$

由于 $p(0,t)$与 t 时间内随机扩散的体积 V 成反比,即

$$p(0,t) \propto \frac{1}{V} \tag{6.40}$$

在分形结构中 V 与分形维数 d_f 之间满足如下标度关系:

$$V \propto R^{d_f} \tag{6.41}$$

则有

$$p(0,t) \propto R^{d_f} \tag{6.42}$$

把(6.29)式代入到(6.42)式中,可得

$$p(0,t) \propto t^{-d_f/d_w} \tag{6.43}$$

把(6.43)式代入到(6.39)式中,可得到分形结构上振动态密度为

$$N(\omega) \propto \omega^{\frac{2d_f}{d_w}-1} \tag{6.44}$$

对比(6.11)式和(6.44)式,可得到分形子维数 d_s 的表达式为

$$d_s = \frac{2d_f}{d_w} = \frac{2d_f}{2+\theta} = \frac{2d_f}{2+\dfrac{\mu-\beta}{\nu}} \tag{6.45}$$

由于 d_f 是描述分形结构的几何参量,而 d_s 和 d_w 是描述分形结构中振动和扩散动力学过程的参量,因此(6.45)式反映了分形结构的静态性质和动态性质之间的相互关系,它是分形结构动力学理论中一个非常重要的关系式。

在 Alexander 和 Orbach 所提出来的分形子理论中,除了引入分形子维数 d_s 来描述分形子态密度的特性外,也提出了分形子波函数具有强局域性质。分形子波函数具有如下的形式:

$$\psi(r) = cr^{-(d-d_f)/2} l(\omega)^{-d_f/2} \exp\left[-\frac{1}{2}\left(\frac{r}{l(\omega)}\right)^{d_\varphi}\right] \tag{6.46}$$

其中 $d_\varphi \leqslant 1$ 的常数,称为超局域指数,$l(\omega)$是分形子的局域长度,可表达为

$$l(\omega) \propto \omega^{-2/(2+\theta)} = \omega^{-d_s/d_f} \tag{6.47}$$

它是分形结构中振动态的特征长度。基于分形渗流结构中的两种特征尺度 ξ_p 和 $l(\omega)$的相对大小,他们也提出了声子到分形子渡越的概念:当 $l(\omega) > \xi_p$ 时,分形渗流结构中振动元激发是声子;当 $l(\omega) < \xi_p$ 时,分形渗流结构中振动元激发是分形子;当 $l(\omega) = \xi_p$ 时,发生声子到分形子的转变。由(6.47)式可得到渡越频率 ω_c 为

$$\omega_c = \xi_p^{-d_f/d_s} \tag{6.48}$$

需要指出,除本书中将进一步介绍分形子理论在反应扩散动力学中的应用以外,此理论已在研究无序结构中各种输运性质时也得到了重要的应用[125~129]。

6.3 分形结构的扩散方程

现在,我们介绍分形结构扩散方程的几种主要形式。

1. 分形结构 O-P 扩散方程

在研究任何介质中扩散问题时,扩散几率密度都是一个非常重要的物理量。扩散几率密度 $p(r,t)$定义为:粒子在 $t=0$ 时从原点 $r=0$ 出发,随机行走 t 时间以后,在空间 r 位置发现它的几率。在 d 维欧氏空间中,扩散几率密度 $p(r,t)$所

满足的扩散方程具有如下形式：

$$\frac{\partial p(r,t)}{\partial t} = \frac{D}{r^{d-1}} \frac{\partial}{\partial r}\left(r^{d-1} \frac{\partial p(r,t)}{\partial r} \right) \tag{6.49}$$

其中，D 是扩散系数。

O'shaughnessy 和 Procaccia 以分形结构上反常扩散性质为基础，首次导出了分形结构的扩散方程[113]。若用 $M(r,t)$ 表示时刻 t，在 r 到 $r+dr$ 之间的球壳中的扩散几率。球心可取在分形结构的某一点上，用 $J(r,t)$ 表示总的径向几率流，则几率守恒的连续性方程可写为

$$\frac{\partial M(r,t)}{\partial t} = -\frac{\partial J(r,t)}{\partial r} \tag{6.50}$$

对于分形结构而言，可把 $M(r,t)$ 写为如下的标度形式：

$$M(r,t) \propto r^{d_f - 1} p(r,t) \tag{6.51}$$

根据 Fick 定律，在 d 维欧氏空间中，$J(r,t)$ 与 $p(r,t)$ 之间满足如下关系式：

$$J(r,t) = -D r^{d-1} \frac{\partial p(r,t)}{\partial r} \tag{6.52}$$

他们把(6.52)式中的扩散系数 D 用分形结构的扩散系数 $D(r)$ 替换，空间维数 d 用分形维数 d_f 替换，从而给出了分形结构中 $J(r,t)$ 与 $p(r,t)$ 之间的类似的关系式：

$$J(r,t) = -D(r) r^{d_f - 1} \frac{\partial p(r,t)}{\partial r} \tag{6.53}$$

把(6.51)式和(6.53)式代入到(6.50)式中，可得到分形结构的扩散方程为

$$\frac{\partial p(r,t)}{\partial t} = \frac{1}{r^{d_f - 1}} \frac{\partial}{\partial r}\left[D(r) r^{d_f - 1} \frac{\partial p(r,t)}{\partial r} \right] \tag{6.54}$$

显然，方程(6.54)是对(6.49)方程的推广。在分形渗流结构中，由(6.38)式可知，扩散系数 $D(r)$ 具有如下的标度形式：

$$D(r) = D_0 r^{-\theta} \tag{6.55}$$

在这种分形结构中，可把(6.54)方程写为如下的形式：

$$\frac{\partial p(r,t)}{\partial t} = \frac{D_0}{r^{d_f - 1}} \frac{\partial}{\partial r}\left[r^{d_f - 1} - \theta \frac{\partial p(r,t)}{\partial r} \right] \tag{6.56}$$

Hentschel 等人[130]已经得到了分形结构扩散方程(6.56)的精确解：

$$p(r,t) = \frac{2+\theta}{d\Gamma(d/(2+\theta))} \left[\frac{1}{D_0 (2+\theta)^2 t} \right]^{\frac{d_f}{2+\theta}} \exp\left[-\frac{r^{2+\theta}}{D_0 (2+\theta)^2 t} \right] \tag{6.57}$$

其中使用了归一化条件：

$$\int_0^{\infty} d_f r^{d_f - 1} p(r,t) \mathrm{d}r = 1 \tag{6.58}$$

利用(6.57)式,可得到

$$R^2 = \langle r^2(t) \rangle = \int r^2 p(r,t)\mathrm{d}r$$

$$= [D_0(2+\theta)^2 t]^{\frac{2}{2+\theta}} \Gamma\left(\frac{d_f+2}{2+\theta}\right) \Big/ \Gamma\left(\frac{d_f}{d+\theta}\right) \propto t^{\frac{2}{2+\theta}} = t^{2/d_w} \tag{6.59}$$

这个结果与(6.29)式完全一致。利用(6.57)式,也可得到

$$p(0,t) \propto t^{-d_f/(2+\theta)} = t^{-d_s/2} \tag{6.60}$$

另外,从(6.43)式和(6.45)式也可得到与(6.60)式完全一致的结果。从(6.57)式所得到的 $p(r,t)$的标度形式为

$$p(r,t) \propto t^{d_f/(2+\theta)} \exp\left(-\frac{rd_w}{d_f d_w^2}\right) = \frac{1}{t^{d_s/2}} \exp\left[-\left(\frac{1}{d_f d_w^2}\right)\frac{r^{d_w}}{t}\right] \tag{6.61}$$

利用计算机模拟方法所得的 $p(r,t)$标度形式长:

$$p(r,t) \propto \frac{r^{d_f-1}}{t^{d_s/2}} \exp\left[-a\left(\frac{r}{t^{1/d_w}}\right)^{\alpha}\right] \tag{6.62}$$

其中

$$\alpha = \frac{d_w}{d_w - 1} \tag{6.63}$$

显然,(6.61)式与(6.62)式并不一致。由这些结果可以看到:方程(6.54)和(6.56)基本上反映了分形结构的扩散性质,但是并不完善。

2. 分形结构扩散方程的分数微分方程形式[114~116]

如上所述,O-P 扩散方程是在欧氏空间扩散方程的基础上,引入 $D \to D(r)$和 $d \to d_f$ 的标度性质的修正,而导出的分形结构扩散方程的近似形式,这个结果与计算机模拟结果 $a = \dfrac{d_w}{d_w - 1}$不相符合。因此,需要探求比较精确且更具普遍性的分形结构扩散方程形式。Giona 和 Roman 在分数微积分理论基础上,所导出来的分形结构扩散方程的分数微积分方程形式,开拓了研究分形结构中扩散动力学的新途径。在他们的工作中,使用了分数微积分的如下一些性质:

(1) 函数 $f(x)$的 q 阶分数导数定义为

$$\frac{\mathrm{d}^q f(x)}{\mathrm{d}x^q} = \frac{1}{\Gamma(1-q)} \frac{\mathrm{d}}{\mathrm{d}x} \int_0^x \frac{f(y)}{(x-y)^q} \mathrm{d}y \tag{6.64}$$

其中 $\Gamma(1-q)$是伽马函数。

(2) 对于给定的函数 $F(t)$,所实行的如下的积分变换叫做拉普拉斯变换:

$$f(s) = \int_0^{\infty} \mathrm{e}^{-st} F(t)\mathrm{d}t \tag{6.65}$$

其中 s 叫做谱参量,对于不同的问题它具有不同的意义,也可把(6.65)式简写为

$$f(s) = LF(t) \tag{6.66}$$

q 阶分数导数的拉普拉斯变换具有如下的性质：

$$L\left[\frac{\mathrm{d}^q f(x)}{\mathrm{d}x^q}\right] = s^q L f(x) \tag{6.67}$$

若取 $d=1$,则欧氏空间扩散方程(6.49)可简化为

$$\frac{\partial p(r,t)}{\partial t} = D\frac{\partial^2 p(r,t)}{\partial r^2} \tag{6.68}$$

此方程的解具有如下的标度形式：

$$p(r,t) \propto t^{-\frac{1}{2}} \exp\left[-c\left(\frac{r}{R}\right)^2\right] \tag{6.69}$$

$$R^2 = \langle r^2(t) \rangle = Dt \tag{6.70}$$

若用 $p(r,s)$表示 $p(r,t)$的拉普拉斯变换,则有

$$p(r,s) = \int_0^\infty \exp(-st)p(r,t)\mathrm{d}t = \frac{1}{\sqrt{DS}}\exp\left(-r\sqrt{\frac{S}{D}}\right) \tag{6.71}$$

当 $d=1$ 时,(6.54)式简化为

$$J(r,t) = -D\frac{\partial p(r,t)}{\partial r} \tag{6.72}$$

用 $J(r,s)$表示 $J(r,t)$的拉普拉斯变换,由(6.70)式和(6.71)式不难得到

$$J(r,s) = \sqrt{SD}p(r,s) \tag{6.73}$$

另外,由(6.67)式可得到

$$L\left[\frac{\partial^{1/2} p(r,t)}{\partial t^{1/2}}\right] = s^{1/2} p(r,s) \tag{6.74}$$

把(6.74)式代入到(6.73)式中,并考虑到 $J(r,s) = LJ(r,t)$,可得到

$$J(r,t) = \sqrt{D}\frac{\partial^{1/2} p(r,t)}{\partial t^{1/2}} \tag{6.75}$$

由(6.72)式和(6.75)式就可得到 $d=1$ 维欧氏空间扩散方程的分数微分方程的表达形式为

$$\frac{\partial^{1/2} p(r,t)}{\partial t^{1/2}} = -\sqrt{D}\frac{\partial p(r,t)}{\partial r} \tag{6.76}$$

此式与(6.68)式是完全等价地。同理,可得到 $d \neq 1$ 时,欧氏空间扩散方程的分数微分方程的表达形式为

$$\frac{\partial^{1/2} p(r,t)}{\partial^{1/2}} = -\sqrt{D}\left(\frac{\partial}{\partial r} + \frac{d-1}{\partial r}\right)p(r,t) \tag{6.77}$$

为了把欧氏空间的分数扩散方程(6.77)直接推广到分形结构中,在(6.77)式中用

$1/d_w$ 代替 $1/2$，用 d_f 代替 d，用分形结构的 $D(r)$ 代替 D，即可得到分形结构扩散方程的分数微分方程形式为

$$\frac{\partial^{1/d_w} p(r,t)}{\partial t^{1/d_w}} = A\left(\frac{\partial}{\partial r} + \frac{d_f - 1}{2r}\right)p(r,t) \tag{6.78}$$

此方程的时间渐近解为

$$p(r,t) \propto \frac{1}{t^{d_f/d_w}}\left(\frac{r}{R}\right)^{\alpha} \exp\left[-c\left(\frac{r}{R}\right)^{d_w}\right] \tag{6.79}$$

$$(r/R \gg 1)$$

其中 $K = \dfrac{d_s - 1}{2} > 0$。

3. 分形结构非线性扩散方程[117~118]

最近，Pascal 和 Stephenson 对分形结构中非线性扩散方程进行了研究。分形结构中扩散过程的非线性模型的基础是：流和浓度梯度之间非线性关系；扩散系数对于浓度的依赖关系；分形结构中反常扩散系数 $D(r)$，即(6.38)式。在此基础上，建立了分形结构非线性扩散的本构方程：

$$J = -D_0 r^{-\theta} C(r,t)^m \left|\frac{\partial C(r,t)}{\partial r}\right|^{n-1} \frac{\partial C(r,t)}{\partial r} \tag{6.80}$$

其中，J 是扩散流，$C(r,t)$是浓度，m 和 n 是参量，θ 可表示为如下形式：

$$\theta = d_f + a^* - 2 \tag{6.81}$$

$$a^* = 2 - s + \frac{\mu}{v} \tag{6.82}$$

对于 d 维欧氏空间，存在分子吸附过程的情况下，质量守恒方程为

$$\frac{1}{r^{d-1}}\frac{\partial}{\partial r}(r^{d-1}J) = -\left(\frac{\partial C(r,t)}{\partial t} + bC(r,t)\right) \tag{6.83}$$

其中 $bC(r,t)$项是表达吸附过程的效应。把(6.80)式代入到方程(6.83)中，得到分形结构中非线性扩散方程的形式为

$$\frac{1}{r^{d_f-1}}\frac{\partial}{\partial r}\left[r^{1-a^*} C(r,t)^m \left(-\frac{\partial C(r,t)}{\partial r}\right)^n\right] = -\frac{1}{D_0}\left(\frac{\partial C(r,t)}{\partial t} + bC(r,t)\right) \tag{6.84}$$

其中，由于 $C(r,t)$ 是径向距离 r 的单调下降函数，可取 $\left|\dfrac{\partial C(r,t)}{\partial t}\right| = -\dfrac{\partial C(r,t)}{\partial r}$。

通过对(6.84)方程的求解，可得到如下结果：浓度分布 $C(r,t)$不但依赖于分形结构的参数 d_f 和 a^*，而且也依赖于非线性模型的参数 m 和 n；存在有扩散波，

而且吸附过程可导致扩散波前的空间局域效应。

6.4 分形结构的扩散控制反应速率

从本质上分析，影响反应速率的因素来自两个方面：内禀反应速率和分子的扩散速率。当内禀反应速率比分子扩散速率大很多时，扩散就成为控制反应过程的主导因素，通常称为扩散控制反应。Smoluchowski[131~132]最早研究了扩散对反应速率的效应，从而奠定了扩散控制反应的经典理论。在 Smoluchowski 的最初工作中，所研究的对象是均匀的液相双分子反应系统：

$$A + B \longrightarrow \text{产物}$$

并且 A 分子取较低的浓度。在稳定反应时，由于反应物分子连续加入到溶液中，以维持浓度固定不变，从而 A 分子可看成起到 B 运动的陷阱的作用，也就是说，当 B 分子扩散到与 A 分子相接触时，反应就立即发生。由此可见，B 分子的浓度随时间减少的速率取决于 B 分子向 A 分子扩散的动力学过程。若用 D_A 和 D_B 分别表示 A 分子和 B 分子的扩散系数，$D = D_A + D_B$ 表示 A 和 B 分子相对扩散系数，他得到扩散控制反应速率系数 K_D 为

$$K_D = 4\pi DR \tag{6.85}$$

其中 R 表示三维空间中 A 和 B 分子相互接近到能够发生反应时的临界半径。此式表明：在三维空间中，扩散控制反应速率系数 K_D 与相对扩散系数 D 成线性关系，而 K_D 是与时间无关的常数。

近年来，Kopelman 等人[119]利用计算机模拟方法、实验方法和理论分析方法，对分形结构中扩散控制反应速率的特性进行了大量研究。他们发现，在分形结构中由于其反常的扩散性质，导致其扩散控制反应速率系数具有如下的形式：

$$K(t) = K_0 t^{-h} \tag{6.86}$$

$$h = 1 - \frac{d_s}{2} \tag{6.87}$$

其中，K_0 是与时间无关的常数。在分形结构中，由于分形子维数 $d_s < 2$，则有 $h > 0$，例如，对分形渗流结构，取 $d_s = 4/3$，则有 $h = 1/3$。(6.86)式表明：在分形结构中，扩散控制反应速率系数不再是与时间无关的常数，而表现出随时间而变化的反

常行为，而且随着时间变化的指数 h 取决于分形子维数 d_s。

从(8.86)式可以导出分形结构扩散控制反应速率过程中的两个新的特性：记忆效应和分数反应级数。

1. 记忆效应

设想同一反应 $A+A \longrightarrow A_2$，分别在如下两个反应器中进行，它们具有相同的分形结构，但有不同的反应状态，在反应器Ⅰ中，反应进行到 $t=16$ 秒时的瞬时浓度为[A]，在反应器Ⅱ中，反应进行到 $t=1$ s 时也达到了同样的瞬时浓度[A]。除此之外，两个反应器的温度、压力等势力学条件是完全相同的。按着欧氏空间经典反应动力学，由于两者具有相同的浓度和热力学条件，应有相同的反应速率。但是，按着(6.86)式可以导出两者具有不同的反应速率，例如取 $h=1/2$，反应器Ⅰ的反应速率 $K_1=K_0(16)^{-\frac{1}{2}}=K_0/4$，而反应器Ⅱ的反应速率 $K_{\text{Ⅱ}}=K_0(1)^{-\frac{1}{2}}=K_0$，也就是说，当两个反应器达到相同的瞬时浓度[$A$]时，反应器Ⅱ的反应速率比反应器Ⅰ大 4 倍。显然，这个结论与经典反应动力学理论不符合。

实际上，在两个反应器达到相同的瞬时浓度时，它们所经历的反应时间长短是不同的，而且有着不同的初始浓度，即前者的初始浓度大于后者，或者说，它们具有不同的反应“历史”。这种现象表明：分形结构中反应系统的历史对其动力学是有影响的。可称这种效应为分形结构中反应动力学的记忆效应。如何理解这种记忆效应的本质呢？要发生双分子反应，两个反应分子必须接近到一定的距离 R 时，才可能“成对”而发生反应。在每一反应瞬时，反应系统中反应分子“成对”的几率 p_r 可作为瞬时反应能力的一种判据。因此，具有相同分子数目，但在两个反应器中具有不同的空间分布方式时，其“成对”的几率可以是不同的。在欧氏空间中，反应分布是均匀的。但在分形结构中，反应分子的扩散过程是受限制的扩散过程，反应分子在空间的分布是非均匀的。由此可见，记忆效应是起源于分形结构对反应粒子扩散的空间上的限制。

2. 分数反应级数

利用(6.86)式，可把 $A+A \longrightarrow$ 产物的简单双分子反应速率方程写为如下形式：

$$\frac{\mathrm{d}\rho(t)}{\mathrm{d}t}=-K(t)\rho^2(t) \tag{6.88}$$

在欧氏空间中，由于 $K(t)=K_0=$ 常数，则(6.88)式可简化为

$$\frac{\mathrm{d}\rho(t)}{\mathrm{d}t}=-K_0\rho^2(t) \tag{6.89}$$

按照反应级数的定义，它是二级反应。在分形结构中，把(6.86)式代入到(6.88)方程中，则有

$$\frac{d\rho(t)}{dt} = -K_0 t^{-h} \rho^2(t) \tag{6.90}$$

$$h = 1 - f, \quad f = \frac{d_s}{2} \tag{6.91}$$

对于 $\rho(t=0)=\rho_0$ 的起始条件，从方程(6.90)不难得到它的稳态解为

$$\rho^{-1}(t) - \rho_0^{-1} = K_0 f^{-1} t^f \tag{6.92}$$

或者把它写为

$$t = (K_0^{-1} f)^{1/f} (\rho(t))^{-1/f} \tag{6.93}$$

把(6.93)式代入到方程(6.90)中，可得

$$\frac{d\rho(t)}{dt} = -K(f)\rho^x \tag{6.94}$$

$$K(f) = K_0^{1/f} f^{1-1/f} \tag{6.95}$$

$$x = 1 + f^{-1} = 2 + \frac{2}{d_s} \tag{6.96}$$

可称 x 为分形结构中有效反应级数。由于在分形结构中 $d_s<2$，由(6.96)式可得 $x>2$。例如，对于分形渗流结构，若取 $d_s=4/3$，则有 $x=2.5$；对于 Sierpinski 地毯，$d_s=1.36$，则有 $x=2.45$。由此可见，在分形结构中双分子反应的级数不再等于 2，而是比 2 大的分数值，从而在分形结构的反应速率方程中出现分数反应级数的新的特性。

6.5 分形结构简单反应的反应扩散方程

目前对于分形结构上的反应扩散动力学规律的研究，都是在简单的一级和二级反应模式中进行的。除了在 6.4 节中所述的 Kopelman 等人的工作外，Giona[120]利用反应扩散方程的方法，深入研究了分形结构中一级反应扩散动力学的规律性. 在他的工作中，反应粒子的扩散方程是采用O-P扩散方程(6.54)。分形结构中一级反应速率系数 $K(r)$ 是空间坐标 r 的函数，它应正比于每单位时间与反应中心碰撞的几率。若用 τ_r 表示分形结构的特征反应时间，则有

$$K(r) \propto \frac{1}{\tau_r} \tag{6.97}$$

对于扩散控制反应(缩写为DLK)而言,特征反应时间 τ_r 应正比于扩散的特征时间 τ_d,即

$$\tau_r \propto \tau_d \tag{6.98}$$

据此,他提出:在分形结构中,反应速率系数 $K(r)$ 与扩散系数 $D(r)$ 在空间坐标 r 上的分布,具有相同的标度律,即取

$$K(r) = K_0 r^{-\theta} \tag{6.99}$$

同时,他也指出:当反应中心非常稀疏时,可采用上述扩散控制反应模型,否则反应速率系数 $K(r)$ 是依赖于反应中心的密度 $\rho(r)$,即

$$K(r) \propto \rho(r) \propto r^d f^{-d} = r^{-\gamma} \tag{6.100}$$

$$\gamma = d - d_f \tag{6.101}$$

这相当于假设反应中心是均匀的分布在分形结构中。他把这种反应模型称为均匀分形反应动力学(缩写UFK)。

1. DLK反应模型的一级反应扩散方程

由(6.54)方程和(6.99)式,可得到DLK反应模型的一级反应扩散方程的形式为

$$\frac{\partial c(r,t)}{\partial t} = \frac{D_0}{r^\eta}\frac{\partial}{\partial r}\left(r^\nu \frac{\partial c(r,t)}{\partial t}\right) - K_0 r^{-\theta} \tag{6.102}$$

$$\eta = d_f - 1 \tag{6.103}$$

$$\nu = d_f - 1 - \theta \tag{6.104}$$

其中 $c(r,t)$ 是反应物浓度,在稳态反应时,方程(6.102)可简化为

$$\frac{d}{dr}\left[r^\nu \frac{dc(r)}{dr}\right] - \lambda^2 r^\nu c(r) = 0 \tag{6.105}$$

$$\lambda = \sqrt{\frac{K_0}{D_0}} \tag{6.106}$$

在 $r \in [0, R]$、$R < \infty$ 的有限分形结构中,对于(6.105)方程而言,边界条件是

$$c(r,t)\big|_{r=R} = c_s = \text{常数} \tag{6.107}$$

$$\left|\frac{dc(r)}{dr}\right|_{r=0} = 0 \tag{6.108}$$

方程(6.105)满足这两个边界条件的解为

$$c(r) = c_s\left(\frac{K}{r}\right)^\omega \frac{I_\omega\left(\sqrt{\frac{K_0}{D_0}}\, r\right)}{I_\omega\left(\sqrt{\frac{K_0}{D_0}}\, R\right)} \tag{6.109}$$

其中，I_ω 是贝塞尔函数。当 $d_f = d$ 为整数时，$\theta = 0$，(6.109)式归结为欧氏空间的解，例如当 $d_f = d = 1$ 时，(6.109)归结为

$$c(r) = c_s\left(\frac{r}{R}\right)^{1/2}\frac{I_{-1/2}\left(\sqrt{\frac{K_0}{D_0}}r\right)}{I_{-1/2}\left(\sqrt{\frac{K_0}{D_0}}R\right)} = c_s\left(\frac{r}{R}\right)^{1/2}\frac{\mathrm{ch}\left(\sqrt{\frac{K_0}{D_0}}r\right)}{\mathrm{ch}\left(\sqrt{\frac{K_0}{D_0}}R\right)} \tag{6.110}$$

在 $r\in[0,R]$，$R\to\infty$ 的无限扩展的分形结构中，边界条件是

$$\int_0^\infty r^{d_f-1}c(r)\mathrm{d}r < \infty \tag{6.111}$$

方程(6.105)满足这个边界条件的解为

$$c(r) = Ar^{-\omega}K_\omega\left(\sqrt{\frac{K_0}{D_0}}r\right) \tag{6.112}$$

其中，K_ω 是修正的贝塞尔函数，系数 A 为

$$A = \frac{c_T}{\int_0^\infty r^{d_f-\omega}K_\omega\left(\sqrt{\frac{K_0}{D_0}}r\right)\mathrm{d}r} \tag{6.113}$$

c_T 是分形结构中反应物质的总量。

从(6.109)式可以得到分形结构一级反应扩散方程的稳态解，具有如下的主要特性：

(1) 分形结构中浓度分布规律

从(6.109)式进行数值计算，可以得到 $c^*(r^*)$ 浓度分布与 d_f、θ 和 φ 之间的定量关系，其中，$c^*(r^*) = c(r^*)/c_s$ 为归一化浓度，$r^* = r/r$，$\varphi = \left(\sqrt{\frac{K_0}{D_0}r}\right)R$。图6.3给出了 $c^*(r^*)$ 分布与分形维数 d_f 之间的关系曲线，其中不同曲线相应于 d_f 取不同的值，图中 θ 和 φ 的值是唯一给定的，$\theta = 0.58$，$\varphi = 1.44$。由此图可以看到：随着 d_f 减少，$c^*(r^*)$ 逐渐降低。在图6.4中给出了对于给定的 $d_f = 2.5$，$\varphi =$

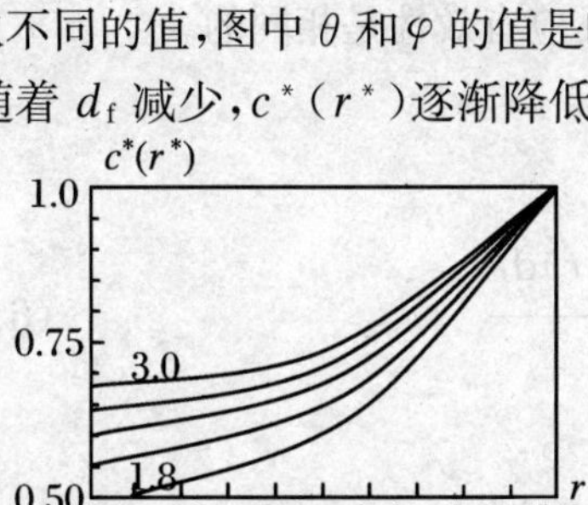

图6.3　d_f 取不同值的 $c^*(r^*)$ 分布

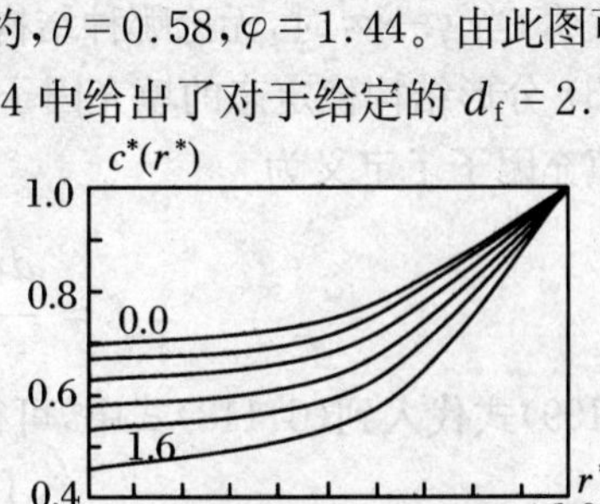

图6.4　θ 取不同值的 $c^*(r^*)$ 分布

1.44 时，$c^*(r^*)$分布与 θ 之间的关系曲线，图中不同的曲线相应于不同的 θ 值。由图 6.4 可以看到：随着 θ 增大，相应于分形子维数 d_s 减小，$c^*(r^*)$也逐渐降低。

(2) 分形结构稳定态的有效因子 η_e

为了表征分形结构稳定态的特性，引入有效性因子 η_e 为

$$\eta_e = \frac{d_f\int_0^K r^{d_f-1}K(r)c\mathrm{d}r}{R^{d_f}K(R)c_s} \tag{6.114}$$

把(6.99)式和(6.109)式代入到(6.114)式中，可得

$$\eta_e = \frac{d_f\int_0^1 x^{d_f-\theta-1}I_\omega^*(\varphi x)\mathrm{d}x}{I_\omega^*(\varphi)} \tag{6.115}$$

其中

$$I_\omega^*(y) = y^{-\omega}I_\omega(y) \tag{6.116}$$

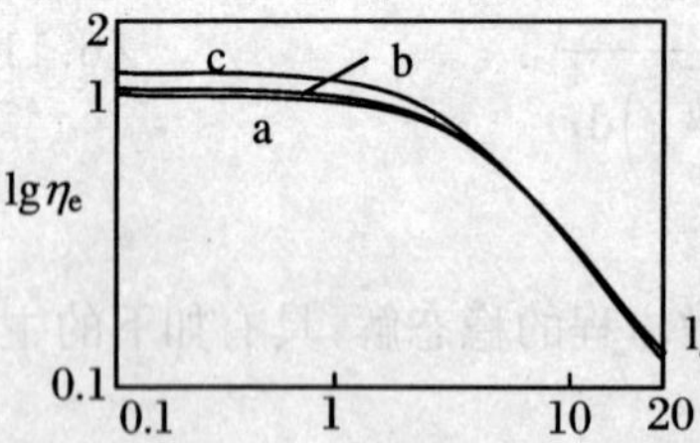

图 6.5 lgη_e-lgφ 的函数关系

图 6.5 给出了 lgη_e-lgφ 之间的函数关系，图中的不同曲线相应于不同的结构；(a) $d_f = d_s = d = 3$；(b) $d_f = 2.7, d_s = 2.5$；(c) $d_f = 2.7, d_s = 2.1$。从图 6.5 可以看到：在 φ 很小时，对于(a)种结构，$\eta_e = 1$，对于(b)和(c)两种结构 $\eta_e > 1$。这表明分形结构比欧代空间结构的反应有效性增大了；具有相同分形维数 d_f 时，d_s 较小者有较大的 η_e 值。当 $\varphi \to \infty$ 时，从(6.115)式可得到：

$$\eta_e \propto \frac{1}{\varphi} \tag{6.117}$$

此式表明：当 $\varphi \to \infty$ 时，无论哪种结构，它们的反应有效性是相同的。

(3) 分形结构稳定态的填充因子 f

填充因子 f 定义为

$$f = \frac{d_f\int_0^R r^{d_f-1}c(r)\mathrm{d}r}{R^{d_f}c_s} \tag{6.118}$$

把(6.109)式代入到(6.118)式中，可得

$$f = \frac{d_f\int_0^1 x^{d_f-1}I_\omega^*(\varphi x)\mathrm{d}x}{I_\omega^*(\varphi)} \tag{6.119}$$

显然，f 是 φ、d_f 和 d_s 的函数。与填充因子 f 相关，定义填充比 r_f 为

$$r_f = \frac{f(\varphi, d_f, d_s)}{f(\varphi, d, d)} \tag{6.120}$$

它是分形结构的填充因子 $f(\varphi, d_f, d_s)$ 与具有相同 φ 值的欧氏空间结构的填充因子 $f(\varphi, d, d)$ 之比。在图6.6中给出了分形结构中 r_f 与 φ 之间的关系曲线，图中的不同曲线相应于 θ 取不同的值。

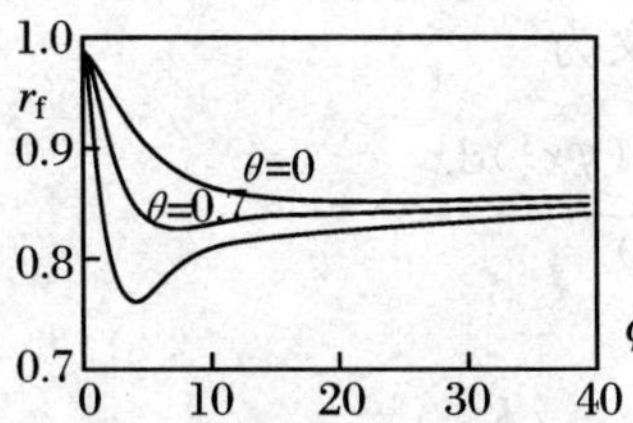

图6.6　θ 取不同值时 r_f-φ 的函数关系

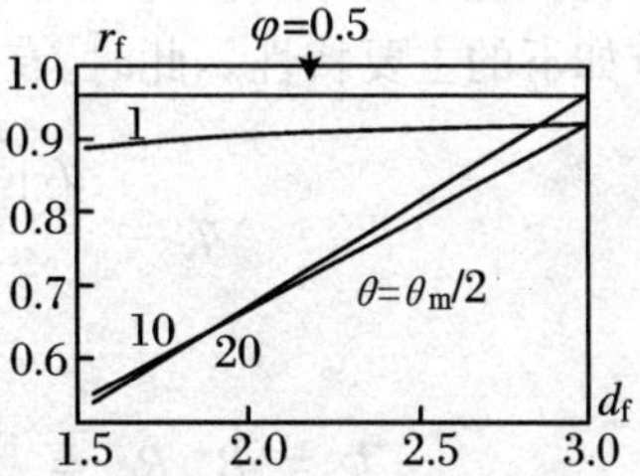

图6.7　φ 取不同值时 r_f-d_f 的函数关系

由此图可以看到：只有 φ 值比较小时，具有不同 θ 值的结构填充比 r_f 才有显著的差别。在图6.7中给出了分形结构中 r_f 与 d_f 之间的关系曲线，图中的不同曲线相应于 φ 取不同值，θ 数值是固定的。由此图可以看到：随着 φ 增大，不同曲线发生相交现象，这表明 r_f 随着 φ 的非单调的变化行为。从图6.6和图6.7也可以看到：r_f 是 d_s 和 d_f 的单调增长的函数。

(4) 分形结构稳定态的搅拌因子 s_f

搅拌因子 s_f 定义为

$$s_f = \frac{f(\varphi, d_f, d_s)}{f(\varphi, d_f, d_f)} \tag{6.121}$$

这里所指的搅拌，不是外部的混合作用，而是指由于分形结构中拓扑约束所产生的非均匀，它相当于非完全搅拌作用。当 $\theta = 0$ 时，即 $d_s = d_f$ 时，按着(6.121)式的定义，$s_f = 1$，相当于完全搅拌的情况。在图6.8中给出了 s_f 随着 φ 而变化的函数关系，此图中的不同的曲线相应于 d_f 取不同的值，而 θ 取固定值。

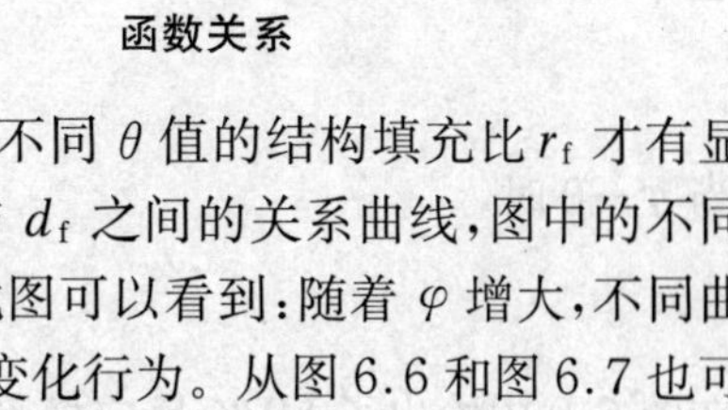

图6.8　d_f 取不同值时 s_f-φ 的函数关系

2. UFK 反应模型的一级反应扩散方程

由方程(6.54)和(6.100)式，可得到 UFK 反应模型的稳态一级反应扩散方程为

$$\frac{D_0}{r^\eta}\frac{\mathrm{d}}{\mathrm{d}r}\left(r^\nu\frac{\mathrm{d}c(r)}{\mathrm{d}r}\right)-K_0r^{-\gamma}c(r)=0 \tag{6.122}$$

此方程满足(6.107)和(6.108)式边界条件的解是

$$c(r)=c_s\left(\frac{r}{R}\right)^{4\delta}\frac{I_{-\psi}(B^*r^\delta)}{I_{-\psi}(B^*R^\delta)} \tag{6.123}$$

其中，$I_{-\psi}$是贝塞尔函数。从(6.123)式可以得到分形结构 UFK 反应模型的稳定态解具有如下的主要特性。此时，有效因子定义为

$$\eta_e=\frac{d_f\int_0^1 x^{d_f-1-r}I^*_{-\psi}(\varphi x^\delta)\mathrm{d}x}{I^*_{-\psi}(\varphi)} \tag{6.124}$$

其中

$$\varphi=B^*R^\delta=\frac{2}{2-\nu+\eta-\gamma}\left(\frac{K_0^*}{D_0}\right)^{1/2}R^\delta \tag{6.125}$$

当 $\varphi\to\infty$时，

$$\eta_e\propto\frac{1}{\varphi} \tag{6.126}$$

当 $\varphi\to 0$ 时，

$$\eta_e\propto\frac{d_f}{2d_f-d} \tag{6.127}$$

在图 6.9 中给出了 UFK 反应模型 $\lg\eta_e$-$\lg\varphi$ 单调变化的关系，图中的不同曲线相应于 d_f 取不同的值。在图 6.10 中给出了 UFK 反应模型的填充因子 r_f-φ 的单调函数，此图中不同曲线相应于 d_f 取不同的值。若引入如下参量：

$$K(\varphi)=\frac{\eta_e}{\eta_{e,\mathrm{Euel}}} \tag{6.128}$$

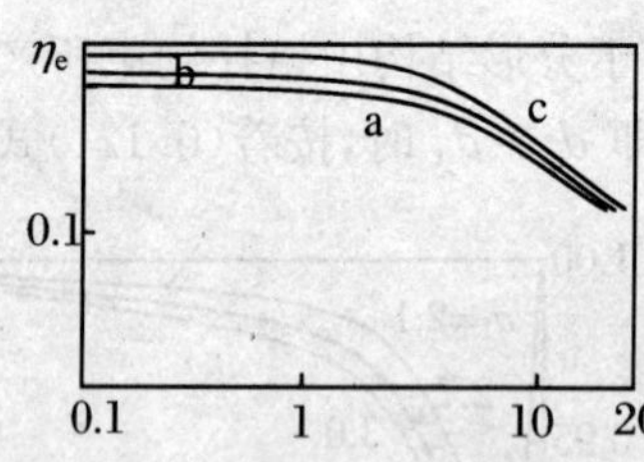

图 6.9　$\lg\eta_e$-$\lg\varphi$ 的函数关系

(a) $d_f=2.9$；(b) $d_f=2.5$；(c) $d_f=2.1$

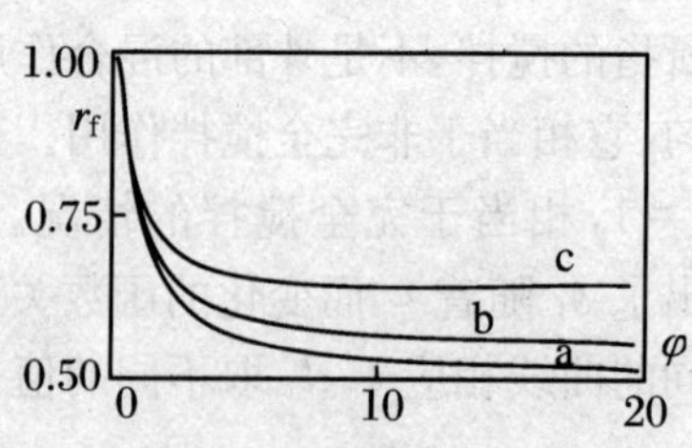

图 6.10　d_f 取不同值时，r_f-ϕ 的函数关系

其中，$\eta_{e,\mathrm{Euel}}$是欧氏空间的有效性因子，则从图 6.11 中可以看到：对于具有相同的 d_f 和 θ 的分形结构而言，DLK 反应模型的 $K(\varphi)$总比 UFK 反应模型的 $K(\varphi)$大，

也就是说，DLK 比 UFK 的有效性高。

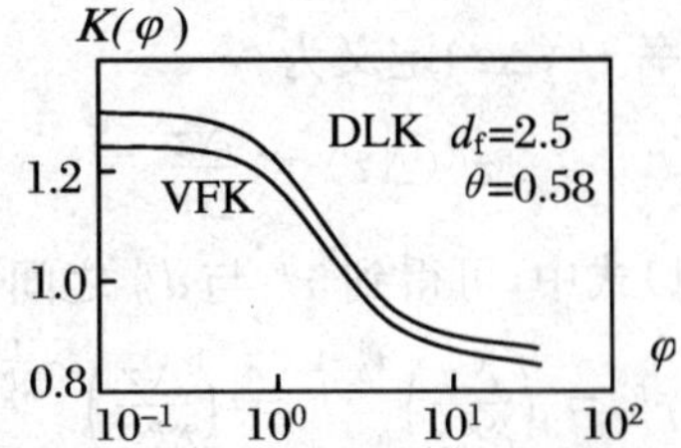

图 6.11　两种反应模型的 $K(\varphi)$-φ 函数关系

6.6　多孔催化剂的分形结构及其反应扩散方程

近年来，Coppens 和 Frment[121～122] 利用分形理论对多孔催化剂的复杂几何结构及其反应扩散方程进行了深入研究。在多孔催化剂的反应系统中，反应分子通过孔通道所形成的网络进行扩散，与孔壁表面发生碰撞，并在这些孔撞壁表面的活性位上发生吸附和反应，同时反应产物分子也要通过孔网络进行扩散。因此，多孔催化剂中孔的形状、孔壁表面的形态和孔网络的结构对其反应扩散动力学过程起着重要作用。

1. 多孔催化剂中孔通道的分形结构

多孔催化剂中孔通道，定义为没有分支的通道，它与孔网络中两个近邻位相连接，孔通道的两端可以都是开口的，也可以是一端开口，一端是封闭的孔端。催化剂中的孔通道多为比较长和窄的介观孔，孔通道的轨线形成弯弯曲曲的复杂曲线，具有分形的特征。若用 d_B^p 表示孔轴分形曲线的分形维数，用 $N(\delta)$ 表示覆盖此分形曲线所需要的尺度 δ 的数目，则有

$$N(\delta) \propto \delta^{-d_B^p} \tag{6.129}$$

需要指出，(6.129)式的标度律只在一个有限标度范围内成立，$\Delta\delta \in [\delta_{\min}^p, \delta_{\max}^p]$。若用 R 和 Ω 分别表示孔通道长度和横截面积，则有：$\delta_{\max}^p \leqslant R$，$\delta_{\min}^p > \sqrt{\Omega}$。若用 Δz 表示分子沿着孔轴分形曲线扩散的一段距离，用 Δr 表示分子在此段距离两端之间自由飞行的距离，则两者存在着如下的非线性关系：

$$\Delta z = \left(\frac{\Delta r}{\delta_{\min}^{p}}\right)^{d_B^p} \delta_{\min}^{p} \tag{6.130}$$

通常把孔通道的局域弯曲率 $\tau^p(\Delta z)$ 定义为

$$\tau^p(\Delta z) = \frac{\Delta z}{\Delta r} \tag{6.131}$$

把(6.130)式代入到(6.131)式中，可得到 τ^p 与 d_B^p 之间的关系为

$$\tau^p = \left(\frac{\Delta r}{\delta_{\min}^{p}}\right)^{d_B^p-1} = \left(\frac{\Delta z}{\delta_{\min}^{p}}\right)^{1-\frac{1}{d_B^p}} \tag{6.132}$$

2. 多孔催化剂中孔壁表面的分形结构

当孔壁表面的复杂几何形态用吸附实验方法表征时，对于有效分子直径 δ_A，在标度范围$[\delta_{\min}^p, \delta_{\max}^p]$中，具有如下的标度关系：

$$N_A \propto (\delta_A)^{-d_{\mathrm{ads}}^s} \tag{6.133}$$

其中，N_A 是单层吸附半径为 δ_A 的分子的摩尔数目，d_{ads}^s 是孔壁表面的吸附分形维数。因为比孔通道直径大的分子不能进入到孔通道之中，所以 $\delta_{\max}^p \leqslant \sqrt{\Omega}$。另外，已经证明[109]，对于任何截面为 Ω 的孔通道的分形周边而言，若用有效分子直径 δ_A 作为尺度进行测量，则边长 $P(\delta_A, \Omega)$ 可表达为

$$P(\delta_A, \Omega) = C_\Omega \Omega^{d_B^s/2} \delta_A^{1-d_B^s} \tag{6.134}$$

其中，d_B^s 是孔通道横截面的分形维数，C_Ω 是常数（例如，对于欧氏圆柱孔 $C_\Omega = 2\sqrt{\pi}$，对于科赫雪花孔 $C_\Omega = 3.781\,6$）。若沿着孔通道的轴线方向把孔壁表面切开并铺展开来，用 Δs 表示轴长为 Δz 的孔壁表面的面积，则从(6.133)式和(6.134)式可导出：

$$\Delta s(\delta_A) = \left(\frac{\delta_A}{\delta_{\max}^{s}}\right)^{2-d_{\mathrm{ads}}^s} P(\delta_{\max}^s, \Omega) c_z \Delta z \tag{6.135}$$

其中 c_z 中近似等于1的因子。若取如下的近似

$$d_{\mathrm{ads}}^2 = d_B^s \tag{6.136}$$

$$d_B^p = d_{\mathrm{ads}}^s - 1 \tag{6.137}$$

并取 $\delta_A = \delta_{\max}^s$，则(6.135)式可简化为

$$\Delta s(\delta_A) = c_\Omega c_z \Omega^{(d_{\mathrm{ads}}^s-1)/2} \delta_A^{2-d_{\mathrm{ads}}^s} \Delta z \tag{6.138}$$

对于欧氏圆柱孔有：$d_{\mathrm{ads}}^s = 2, c_z = 1, c_\Omega = 2\sqrt{\pi}$，则(6.138)式可归结为如下的经典表达式：

$$\Delta s(\delta_A) = 2\sqrt{\pi}\sqrt{\Omega}\Delta Z \tag{6.139}$$

3. 分形孔通道中的扩散定律

在分形孔通道中，用自由飞行距离 Δr 代替孔轴线上的距离 Δz，可把扩散定律

写为如下差分形式：

$$N_A = - D_{eA} \frac{\Delta c_Z}{\Delta r} \tag{6.140}$$

对于双组分 A 和 B 的扩散过程，有效扩散系数 D_{eA} 与孔通道的弯曲度 τ^p 之间存在着如下的关系：

$$\tau^p = \frac{D_{AB}}{D_{eA}} \tag{6.141}$$

把(6.141)式代入到(6.140)式中，可得

$$N_A = - \frac{D_{AB}}{\tau^p} \frac{\Delta c_A}{\Delta r} \tag{6.142}$$

把分形孔通道弯曲度的(6.132)式代入到(6.142)式中，则有

$$N_A = - D_{AB} (\delta^p_{\min})^{d^p_B - 1} \frac{\Delta c_A}{\Delta r d^p_B} \tag{6.143}$$

对于欧氏空间孔通道，$d^p_B = 1$，(6.143)式归结为欧氏空间的扩散定律：

$$N_A = - D_{AB} \frac{\Delta c_A}{\Delta r} \tag{6.144}$$

当距离 Δr 比 $\Delta^p_{\min}$ 小很多时，这种孔通道不具有分形的特征，应遵从(6.144)式的扩散定律。当 Δr 比 $\delta^p_{\max}$ 大很多时，可用 $\tau^p_{\max}$ 代替 τ^p，$\tau^p_{\max}$ 定义为

$$\tau^p_{\max} = c_R \left(\frac{\delta^p_{\max}}{\delta^p_{\min}} \right)^{d^p_B - 1} \tag{6.145}$$

则(6.142)式可写为

$$N_A = - \frac{D_{AB}}{\tau^p_{\max}} \frac{\Delta c_A}{\Delta r} \tag{6.146}$$

多元混合物反应系统的扩散过程遵从如下的扩散定律：

$$N_j = - \frac{1}{\sum\limits_{\substack{K=1 \\ K \neq j}}^{N} \left[\frac{y_K - y_j (N_K / N_j)}{D_{Kj}} + \frac{1}{D_{Kj}} \right]} \cdot \frac{\Delta c_j}{\Delta z} \tag{6.147}$$

一般来说，在光滑圆柱孔通道中，$\Delta c_j / \Delta z$ 有极限值，可用导数表示。但在分形孔通道中，由于分形结构的不规则性，这种极限不一定存在，原则上只能用差分形式，只在一定条件下可用微分形式近似表达。

4. 分形孔通道中的质量守恒方程

如图 6.12 所示，在孔通道的 Δz 区段中，N 个组分 A_j 的气体混合物，通过这个区段进行扩散，并在孔壁上进行 M 个反应，反应过程的质量平衡方程为

$$\sum_{j=1}^{N}\alpha_{ij}A_j = 0 \quad (i = 1,2,\cdots,m) \tag{6.148}$$

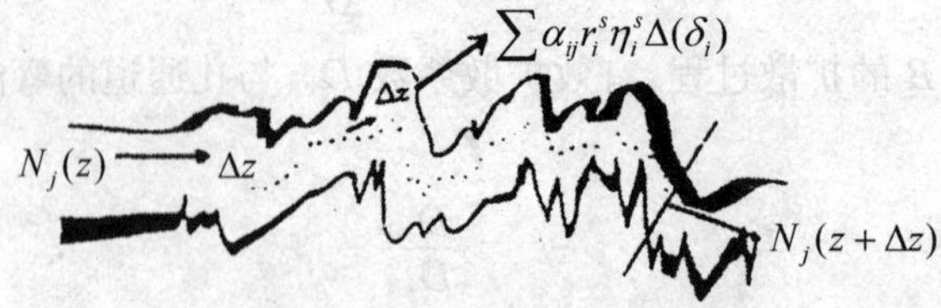

图 6.12　分形孔通道质量平衡示意图

其中 α_{ij} 是第 i 个反应中对 A_j 组分的化学计量系数。在欧氏孔通道中，当孔壁表面是光滑的，活性位是均匀分布时，在 Δz 区段中对第 A_j 组分而言，描述反应和扩散两个过程的质量平衡方程是

$$-\Delta(\Omega N_j) = \sum_{i=1}^{M}\alpha_{ij} r_{a_i}^s(\delta_i)\Delta s_a(\delta_i) \tag{6.149}$$

其中，$r_{a_i}^s(\delta_i)$ 是孔壁上的表现反应速率，$\Delta s(\delta_i)$ 是第 i 个反应的可及表观面积，δ_i 是反应半径。分形孔通道中的表现反应速率 $r_{a_i}^s(\delta_i)$ 可表达为

$$r_{a_i}^s(\delta_i) = r_i\left(\frac{\delta_i}{\delta_{N_2}}\right)^{d_{\mathrm{ads}}^s-2}\frac{\eta^s(\delta_i)}{a_{N_2}} \tag{6.150}$$

其中，r_i 是第 i 个反应速率，a_{N_2} 的 BET 表面积，$\eta^s(\delta_i)$ 是分形表面的有效性因子。表面有效性因子 $\eta^s(\delta)$ 定义为

$$\eta^s(\delta) = \frac{\Delta s_a(\delta)}{\Delta s(\delta)} \tag{6.151}$$

其中，$\Delta s(\delta)$ 是孔壁表面的真实面积，$\Delta s_a(\delta)$ 是实际起作用的表观面积，标度 δ 是分子的有效直径。分形孔通道表观面积 $\Delta s_a(\delta_i')$ 可表达为

$$\Delta s_a(\delta_i') = c_\Omega c_z\sqrt{\Omega}(\delta_i')^{d_{\mathrm{ads}}^s-2}\Delta z \tag{6.152}$$

$$\delta_i' = \frac{\delta_i}{\delta_{\max}} \tag{6.153}$$

把(6.153)式和(6.150)式代到(6.149)方程中，可得到分形孔通道中的质量平衡方程为

$$-\Delta(\Omega N_j) = \frac{c_\Omega c_z\sqrt{\Omega}}{a_{N_2}(\delta_{N_2}')^{d_{\mathrm{ads}}^s-2}}\sum_{i=1}^{M}\alpha_{ij}\eta^s(\delta_i')r_i\Delta z \tag{6.154}$$

原则上，分形孔通道中稳态的反应扩散问题，可由一组质量平衡差分方程(6.154)和扩散差分方程(6.147)，并补充适当的边界条件，而求解出来。但是，在实际应用中，通常都采用微分方程的形式，也就是说，把(6.154)方程和(6.147)方

程分别写为如下微分方程的形式：

$$-\frac{\mathrm{d}N_j}{\mathrm{d}z}=\frac{c_\Omega c_z}{\sqrt{\Omega}a_{N_2}(\delta'_{N_2})^{d_{\mathrm{ads}}^s-2}}\cdot\sum_{i=1}^{M}\alpha_{ij}r_i\eta_i^s \tag{6.155}$$

$$N_j=\frac{1}{\sum\limits_{\substack{K=1\\K\neq j}}^{N}\left[\frac{y_K-y_i(N_K/N_j)}{D_{Kj}}+\frac{1}{D_{Kj}}\right]}\cdot\frac{\mathrm{d}c_j}{\mathrm{d}z} \tag{6.156}$$

采用微分方程的形式是因为求解微分方程比差分方程容易，差分方程的直接求解收敛比较缓慢，并可能出现不稳定，目前微分方程的数值求解已是可行的。另外，对于分形孔通道微分方程的解，比较容易与已知的光滑圆柱孔通道的解进行比较，从而有助于理解分形结构对反应扩散动力学过程的作用本质。

5. 分形孔通道一级反应扩散方程的稳定态解

在 Coppens 等人的工作中，考虑的是一级反应，即取

$$r_A=Kc_A(z) \tag{6.157}$$

并假设分形孔通道中的扩散系数 D_{Am} 为常数，即把(6.158)式简化为

$$N_A=-D_{Am}\frac{\mathrm{d}c_A(z)}{\mathrm{d}z} \tag{6.158}$$

把(6.157)式和(6.158)式代入到方程(6.155)和(6.156)中，可得到分形孔通道稳定态一级反应扩散方程为

$$D_{Am}\frac{\mathrm{d}^2c_A(z)}{\mathrm{d}z^2}=\frac{c_\Omega c_z}{\sqrt{\Omega}a_{N_2}(\delta'_{N_2})^{d_{\mathrm{ads}}^s-2}}\cdot\eta^sKc_A(z) \tag{6.159}$$

若取 $c_A(z=0)=c_{A_0}$，则可把(6.159)式写为

$$\frac{\mathrm{d}^2\left(\frac{c_A}{c_{A_0}}\right)}{\mathrm{d}\left(\frac{z}{z_{\max}}\right)^2}=(\varphi_{\mathrm{fr}}^p)^2\frac{c_A}{c_{A_0}} \tag{6.160}$$

其中

$$\varphi_{\mathrm{fr}}^p=Z_{\max}\sqrt{\frac{c_\Omega c_z}{\sqrt{\Omega}a_{N_2}(\delta'_{N_2})^{d_{\mathrm{ads}}^s-2}}\cdot\frac{\eta^sK}{D_{Am}}} \tag{6.161}$$

分形孔通道所满足的边界条件如下：

(1) 当孔通道的两端都是开端时，有

$$c_A(z=0)=c_{A_0},\quad c_A(z=z_{\max})=c_{A_\mathrm{f}} \tag{6.162}$$

(2) 当孔通道的末端是死端时，有

$$c_A(z=0)=c_{A_0},\quad c_A(z=z_{\max})=0 \tag{6.163}$$

利用开孔边界条件(6.162)求解(6.160)方程,所得到的解为

$$\frac{c_A(z)}{c_{A_0}}=\frac{\mathrm{ch}\left[\varphi_{\mathrm{fr}}^{p}\left(1-\frac{z}{z_{\max}}\right)\right]}{\mathrm{sh}\varphi_{\mathrm{fr}}^{p}}+\frac{c_{A_{\mathrm{f}}}}{c_{A_0}}\frac{\mathrm{sh}\left[\varphi_{\mathrm{fr}}^{p}\left(\frac{z}{z_{\max}}\right)\right]}{\mathrm{sh}(\varphi_{\mathrm{fr}}^{p})} \tag{6.164}$$

在图 6.13 中给出了由(6.164)式所计算出来的浓度分布曲线,不同的曲线相应于 $\varphi_{\mathrm{fr}}^{p}$ 取不同的值。由边界条件(6.163)求解方程(6.160),所得到的解为

$$\frac{c_A(z)}{c_{A_0}}=\frac{\mathrm{ch}\left[\varphi_{\mathrm{fr}}^{p}\left(1-\frac{z}{z_{\max}}\right)\right]}{\mathrm{ch}\varphi_{\mathrm{fr}}^{p}} \tag{6.165}$$

在图 6.14 中给出了由(6.166)式所计算出来的浓度分布,不同的曲线也相应于 $\varphi_{\mathrm{fr}}^{p}$ 取不同的值。

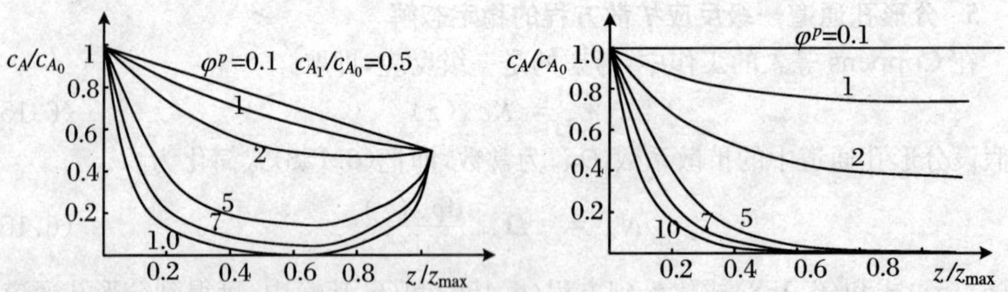

图6.13 分形孔通道中浓度分布(开孔)　　图 6.14 分形孔通道中浓度分布(一端闭孔)

6. 分形孔网络的反应扩散方程

Sheintuch 和 Brandon[133] 对多孔介质中孔通道所形成网络的分形结构对反应扩散动力学过程的作用,利用微分方程的方法进行了分析。在他们的工作中,把具有自相似性的分支孔树,作为多孔介质中孔网络的分形结构模型。

自相似的分支孔树的构造方法如下:在零级结构中,有 m 个孔通道,每个孔通道的长度为 d,孔的半径 $r_{p_0}=l_2$,则孔的总长度为 md;在一级结构中,每个孔通道分为 ν 个小而细的支孔,每个支孔的长度为 $\alpha\beta$,支孔的半径为 αl_2,β 和 α 分别是孔长度和孔半径的相似比,则孔的总数目为 $m\nu$,孔的总长度为 $m\nu d\beta$;如此分支下去,到第 i 级结构时,共有 $m\nu^i$ 个孔通道,每个支孔的长度为 $\alpha\beta^i$,支孔的半径为 $\alpha^i l_2$,孔的总长度为 $m\nu^i d\beta^i=md(\beta\nu)^i$;到最后的 N 级时,有 $m\nu^N$ 个孔通道,支孔的长度为 $d\beta^N$,支孔的半径 $r_{pN}=l_1=\alpha^N l_2$,孔的总长度为 $md(\beta\nu)^N$。若用 $L_i(r_{p_i})$ 表示半径为 r_{p_i} 的孔的总长度,则有

$$L_i(r_{p_i})=md(\beta\nu)^i \tag{6.166}$$

此式表达了孔通道在尺度上的分布。在这种自相似的分支结构中,孔的总长度 L

与孔半径 r_p 之间遵从如下的标度律：

$$L \propto r_p^{-d_f} = h r_p^{-d_f} \tag{6.167}$$

在分形孔树的第 i 结构中，稳定态的一级反应扩散方程为

$$\frac{d^2 c_i}{dr_i^2} = \frac{2K}{D_i r_{p_i}} \left(c_i + \frac{\sum_{j=i=1}^{N} r_{p_j} L_j \langle c_j \rangle}{L_i r_{p_i}} \right) \tag{6.168}$$

其中，c_i 是第 i 个孔上的浓度，r_i 是第 i 个孔的径向距离，因此 $c_i(r_i)$ 描述了不同孔浓度在径向的分布。在方程(6.168)中，右边第一项是第 i 个孔上的一级反应项，第二项是第 i 个孔通道的所有分支中的一级反应项的贡献，$\langle c_j \rangle$ 是在 $j = i+1$ 级结构中第 j 个分支的平均浓度。在第 i 个孔通道轴线上的边界条件是

$$\left. \frac{dc_i}{dr_i} \right|_{r_i=0} = 0 \tag{6.169}$$

在 r_i 与上一级结构 r_{i-1} 相交处的边界条件是

$$c_i = c_{i-1} \tag{6.170}$$

在处理孔网络中的扩散问题时，采取了如下模型：每级迭代结构的扩散系数 D_i 与主孔通道的扩散系数 D_{M_0} 相同（即取 $D_i = D_{M_0}$）。对上述分形孔网络的反应扩散方程进行求解。得到了有效性因子 η 随着 $\ln\psi_0$ 而变化的关系曲线，如图 6.15 所示，ψ_0 是如下形式的参量：

$$\psi_0 = \frac{2Kd^2}{D_0 l_2} \tag{6.171}$$

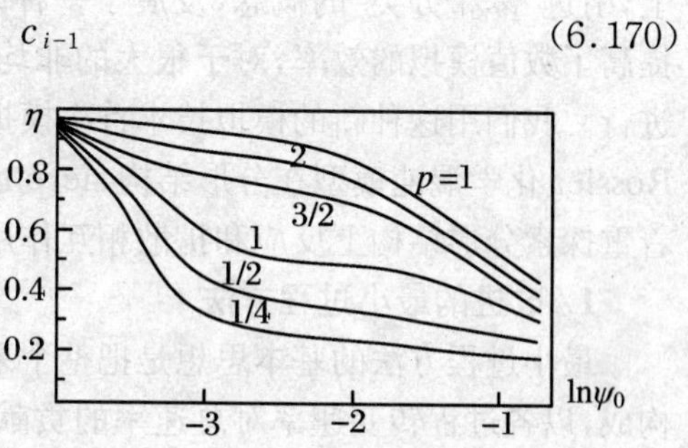

图 6.15　分形孔网络的有效性因子 η-$\ln\psi_0$ 的关系

$$l = \begin{cases} 2, & \text{Knudsen 扩散} \\ 1, & \text{孔通道扩散} \\ 0, & \text{表面扩散} \end{cases} \tag{6.172}$$

图中的不同曲线相应于参量 p 取不同的值，而 p 参量为

$$p = \frac{\beta^2}{\alpha^l} \tag{6.173}$$

由此图可以看到：在分形孔网络中反应的有效性与分形树的相似比 α 和 β，以及扩散模型参量 l 密切相关。

6.7 分形结构复杂反应的反应扩散动力学

如前所述，分形结构的纯扩散问题已经建立了宏观方程，而对于分形结构的反应扩散方程，在文献中只包括一些简单反应模型。分形结构的复杂反应的反应扩散方程，报导极少，还有待于建立。在反应扩散过程的随机描述中，反应扩散过程可看作是马尔科夫过程，系统的动力学可由主方程描述。在大多数场合，主方程不适合于数值求解，可利用随机模拟的方法对其进行求解。文献中最有效的模拟主方程的方法是 Gillspile[134] 所提出来的最小过程方法。我们在此模拟方法的基础上，引进"瀑布分类"的概念，发展了一种改进的最小过程方法[123]。这种方法大大提高了数值模拟的效率，对于很大的非均匀反应扩散系统的模拟也可以在微机上进行。我们用这种新的模拟技术首次模拟了一个复杂反应机理，即 Williamowski-Rossler 化学混沌模型在分形结构 sierpinski 垫片上的反应扩散过程。模拟时我们着重探索分形结构上反应和扩散相互作用形成的复杂运动。

1. 改进的最小过程方法

最小过程方法的基本思想是把整个系统看作一个由许多互相竞争的转变过程构成，以各过程转变速率对总速率的贡献为依据，随机地确定一转变过程，从而推动系统的时间进程。一个标准的最小过程可以概括为如下步骤：

0 步骤：设 N 为系统包含的基元转变过程的总数，在初始时选择系统的初始状态为 $X(0)$；

1 步骤：根据当前状态 $X(t)$ 计算所有基元过程的转变速率 $W_i(X)$，$i=1,2,\cdots,N$ 并将它们求和，即 $W_0=\sum_i W_i$；

2 步骤：产生一个单位区间[0,1]均匀分布的随机数 r_1，根据几率分布

$$p(\Delta t) = W_0(X)\exp\left(\frac{-\Delta t}{W_0}\right)$$

计算系统发生下一步反应的时间间隔 Δt：

$$\Delta t = \frac{-\ln(r_1)}{W_0}$$

3 步骤：再产生一个单位区间均匀分布随机数 r_2，根据几率 $W_i(X)/W_0(X)$ 选择 N 步转变过程中即将发生的一个特定过程，记为 I，I 满足如下条件：

$$\sum_{i-1}^{I-1} W_j < r_2 W_0 \leqslant \sum_{i=1}^{I} W_i \tag{6.174}$$

4 步骤：更新时间 t 及系统的状态 X，回到 1 步骤，使系统继续演化。

最小过程方法对均匀反应的应用十分有效。实际上这种方法被大量地用来研究化学不稳定性以及其他具有不同物理本质的转变系统。然而将这种方法应用于不均匀的反应扩散问题时遇到了很大的困难。主要原因是上述算法的第三步选择过程是一个线性选择方法，当系统包含大量的基元转变过程时（即 N 很大时）会耗费大量机时。为了克服这个困难，Hanusse 等人[135]为每一基元过程引进了一个额外的空过程（Null Process）以使系统中所有过程具有相同的转变速率。这种方法大大加快了选择过程，其缺点是这些空过程的速率需要不断地更新，从而也花费大量的额外时间。几年前 Fricke[136]提出了“对数类”概念，对基元过程按其速率的对数的大小分成为数较小的小组。属于同一小组的基元过程的速率具有相同的量级。因此，当用线性方法选择了一个小组之后，可以用 Von Neumann 算法从小组中选择一个具体过程。

我们提出的改进的最小过程算法基于一种新的对基元过程的分类办法。设 N 为基元过程总数，将 N 个过程随意分为 N_1 个小组，接着将 N_1 个小组中的基元过程再分为 N_2 个小组，然后将 $N_1 \times N_2$ 个小组中的基元过程继续分组，这样一直进行下去直到最小的小组包含的基元过程足够地少为止。我们称这种分法为“瀑布分类”。对 $N_1, N_2, \cdots, N_T$ 一般没有特别的限制，只要它们的和比较小就行了。这样最小的小组包含的基元过程的数目为：

$$S = \frac{N}{N_1 N_2 \cdots N_T} \tag{6.175}$$

N 个过程中的每一个可以按其所属的 T 个不同级别的小组用 $T+1$ 个下标 $n_1, n_2, \cdots, n_T, n_{T+1}$ 标记，其速率也可以记为 $W_{n_1,n_2,\cdots,n_T,n_{T+1}}$（$n_1=1,2,\cdots,N_1$；$n_2=1,2,\cdots,N_2$；$n_T=1,2,\cdots,N_T$；$n_{T+1}=1,2,\cdots,s$）。进行模拟时，先计算各个不同级别的小组所包含基元过程总速率为

$$W_m = \sum_{n_2=1}^{N_2} \sum_{n_3=1}^{N_3} \cdots \sum_{n_{T+1}=1}^{s} W_{n_1,n_2,\cdots,n_T,n_{T+1}} \tag{6.176}$$

$$W_{n_1,n_2} = \sum_{n_3=1}^{N_3} \sum_{n_4=1}^{N_4} \cdots \sum_{n_{T+1}=1}^{s} W_{n_1,n_2,\cdots,n_T,n_{T+1}} \tag{6.177}$$

$$W_{n_1,n_2,\cdots,n_T} = \sum_{n_{T+1}=1}^{s} W_{n_1,n_2,\cdots,n_T,n_{T+1}} \tag{6.178}$$

以及系统的总速率：

$$W_{\sigma} = \sum_{n_1=1}^{N_1} W_m \tag{6.179}$$

与标准方法的步骤 3 不同，$t+\Delta t$ 时刻发生的基元过程可以按如下方式确定：首先根据几率 W_{n_1}/W_0，选择 N_1 个最大小组中的一个小组，计为 m_1；然后从第 m_1 个最大小组中的 N_2 个次最大小组按几率 $W_{n_1,n_2}/W_{n_1}$，选择一个更低级别的小组，计为 m_2；继续进行以上过程，直到最终从最低级别的小组中选出一具体的基元过程。容易发现，系统中每一个基元过程被选中的几率为 $W_{n_1,n_2,\cdots,n_{T+1}}/W_0$。因此，上述算法正确地模拟了系统的主方程。值得注意的是上述算法是线性方法，因此按标准的步骤 3，选择一特定过程所需的 $N/2$ 步判断，用我们的方法只需要 $N_1+N_2+\cdots+N_T+s/2$步。例如，对于一个包含 1 000 000 个基元过程的系统，选择 $N_1=N_2=\cdots=N_s=s=10$，用传统方法需 500 000 步，而用上述改进的方法只需 30 步就可完成。可见，我们的方法比原方法在效率上提高了几个数量级。需要指出的是速率 $W_{n_1}, W_{n_1,n_2},\cdots,W_{n_1,n_2,\cdots,n_T}$不必要在每次选择时都重新计算，只有为数不多的被改变了的速率需要更新。与 Fricke 等人的算法比较，我们的方法具有明显的优越性。他们只将基元过程做了一次分类，对于很大的非均匀系统，每个类中仍然包含很多的基元过程，这也会耗费大量的计算时间。

2. Williamowski-Rossler 反应模型在 Sierpinski 垫片分形结构上的反应扩散过程的随机模拟

如前所述，当改变 W-R 反应模型中反应速率系数时，宏观反应动力学方程会表现出非平衡定态、极限环以及混沌等非线性动力学行为。模拟该系统时，各反应步骤以及各分子在分形结构上的扩散过程形成一分立马尔科夫过程。Sierpinski 垫片上每一个三角形顶点被看作一个欧氏空间单元，反应过程按通常的方式在单元中进行。反应粒子在近邻单元中的跃迁形成扩散过程。并且，X、Y、Z 分子在单元中均匀分布。除最大三角形的三个顶点外，每个单元都有四个最近邻。这样每个单元中含有 13 个反应扩散基元过程。当 10 步反应的总速率远大于三种粒子的扩散速率时，反应为扩散控制反应。由 Sierpinski 垫片的阶数可以求得总的基元过程数目为 $13\times[3(3^m-1)/2+3]$。初始时，在每个单元中准备了 X、Y、Z 粒子各 60 个。然后用我们的方法来随机模拟这个很大的非均匀系统。我们对这些过程进行“瀑布分类”，其中最小的类为包含 13 个基本过程的小组。

在 Sierpinski 垫片上，我们模拟了各种参数条件下的反应扩散过程。在反应控制的条件下，系统中粒子均匀分布，分形的几何特性没有任何影响。当改变反应参数时，我们观察到了定态、极限环以及混沌行为。当反应总速率与扩散总速率可以比较时，分形的几何特性开始起作用。垫片上各局域部分之间的同步被破坏，系统为不均匀。均匀条件下的极限环此时不再稳定。它不断收缩最后形成了一个定态，如图 6.16 所示。奇怪吸引子也受到了强烈的影响，但仍然保持着其不规则性，如图 6.17 所示。当扩散速率进一步降低时，系统为扩散控制的反应。此时，扩散

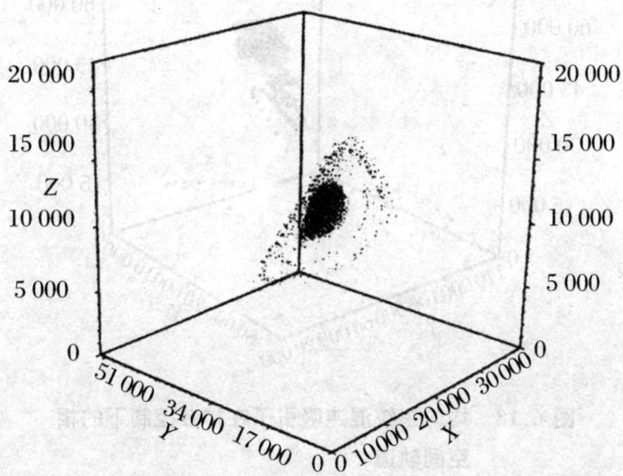

图 6.16　均匀系统限环在降低扩散系数的条件下相空间失稳收缩中

反应参数 $D=30, k_i(i=1,2,\cdots,10)=30, 0.025, 0.1, 0.000\,01, 10, 0.01, 0.1, 0.01, 15, 0.05$

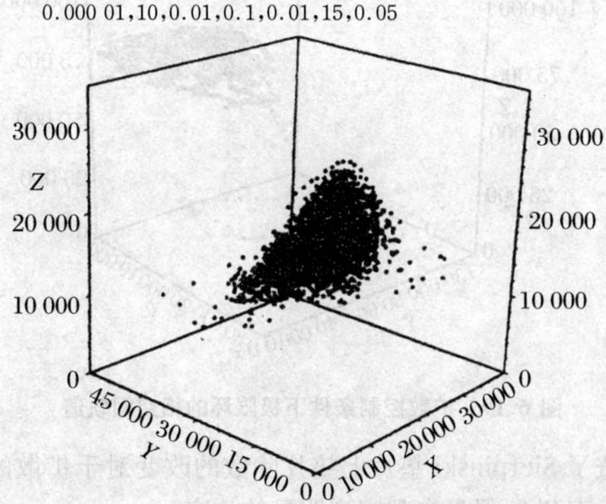

图 6.17　除 $k_9=16.58$ 外，参数与图 6.16 相同

事件较少发生,系统变得极不均匀。这种条件下系统的总粒子数形成的轨道没有任何规则。图 6.18 和图 6.19 分别为对应于均匀条件下的混沌吸引子以及极限环的模拟轨道。

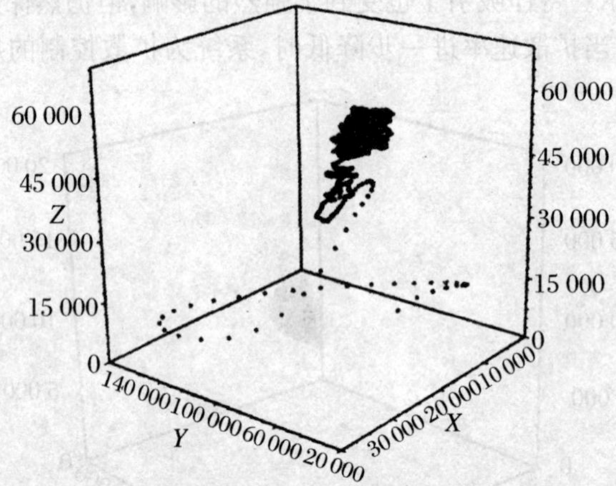

图 6.18 均匀系统混沌吸引子在扩散控制下的相空间轨道

参数除 $k_9=16.58$ 外与图 6.17 相同

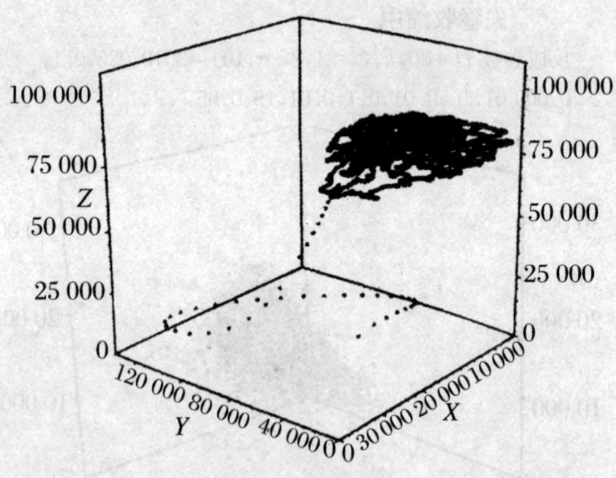

图 6.19 扩散控制条件下极限环的相空间轨道

我们还考查了 Sierpinski 垫片上垫片除数的改变对于扩散的影响。阶数从 5 改变为 6、7、8 一直到 9,但没有观察到明显的效应。

第 7 章　表面反应系统中非平衡相变和时空有序结构

7.1　引　言

非平衡相变是非线性系统在远离平衡条件下，随着控制参量的变化，系统中非平衡定态的数目和性质发生突变的现象。非平衡相变与平衡相变的不同是，对非平衡相变往往缺乏势函数的描述，因此往往也缺少统一的理论。近年来，表面催化反应中的非平衡动力学相变问题越来越受到重视，成为非线性化学中重要内容之一。1986 年，Ziff、Gulari 和 Barshad 以一氧化碳（CO）表面催化反应为原型，提出了一个简单的双分子-单分子反应模型（DM 模型），在文献中通常把这个非平衡的动力学相变模型称为 ZGB 模型[137]。ZGB 模型突出了表面催化反应中的几个关键反应过程：反应物分子的吸附过程，吸附态反应物之间的反应过程以及生成物的脱附过程。但是，在 ZGB 模型中忽略了实际反应体系中的许多细节，诸如吸附态分子的脱附和扩散，有限的反应速率，不同的吸附机制等等。在 ZGB 模型的启发下，人们研究发现，许多其他表面反应模型中，也存在着非常丰富的非平衡动力学相变。若用 D 代表双分子（Dimer），用 M 代表单分子（Monomer），则人们所提出来的非平衡动力学相变模型有：MM 模型[138~141]，DD 模型[142~143]，DDM 模型[144]，DMM 模型[145~147]，MMM 模型[148~149] 等等。尽管计算机模拟提供了一个有效的研究手段，发现了丰富的非平衡动力学相变的行为，但是人们仍然期待能够用一些理论模型对 ZGB 模型及其推广模型中的相变特征给出定量或定性的解释。一方面，这能够帮助理解这些非平衡相变的本质，另一方面，它也可以克服计算机模拟中的不足。对 ZGB 模型的理论解释中，最成功的是 Dickman 于 1986 年所提出的对近似平均场理论[150]。我们利用对近似理论方法扩展了 ZGB 模型[151]，在我们的工作中，以一氧化碳的表面催化反应为原型，利用对近似平均场理论方法研究了DM反应模型中出现的一级和二级动力学相变，理论结果与计算机模拟结果很好地一致。在此基础上，我们进一步推广了对近似方法，将它应用到更复杂的表面反应模型即DD模型中。我们发现，在二级相变点附近，表面近邻相关作用很重要，必须用对近似以上的统计理论方法描述，但在一级相变点附近，相关作用是可以忽略的，这时用点近似平均场方法就能很好的预言。

表面催化反应系统，在远离平衡条件下进行时，可以形成丰富的时空有序结构。Ertl等人[152~154]对表面催化反应系统中的时空有序结构做了大量的实验和理论研究工作。CO在单晶表面的催化氧化反应系统是研究得最为深入的系统。尽管看起来这个反应系统是个很简单的反应系统，它只包含两种反应物和一种催化剂，但在Pt表面的CO催化氧化的实验研究中却发现了从化学双稳态、化学振荡到化学混沌，从波前运动、孤波、螺旋波到化学湍流的各种类型的时空有序结构。应该指出，ZGB模型主要是从实际的CO催化系统中抽象出一个一般双分子-单分子模型，它主要借助计算机模拟方法，用于研究非平衡动力学相变的特性和普适规律。但ZGB模型忽略了实际反应系统中的许多细节，从而它并不能解释实验中所观测到的振荡及其更复杂的现象。扩展的ZGB模型中，虽然也考虑了扩散因素的作用，但实际上还是一种微观模型(它涉及的尺度仅仅是晶格常数)，它当然不能得出空间有序结构的斑图，空间斑图的形成往往是在μm以上量级，其特征尺度是晶格常数的几千倍。另外，点近似和对近似方程实际上是一种介观方程，它用平均覆盖度作为参量。表面催化反应系统中的时空有序结构完全是一种宏观的非线性动力学行为。因此，我们在本章中所使用的非线性动力学方程是按质量作用定律，用平均场理论方法写出来的，而扩散项是由拉普拉斯项给出。本章中，我们利用分叉理论和数值模拟方法，着重研究了CO表面催化氧化反应系统中的时空有序结构。

非平衡动力学相变和时空有序结构是在同一表面反应系统中所呈现出来的不同类型的非平衡非线性化学现象。在本章中，我们介绍了处理这两类不同现象的理论方法。同时，作为第6章中所述分形结构反应扩散动力学的具体应用，在本章中也适当介绍了分形结构对这两类现象的作用。

7.2　非平衡动力学相变的ZGB模型

在表面催化反应中，Ziff、Gulari和Barahad利用计算机模拟方法，首次发现存在着非平衡动力学相变现象。在ZGB模型中，所考虑的具体对象是CO在单晶催化剂表面上的非均相的催化氧化反应。所采用的反应动力学模型是如下不可逆的三步反应过程：

$$CO + S \longrightarrow CO_{ad} \tag{7.1}$$

$$O_2 + 2S \longrightarrow 2O_{ad} \tag{7.2}$$

$$CO_{ad} + O_{ad} \longrightarrow CO_2 + 2S \tag{7.3}$$

他们把催化剂表面上活性位的分布，取为简单四方的二维晶格点阵模型，符号S就代表这种点阵上的空位，符号"ad"代表表面上的吸附态。在ZGB模型中，步骤(7.1)是CO分子在一个空位S上的随机吸附过程，形成表面吸附态CO_{ad}；步骤(7.2)是O_2分子在两个近邻空位2S上的随机吸附，并离解为两个O原子的过程，形成表面吸附态O_{ad}；步骤(7.3)是两个近邻表面吸附态CO_{ad}和O_{ad}的表面反应过程，形成的产物CO_2立即从表面上脱附，再生两个近邻空位2S。

上述的反应机理属于Langmair-Hinshelwood (LH)反应机理。在计算机模拟过程中所采用的方法如下：

(1) 当一个气相CO分子碰撞到四方点阵任何一个空位S上时，即被吸附，若碰撞到已被占据的格位上，则此CO分子被弹离表面，使一次试验终止。

(2) 在被吸附的CO分子的4个最近邻中，若有一个已被O原子占据，则两者发生表面反应，形成CO_2产物立即脱附，再生两个空位；

(3) 当一个气相O_2分子碰撞到四方点阵上两个最近邻空位S上时，即被吸附并解离，形成两个O_{ad}。若所碰撞到的两个最近邻位仍有一个被占据时，则O_2分子被弹离表面，此次试验也终止；

(4) 在被吸附的O_{ad}的6个最近邻位中，若有一个已被CO分子占据，则两者发生反应，形成CO_2产物立即脱附，也再生两个近邻空位。

利用上述计算机模拟方法，他们所得到的主要结果如下：

(1) 若用y_{CO}和y_{O_2}分别表示气相CO和O_2的摩尔分数，当$y_{CO} < y_1 = 0.389 \pm 0.005$时，表面只被O原子所覆盖，当$y_{CO} > y_2 = 0.525 \pm 0.001$时，表面只被CO

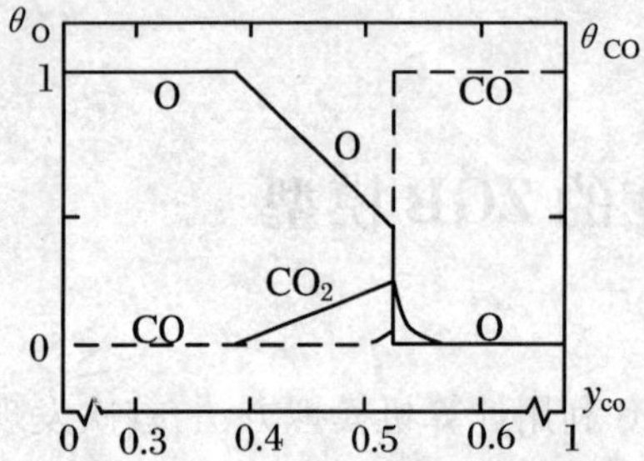

图 7.1　$CO+O_2 \longrightarrow CO_2$ 表面催化反应中的非平衡动力学相变

分子所覆盖。这两种表面吸附状态都是不能进行反应的催化剂的中毒状态，都属于非平衡态。只有当 $y_1<y_{CO}<y_2$ 时，才存在有反应状态，通常称 y_1 和 y_2 之间的反应状态为反应窗口。在图 7.1 上给出了 O 和 CO 的覆盖率 θ_O 和 θ_{CO} 随着 y_{CO} 而变化的函数关系。由此图可以看到，y_1 和 y_2 是表面反应态与表面中毒态之间的两个转变点，他们把这种表面态之间的转变称为非平衡动力学相变。

(2) 从图 7.1 中也可以看到，当 y_{CO} 增加到 y_2 时，θ_O 和 θ_{CO} 都发生不连续的突变，因此 y_2 是属于一级相变，而当 y_{CO} 减小到 y_1 时，θ_O 和 θ_{CO} 都是连续的变化，则 y_1 是属于二级相变。

(3) 图 7.1 也给出了 CO_2 产物的产率 R_{CO_2} 随着 y_{CO} 而变化的函数的关系：当 $y_{CO}<y_1$ 时，$R_{CO_2}=0$；当 $y_1<y_{CO}<y_2$ 时，R_{CO_2} 随着 y_{CO} 单调增加；当 $y_{CO}=y_2$ 时，R_{CO_2} 达到极大值；当 $y_{CO}\geq y_2$ 时，R_{CO_2} 随着 y_{CO} 增加连续下降到零。

如前所述，在 ZGB 模型中只包含反应物分子的吸附过程、吸附反应物之间的反应过程以及生成物的脱附过程，而忽略了在实际反应系统中所存在着的吸附态分子的扩散和脱附过程、有限的反应速率以及不同的吸附机制等因素。为了扩展 ZGB 模型的应用价值，若干学者对这些实际因素进行了深入研究，现简述如下：

1. 吸附分子的扩散作用[155~156]

研究表明：CO 的扩散能够明显地改变一级相变点 y_2 的位置；随着扩散速率的增大，y_2 也增加，且当扩散非常快时，y_2 逐渐向化学计量比值 2/3 逼近；但 CO 的扩散对二级相变点 y_1 并没有什么影响。在 y_2 附近，CO 占多数，随着扩散的加快，迅速移动的 CO 能够和一些孤立的 O 发生反应，得到两个空位。这个过程一方面减小了 CO 的覆盖度，另一方面生成的近邻空位又能进一步吸附 O_2，两方面的作用使得 CO 的凝聚与长大变得困难，从而 CO 中毒变难，y_2 增大。但在 y_1 附近，表面上吸附态 CO 的数目几乎为零，因此 CO 的扩散对 y_1 没有影响。和 CO 的扩散作用稍有不同，吸附态 O 的扩散既能增加 y_2，又能减小 y_1；当 O 的扩散速率超过一临界值时，y_1 减小到零；当 O 的扩散速率很大时，y_2 相变点也向 2/3 逼近。实际上，O 扩散的这些效应是不难理解的：即使在 y_2 附近，吸附态 O 也有相当大的覆盖度，由于 O 的扩散能同时减少 CO 和 O 的覆盖度，因此 y_1 附近，占多数的 O 不易中毒，而在 y_2 附近，占多数的 CO 同样不易中毒。另外，CO 和 O 的扩散都能使生成 CO_2 的反应速率增大。需要指出，由于实际的 CO 催化氧化系统中，CO 与催化剂表面原子的结合能较低,因此吸附态CO在表面上的扩散比较容易发生;而相对来说,O_2同表面的结合能较高,通常情况下可以不考虑吸附态O在表面上的扩散行为。

2. 吸附分子的脱附作用[157~158]

吸附态CO和O的扩散过程只能改变相变点的位置和反应窗口的宽度,而对相变点的一级或二级的特征并无影响,但脱附的作用却不同。对CO的脱附的研究表明:存在一临界值D_p^*,当CO的吸附系数$D_p < D_p^*$时,仍然有不连续的一级相变存在,但此时相变不再发生在反应态和CO中毒态中间,而是发生在一个"高θ_{CO}"态之间,相变点位置也不同于y_2;当$D_0 > D_p^*$时,θ_{CO}随y_{CO}的变化是连续的,此时不再有相变存在。当然脱附发生后,即使在$y_{CO}=1$的情形下,也不存在CO的中毒,因为吸附和脱附会得到动态平衡。另外,脱附对y_1点的性质没有影响。

3. 有限反应速率的效应[159~160]

在ZGB模型中,当CO和O吸附态处于最近邻时,它们就立即发生反应,即反应几率为1。因此吸附过程是控制步骤。但是,在实际过程中,近邻CO和O之间有可能不都发生反应,即反应几率小于1,这时系统同时也是反应控制的。研究发现:随着反应几率减小,反应窗口会向y_{CO}减小的方向移动且变窄。在一定情况下,还存在一个临界反应几率p_c,在其以下不再有反应窗口存在。

4. 反应机理的作用[161]

在ZGB模型中,假设反应是按照LH机理进行,即必须是吸附态CO和O之间才以发生反应。在实际系统中,还存在另一种Eley-Rideal(ER)反应机理,即气相的CO分子也可以和吸附态O发生反应:

$$CO + O_{ad} \longrightarrow CO_2 + S \tag{7.4}$$

研究表明:存在有ER反应步骤时,二级相变点消失,一级相变点左移到$y_2'=0.4975$。

7.3 非平衡动力学相变的平均场理论

Dickman[150]利用对近似平均场理论方法,对ZGB模型所得到的结果进行了成功的分析。为了更好的理解对近似平均场理论,我们先对简单平均场理论和点近似平均场理论,做些介绍。

1. 简单平均场理论

对于(7.1)～(7.3)反应机理，根据质量作用定律可以写出它相应的动力学方程为

$$\frac{\mathrm{d}x_{\mathrm{CO}}}{\mathrm{d}t} = y_{\mathrm{CO}}S - kx_{\mathrm{CO}}x_{\mathrm{O}} \tag{7.5}$$

$$\frac{\mathrm{d}x_{\mathrm{O}}}{\mathrm{d}t} = 2y_{\mathrm{O}}S^2 - kx_{\mathrm{CO}}x_{\mathrm{O}} \tag{7.6}$$

其中 x 为吸附态 CO 或 O 的平均覆盖率，S 为空位的的覆盖率，k 是 CO 和 O 之间的反应速率常数。可以看到，在这种简单平均场理论中，忽略了最近邻的相关效应，因此找到一对近邻空位的几率可以简单地写为 S^2。在(7.6)方程中第一项的“2”来源于 O_2 的分解。另外，在此理论中假设了吸附态 CO 和 O 之间的反应遵从质量作用定律，然而在非均相表面催化反应中，这种假设是不成立的，因为反应只能在 CO 集团和 O 集团的边界上进行，而且反应速率常数 k 的确定也有很大的随意性。因此，简单平均场理论所给出的相变点是 $y_1 = 0$，$y_2 = 2/3$，与 ZGB 模型的结果不符合。

2. 点近似平均场理论

点近似平均场理论比上述简单平均场理论有所改进：它虽然仍忽略了相关效应，但它考虑到了表面反应的特征。对于 $CO + O_2 \longrightarrow CO_2$ 的表面催化反应，需要考虑如下 5 种动力学过程：

(1) $O_2\downarrow$：氧分子被吸附到一对近邻空位，成为两个氧原子吸附态，并在它的 6 个最近邻位上没有 CO 分子被吸附，则没有发生反应；

(2) $O_2\downarrow$，$CO_2\uparrow$：在两个氧原子的 6 个最近邻位中有一个被 CO 分子占据，产生一个 CO_2 分子；

(3) $O_2\downarrow$，$2CO_2\uparrow$：在两个氧原子的 6 个最近邻位中有 2 个被 CO 分子同时占据，产生两个 CO_2 分子；

(4) $CO\downarrow$：CO 分子被吸附到一个空位上成为吸附态，并在它 4 个最近邻位上没有 O 原子被吸附，则没有 CO_2 分子生成；

(5) $CO\downarrow$，$CO_2\uparrow$：在 CO 的 4 个近邻中有一个被 O 原子占据，则产生一个 CO_2 分子。

考虑到这些动力学过程以后，对于(7.1)～(7.3)反应机理的动力学演化方程可写为如下形式：

$$\frac{\mathrm{d}x_{\mathrm{CO}}}{\mathrm{d}t} = y_{\mathrm{CO}}S(1 - x_{\mathrm{O}})^4 - 2y_{\mathrm{O}}S^2[1 - (1 - x_{\mathrm{CO}})^3] \tag{7.7}$$

$$\frac{dx_O}{dt} = 2y_O S^2(1 - x_{CO})^3 - 2y_{CO}S[1-(1-x_O)^4] \tag{7.8}$$

对方程(7.7)～(7.8)进行分岔分析，可以得到这样的结果：在 $y_S = 0.5601$ 处存在有一个鞍结分岔点；当 $y_{CO} < y_S$ 时，方程有两个定态解 x_1 和 x_2（$x_1 < x_2$）；当 $y_{CO} > y_S$ 时，定态解消失，稳定态为 $x_{CO} = 1$ 的 CO 中毒态。由此可以看到，该鞍结点即为点近似下的一级相变点，但是同简单平均场理论一样，点近似平均场理论也得不到二级相变点，即 $y_1 = 0$。

3. 对近似平均场理论

如上所述，简单平均场和点近似平均场理论都忽略了相关效应，它们都不能预言二级相变点的存在。在对近似平均场理论中，考虑了表面上近邻对之间的相关效应，但没有进一步考虑三体之间或更高级的相关效应。若用 N_{ij} 表示 $i-j$ 近邻对(或 $i-j$ 键)的数目，用 x_{ij}（i,j = CO,O,S）表示 $i-j$ 近邻对的浓度或覆盖率，计及表面上发生的各种过程对 x_{ij} 的改变，则可得到 x_{ij} 所满足的动力学演化方程为

$$\frac{dx_{ij}}{dt} = \sum_k R^k \Delta N_{ij}{}^k \tag{7.9}$$

其中 R^k 表示第 k 个过程的速率，$\Delta N_{ij}{}^k$ 表示第 k 个过程中 $i-j$ 对的数目的改变量。Dickman 把表面上发生的过程分为以下几类：

(a) $O_2\downarrow$　(b) $O_2\downarrow CO_2\uparrow$　(c) $O_2\downarrow CO_2\uparrow$　(d) $CO\downarrow$　(e) $CO\downarrow CO_2\uparrow$

这里，↓表示气相分子的吸附，↑表示脱附。由于 O_2 发生吸附后，两个吸附态 O 的最近邻中 CO 存在的不同情况，可以生成两个 CO_2、一个 CO_2 或没有生成 CO_2 三种情况，从而将 O 的吸附过程分为三类。同理，CO 吸附过程可分为两类。在表 7.1 中，给出各种过程 k 的速率 R^k 和 $\Delta N_{ij}{}^k$ 的表达式。这些过程的 R^k 和 ΔN_{ij} 的推导基于如下的统计规则：在格点 j 的近邻中找到一个格点 i 的几率 $p(i|j)$ 为

$$p(i \mid j) = \frac{x_{ij}}{2x_j} \tag{7.10}$$

其中

$$x_j = x_{jj} + \frac{1}{2}\sum_{i\neq j} x_{ij} \tag{7.11}$$

于是，过程(a)的速率为

$$R^a = y_O x_{SS}[1 - p(CO \mid S)]^6 \tag{7.12}$$

在过程(a)中，SS 空对的数目至少减小 1，因为原来的空对现在被 OO 对占据。如果原来空对的近邻中还有空位，则空对的数目还要减少。由于在过程(a)中空对的近邻中不可能有吸附态 CO(否则会有反应发生)，这里在一个空位的近邻中有另一个空位的几率为

$$p(i = S \mid j = S, i \neq \mathrm{CO}) = \frac{2x_{\mathrm{SS}}}{2x_{\mathrm{S}} - x_{\mathrm{SCO}}} = \frac{2x_{\mathrm{SS}}}{2x_{\mathrm{SS}} - x_{\mathrm{SO}}} \tag{7.13}$$

因此,过程(a)中空对数目的改变为

$$\Delta N_{\mathrm{SS}} = -1 - 6p(i = S \mid j = \mathrm{S}, i \neq \mathrm{CO}) = -1 - \frac{2x_{\mathrm{SS}}}{2x_{\mathrm{SS}} - x_{\mathrm{SO}}} \tag{7.14}$$

需要指出的是(7.12)和(7.13)式都是精确的,但在(7.14)式中忽略了三体和更高阶的相关。按照类似的方法,也可推导出表 7.1 中所列的其他各项表达式。把 R^k 和 $\Delta N_{ij}{}^k$ 代入(7.9)方程中,进行数值计算,当取空表面为初值条件,可以得到相变点为:$y_1 = 0.248\,7$,$y_2 = y_s = 0.560\,1$,同时得到 y_1 是二级相变,y_2 是一级相变,如图 7.2 所示。

表 7.1 对近似方法中参量的表达式

过程 1	速率 $= y_{\mathrm{O}} x_{\mathrm{SS}} (1-u)^6$	
	$\Delta N_{\mathrm{SS}} = -1 - 12\alpha x_{\mathrm{SS}}$	$\Delta N_{\mathrm{SO}} = 6\alpha(2x_{\mathrm{SS}} - x_{\mathrm{SO}})$
	$\Delta N_{\mathrm{SCO}} = 0$	$\Delta N_{\mathrm{OO}} = 1 + 6\alpha x_{\mathrm{SO}}$
过程 2a	速率 $= 4y_{\mathrm{O}} x_{\mathrm{SS}} u(1-u)^3 \left(1 - u + \frac{u^2}{3}\right)$	
	$\Delta N_{\mathrm{SS}} = \frac{x_{\mathrm{SCO}}}{x_{\mathrm{CO}}} - 4\alpha x_{\mathrm{SS}}$	$\Delta N_{\mathrm{SO}} = 8\alpha x_{\mathrm{SS}}$
	$\Delta N_{\mathrm{SCO}} = -2\frac{x_{\mathrm{SCO}}}{x_{\mathrm{CO}}}$	$\Delta N_{\mathrm{OO}} = 2\alpha x_{\mathrm{SO}}$
过程 2b	速率 $= \frac{1}{2} R^{2a}$	
	$\Delta N_{\mathrm{SS}} = \frac{3x_{\mathrm{SCO}}}{2x_{\mathrm{CO}}} - 6\alpha x_{\mathrm{SS}}$	$\Delta N_{\mathrm{SO}} = 2\alpha(4x_{\mathrm{SS}} - x_{\mathrm{SO}})$
	$\Delta N_{\mathrm{SCO}} = 2\frac{x_{\mathrm{COCO}} - x_{\mathrm{SCO}}}{x_{\mathrm{CO}}}$	$\Delta N_{\mathrm{OO}} = 3\alpha x_{\mathrm{SO}}$
过程 3a	速率 $= y_{\mathrm{O}} x_{\mathrm{SS}} u^2 \left(2 - 4u + \frac{10}{3}u^2 - \frac{4}{3}u^3 + \frac{2}{9}u^4\right)$	
	$\Delta N_{\mathrm{SS}} = 3 + 2\frac{x_{\mathrm{SCO}}}{x_{\mathrm{CO}}}$	$\Delta N_{\mathrm{SO}} = 0$
	$\Delta N_{\mathrm{SCO}} = 2\frac{x_{\mathrm{COCO}} - x_{\mathrm{SCO}}}{x_{\mathrm{CO}}}$	$\Delta N_{\mathrm{OO}} = 0$
过程 3b	速率 $= \frac{7}{2} R^{3a}$	
	$\Delta N_{\mathrm{SS}} = 2 + 3\frac{x_{\mathrm{SCO}}}{x_{\mathrm{CO}}}$	$\Delta N_{\mathrm{SO}} = 0$
	$\Delta N_{\mathrm{SCO}} = 4\frac{x_{\mathrm{COCO}} - x_{\mathrm{SCO}}}{x_{\mathrm{CO}}}$	$\Delta N_{\mathrm{OO}} = 0$

续表

过程 4	速率 $= y_{CO} x_S (1-\nu)^4$	
	$\Delta N_{SS} = -12\beta x_{SS}$	$\Delta N_{SO} = 0$
	$\Delta N_{SCO} = 4\beta(2x_{SS} - x_{SCO})$	$\Delta N_{OO} = 0$
过程 5	速率 $= y_{CO} x_S [1-(1-\nu)^4]$	
	$\Delta N_{SS} = 1 + 3\dfrac{x_{SO}}{x_O}$	$\Delta N_{SO} = 2\dfrac{x_{OO} - x_{SO}}{x_O}$
	$\Delta N_{SCO} = 0$	$\Delta N_{OO} = -3\dfrac{x_{OO}}{x_O}$

注：表中$u = x_{SCO}/2x_S$，$\nu = x_{SO}/x_S$，$\alpha = (2x_{SS} + x_{SO})^{-1}$，$\beta = (2x_{SS} + x_{SCO})^{-1}$。

如果取 ZGB 模拟计算中的相同的初值条件：$x_{SS}^0 = x_{CO,CO}^0 = 1/2$（即表面一半是空的，一半被 CO 覆盖），可得到 $y_2 = 0.524$，非常接近 ZGB 模拟值 $y_2 = 0.525$。由这些结果可以看到：对近似平均场理论不但能得到 y_2 与 ZGB 模拟结果相一致的数值，而且也能预言 y_1 的存在。但是，所得到的 y_1 值比 ZGB 模拟值低，存在明显差别，这表明对近似平均场理论也只反映了相关长度比较短的相关效应。

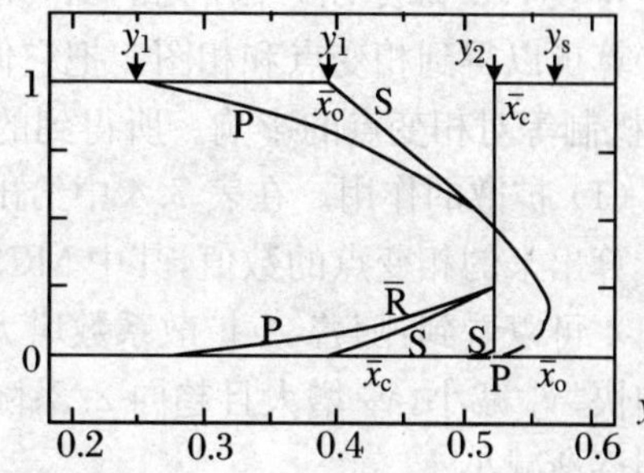

图 7.2　对近似方法与模拟结果比较

7.4　扩展 ZGB 模型的对近似平均场理论[151]

在本节中，我们将利用对近似平均场理论方法研究扩展的 ZGB 模型。当系统是"吸附控制"时，即近邻吸附态的 CO 和 O 之间的反应几率 p_r 等于 1 时，表面上不含有 CO-O 对存在。但当反应几率小于 1 时，系统也是"反应控制"的，此时还要考虑表面发生的过程对 CO-O 对的影响。为了书写的简便，我们用 A 代替 CO，用 B 代替 O，从而得到普适的双分子-单分子(DM)模型。

1. "吸附控制"模型：$p_r=1$

我们首先考虑 $p_r=1$ 的情形。作为扩展的 ZGB 模型，我们考虑了吸附态 A 和 B 在表面上的扩散和脱附作用，为此就必须区分表面上发生的以下各组过程：

（1）吸附过程：(a) $B_2\downarrow$，(b) $B_2, AB\uparrow$，(c) $B_2\downarrow, 2AB\uparrow$，(d) $A\downarrow$，
(e) $A\downarrow, AB\uparrow$

（2）扩散过程：(f) $A_{ad}\rightarrow$，(g) $A_{ad}\rightarrow, AB\uparrow$，(h) $B_{ad}\rightarrow$，(i) $B_{ad}\rightarrow, AB\uparrow$

（3）脱附过程：(j) $A\uparrow$，(k) $B_2\uparrow$

其中，符号"→"表示扩散过程。若计及 ER 反应机制，则还要考虑这样的过程：$A+B_{ad}, AB\uparrow$。在表 7.2 中给出了这些过程的图示和相应的速率的表达式。在表 7.3 中给出了 ΔN_{ij} 的表达式。

将表 7.2 和表 7.3 中所列的 R^k 和 $\Delta_{ij}{}^k$ 的表达式代入到(7.9)方程中，通过数值计算可以得到相变点和相图。把它们与 ZGB 模型比较，便可以分析扩散、脱附、ER 机制等对相变点的影响。所得到的主要结果如下：

（1）扩散的作用。在表 7.4 中给出了考虑 A 和 B 扩散的情况下，用对近似方法计算出来的相变点的数值，其中 MCS 代表模拟结果，PA 为对近似理论结果。从表 7.4 可以看到：随着 A 扩散系数增大，y_1 不变，y_2 增大且趋向 2/3；随着 B 扩散的加快，y_1 减小，y_2 增大且趋向 2/3；随着 A 扩散的加快，y_2 模拟值同计算值间的差别逐渐减小。

（2）脱附的作用。在图 7.3(a)和图 7.3(b)中分别给出了 A 脱附系数 $D_p=$

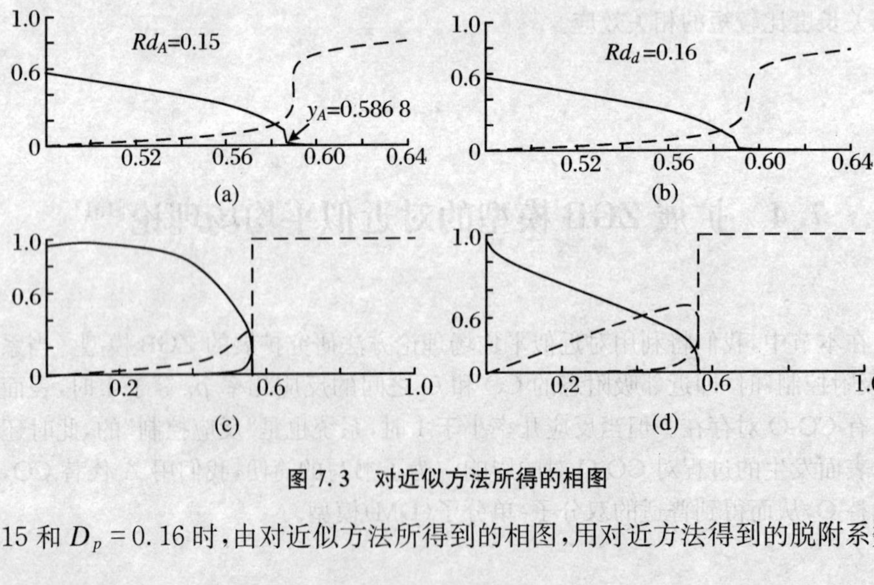

图 7.3 对近似方法所得的相图

0.15 和 $D_p=0.16$ 时，由对近似方法所得到的相图，用对近方法得到的脱附系数的

表 7.2　扩展 DM 模型的子过程图示及速率表达式

Process	Diagram	Rates(R^k)
(a)	$SS \longrightarrow BB$	$s_B(1-\mu)^6$
(b1)	$\begin{matrix}SS\\ *A\end{matrix} \longrightarrow \begin{matrix}BB\\ *A\end{matrix} \xrightarrow{ABP} \begin{matrix}BS\\ *S\end{matrix}$	$4s_B\mu(1-\mu)^3\left(1-\mu+\frac{\mu^2}{3}\right)$
(b2)	$SSA \longrightarrow BBA \xrightarrow{AB} BSS$	$\frac{1}{2}R^{(b1)}$
(c1)	$\begin{matrix}SS\\ AA\end{matrix} \longrightarrow \begin{matrix}BB\\ AA\end{matrix} \xrightarrow{2AB} \begin{matrix}SS\\ SS\end{matrix}$	$s_B\mu^2\left(2-4\mu+\frac{10}{3}\mu^2-\frac{4}{3}\mu^3+\frac{2}{9}\mu^4\right)$
(c2)	$\begin{matrix}ASS\\ A\end{matrix} \longrightarrow \begin{matrix}ABB\\ A\end{matrix} \xrightarrow{2AB} \begin{matrix}SSS\\ S\end{matrix}$	$\frac{7}{2}R^{(c1)}$
(d)	$S \longrightarrow A$	$y_Ax_S(1-\nu)^4$
(e)	$SB \longrightarrow AB \xrightarrow{AB} SS$	$y_Ax_S[1-(1-\nu)^4]$
(f)	$AS \longrightarrow SA$	$Rd_A(1-\nu)^3$
(g1)	$ASB \longrightarrow SAB \xrightarrow{AB} SSS$	$Rd_A\nu\left(1-\nu+\frac{\nu^2}{3}\right)$
(g2)	$\begin{matrix}AB\\ *B\end{matrix} \longrightarrow \begin{matrix}SA\\ *B\end{matrix} \xrightarrow{AB} \begin{matrix}SS\\ *S\end{matrix}$	$2R^{(g1)}$
(h)	$BS \longrightarrow SB$	$Rd_B(1-\mu)^3$
(i1)	$BSA \longrightarrow SBA \xrightarrow{AB} SSS$	$Rd_B\mu\left(1-\mu+\frac{\mu^2}{3}\right)$
(i2)	$\begin{matrix}BS\\ *A\end{matrix} \longrightarrow \begin{matrix}SB\\ *A\end{matrix} \xrightarrow{AB} \begin{matrix}SS\\ *S\end{matrix}$	$2R^{(i1)}$

where　$s_B = y_Bx_{SS}$, if not "endon",　　$s_B = y_Bx_S\left[1-\left(1-\frac{x_{SS}}{x_S}\right)^4\right]$, if "endon"

$Rd_i = Nd\cdot\frac{1}{2}x_{iS}$, for HD case,　$Rd_i = Nd_i\cdot x_i\left(1-\frac{x_{ii}}{x_i}\right)^4$, for BD case ($i = A$ or B)

$\mu = \frac{x_{AS}}{2x_S}, \nu = \frac{x_{BS}}{2x_S}$

表 7.3　扩展 DM 模型中 ΔN_{ij} 的表达式

Process	ΔN_{SS}	ΔN_{SA}	ΔN_{SB}	ΔN_{BB}
(a)	$-1-6\alpha_{ss}$	0	$6(\alpha_{ss}-\alpha_{sb})$	$1+6\alpha_{sb}$
(b1)	$2(s_a-\alpha_{ss})$	$-2-2(a_a-s_a)$	$2+2(\alpha_{ss}-2\alpha_{sb})$	$2\alpha_{sb}$
(b2)	$3(s_a-\alpha_{ss})$	$-1+3(a_a-s_a)$	$1+3(\alpha_{ss}-\alpha_{sb})$	$3\alpha_{sb}$
(c1)	$3+4s_a$	$-2+4(a_a-s_a)$	0	0
(c2)	$2+6s_a$	$-2+6(a_a-s_a)$	0	0
(d)	$-4\beta_{ss}$	$-4(\beta_{ss}+\beta_{sa})$	0	0
(e)	$1+3s_b$	0	$-1+3(b_b-s_b)$	$-3b_b$
(f)	$3(s_a-\beta_{ss})$	$3(a_a-s_a)+3(\beta_{ss}-\beta_{as})$	0	0
(g1)	$2+3(s_a+s_b)$	$-1+3(a_a-s_a)$	$-1+3(b_b-s_b)$	$-3b_b$
(g2)	$4+2(s_a+s_b)$	$-2+2(a_a-s_a)$	$-2+2(b_b-s_b)$	$-2b_b$
(h)	$3(s_b-\alpha_{ss})$	0	$3(b_b-s_b)+3(\alpha_{ss}-\alpha_{as})$	0
(g1)	$2+3(s_b+s_a)$	$-1+3(a_a-s_a)$	$-1+3(b_b-s_b)$	$-3b_b$
(g2)	$4+2(s_a+s_b)$	$-2+2(a_a-s_a)$	$-2+2(b_b-s_b)$	$-2b_b$
(j)	$4s_a$	$4(a_a-s_a)$	0	0
(k)	$1+6s_b$	0	$6(b_b-s_b)$	$-1-6b_b$
(l)	$4s_b$	0	$4(b_b-s_b)$	$-4b_b$

$\alpha_{ij}=\dfrac{x_{ij}(1+\delta_{ij})}{2x_{SS}+x_{SB}}$　$\beta_{ij}=\dfrac{x_{ij}(1+\delta_{ij})}{2x_{SS}+x_{SA}}$　$i_j=\dfrac{x_{ij}(1+\delta_{ij})}{2x_j}$　$\delta_{ij}=0$ for $i\neq j$; 1 for $i=j$

临界值 $D_p^* = 0.155$。可以看到：$D_p < D_p^*$ 时，仍有一级相变存在，相变点 $y_2' \approx 0.5868$；$D_p > D_p^*$ 时，相变消失。在图7.3(c)中给出了 B 发生脱附时，$D_p = 0.002$ 的相图。可以看到：B 中毒的二级相变点消失，但一级相变点不受影响。

(3) ER机制的作用。图7.3(d)是考虑了ER机制后，利用对近似方法所得到的相图。可以看到：二级相变点消失，一级相变点移到 $y_2' = 0.5375$。虽然理论值仍比模拟值0.4975大，但与ZGB模型比较，y_2 值的偏移的数值却是一致的：理论预言 $y_2 - y_2' = 0.0235$，模拟结果 $y_2 = y_2' = 0.0275$。

表7.4　扩散对相变点的作用

(Nd_A, Nd_B)	y_1(MCS)	y_2(MCS)	y_1(PA)	y_2(PA)	Δy_2
(0,0)	0.390	0.5277	0.2487	0.5610	0.0333
(10,0)	0.390	0.632	0.2487	0.6177	0.0143
(20,0)	0.390	0.640	0.2487	0.6288	0.0112
(40,0)	0.390	0.650	0.2487	0.6382	0.0118
(4000,0)		$\to \frac{2}{3}$		0.6633	~0.003
(0,10)	–	–	<0.001	0.6187	
(0,40)	–	–	~0	0.63	
(0,4000)	–	–	~	0.6634	

(4) 初始条件的作用。如前所述，一级相变点 y_2 的值受表面初始状态影响非常大。在表7.5中列出了不同初值条件时，利用对近似方法所得到的 y_2 值与模拟结果的比较。可能看到，二者是比较一致的。

2. 反应控制模型：$p_r < 1$

当吸附态 A 和 B 之间的反应几率 p_r 小于1时，就必须考虑表面发生的过程对 AB 对的改变。但对有限反应几率的实现，文献中出现了几种不同的模型，因此相应的对近似方法的推导也有差别：

(1) 第一种模型：在每个模拟步骤中，首先选择一个过程，其中独立反应过程发生的几率是 p_r，而发生 A 或 B 的脱附过程的几率是 $1 - p_r$。若选中了反应过程，则在表面随机选择一对近邻格点，当两者分别为 A 和 B 占据时，反应发生；而若选中吸附过程，再按 y_A 的大小分别吸附 A 或 B，但此时不再检测新吸附的 A 或 B 的近邻，即不再在吸附步骤中考虑反应。

(2) 第二种模型：首先还是发生吸附，但每一步吸附后，都进行一步独立反应过程,这对应于第一种模型中 $p_r=0.5$;而此时的反应几率是另一个小于1的 p_r'值。

(3) 第三种模型:每一步吸附过程后,反应过程仍然立即发生,但此时反应的几率是个小于1的数 p_r。

表 7.5 初始条件对相变点的影响

(x_A^0, x_B^0)	y_2(MCS) ($Nd_A=40$)	$y_2(PA)$ ($Nd_A=40$)	$y_2(PA)$ ($Nd_A=0$)
(0,0)			
$\left(\frac{1}{5},0\right)$	0.650 ± 0.001	0.638 2	0.561 0
$\left(\frac{1}{2},0\right)$	0.650 ± 0.001	0.610 6	0.555 6
$\left(\frac{2}{3},0\right)$	0.520 ± 0.002	0.508 4	0.524 1
$\left(\frac{3}{4},0\right)$	0.428 ± 0.002	0.415 8	0.496 5
$\left(\frac{1}{4},0\right)$	0.382 ± 0.004	0.353 2	0.478 7
$\left(\frac{1}{5},\frac{2}{5}\right)$	0.648 ± 0.002	0.637 5	0.559 5
$\left(\frac{2}{5},\frac{1}{5}\right)$	0.652 ± 0.002	0.638 2	0.561 0
$\left(\frac{1}{5},0\right)$	0.605 ± 0.001	0.606 1	0.547 6
$\left(0,\frac{1}{5}\right)$	0.649 ± 0.002	0.638 2	0.561 0

我们把上述三种模型分称为 M_1、M_2 和 M_3,在表7.6中给出了 M_3 模型的吸附过程及其速率 R^k。它们的 ΔN_{ij} 的表达式列于表7.7中。利用对近似方法对这三种模型所得到的相图,如图7.4所示。由图7.4可以看到:三种模型有一个共同的特征,随着反应的几率 p_r 的减小,反应窗口逐渐左移且渐渐变窄,但它们又有明显的不同:对 M_1 和 M_2,即使 p_r 减小到零,反应窗口也不会消失;但对 M_3,存在一个临界几率 $p_r^c=0.627$,在它以下不再有反应窗口,这种临界性质意味着实际系统中临界温度的存在。另外,M_2 和 M_1 也有些定量的差别:M_2 的窗口比 M_1 窄,这显然是因为 M_2 中的 $p_r'=1$ 仅对应于 M_1 中的 $p_r=0.5$。M_1 及 M_2 和 M_3 的差别是可以理解的:对于前两者,即使反应几率很小时,由于反应步骤是独立的,总能在表面找到 AB 对以实现持续反应,因此反应窗口不会消失;但对 M_3,如果吸附时一对近邻 AB 没有发生反应,则它们会一直留在表面,直到下一次在它们的近邻发生

吸附时才有可能被消耗，因此一旦反应几率足够小时，表面会被未发生反应的 AB 对所饱和，因此反应窗口消失。当然可以想象，如果在 M_3 的基础上再加一个独立反应过程，则反应窗口是不会消失的。

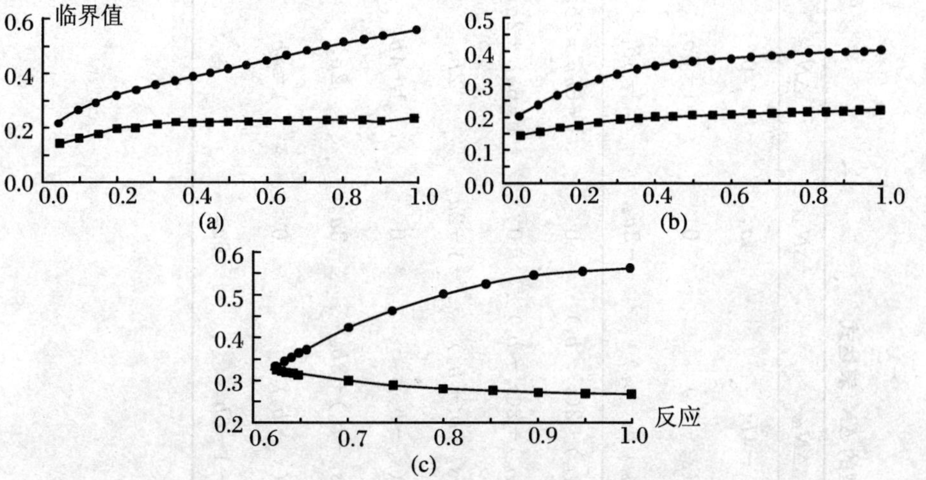

图 7.4　有限反应几率时由对近似方法得到的相图

(a)、(b)、(c)分别对应于 M_1、M_2 和 M_3

表 7.6　有限反应几率模型 M_3 的吸附过程及其速率

Process	Diagram	Rates(R^k)	Process	Diagram	Rates(R^k)
(a)	$SS \to BB$	$s_B(1-\mu)^6$	(b1a)	$\begin{matrix} SS \\ *A \end{matrix} \to \begin{matrix} BS \\ *S \end{matrix}$	$p_r \cdot R^{(b1)}$
(b1b)	$\begin{matrix} SS \\ *A \end{matrix} \to \begin{matrix} BB \\ *A \end{matrix}$	$(1-p_r) \cdot R^{(b1)}$	(b2a)	$SSA \to BSS$	$\frac{1}{2}R^{(b1a)}$
(b2b)	$SSA \to BBA$	$\frac{1}{2}R^{(b1b)}$	(c1a)	$\begin{matrix} SS \\ AA \end{matrix} \to \begin{matrix} SS \\ SS \end{matrix}$	$p_r^2 \cdot R^{(c1)}$
(c1b)	$\begin{matrix} BB \\ AA \end{matrix} \to \begin{matrix} SB \\ SA \end{matrix}$	$2p_r(1-p_r) \cdot R^{(c1)}$	(c1c)	$\begin{matrix} SS \\ AA \end{matrix} \to \begin{matrix} BB \\ AA \end{matrix}$	$(1-p_r)^2 \cdot R^{(c1)}$
(c2a)	$\begin{matrix} ASS \\ A \end{matrix} \to \begin{matrix} SSS \\ S \end{matrix}$	$\frac{7}{2}R^{(c1a)}$	(c2b)	$\begin{matrix} ASS \\ A \end{matrix} \to \begin{matrix} ABS \\ S \end{matrix}$	$\frac{7}{2}R^{(c1b)}$
(c2c)	$\begin{matrix} ASS \\ A \end{matrix} \to \begin{matrix} ABB \\ A \end{matrix}$	$\frac{7}{2}R^{(c1c)}$	(d)	$S \to A$	$R^{(d)}$
(c1)	$SB \to SS$	$p_r \cdot R^{(e)}$	(e2)	$SB \to AB$	$(1-p_r) \cdot R^{(e)}$

表 7.7　有限反应几率模型的 ΔN_{ij} 表达式

Process	ΔN_{SS}	ΔN_{AS}	ΔN_{BS}	ΔN_{AA}	ΔN_{BB}
(a′)	$-4s_s$	$4(s_s-a_s)$	$-4b_s$	$4a_s$	0
(b′)	$-1-6s_s$	$-6a_s$	$6(s_s-b_s)$	0	$1+6b_s$
(c′)	$1+3(s_a+s_b)$	$3(a_a+a_b-s_a)$	$3(b_b+b_a-s_b)$	$-3a_a$	$-3b_b$
(b1b)	$-1-3\alpha_{ss}+2s_s$	$-1-2a_s$	$6(\alpha_{ss}-\alpha_{bs})+2(s_s-b_s)$	0	$1+6\alpha_{bs}+2b_s$
(b2b)	$-1-3\alpha_{ss}+2s_s$	$-1-2a_s$	$6(\alpha_{ss}-\alpha_{bs})+2(s_s-b_s)$	0	$1+6\alpha_{bs}+2b_s$
(c1b)	$2(s_a-s_s)$	$-1+2(a_a-a_s-s_a)$	$1+2(s_s-b_s+b_a)$	$-1-2a_a$	$2b_s$
(c1c)	$-4-4s_s$	$-2-4a_s$	$4(s_s-b_s)$	0	$1+4b_s$
(c2b)	$3s_a-2s_s$	$-2-2a_s+6(a_a-s_a)$	$1+2(s_s-b_s)+3b_a$	$-3a_a$	$2b_s$
(c2c)	$-1-4s_s$	$-2-4a_s$	$4(s_s-b_s)$	0	$1=4b_s$
(e2)	$-3s_s$	$6(s_s-a_s)$	$-1-6b_s$	$6a_s$	0

注：(a′)、(b′)、(c′)对应于 M_1 和 M_2，其余对应于 M。

综上所述，在本节中我们利用对近似方法，从理论上对扩展的 ZGB 模型中表面扩散、脱附等过程以及不同的吸附、反应机制等对相变特征及相变点的影响，给出了较好的解释。将对近似方法应用到有限反应几率的模型，我们发现有限反应几率的存在有可能导致另一种相变，随着反应几率的变化，从饱和的不反应状态向反应态转变。我们的工作表明，对近似方法是研究这类表面反应模型的非平衡动力学相变问题的一种有效的方法。

7.5　DD 反应模型的非平衡动力学相变

Albano[162]首先提出了表面反应的双分子-双分子(DD)反应模型：$\frac{1}{2}A_2 + B_2 \to AB_2$，这里 A_2 和 B_2 分别对应于实际系统中的 O_2 和 H_2。DD 模型也遵从 LH 反应机理：

$$A_2 + 2S \longrightarrow 2A_{ad} \tag{7.15}$$

$$B_2 + 2S \longrightarrow 2B_{ad} \tag{7.16}$$

$$A_{ad} + B_{ad} \longrightarrow C_{ad} + S \tag{7.17}$$

$$B_{ad} + C_{ad} \longrightarrow BC + 2S \tag{7.18}$$

其中，S 是表面空位，C 代表中间产物 AB。在实际的氢催化系统中，低温下近邻的 C 之间还可以进一步反应，即

$$C_{ad} + C_{ad} \longrightarrow BC + A_{ad} + S \tag{7.19}$$

DD 模型的模拟过程如下：首先随机地在表面上选择一对格点，若都是空位，则根据 y_A 的大小确定 A 或 B 的吸附；其次，在 A 吸附后，只需检测和近邻 B 的反应，但对新吸附的 B 而言，如果近邻中同时有 A 和 C，则 B 和 C 的反应优先于 B 和 A 的反应，否则随机选择一个 A 或 C 进行反应；最后，B 和 A 反应生成的 C 占据原来 A 的位置，而原来被 B 占据的格点变成空位，当需考虑 C 与 C 的反应时，还要进一步检测新生成的 C 的近邻。利用这种模拟方法，Albano 得到的主要结果为：DD 模型只有一个一级相变点，$y_{1B} = 2/3$；当 $y_B > y_{1B}$ 时，表面最终处于 B 中毒状态，但此时的中毒态稍不同于 DM 模型，因为表面仍然有空位($x_B = 0.9$)，这是由于 B_2 的吸附需要一对近邻空位所导致的"堵塞"效应；当 $y_B < y_{1B}$ 时，表面被两种成分所饱和，即 A 和 C，但二者的总覆盖度仍然小于 1，$x_A + x_C = 0.9$；DD 模

型不存在反应窗口；但 Albano 指出，若考虑到 CC 反应时，会出现一个反应窗口，其临界点分别位于 $y_{1B}\approx 0.4525$ 和 $y_{2B}\approx 0.6265$。

我们利用模拟和平均场理论方法对 DD 模型进行了深入的研究[143]：

1. 首先，我们不考虑 CC 反应，假设表面的反应遵从质量作用定律(LMA)，很容易写出如下的动力学方程：

$$\frac{\mathrm{d}x_A}{\mathrm{d}t}=2y_A k_A^a x_s^2-k_c^f x_A x_B-2k_A^d x_A^2 \tag{7.20}$$

$$\frac{\mathrm{d}x_B}{\mathrm{d}t}=2y_B k_B^a x_s^2-k_c^f x_A x_B-k_{BC}^f x_B x_C-2k_B^d x_A^2 \tag{7.21}$$

$$\frac{\mathrm{d}x_C}{\mathrm{d}t}=k_C^f x_A x_B-k_{BC}^f x_B x_C-k_C^d x_C \tag{7.22}$$

其中上标 a、d 和 f 分别表示吸附、脱附和反应，k 则是相应的吸附系数、脱附系数和反应系数。由于忽略了相关，找到一对近邻空位的几率为 x_s^2。显然各系数的选择有很大任意性，我们取 $k_A^a=k_B^a=k_C^f=k_{BC}^f=1$，而让其他的系数变化以考虑 A、B 或 C 脱附的影响。

同 LMA 方法类似，点近似方法也忽略了相关，但动力学方程的推导直接根据表面发生的基元过程。按照 DM 模型中相同的思路，我们得到点近似(SA)的动力学方程为

$$\frac{\mathrm{d}x_A}{\mathrm{d}t}=2y_A x_s^2(1-x_B)^3-2y_B x_s^2\left[(1-x_C)^3-(1-x_A-x_C)^3\right]-2k_A^d x_A^2 \tag{7.23}$$

$$\frac{\mathrm{d}x_B}{\mathrm{d}t}=2y_B x_s^2(1-x_A-x_C)^3-2y_A x_s^2\left[3x_B(1-x_B)^2+6x_B^2(1-x_B)+2x_B^2\right]-2k_B^d x_B^2 \tag{7.24}$$

$$\frac{\mathrm{d}x_C}{\mathrm{d}t}=2y_B x_s^2\left[(1-x_C^3)-(1-x_A-x_C)^3\right]+6y_A x_s^2 x_B(1-x_B)^2-2y_B x_s^2\left[1-(1-x_C)^3\right]-k_C^d x_C \tag{7.25}$$

DD 模型的对近似方法(PA)的推导比较复杂。必须根据 ΔN_{ij} 的不同将表面发生的基元过程进行分类，并且还要根据发生某个特定过程的速率来区分不同的局域的构型。在表 7.8 中给出所有的过程的图示和速率的表达式，在表 7.9 中给出了相应的 ΔN_{ij} 的表达式。

表 7.8　DD 模型对近似方法的各种过程及速率

Process	Diagrams	Rates(R^k)
(1a)	SS	$(1-b_s)^6 y_a x_{ss}$
(1b)	SSB, and $\begin{matrix}SS\\ *B\end{matrix}$	$6b_s(1-b_s)^5 y_a x_{ss}$
(1c)	$\begin{matrix}SS\\ BB\end{matrix}$, and $\begin{matrix}SSB\\ B*\end{matrix}$	$9b_s^2(1-b_s)^4 y_a x_{ss}$
(1d)	$\begin{matrix}BSS\\ B*\end{matrix}$, and $\begin{matrix}B*\\ SS\\ B*\end{matrix}$	$[6b_s^2(1-b_s)^4+2b_s^3(1-b_s)^3]y_a x_{ss}$
(1e)	$\begin{matrix}B*\\ SSB\\ B*\end{matrix}$, $\begin{matrix}B*\\ SS\\ BB\end{matrix}$, $\begin{matrix}B*\\ BSSB\end{matrix}$, $\begin{matrix}BB\\ BSS\end{matrix}$	$[18b_s^3(1-b_s)^3+6b_s^4(1-b_s)^2]y_a x_{ss}$
(1f)	$\begin{matrix}BSSB\\ BB\end{matrix}$, $\begin{matrix}BB\\ SS\\ BB\end{matrix}$, $\begin{matrix}B\\ BSSB\\ B\end{matrix}$	$[9b_s^4(1-b_s)^2+6b_s^5(1-b_s)+b_s^6]y_a x_{ss}$
(2a)	SS	$(1-\mu)^6 y_b x_{ss}$
(2b)	SSA, and $\begin{matrix}SS\\ *A\end{matrix}$	$2(1-\mu)^3[(1-c_s)^3-(1-\mu)^3]y_b x_{ss}$
(2c)	$\begin{matrix}SS\\ AA\end{matrix}$, and $\begin{matrix}SSA\\ A\end{matrix}$	$[(1-c_s)^3-(1-\mu)^3]^2 y_b x_{ss}$
(2d)	SSS, and $\begin{matrix}SS\\ *C\end{matrix}$	$2(1-\mu)^3[1-(1-c_s)^3]y_b x_{ss}$
(2e)	$\begin{matrix}SS\\ CA\end{matrix}$, and $\begin{matrix}SSA\\ C\end{matrix}$	$2[1-(1-c_s)^3][(1-c_s)^3-(1-\mu)^3]y_b x_{ss}$
(2f)	$\begin{matrix}SS\\ CC\end{matrix}$, and $\begin{matrix}SSC\\ C\end{matrix}$	$[1-(1-c_s)^3]^2 y_b x_{ss}$
(3a)	AA	$x_{aa}dp_a$
(3b)	BB	$x_{bb}dp_b$
(3c)	C	$x_c dp_c$

where　$i_s=\dfrac{x_{is}}{2x_s}$, and $\mu=a_s+c_s$

图 7.5 和图 7.6 中给出了由模拟、LMA、点近似和对近似方法所得到的相图。从图 7.5 可以看到:三种平均场理论方法都预言了在 $y_B=2/3$ 时有一个一级相变点,这种模拟结果是一致的;对近似和点近似方法要比 LMA 方法好得多;在一级相变点附近,点近似和对近似的差别非常微小,而离相变点较远时,定量上对近似

表 7.9　DD 模型对近似方法的 ΔN_{ij} 表达式

Process	ΔN_{ss}	ΔN_{as}	ΔN_{bs}	ΔN_{cs}	ΔN_{aa}	ΔN_{bb}	ΔN_{cc}
(1a)	$-1-6\beta_{bss}$	$6(\beta_{bss}-\beta_{bas})$	0	$-6\beta_{bcs}$	$1+6\beta_{bas}$	0	0
(1b)	$-1+\frac{7}{3}s_b-\frac{13}{3}\beta_{bss}$	$\frac{2}{3}+\frac{7}{3}\beta_{bss}-\frac{13}{3}\beta_{bas}$	$-\frac{5}{3}+\frac{7}{3}(b_b-s_b)$	$1-\frac{13}{3}\beta_{bcs}+2\beta_{bss}$	$\frac{7}{3}\beta_{bas}$	$-\frac{7}{3}b_b$	$2\beta_{bcs}$
(1c)	$-\frac{7}{9}+\frac{43}{9}s_b-\frac{29}{9}\beta_{bss}$	$-\frac{29}{9}\beta_{bas}$	$-\frac{25}{9}+\frac{43}{9}(b_b-s_b)$	$\frac{25}{9}+\frac{29}{9}(\beta_{bss}-\beta_{bcs})$	0	$-\frac{2}{9}-\frac{43}{9}b_b$	$1+\frac{29}{9}\beta_{bcs}$
(1d)	$1+\frac{14}{3}s_b-\frac{5}{3}\beta_{bss}$	$\frac{7}{3}+\frac{5}{3}(\beta_{bss}-\beta_{bas})$	$\frac{10}{3}+\frac{14}{3}(b_b-s_b)$	$-\frac{5}{3}\beta_{bcs}$	$\frac{5}{3}\beta_{bas}$	$-\frac{14}{3}b_b$	0
(1e)	$\frac{13}{9}+\frac{65}{9}s_b-\frac{10}{9}\beta_{bss}$	$-\frac{10}{9}\beta_{bas}$	$-\frac{35}{9}+\frac{65}{9}(b_b-s_b)$	$\frac{26}{9}+\frac{10}{9}(\beta_{bss}-\beta_{bcs})$	0	$-\frac{4}{9}-\frac{65}{9}b_b$	$\frac{10}{9}\beta_{bcs}$
(1f)	$\frac{44}{9}+\frac{92}{9}s_b$	0	$-4+\frac{92}{9}(b_b-s_b)$	0	0	$-\frac{8}{9}-\frac{92}{9}b_b$	0
(2a)	$-1-6\beta_{uss}$	0	$6(\beta_{uss}-\beta_{ubs})$	0	0	$1+6\beta_{ubs}$	0
(2b)	$-\frac{1}{3}(5+7\beta_{uss})$	$-\frac{1}{3}(5+7s_a)$	$\frac{1}{3}(5+7\beta_{uss}-7b_s)$	$-\frac{1}{3}(5+7s_a)$	$-\frac{7}{3}a_a$	$\frac{7}{3}b_s$	$\frac{7}{3}c_a$
(2c)	0	$-2-\frac{50}{9}s_a$	0	$2+\frac{50}{9}s_a$	$-\frac{2}{9}-\frac{50}{9}a_a$	0	$\frac{2}{9}+\frac{50}{9}c_a$
(2d)	$\frac{7}{3}(s_c-\beta_{uss})$	$\frac{7}{3}a_c$	$\frac{7}{3}(\beta_{uss}-\beta_{ubs})+\frac{5}{3}$	$\frac{7}{3}(c_c-ssc)-\frac{5}{3}$	0	$\frac{7}{3}\beta_{ubs}$	$-\frac{7}{3}c_c$
(2e)	$1+\frac{25}{9}s_c$	$-1+\frac{25}{9}(a_c-s_a)$	0	$\frac{2}{9}+\frac{25}{9}(c_c+s_a-s_c)$	$-\frac{25}{9}a_a$	0	$-\frac{25}{9}(c_a-c_c)$
(2f)	$\frac{20}{9}+\frac{50}{9}s_c$	$\frac{50}{9}a_c$	0	$-2+\frac{50}{9}(c_c-s_c)$	0	0	$-\frac{2}{9}-\frac{50}{9}c_c$

续表

Process	ΔN_{ss}	ΔN_{as}	ΔN_{bs}	ΔN_{cs}	ΔN_{aa}	ΔN_{bb}	ΔN_{cc}
(3a)	$1+6s_a$	$6(a_a - s_a)$	0	$6c_a$	$-1-6a_a$	0	0
(3b)	$1+6s_b$	0	$6(b_b - s_b)$	0	0	$-1-6b_b$	0
(3c)	$4s_c$	$4a_c$	0	$(4c_s - s_c)$	0	0	$-4c_s$

where $i_j = \dfrac{(1+\delta_{ij})x_{ij}}{2x_j}$ $(i,j = A,B,C, \text{ or } S)$

$\beta_{bij} = \beta_b(1+\delta_{ij})x_{ij}$, $\beta_b = \dfrac{1}{2x_s - x_{bs}}$, $\delta_{ij} = \begin{cases}1, & \text{if } i=j\\ 0, & \text{otherwise}\end{cases}$

$\beta_{uij} = = \beta_u(1+\delta_{ij})x_{ij}$, $\beta_u = \dfrac{1}{2x_s - x_{as} - x_{cs}}$

比点近似要好，即对近似能准确地预言“堵塞”效应，但点近似不能。从图 7.6 也可以看到：点近似和对近似都能很好地再现模拟的相图；模拟、对近似、点近似和 LMA 方法所得到的临界点分别为：0.345、0.388、0.333 和 0.332；当 $y_A=1$ 时，表面 A 的覆盖度是 $1/1+k_A^d=0.5$，但当气相中有一点点 B_2 时，A 的覆盖度迅速降低到 0.4，我们发现点近似和对近似都能重现这个有趣的现象，但 LMA 方法却不能。

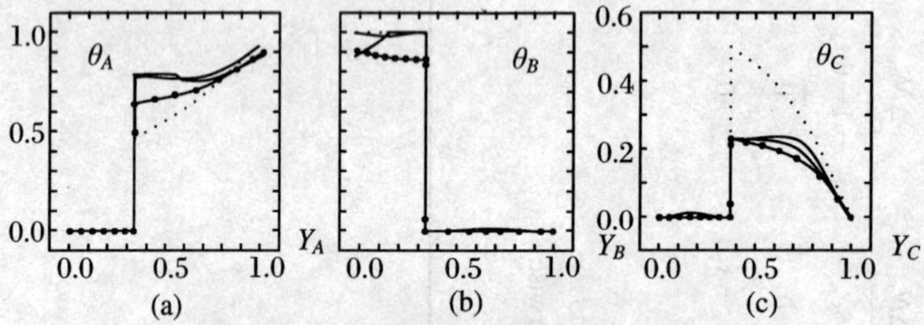

图 7.5　几种平均场理论和模拟的对比

实线+圆点是模拟；实线是对近似；虚线是点近似；点线是 LMA，(a)、(b)和(c)分别是达到稳态后 A、B、C 的平均覆盖度

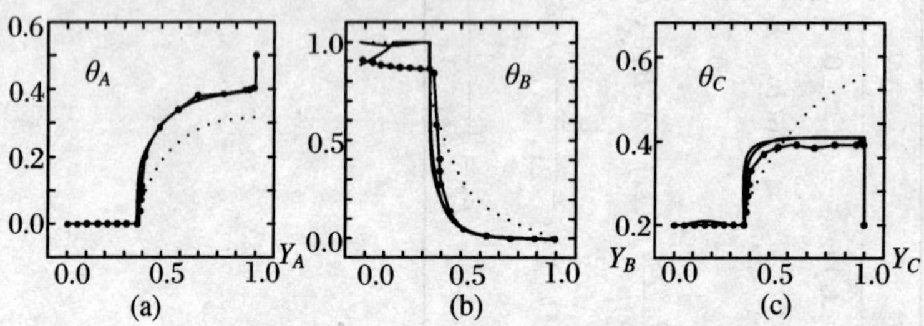

图 7.6　A 脱附系数为 1 时，几种平均场理论和模拟的对比

2. 其次，我们考虑 $C+C$ 反应的作用。对于 LMA 方法，我们只需在(7.20)式和(7.22)式中的右边加入相应的项，即

$$\Delta\frac{\mathrm{d}x_C}{\mathrm{d}t}=-2\Delta\frac{\mathrm{d}x_C}{\mathrm{d}t}=-2k_{CC}^r x_C^2 \tag{7.26}$$

其中 k_{CC}^r 为 $C+C$ 反应系数，当然它的确定仍有随意性，这里取为 1。点近似方法所得到的动力学方程为：

$$\begin{aligned}\frac{\mathrm{d}x_A}{\mathrm{d}t}=&\ 2y_A x_s^2\{(1-x_B)^3+3x_B(1-x_B)^2[1-(1-x_C)^3]\}\\&-2y_B x_s^2[(1-x_C)^3-(1-x_A-x_C)^3](1-x_C)^3\end{aligned} \tag{7.27}$$

$$\frac{\mathrm{d}x_B}{\mathrm{d}t} = 2y_B x_s^2(1 - x_A - x_C)^3 - 2y_A x_s^2 [3x_B(1 - x_B)^2 + 6x_B^2(1 - x_B) + 2x_B^3] \tag{7.28}$$

$$\frac{\mathrm{d}x_C}{\mathrm{d}t} = 2y_B x_s^2[(1 - x_C)^3 - (1 - x_A - x_C)^3][2(1 - x_C)^3 - 1] + 6y_A x_s^2 x_B(1 - x_B)^2 [2(1 - x_C)^3 - 1] - 2y_B x_s^2[1 - (1 - x_C)^3] \tag{7.29}$$

在对近似方法中，还要进一步区分表7.7中所列过程并推导它们的速率 R^k 和 ΔN_{ij} 的表达式，这是比较复杂的工作，我们不准备详细叙述，这里仅给一个例子以作说明。对过程(2C)，在 B_2 吸附后，初始构型 $\begin{smallmatrix}SS\\AA\end{smallmatrix}$ 和 $\begin{smallmatrix}SSA\\A\end{smallmatrix}$ 首先分别变为 $\begin{smallmatrix}SS\\CC\end{smallmatrix}$ 和 $\begin{smallmatrix}SSC\\C\end{smallmatrix}$。$\begin{smallmatrix}SS\\CC\end{smallmatrix}$ 立即发生 CC 反应而变成 $\begin{smallmatrix}SS\\AS\end{smallmatrix}$；但对 $\begin{smallmatrix}SSC\\C\end{smallmatrix}$ 来说，是否发生进一步的反应，取决于 C 的近邻：当一个 C 的近邻中有 C 时，有

$$\begin{matrix} & SSC \\ (C) & C \end{matrix} \longrightarrow \begin{matrix} SSC \\ AS \end{matrix}$$

它的几率是 $2(1 - C_a^3)[1 - (1 - C_a)^3]$，其中 $C_a = x_{aC}/2x_a$；当两个 C 的近邻中都有 C 时，有

$$\begin{matrix} & SSC(C) \\ (C) & C \end{matrix} \longrightarrow \begin{matrix} & SSS(A) \\ (A) & S \end{matrix}$$

它的几率是 $[1 - (1 - C_a)^3]^2$；而如果两者都没有 C 近邻，它的几率是 $(1 - C_a)^6$，则初始构型维持不变。

图7.7中给出了由模拟和三种平均场方法所得到的相图。为了便于比较，在

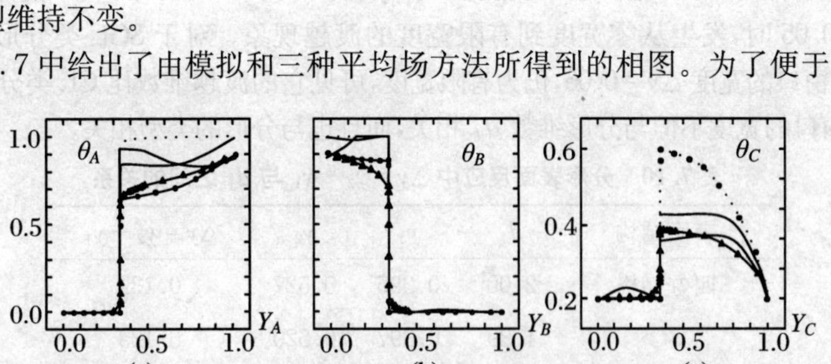

图7.7　考虑 $C+C$ 反应后，几种平均场方法和模拟结果的对比

圆点+虚线为不考虑 CC 反应时的模拟结果

此图中还给出了忽略 CC 反应的DD模拟的相图。由此图可以看到：CC 反应并不

能改变DD模型的特征；点近似和对近似都和模拟结果符合得很好；表明一级相变点附近相关作用是可以忽略的。

7.6 分形表面反应的非平衡动力学相变

近年来，若干学者[163~169]利用计算机模拟方法和标度理论方法，研究了分形表面反应中非平衡动力学相变的特性。他们所采用的分形结构包括确定性分形和随机分形。确定性分形有：SL（Sierpinski Carpet），SG（Sierpinski Gasket），SGL（Sierpinski Gasket Like）和CLC（Cross Like）。随机分形有：DLA和分形渗流结构。在这些研究工作中，所采用的反应模型是DM模型。他们所得到的主要结果综述如下：

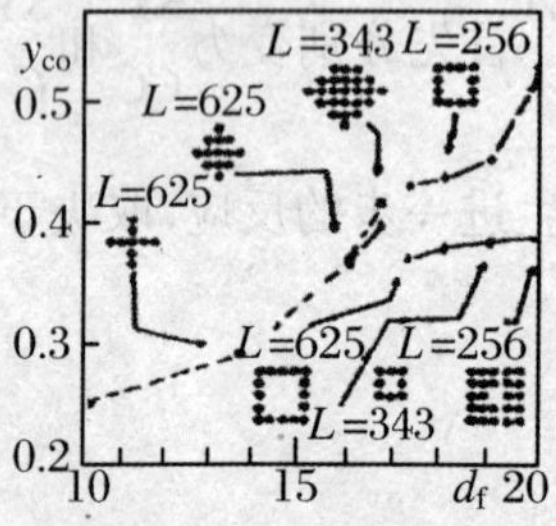

图 7.8 分形表面反应中相变点 y_2 和 y_1 与 d_f 之间的关系

1. 分形维数 d_f 与相变点 y_1 和 y_2 之间的关系

在分形表面反应中，反应窗口 $\Delta y = y_2 - y_1$ 随着分形维数 d_f 的减小而变窄，如在表7.10中所列数据。对于CL和SGL两类分形结构，相变点 y_1 和 y_2 随着 d_f 而变化的关系，如图7.8所示。在图7.8中也给出了各类分形结构的生成元的图像。由图7.8可以看到：$\Delta y = y_2 - y_1$ 不但随着 d_f 的减小而变窄，而且对于CL类分形，当 $d_f = 1.6 \pm 0.05$ 时，发生从零宽度到有限宽度的渡越现象。对于SGL类分形，在 $d_f = 0.633$ 时窗口的宽度 $\Delta y = 0.06$，仍为有限宽度，可见它的渡越维数比CL类分形低。因此反应窗口的宽度不但与分形维数 d_f 相关，而且也与分形的类型相关。

表 7.10 分形表面反应中 $\Delta y = y_2 - y_1$ 与 d_f 之间的关系

表面结构	d_f	y_1	y_2	$\Delta y = y_2 - y_1$
四方晶格	2.00	0.395	0.527	0.132
SC	1.89	0.397	0.520	0.123
分形渗流结构	1.89	0.301	0.424	0.123
DLA	1.68	0.286	0.335	0.049
SG	1.59	0.466 5	0.490	0.045

在 $1<d_f<2$ 的分形结构中，由于存在着较多的分支和死端等结构，使一些格位之间不能直接连通。但是，O_2 分子的吸附有两个连通的近邻空位存在时才成为可能。因此，在分形结构中 O_2 分子的吸附比 $d=2$ 规则晶格上要难。只有在 y_{CO} 浓度比较低时，才可被 O_2 分子所中毒，故 y_1 值比规则结构时降低了。y_2 值降低的原因也与分形结构中 O_2 吸附较难相关，它使 CO 的吸附相对来说变得容易了。由此可见，在分形结构中 y_1 和 y_2 的降低以及 Δy 变窄，都是由于 O_2 吸附的拓扑条件不易得到满足所引起来的。

2. 分形表面反应区中的反应机理和产率

Albano[169] 利用计算机模拟方法得到：在分形渗流结构的反应区中，CO_2 的产生速率 R_{CO_2} 随着 y_{CO} 而变化的图像，具有单峰的对称形式，极大值在反应窗口的中间，它与 $\theta_T=\theta_O+\theta_{CO}$ 的极小值相一致，如图 7.9 所示。从图 7.1 中可以看到：在规则表面中，R_{CO_2} 随着 y_{CO} 的变化图像是单调增长的非对称的曲线。

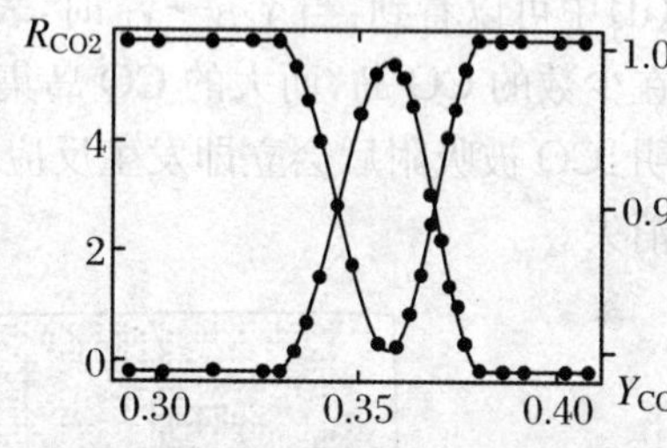

图 7.9　分形表面 R_{CO_2} 和 θ_T 与 y_{CO} 的函数关系

为了说明产生这种差别的原因，首先对比分形渗流结构和规则晶格结构中，在动力学相变点时的粒子分布图像，如图 7.10 所示。在此图中，图(a)是分形渗流结构 $y_{CO}=0.341, \theta_O=0.894, \theta_{CO}=0.081$ 时的分布图像，图(b)是分形渗流结构，$y_{CO}=0.370, \theta_O=0.225, \theta_{CO}=0.679$ 时的分布图像，图(c)是规则晶格结构，$y_{CO}=0.45, \theta_O=0.794, \theta_{CO}=0$ 时的分布图像，图(d)是规则晶格结构，$y_{CO}=0.49, \theta_O=0.580, \theta_{CO}=0.0014$ 时的分布图像。从图 7.10 可以看到，在分形结构中存在许多非活性位，它们有利于 CO 或 O 凝聚成小岛似的集团，同时活性位的大部分分布在 CO 岛和 O 岛之间的边界区域中。由于成功的反应事件主要部分应该发生在这些边界区域的空位上，因此，反应速率 R_{CO_2} 应与 $1-\theta_T$ 成比例，即有

$$R_{CO_2} \propto (1-\theta_T) = 1-\theta_O-\theta_{CO} \tag{7.30}$$

此式表明，在分形表面上的反应机理，不同于平均场理论给出的 $R_{CO_2} \propto \theta_O\theta_{CO}$ 反应机理。若用 ξ_O 和 ξ_{CO} 分别表示 O 岛和 CO 岛的特征尺度，则有：当 $y_{CO}\to y_1$ 时，$\xi_O>\xi_{CO}$；当 $y_{CO}\to y_2$ 时，$\xi_O<\xi_{CO}$；当 R_{CO_2} 取极大值时，有

$$\xi_O = \xi_{CO} \tag{7.31}$$

若用 $y_1(\infty)$ 和 $y_2(\infty)$ 分别表示反应系统的尺度为无穷大时的相变点，Albano 指出[167]，具有如下的标度关系：

$$\xi_O \propto | y_{CO} - y_1(\infty) |^{-\nu_1} \tag{7.32}$$

$$\xi_{CO} \propto | y_{CO} - y_2(\infty) |^{-\nu_2} \tag{7.33}$$

若取 $\nu_1 = \nu_2$，则由(7.31)式、(7.32)式和(7.33)式，可以近似得到 R_{CO_2} 取极大值时 y^*_{CO} 为

$$y^*_{CO} = \frac{y_1(\infty) + y_2(\infty)}{2} \approx 0.362$$

这个数值与计算机模拟所得到的数值相符合。对于规则晶格而言，从图 7.10(b)和(d)中可以看到：当 $y_{CO} \to y_1$ 时，表面主要由O所覆盖，$\theta_{CO} \approx 0$；当 $y_{CO} \to y_2$ 时，只存在少数的CO岛，而大的CO岛集团只能在 y_{CO} 非常接近 y_2 时才会出现。这就表明：CO被吸附后会立即发生反应，使 R_{CO_2} 随着 y_{CO} 单调增加到 y_2 时，迅速下降至消失。

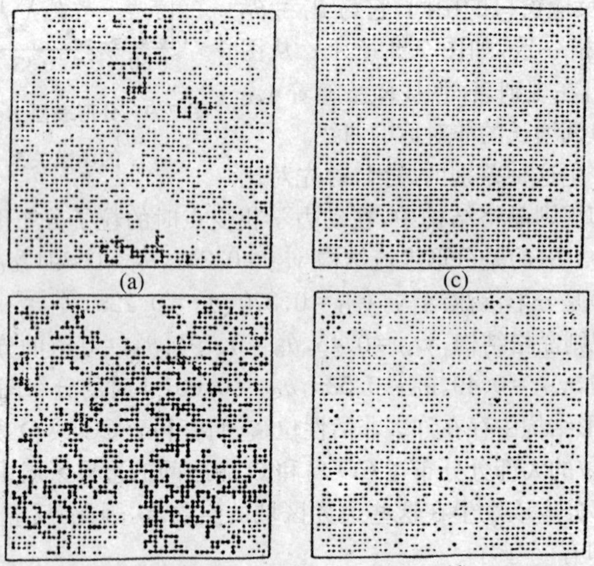

图 7.10　动力学相变点时粒子在表面上分布图像

●:CO占有位；+:O占有位；○:空位；白边：非活性位

3. 分形表面反应中动力学相变级数

在规则晶格表面上，y_1 是二级相变，y_2 是一级相变。但在分形表面上，y_1 仍为二级相变，而 y_2 却变成了二级相变，即发生了相变类型的转变，如图 7.11 所示。在规则表面上，y_2 是一级相变，这是由于 y_{CO} 非常接近 y_2 时，CO岛非常迅速增长所造成的。另外，在整个反应区中可观察到比较大的O岛，当 $y_{CO} \to y_1$ 时，这些大

的 O 岛是连续增长，从而使 y_1 是二级相变。但是，在分形渗流结构表面上，在整个反应区中同时存在着 CO 和 O 的集团，而且由于集团尺度的涨落效应，平均来看，当接近两个相变点 y_1 和 y_2 时，它们都是连续地增长，不会产生突变，因此，y_1 和 y_2 都是二级相变。

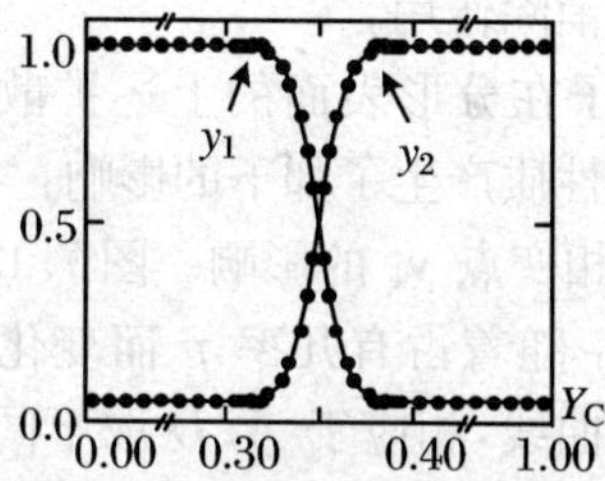

图 7.11　分形表面反应中动力学相变的级数

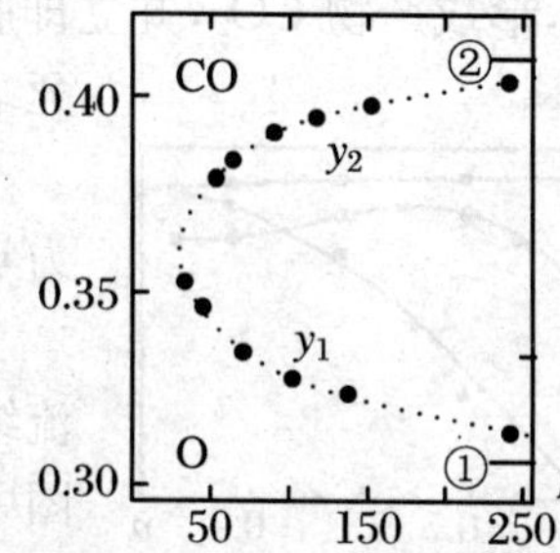

图 7.12　分形表面相变点 y_1 和 y_2 与 L 之间的关系

4. 分形表面动力学相变的尺寸效应

分形表面动力学相变的尺寸效应包括如下两方面的内容：

(1) 随着分形表面尺度 L 的减小，反应窗口的宽度变窄，而且当 L 减小至某一临界值 L_C 时，反应窗口变为零。在图 7.12 中给出了分形渗流结构中反应窗口宽度随着尺度 L 而变化的关系，$L_C = 30 \pm 5$，也就是说，在 $L < L_C$ 时，在分形渗流表面上永远是中毒态；

(2) 在一定条件下，$L < L_C$ 时的中毒态表现出类似混沌的行为，也就是说既可以被 O 中毒，也可以被 CO 中毒。在分形渗流表面中，由反应区向类混沌状态的渡越是接近 L_C 和 $y_{CO} = 0.36$ 的条件下实现的。

出现上述临界尺寸 L_C 和类似混沌中毒态的原因，归之于 O 和 CO 集团的尺度涨落效应，也就是说，当分形表面尺度小时，这种涨落效应比较显著，使 CO 和 O 的小集团均有机会发展成大的集团，使表面被中毒。在规则四方晶格表面中，临界尺度 $L_C = 12 \pm 2$，即在更小的尺度上，涨落效应才会表现显著作用。由此可见，分形结构比规则结构的尺度涨落效应对动力学相变有着更大的作用。

5. 分形表面上扩散过程对动力学相变的作用

在分形表面上扩散作用的大小，可用吸附扩散比 $A/D = 1/j$ 来定量描述，$A/D = 1/0$ 代表无扩散过程，$A/D = 1/10, 1/40$ …表示扩展作用的增大。由于 O_2 在表面上的吸附能比 CO 的吸附能大，则相对来说，CO 更容易在表面上进行扩散。

CO 在表面上的扩散可产生两种作用：

(1) 渗透作用。由于 CO 分子在表面上的扩散，可使不连续的分支结构之间相互渗透，得到一定的沟通；

(2) 消除作用。当 CO 分子扩散到不连通的分支和死端时，可与其上的 O 原子发生反应，形成产物 CO_2，并立即脱附再生出空位，从而对这些不连通的分支和死端起到了消除作用。

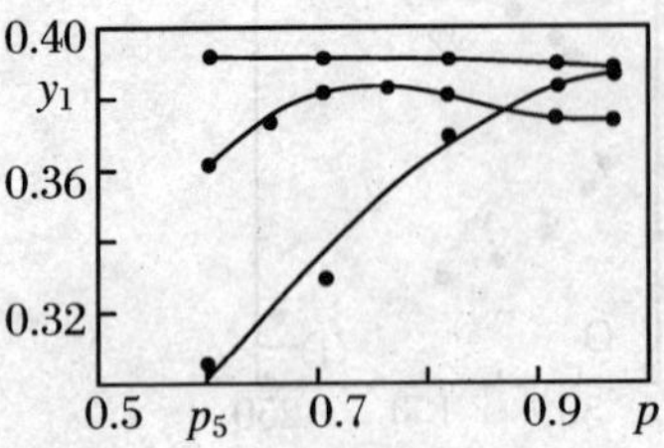

图 7.13 表面上扩散作用对 y_1 的影响

CO 分子在分形表面的上述扩散作用，对动力学相变的性质产生了如下的影响：

(1) 对相变点 y_1 的影响。图 7.13 给出了渗流结构中 y_1 随着占有几率 p 而变化的关系，此图中的不同曲线，相应于 A/D 取不同的值，由此图可以看到：$A/D=1/0$ 时，y_1 随着 p 单调增加，这是由于 p 小时，分支结构多，O_2 的吸附比较难以满足拓扑条件的要求，只有 y_{CO} 较低时才有利于 O_2 的吸附和中毒；在 $A/D\neq 1/0$ 时，y_1 几乎与 p 无关，并且随着扩散作用的增大而增加。这表明：CO 分子的扩散在不连续分支上所产生的渗透作用和清除作用，使 O_2 分子吸附的拓扑条件容易得到满足，从而降低了 O_2 分子吸附的难度，使 y_{CO} 有较大值时也中毒表面。

(2) 对相变点 y_2 的影响。图 7.14 给出了渗流结构中 y_2 随着占有几率 p 而变化的关系，此图中的不同曲线，相应于 A/D 取不同的值。由此图可以看到：y_2 随着 p 而单调增长。这是因为 p 小时，分支多，CO 相对容易吸附，则 y_2 小；而当 p 增加时，分支减少，O_2 被吸附的难度降低，相对来说，CO 的被吸附的难度加大，则 y_2 增大。另外，从图 7.14 中也可以看到：y_2 随着扩散作用增大而增加，这是因为扩散的渗透作用和清除作用都有利于 O_2 吸附，相对来说，使 CO 吸附的难度增加。

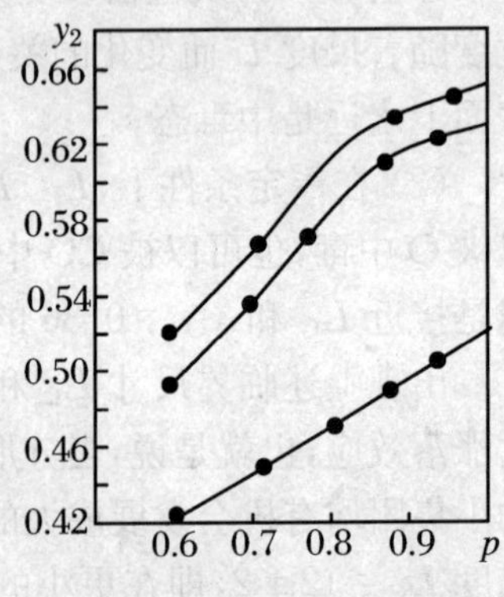

图 7.14 表面上扩散作用对 y_2 的影响

(3) 由于扩散作用有利于抑制涨落效应的影响，从而有利于临界尺度 L_C 增大。

7.7 表面反应系统中时空有序结构

在本节中以 CO 在 Pt 表面上的催化氧化反应系统为具体对象，阐述表面反应系统中所呈现出来的丰富的时空有序结构。

如前所述，在遵从 LH 反应机理时，CO 在 Pt 表面上的催化氧化反应可表达为

$$CO + S \rightleftharpoons CO_{ad} \tag{7.34}$$

$$O_2 + 2S \longrightarrow 2O_{ad} \tag{7.35}$$

$$CO_{ad} + O_{ad} \longrightarrow CO_2 + 2S \tag{7.36}$$

在这个反应网络中，存在有一个强的自催化循环：(7.35)＋2(7.36)，它消耗 2 个空位，但生成 4 个空位。这个循环的逸出反应在(7.34)是一级的，而本身(7.35)是二级的，因此这个循环是不稳定的。同理，(7.34)和(7.36)组成了一个弱循环。由于强自催化循环在 CO_{ad}的数目减少时会受到抑制，因此该反应网络也具有负反馈因素。考虑吸附、脱附和反应过程，根据质量作用定律，可写出如下的动力学方程：

$$\frac{du}{dt} = k_1 p_{CO}\left[1 - \left(\frac{u}{u_s}\right)^r\right] - k_2 u - k_3 uv \tag{7.37}$$

$$\frac{dv}{dt} = k_4 p_O\left[1 - \frac{u}{u_s} - \frac{v}{v_s}\right]^2 - k_3 uv \tag{7.38}$$

其中，u 和 v 分别代表 CO 和 O 的平均覆盖度，u_s 和 v_s 分别是 CO 和 O 的饱和覆盖度，k_1 和 k_4 分别是 CO 和 O 的吸附系数，k_2 是 CO 的脱附系数，k_3 是 CO 和 O 的反应速率系数，p_{CO}和 p_O 是 CO 和 O 的气体分压。通过调节 p_{CO}和 p_O可使系统处于远离平衡的状态。对方程(7.37)和(7.38)进行稳定性分析，可以得到：此方程具有一个鞍结点分岔，因此可呈现出双稳态，这种双稳态是指系统可能处于高 CO 覆盖度和低 CO 覆盖度的两种稳定状态。在这种情况下，系统状态随控制参量的变化可呈现滞后现象，存在两种状态之间的一级相变。

一般来说，由于在方程(7.37)和(7.38)中包含了催化循环的负反馈因素，应该表现出振荡行为，但由于存在归一化条件：$CO_{ad} + O_{ad} + s =$ 常数，只能给出双稳特性。因此，为了解释实验上在 CO 催化氧化反应系统中所发现的振荡等时空有序结构，必须进一步考虑其他的负反馈机制。实验上发现[170]：在 Pt(110)表面上，存在一种吸附诱导的结构相变，即在空的(110)面上呈现一种“1×2”的构型，随着 CO

覆盖度的增加,此 1×2 相向另一种 1×1 构型的相转变。这种吸附诱导的结构相变提供了另一种负反馈机制:由于 1×1 相更有利于 O 的吸附,当 CO 的覆盖度增加时,1×1 相增多,从而 O 的吸附变得更容易;而 O 吸附的增多,使得表面反应加快,这又降低了 CO 的覆盖度。若用 w 表示表面上 1×1 相所占的比例,则 O 的吸附系数 k_4 可以表达为

$$k_4 = ws_1 + (1 - w)s_2 \tag{7.39}$$

其中,s_1 和 s_2 分别表示 1×1 相和 1×2 相的吸附几率,s_1 大约是 s_2 的 1.5 倍。w 随时间的变化满足如下的动力学方程[171~173]:

$$\frac{\mathrm{d}w}{\mathrm{d}t} = \begin{cases} -k_5 w, & u \leqslant 0.2 \\ k_5\left(\sum_{i=0}^{3} c_i u^i - w\right), & 0.2 < u < 0.5 \\ k_5(1 - w), & u \geqslant 0.5 \end{cases} \tag{7.40}$$

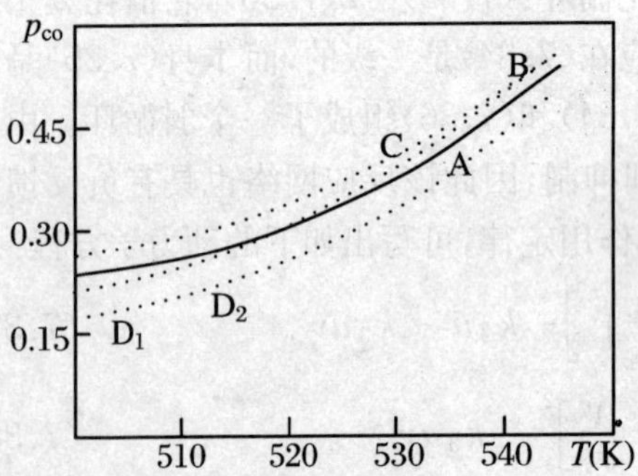

图 7.15　CO 催化氧化反应的分岔图

A 和 C 区域为可激发区;B 为振荡区;D 为双稳区

其中,结构相变的开始值 $u = 0.2$ 和终止值 $u = 0.5$,以及反应系数 k_5 都由实验确定的。结构相变区中,w 随时间变化的多项式系数 c_i,根据实验数据拟合得到。对方程(7.37)~(7.40)进行稳定性分析,可以得到如图 7.15 所示的分岔图。由此图可以看到:此 3 变量模型的动力学方程,存在有几类不同非线性状态的区域:A 和 C 区域为可激发区;B 为振荡区;D 为双稳区。显然,利用上述 3 变量的动力学方程可以解释实验上所观测到的振荡行为。但是,此 3 变量的动力学方程并不能解释实验中发现的混模振荡和混沌现象。Ertl 等人指出[174]:要解释混模振荡,还必须计及另一种表面结构的变化效应,在低温高压下,表面原子会重新堆积,使光滑的表面上形成褶皱,这种效应能明显地增加 O 的吸附速率。同时,这种效应也可能是导致混沌的一个重要原因。但是,到目前为止,还没有建立起合适的理论模型能够非常好的解释实验中所观测到的混沌行为。

为了进一步分析实验上所观测到的斑图和化学波等时空有序结构,需要在上述的 3 变量动力学方程的右端加上扩散项,这样便得到了描述 CO 催化氧化反应系统的反应扩散方程。实验中发现,O 的扩散是可以忽略的,结构相变由局域的 CO 覆盖度的变化所引起,它也不会扩散,因此只需要考虑 CO 的扩散。如此得到

的反应扩散方程为

$$\frac{\partial u}{\partial t} = k_u s_u p_{CO}\left[1 - \left(\frac{u}{u_s}\right)^r\right] - k_2 u - k_3 uv + D\nabla^2 u \tag{7.41}$$

$$\frac{\partial v}{\partial t} = k_v p_0 [s_1 w + s_2(1 - w)]\left[1 - \frac{u}{u_s} - \frac{v}{v_s}\right]^2 - k_3 uv \tag{7.42}$$

$$\frac{\partial w}{\partial t} = k_5 [f(w) - w] \tag{7.43}$$

其中，$f(w)$由(7.40)式给出，在二维平面上，扩散项为

$$D\nabla^2 u = D_x \frac{\partial^2 u}{\partial x^2} + D_y \frac{\partial^2 u}{\partial y^2} \tag{7.44}$$

由于 u 和 v 总是反相关的，它们的变化只用一个变量描述就够了，从而可对上述偏微分方程进一步约化。令$\frac{\mathrm{d}v}{\mathrm{d}t} = 0$，可以把 v 消去，最终可以得到两变量的偏微分方程[175～176]：

$$\frac{\partial u}{\partial t} = -k_0 [u - u_1(w)][u - u_2(w)][u - u_3(w)] + D\nabla^2 u \tag{7.45}$$

$$\frac{\partial w}{\partial t} = k_5 [f(u) - w] \tag{7.46}$$

这里用了一个3次的多项式来近似 u 的演化方程，k_0 主要依赖于温度。对时间 t 和空间坐标(x, y)从新标度：

$$X = \left(\frac{k_5}{D_x}\right)^{1/2} x, \quad Y = \left(\frac{k_5}{D_y}\right)^{1/2} y \tag{7.47}$$

$$\tau = k_5 t \tag{7.48}$$

并用 Z 形曲线近似方程(7.45)右端3次曲线，可有

$$u_1(w) = U_1, \quad u_2(w) = \frac{w + b}{a}, \quad u_3(w) = U_3 \tag{7.49}$$

同时，引入

$$U = \frac{U_3 - u}{U_3 - U_1} \tag{7.50}$$

$$W = 1 - w \tag{7.51}$$

可以将方程(7.45)和(7.46)进一步简化为

$$\frac{\partial U}{\partial \tau} = -\frac{1}{\varepsilon} U(U - 1)\left(U - \frac{W + b}{a}\right) + \nabla^2 U \tag{7.52}$$

$$\frac{\partial W}{\partial \tau} = f(U) - W \tag{7.53}$$

其中

$$\varepsilon = \frac{k_5}{k_0(U_3 - U_1)^2} \tag{7.54}$$

$$f(U) = \begin{cases} 0, & U \leqslant \frac{1}{3} \\ 1 - 6.75U(U-1)^2, & \frac{1}{3} < U < 1 \\ 1, & U \geqslant 1 \end{cases} \tag{7.55}$$

通过上述的变量变换，实际系统中的控制参量气体分压 p_{CO} 和 p_O 以及温度 T，映射到了控制参量(a,b,ε)中。在方程(7.52)和(7.53)中，U 是快变量的，W 是慢变量。对这种类型的偏微分方程，已建立起来一种有效的数值解法[177]，利用这种数值解法求解方程(7.52)和(7.53)，所得到主要结果如下：

(1) 在双稳区中，在 Pt(111)面上可呈现出波前运动；在(110)面上，增加结构相变的自由度后，可以出现两种波前共存的状态(双亚稳态)，这里使用"亚稳"更准确，因为常微分方程的稳态在考虑到扩散后实际上失稳了；当两种波前的速度相当时，可以出现脉冲波或靶状斑图和螺旋波。

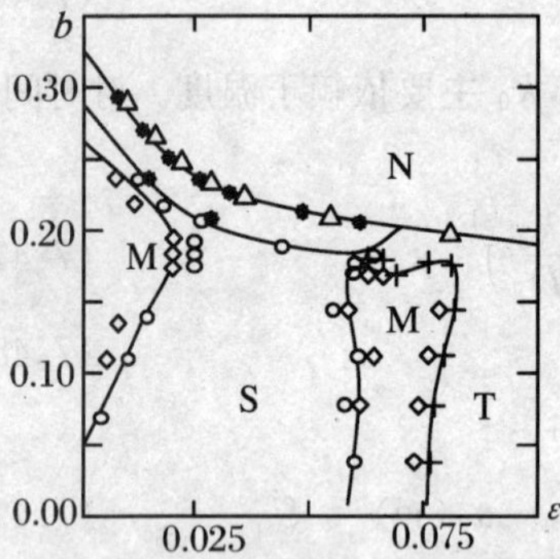

图 7.16　表面反应的反应扩散方程的相图

S:规则累旋波;M:混合螺旋波;F:平面波;T:化学湍流;N:没有稳定化学波

(2) 在可激发区，二维空间中最常见的时空结构是螺旋波。在图 7.16 中给出了方程(7.52)和(7.53)的相图，从此图中可以得到形成各种时空有序结构的大致的参量区间，其中包括：规则螺旋波(S 区域)；混合螺旋波(M 区域)；平面波(F 区域)；螺旋波破裂所形成的化学湍流(T 区域)以及没有稳定化学波的区域(N 区域)。化学湍流是一种时空混沌，它是由螺旋波的失稳破裂所导致的。由于方程(7.52)和(7.53)中 U 和 W 的零解曲线有三个交点，其中一个是可激发的稳定点，另两个是不稳定的不动点，这样使得在 ε 很大时，可激发特征仍能维持。螺旋波的周期 τ_s 和由色散关系所决定的最小周期 τ_m 随着 ε 的增加都增大，但是 τ_m 增加地更快。一旦 τ_m 超过 τ_s，则螺旋波的存在不为色散关系所允许，从而螺旋波发生破裂。破裂后的断臂继续形成螺旋，并再次破裂，从而最终形成化学湍流。

7.8 分形表面反应的时空有序结构

研究分形表面反应系统中的时空有序结构，无论在理论上还是实验工作上都是很困难的。我们初步研究了CO催化氧化系统中的局域时间动力学行为和空间有序结构与催化剂表面上分形结构之间的关系。在本节中，对我们的研究工作作简要的介绍。

1. 局域时间动力学行为[178]

正如在第6章中所述，研究分形结构对动力学行为的影响，最直接的出发点便是考虑它的几何特征和反常的扩散特性，从而在动力学方程中引入分形参数。对CO催化氧化系统，我们的做法是在方程(7.37)和(7.38)的右端加上 D_{eff} 项，它代表能引起 u 和 v 改变的CO的有效扩散，即

$$\frac{\mathrm{d}u}{\mathrm{d}t}=k_1p_{\mathrm{CO}}\left[1-\left(\frac{u}{u_{\mathrm{s}}}\right)^r\right]-k_2u-k_3uv-D_{\mathrm{eff}} \tag{7.56}$$

$$\frac{\mathrm{d}v}{\mathrm{d}t}=k_4p_{\mathrm{O}}[s_1w+s(1-w)]\left(1-\frac{u}{u_{\mathrm{s}}}-\frac{v}{v_{\mathrm{s}}}\right)^2-k_3uv-D_{\mathrm{eff}} \tag{7.57}$$

$$\frac{\mathrm{d}w}{\mathrm{d}t}=\begin{cases}-k_5w, & u\leqslant 0.2\\ k_5\left(\sum\limits_{i=0}^{3}c_iu^i-w\right), & 0.2<u<0.5\\ k_5(1-w), & u\geqslant 0.5\end{cases} \tag{7.58}$$

需要指出，这里我们并没有使用拉普拉斯量来表达扩散项，因为我们关心的是一种局域的时间动力学行为，有效扩散项 D_{eff} 可以表达为

$$D_{\mathrm{eff}}=D_0\mathrm{e}^{d_{\mathrm{f}}/2}u(1-u^4)[1-(1-r)^3]\exp(-E_{\mathrm{D}}/kT) \tag{7.59}$$

其 E_{D} 表示扩散的活化能，在计算中近似取与反应活化能相等的值。把(7.59)式展开，并忽略高阶小量，可得到

$$D_{\mathrm{eff}}=D(T,d_{\mathrm{f}})(uv+uv^2) \tag{7.60}$$

把(7.60)式代入到(7.56)式和(7.57)式中，并对所得到方程进行线性稳定性分析，可以得到该方程的分岔图，如图7.17所示，其平衡解曲线呈"S"形，*ABCDEF* 各段依次是稳定结点(n)，鞍点(s)，不稳定结点(n')，不稳定焦点(f')，稳定焦点(f)和稳定结点(n)。沿控制参量 p_{CO} 下降的方向，在 p_{c} 处发生Hopf分岔，出现3个平

衡解；到达 p_B 时发生鞍结点碰撞，又回到单平衡解。“S”曲线的上半枝（*AB* 段）对应 CO 的高占据状态，而下半枝（CDEF 段）是 CO 的低占据状态，两种状态之间的跃迁可以视作非平衡相变，根据相变的连续与否，可将其区分为一级和二级相变。

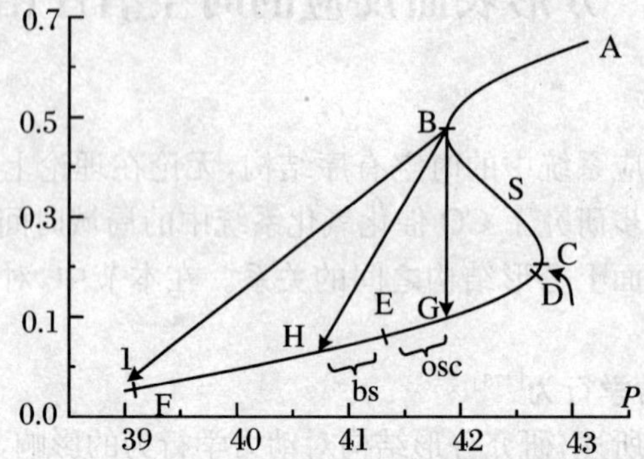

图 7.17 分形表面反应系统的分岔图

从平衡解我们并不能完全获取系统随时间演化的行为，因为非线性系统经常表现出非平衡定态解，如极限环等。在 $T = 544$ K，$d_f = 2.0$ 时，图 7.17 中标出的 *EG* 段是振荡区，随着控制参量 p_{CO} 增大，极限环幅度越来越大，在 *G* 点时极限环突然破裂，系统跃迁到上枝稳定的高 CO 占据态，这里发生了一级的非平衡相变。随着分维数 d_f 的降低，振荡区间和一级相变点的位置明显左移，如图 7.18 所示。

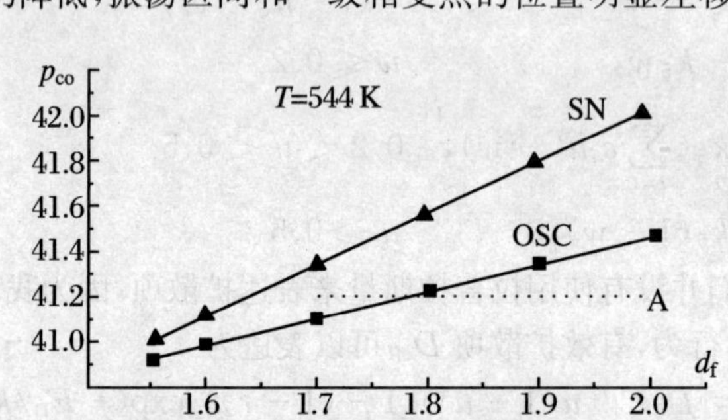

图 7.18 分形维数 d_f 对振荡区的影响

中间为振荡 OSC，其余为单稳态区

在规则系统中不出现振荡的控制参量区，由于分形结构的存在而出现的振荡，我们不妨称之为“结构诱导”的振荡行为。另外，随着分维数 d_f 的降低，图 7.17 中的 BCDE 段收缩，且当 $d_f = 1.53$ 时，最终收缩成一点，振荡消失。这里随着 p_{CO} 的增加，系统从 CO 的低占据态连续过渡到 CO 的高占据态，表现出二级非平衡相变的特征，因此，分形结构的存在能够改变非平衡相变的定性行为。

2. 空间自组织行为[181]

近年来的研究表明，非线性系统中时空有序结构的形成不仅取决于系统的反应和扩散等动力学特征，而且介质的几何特征也有着重要的影响：一方面，如果使介质上可激发区域和不可激发的缺陷呈一定形状的分布，如 BZ 反应中在衬底上"预印"上一定形状花样的催化剂膜，可以控制形成特定对称结构的斑图[179]；另一方面，介质中不可激发的缺陷区域的存在可以作为螺旋波的钉扎中心，当一列平面波列经过这些缺陷障碍时，平面波会破裂成两段且各自绕断裂端点形成螺旋波[180]；进一步研究发现，对随机分布的缺陷，其密度对斑图的形成有较大影响，当缺陷密度达到一定的临界值时，不再能形成有序的结构。但到目前为止，分形结构上的斑图形成尚无文献报导。我们研究了一类确定性分形系统 Sierpinski 地毯(SG)上的时空自组织行为，以期对分形结构上的斑图特性进行初步探索。

将单位正方形等分为 9 块，抠去中心一块，再依次对剩下的次级正方形重复同样的操作，如此以至无穷便得到 SG。SG 具有自相似结构，它的分形维数 $d_f = \lg 8/\lg 3$，图 7.19 给出了一个嵌入在二维欧氏空间中的 4 阶 SG。如果让每个最小的正方形单元对应于一个格点，则我们得到一个分形网络，它对应于欧氏空间的 81×81 晶格，其中有 8^4 个格点属于分形体。

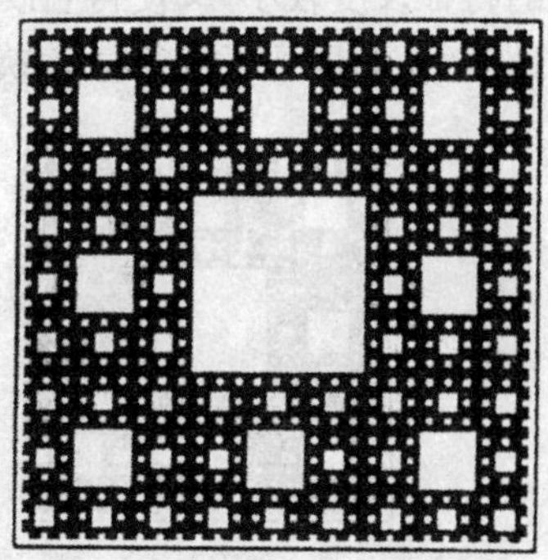

图 7.19　4 阶 Sierpinski 地毯

在可激发介质中，当一个小区域受到扰动时，可以激发一个自催化过程，使得邻近的区域受到激发，从而导致行波或螺旋等时空有序结构的形成。许多化学系统，例如 BZ 反应系统，CO 表面催化氧化反应系统等中都在实验上观测到脉冲波、螺旋波、孤波等，它们都可以用如下的两变量的反应扩散方程描述：

$$\frac{\partial u}{\partial t} = \frac{1}{\varepsilon}f(u,v) + D_u\nabla^2 u \tag{7.61}$$

$$\frac{\partial v}{\partial t} = g(u,v) + D_v\nabla^2 v \tag{7.62}$$

其中，$\varepsilon\ll1$，$f(u,v)$和 $g(u,v)$描述了特定系统的非线性动力学。不失一般性，对分形表面上 CO 催化氧化反应系统，我们取：

$$f(u,v) = u(1-u)\left(u - \frac{v+b}{a}\right) \tag{7.63}$$

$$g(u,v) = u - v \tag{7.64}$$

$$D_v = 0$$

固定 a 的值,随着 b 的增大,系统依次出现湍流、螺旋波、波前等。对方程(7.61)到(7.64)进行数值求解,所得到的主要结果如下:

(1) 在图 7.20 中,我们给出了 SG 分形结构上几种典型的时空有序结构:湍流、螺旋波和辫状波。可以看到,尽管分形结构上有许多缺陷,但并不妨碍波的传播。对于小的 b 值,可激发程度较大,波前经过缺陷后会分裂成两段,且各自形成螺旋波。由于分形结构 SG 上缺陷的分布呈多层次的自相似结构,可以想象,这许多不同层次的螺旋波的相互作用的结果,便可形成类似于湍流的结构(图 7.20(a))。随着 b 的增大,虽然波前在遇到缺陷时会破裂,但越过缺陷后又会重新会聚到一起,从而形成波列的运动,这些波列的源泉是一个或多个螺旋波,它们的中心钉扎在缺陷的角部(图 7.20(b))。对更大的 b,小的缺陷不至于导致波的破裂,而波的特征尺度较小,又使得它既不能跨越最大缺陷,又不能钉扎于大缺陷的角部形成螺旋,从而导致了绕行最大缺陷的辫状波的出现(图 7.20(c))。

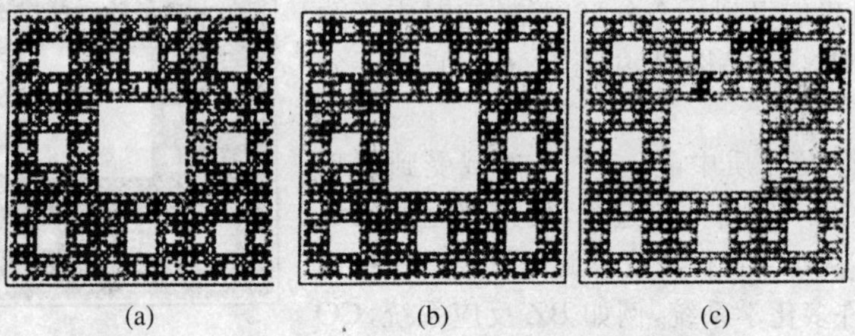

(a)　　(b)　　(c)

图 7.20　SG 分形结构上的几种时空有序结构

(a) 湍流,$b = 0.005$;(b) 螺旋波,$b = 0.015$;(c) 辫状波,$b = 0.05$;
其他参数为:$a = 0.8$,$\in = 1/300$,$D_u = 0.2$

(2) 当 b 位于形成螺旋波和辫状波的参数值之间时,我们发现存在一种有趣的周期激发碰撞现象。在辫状波绕行最大缺陷一段时间后,分形结构的某个缺陷处会激发出一辐射状脉冲波,它逐渐扩展而至和辫状波相互碰撞。碰撞后,辐射波湮灭而剩下辫状波继续绕行,直至再一次辐射波的激发。这似乎有某种记忆效应,或者是辫状波经过缺陷时,形成的一种积累效应。在图 7.21(a)中描述了 $b = 0.02$ 时辐射波的产生以及它和辫状波碰撞湮灭的过程。在图 7.21(b)中给出了 u 值随时间的周期变化行为。若 b 取稍小一些的值，则这种激发碰撞过程不再是周期的，也不是稳定的。在进行若干次碰撞之后，系统将跃迁到螺旋波结构，甚至进一步跃迁到湍流状态。在图7.21(c)中描述了 $b=0.0124$ 时 u 随时间的变化行为，可以清楚地看到跃迁过程的发生。这表明，分形结构上可以表现出有趣的暂态行为。

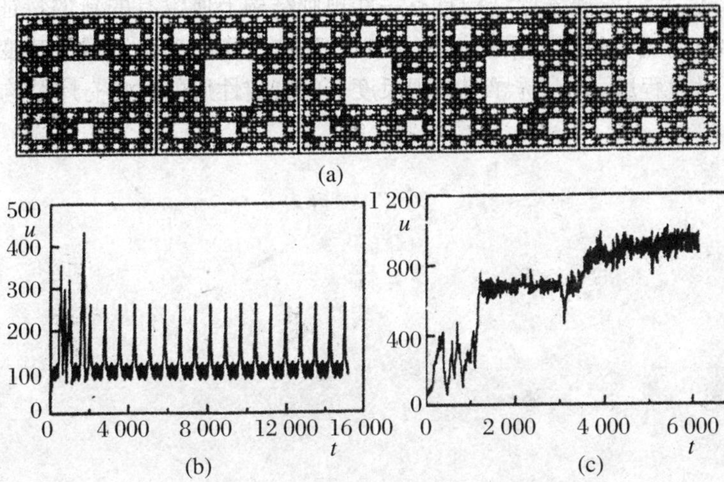

图7.21 脉冲波的激发以及它和辫状能的碰撞

(3) 进一步研究后我们发现，上述的周期激发碰撞现象也是一种"结构诱导"的行为。为了说明这一点，我们在图7.22中给出了同一参数值下($b=0.02$)，不同阶数的SG上形成的时空有序结构。在3阶的SG上，激发碰撞现象不再出现，绕

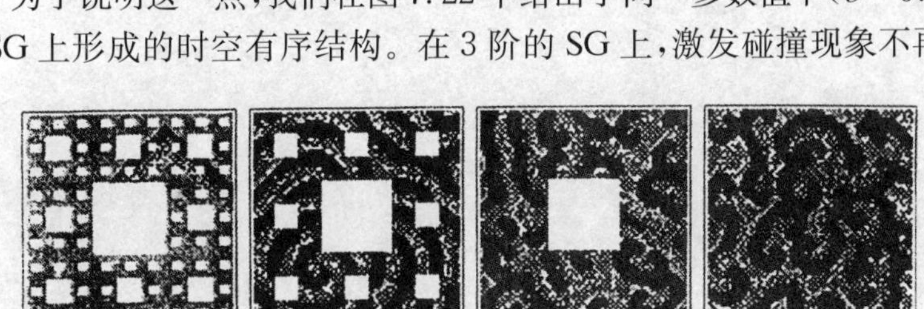

图7.22 SG的阶数对时空有序结构形成的影响

行最大缺陷的辫状波也被两段互相垂直的平面波代替(图7.22(a))。因此，虽然4阶SG上的最小的缺陷并不能破坏规则时空结构的形成，但它对所形成的时空结构的性质却有重要的影响：正是这些尺寸很小的缺陷的存在，诱发了辐射脉冲波的激发过程。从这个意义上讲，辐射波的激发过程是一种结构诱导的效应。从图

7.22 中还可以看到，在同一个控制参量 b 下，随着 SG 阶数的降低，系统上形成的有序结构越来越复杂：由辫状波到螺旋波、湍波。因此，分形结构上可激发性受到一定程度的抑制。这种抑制作用来源于分形结构对扩散的抑制，它抑制了近邻格点间信息的传递和有序结构的形成。

综上所述，我们发现分形结构具有一些规则结构上所没有的新的特征：分形结构可以诱导出局域动力学的振荡行为，可以导致非平衡相变连续性的改变，可以抑制系统的可激发程度，可以诱导出宏观尺度上的特定性质的时空有序结构。

第8章 化学系统中噪声诱导的非线性动力学行为和随机共振

8.1 引 言

通常,人们认为噪声总是消极的东西,它产生杂乱的运动,破坏序,破坏功能,抹去相和相之间的差别,导致均匀,起到破坏性的作用。但是,在非线性系统中,噪声往往起着与人们直觉相反的作用。普里高津(Prigogine)曾指出[59~60],在系统发生非平衡相变的分岔点,涨落(噪声)起着非常重要的作用:系统经过分岔点演化到特定非平衡定态的过程是一种涨落放大的过程,噪声的存在,使得系统非平衡定态的相对稳定性发生改变,因此可以使系统从一个非平衡定态跃迁到另一个非平衡定态。噪声的存在,还可以改变系统的分岔特性,从而使系统演化到确定性方程没有给出的非平衡定态上。噪声诱导的这些非线性动力学行为表明:噪声在形成时空有序过程中扮演着非常积极的角色。因此,研究化学系统中噪声对其非线性动力学行为的影响,不但可以加深对实际观测到的非线性动力学行为本质的理解,而且也有助于对系统的动力学行为进行有效控制。在本章中,主要研究了两类噪声诱导的非线性动力学行为问题:

(1) 在第7章研究DM模型非平衡动力学相变时,一直有一个悬而未决的问题:尽管对近似方法能重现相图,但理论预言的一级相变点的值与模拟值总有一定差别。这种差别并非来源于相关作用,因为一级相变点附近相关是可以忽略的。我们认为这种差别是由于模拟中不可避免的涨落所导致。考虑到单分子气相摩尔分数的涨落,我们得到了单分子的表面覆盖度所遵循的朗之万方程和相应的福克-普朗克方程。我们发现,很小的噪声强度改变可以引起一级相变点的大的偏移,合适的噪声强度下,模拟值和理论值可以符合得很好。据此,我们提出一个新的观点[182]:模拟得到的 DM 模型的一级相变应该是一种噪声诱导的相变。

(2) 噪声诱导时空有序结构转变的研究,目前还在起步之中。从描述可激发介质化学波形成的反应扩散方程出发,我们研究了控制参量的涨落对系统时空有序结构稳定性的影响及其相互跃迁的规律[183]。我们发现:在噪声的影响下,单螺旋波可以向双螺旋波转变;在参数取特定值时,双螺旋可以呈现逆时针和顺时针两种形态,且两种形态之间可以自发跃迁,这种现象意味着噪声能够诱导某种"手性"转变。进一步研究表明,噪声的时空关联性质对螺旋波的稳定性和规则性有重要作用[184]。和空间均匀的时间噪声以及静态的空间无序相比,关联度最小的时空涨落对形成有序的螺旋波更有利。

当噪声和信号同时作用于非线性系统时,固定输入信号强度而增加输入噪声强度,显然降低了输入的信噪比,但人们出乎意料地发现,输出的信噪比大幅度增加,并且存在某一最佳输入噪声强度,使系统产生最高信噪比的输出,输入噪声高于和低于这一最佳强度,输出信噪比都会显著的降下来。这是非线性系统、噪声和信号三者之间的协作效应,通常称之为随机共振。随机共振的概念是由 Benzi 等人[184~185]在研究古气象冰川问题时提出来的。在过去的 70 万年中,地球的冰川期和暖气候期以大约 10 万年为一周期交替出现。地球绕太阳转动的偏心率的变化周期也大约为 10 万年,这意味着太阳对地球施加了周期变化的信号。然而,这一周期信号很小,不足以产生地球气候从冰川到暖期的如此大幅度的变化。只有将这一信号与地球本身的非线性条件,以及在这时期内地球所受的随机力作用结合起来,研究它们的协同作用,才可能解释上述气候现象。在 Benzi 等人的气候模型中,地球处于非线性条件下,地球离心率的周期变化使气候有可能在这两个态之间变动,而地球所受的随机力则大大提高了小的周期信号对非线性系统的调制能力,通过随机共振引起了地球古气象的大幅度周期变动。实现随机共振的第一个实验是由 Fauve 等人[186]在电路系统中完成的。显示随机共振的第二个实验是 Mc Namara 等人[187]在光学系统中完成的。随机共振概念自从 Benzi 等人提出以来,目前已在科学研究的各个领域取得了广泛的应用和发展。

1996 年,Schnieder 等人[188~190]首次在实验上发现了非线性化学系统中的随机共振现象。他们的实验系统是均相的 BZ 反应系统,化学反应系统在远离平衡条件下,可以呈现出各种各样的非线性动力学行为,可以预计,当深入研究内外噪声、信号和非线性态相互协同作用时,会发现化学系统中具有非常丰富的随机共振现象。近两年来,我们从理论上研究了非均相化学反应系统中的随机共振现象的可能性及其特征,我们发现[191~195]:

(1) 在 CO 催化氧化系统中,随着温度的变化,可呈现出化学双稳态或振荡(极限环)。在双稳态参数区间对控制参量 p_{CO} 加以周期信号和噪声扰动,输出信号的功率谱的信噪比随着噪声强度的变化出现极大值,意味着随机共振现象的存在。稍稍改变温度,系统将出现极限环,此时调节控制参量,同样有随机共振现象发生。当用对称双势阱的信噪比公式来拟合数值计算结果时,我们发现双稳态和极限环得到的势垒高度值是一样的。虽然极限环和稳定不动点的时间行为完全不同,但在随机共振现象中,它们的角色似乎并无多大差别。

(2) NO+CO 的催化还原反应系统具有丰富的非线性动力学行为、化学双稳态、极限环等。当用噪声和信号调制 p_{CO} 时,我们也发现了随机共振现象。当合适地调节控制参量的位置,使得在只有噪声存在时,系统演化到两个态的机会大致相等,则数值计算的信噪比的数据点和对称双势阱理论曲线符合得非常好。虽然对不满足细致平衡原理的系统,并不能严格得到非平衡势函数,但通过随机共振行为的研究,我们还是可能得到系统"非平衡势"的某些特征。

通常人们认为,产生随机共振的三个要素是噪声、非线性体系和外信号。1993年,胡岗等人[196]首次发现,在可激发体系中,即使没有外信号的输入,噪声也能"诱导"体系产生弛豫振荡;且这种弛豫振荡的信噪比,随着噪声强度的变化可以呈现明显的极值,表现出类似"随机共振"的特点,他们称之为"无外信号的随机共振(Stochastic Resonance Without External Signal)"。后来,Pikovsky 等人[197]在可激发神经元等体系中,也发现了噪声诱导的弛豫振荡和类随机共振行为,称之为"相干共振(Coherent Resonance:CR)"。1999 年以来,我们系统研究了化学振荡体系中的噪声诱导振荡和类随机共振现象。我们发现[198~210]:

(1) 在经超临界 Hopf 分岔产生均匀简谐振荡的化学体系中,当体系处于 Hopf 分岔点附近的稳定焦点区域时,噪声也能诱导产生小幅振荡,其信噪比随噪声变化也呈现出极值。和可激发体系不同,此处诱导的振荡是由超临界 Hopf 分岔产生,对应于体系的"内信号",其频率由体系在 Hopf 分岔点的内在动力学决定,我们因此称之为"内信号随机共振(Internal Signal Stochastic Resonance: ISSR)". CR 或 ISSR 现象表明,非线性体系可以利用自身的动力学特性将外界'无序'的输入转化为'有序'的输出;它们都是对随机共振概念的一种扩展。我们在表面催化[198~200],BZ 反应[201~202],液膜振荡[203],钙振荡[204]等诸多体系中都发现了这种现象。

(2) 在 CO 催化氧化体系中,噪声可以选择性地诱导不同特征的化学振荡。噪声较小时,诱导产生的是小幅的均匀振荡,而大噪声诱导产生大幅的弛豫振荡。两种振荡的信噪比随着噪声强度的变化均出现极大值,从而体系便显出"内信号双随机共振现象"。深入研究表明,这种多共振效应和体系的可激发特性与振荡特性共存有关[199~200]。

(3) 实际体系中的噪声往往不是时间无关的白噪声，而是存在时间关联的色噪声。研究表明，色噪声的相关时间对内信号随机共振有显著的调制作用。对一类有时间延迟的色噪声，噪声诱导振荡的信噪比随色噪声的变化可以出现极大值，表明对噪声的调制可以有效增强内信号随机共振效应[205~208]。

(4) 在单向耦合的化学振荡 CSTR 体系中，当第一个振子受到噪声扰动时，其诱导产生的振荡可以沿着体系传播，并得到有效增强。相应的，噪声诱导振荡的信噪比随着传播会显著增大，从而在最后一个振子上可以得到放大的接近规则的信号输出。这表明内信号随机共振现象可以在耦合体系中有效传递和增强[209~210]。

8.2 DM 表面反应模型中的噪声诱导相变[182]

在 DM 表面反应模型的动力学相变的研究中，由对近似平均场理论得到的一级相变点，$y_2^s=0.561$，而由计算机模拟得到的相变点 $y_2^3=0.525$。如前所述，这种差别既不是由初始条件引起的，也不是忽略了相关作用的结果。那么，到底是什么原因导致了这种差别呢？实际上，噪声在非平衡相变中往往起着非常关键的作用，在 DM 模型的模拟过程中，A 和 B 在表面的吸附几率分别正比于各自在气相中的摩尔分数，但在实现的时候，涉及随机选取的问题。另外，在 A 和 B 的吸附过程中，也有随机选择表面点的问题。因此，在计算机模拟过程中随机涨落是不可避免的。这种噪声的作用可能使得模拟的结果与平均场理论的预言不相一致。例如，在对 MM 模型 $A+B\rightarrow 0$ 的研究中，平均场理论预言存在一个一级相变点 $y_A=0.5$，系统在 $y_A=0.5$ 时是单稳的，但是由于噪声的作用，实际模拟中发现存在有双稳态和振荡[211]。基于这种思考，我们认为 DM 模型中，一级相变点的模拟值和理论值的差别来自于噪声的作用。

由于可以忽略一级相变点附近的相关，我们可用点近似方法得到确定性动力学方程为：

$$\frac{\mathrm{d}x_A}{\mathrm{d}t}=y_Ax_s(1-x_B)^4-2y_Bx_s^2[1-(1-x_A)^3] \tag{8.1}$$

$$\frac{dx_B}{dt} = y_B x_s^2(1 - x_A)^3 - y_A x_s[1 - (1 - x_B)^4] \tag{8.2}$$

其 x_A、x_B 和 x_s 分别表示 A、B 和空位 s 的平均覆盖度，$x_s = 1 - x_A - x_B$，y_A 和 y_B 分别是 A 和 B 在气相中的摩尔分数。对确定性方程而言，稳态时 A 和 B 的吸附几率是严格相等的，即

$$y_A x_B = 2y_B x_s^2 \tag{8.3}$$

那么，在接近稳态时，此方程也应近似成立，即可表达为

$$y_A x_B - 2y_B x_s^2 = \varepsilon \tag{8.4}$$

其中 ε 是一个小量，由(8.4)式可以得到：

$$\bar{x}_s = \frac{y_A}{2y_B} - \frac{\varepsilon}{y_A} \tag{8.5}$$

把(8.5)式代入到方程(8.1)和(8.2)中，可以得到：

$$\frac{dx_A}{dt} = y_A\bar{x}_s[(1 - x_B)^4 + (1 - x_A)^3 - 1] + \varepsilon[1 - (1 - x_A)^3] \tag{8.6}$$

$$\frac{dx_B}{dt} = y_A\bar{x}_s[(1 - x_B)^4 + (1 - x_A)^3 - 1] - \varepsilon(1 - x_A)^3 \tag{8.7}$$

在 y_s 相变点附近，x_A 和 x_B 是反相关的，即 dx_A/dt 和 dx_B/dt 的符号是相反的。因此，当 y_A 离 y_s 很近且快接近稳态时，下式成立：

$$\frac{dx_A}{dt} + \frac{dx_B}{dt} \approx 0 \tag{8.8}$$

由(8.6)式、(8.7)式和(8.8)式，可得 x_A 所遵从的确定性方程为

$$\frac{dx_A}{dt} = - y_A\bar{x}_s[(x_A + x_s)^4 + (1 - x_A)^3 - 1] + [\varepsilon(1 - x_A)^3] \tag{8.9}$$

综上所述，我们借助于 ε 将(8.1)和(8.2)两个相互耦合的非线性方程约化为 x_A 的演化方程，从方程(8.9)出发，可以进一步导出相应的朗之万方程和福克-普朗克方程，以便讨论噪声对系统的相变特征的影响。

我们为了考虑噪声对 y_A 的扰动，可把 y_A 变成为 $y_A + \Gamma(t)$，其中 $\Gamma(t)$ 是高斯白噪声。当把(8.9)式中的 y_A 用 $y_A + \Gamma(t)$ 代替后，可以得到如下的朗之万方程：

$$\frac{dx}{dt} = f(x,\varepsilon) + g(x,\varepsilon)\Gamma(t) \tag{8.10}$$

其中，我们已用 x 代替 x_A，而且

$$f(x,\varepsilon) = - y_A\bar{x}_s[(x + x_s)^4 + (1 - x)^3 - 1] + \varepsilon(1 - x_A)^3 \tag{8.11}$$

$$g(x,\varepsilon) = - \frac{y_A(2 - y_A)}{2(1 - y_A)^2}[(x + x_s)^4 + (1 - x)^3 - 1]$$

$$+4y_A\bar{x}_s\left[\frac{1}{(1-y_A)^3}-\frac{\varepsilon}{y_A^2}\right](x+\bar{x}_s)^3 \tag{8.12}$$

与方程(8.10)相应的福克-普朗克方程是

$$\frac{\partial\rho(x,t)}{\partial t}=-\frac{\partial}{\partial x}[f(x,\varepsilon)\rho(x,t)]+D\frac{\partial}{\partial x}[g(x,t)\rho(x,t)] \tag{8.13}$$

其中 $\rho(x,t)$是几率密度，为了得到稳态解，我们取 $\varepsilon=0$，并令 $\partial\rho(x,t)/\partial t=0$。如前所述，我们借助于 ε 将两个耦合的非线性方程约化为 x_A 的演化方程，并进一步得到(8.13)方程，最后，由于只关心稳态解，我们又重新将 ε 设为 0。方程(8.13)的稳态解为

$$\rho_s(x,\varepsilon=0)=N\exp\left\{\int_0^x\frac{f(y,\varepsilon=0)-Dg(y,\varepsilon=0)g'(y,\varepsilon=0)}{Dg^2(y,\varepsilon=0)}\mathrm{d}y\right\} \tag{8.14}$$

其中 N 是归一化常数，$g'(x,\varepsilon)$表示 $g(x,\varepsilon)$对 x 的微分，D 是噪声强度。稳态解的极值点 $\bar{x}$ 满足如下的方程：

$$f(\bar{x},\varepsilon=0)-Dg(\bar{x},\varepsilon=0)g'(\bar{x},\varepsilon=0)=0 \tag{8.15}$$

几率分布的极大值对应于稳定的 A 覆盖度，而极小值对应于不稳定态。当 y_A 较小时，方程(8.15)在区间[0,1]内有两支解：$x_<$和 $x_>$($x_<\leqslant x_>$)，这两支解在 $y_A=y_s$ 时相交，而 $y_A>y_s$ 时，方程(8.15)不再有解。这里实际上发生一次鞍结点分岔，y_s 是鞍结点，它就是点近似方法所给出的一级相变点。当 $D=0$ 时，稳态覆盖度 $\bar{x}$ 满足：

$$(\bar{x}_s+\bar{x})^4+(1-\bar{x}_A)^3-1=0 \tag{8.16}$$

它的鞍结点位于 $y_s=0.561$，正如第 7 章所述。如果 $D\neq0$，我们发现方程(8.15)的鞍结点左移。图 8.1 中给出了不同 D 值时，方程(8.15)的解。当取 $D=0.0022$ 时，我们得到 $y_s=0.525$，它与模拟所得到的数值一致。

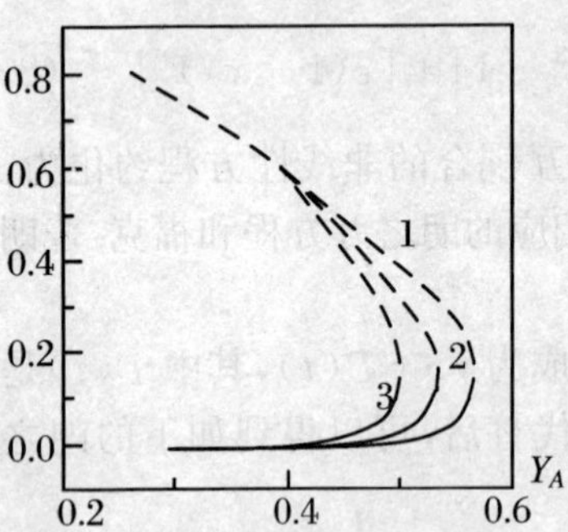

图 8.1　不同噪声强度下方程(8.15)的定态解

(1) $D=0$；(2) $D=0.0022$；(3) $D=0.05$

通过以上的分析，我们发现很小的涨落可以使得确定性方程得到的一级相变点发生较大的移动。考虑到涨落的影响后，DM 模型中一级相变点的理论预测值和模拟值之间的差别可以得到合理的解释。从这个意义上说，DM 模型中的一级相变可以看作是噪声诱导的相变。

8.3 噪声诱导的时空有序结构转变[183]

目前,噪声诱导的时空有序结构转变问题的研究刚刚开始起步。对一维空间布鲁塞尔振子的反应扩散方程的研究表明,当扩散系数受到加性色噪声的扰动时,确定性系统中稳定的斑图会失稳,而随着色噪声相关时间的变化,可以出现确定性系统所没有的新的斑图[197],在对 BZ 反应的研究中也发现了这种行为[198]。另外,Toral 等人[199~202]从理论上研究了一类耦合系统的噪声诱导的平衡相变行为:

$$\frac{\mathrm{d}x_i}{\mathrm{d}t} = f(x_i) + g(x_i)\Gamma(i,t) + \frac{D}{2d}\sum_{j\in n(i)}(x_j - x_i) \tag{8.17}$$

其中,$n(i)$是 i 格点的 $2d$ 个近邻格点的集合,D 为扩散系数,$\Gamma(t)$是噪声。它们发现可以出现确定性系统所没有的新的一级或二级相变。

在我们的工作中[183],着重研究了可激发介质中的噪声诱导的时空有序结构的转变。如前所述,可激发介质的时空有序结构可以用如下的反应扩散方程描述:

$$\frac{\partial u}{\partial t} = \frac{1}{\varepsilon}f(u,v) + D_u\nabla^2 u \tag{8.18}$$

$$\frac{\partial v}{\partial t} = g(u,v) + D_v\nabla^2 v \tag{8.19}$$

$$f(u,v) = u(1-u)\left(u - \frac{v+b}{a}\right) \tag{8.20}$$

$$g(u,v) = u - v \tag{8.21}$$

其中,$\varepsilon \ll 1$。边界条件和初始条件不同,最终形成的时空有序结构也不同。我们选择零流边界条件,而预置一种特定的初值条件,它可以作为时空有序结构的"种子",由于我们着重研究所形成的螺旋波这类时空有序结构,它们可以作为螺旋波的"种子",如图 8.2(a)和图 8.4(a)所示。

为了考虑噪声的作用,将 b 作为控制参量,并让它受到高斯白噪声的调制,即

$$b = b_\sigma + \Gamma(t) \tag{8.22}$$

噪声强度为 D。实际上,在 CO 催化氧化系统中,b 和系统中 CO 的偏压、温度等因素有关,因此 b 受到的扰动可以来自热涨落、偏压的涨落等。对方程(8.18)到(8.22)进行数值求解,可以得到如下的结果:

(1) 采用图 8.2(a)中所示的初始条件,取 $a=0.3$,$b_0=0.016$,噪声强度 D 为

零时,系统所形成的时空有序结构是单螺旋波,如图 8.2(b)所示。这种单螺旋是稳定的,表面总 u 值随时间的变化呈稳定的振荡,如图 8.3(a)所示。当噪声强度

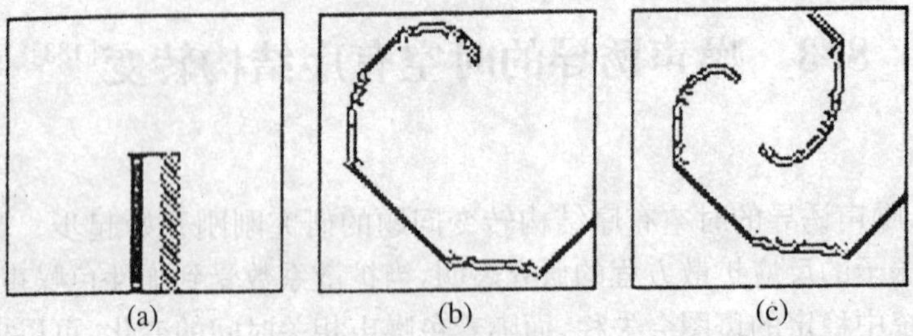

图 8.2 $b_0 = 0.016$ 时的时空有序结构

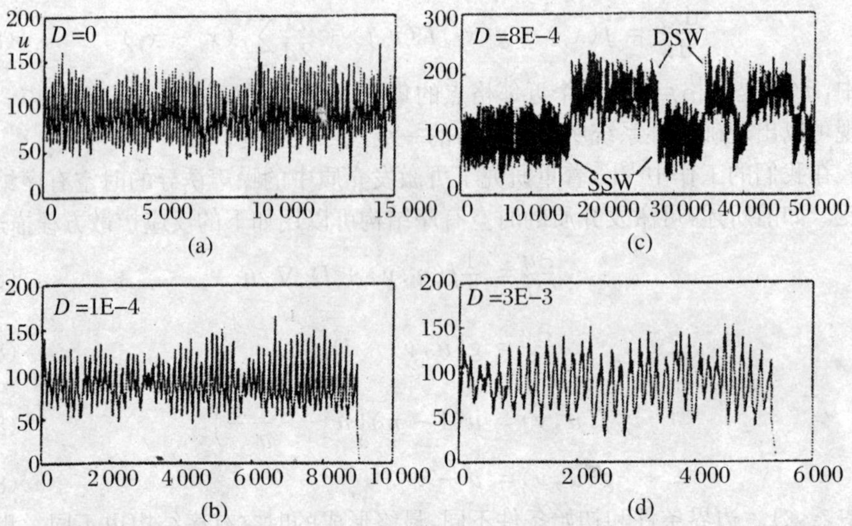

图 8.3 不同噪声强度时,总 u 随时间变化

$a = 0.3,\ b_0 = 0.016,\ D_u = 0.2$

不为零但很小时,例如 $D = 10^{-4}$,单螺旋在持续一段时间后失稳,这是因为螺旋波的中心在噪声的扰动下会有随机运动,一旦它运动出边界,螺旋波便消失,系统进入吸引状态。当噪声强度较大时,例如 $D > 3 \times 10^{-3}$,情况也是如此。这种特征也表现在总 u 值随时间的变化上,如图 8.3(b)和(d)所示。但是对于合适的中等强度的噪声,我们发现,经过一段时间的演化后,单螺旋波会跃迁到一种双螺旋波结构,出现两个螺旋波"头",围绕一个中心旋转,如图 8.2(c)所示。这种双螺旋波也是不稳定的,经过一段时间后,跃迁回到单螺旋波状态。这种单—双螺旋波之间的

跃迁可以有许多次，在合适的噪声强度下，这种跃迁最容易发生。在图8.3(c)中给出了 $D=8\times10^{-4}$时，u 随着时间的变化。由此图可以看到：单螺旋波和双螺旋波之间的跃迁也体现在 u 值的变化上。这种跃迁实质上是由噪声产生的一种时空有序结构的转变。

(2) 采用图8.4(a)中所示的初始条件，取 $a=0.3$，$b_0=0.015$，可以形成有两个头的单螺旋波。在 $D=0$ 时，螺旋波的两个分支会发生碰撞，且在碰撞几次后湮灭，从而在表面上不会形成稳定的时空有序结构。但一个很小的对 b 的扰动，例如 $D=10^{-9}$，单螺旋波在演化一段时间后，即可跃迁到双螺旋波。在合适的噪声强度下，例如，$D=10^{-4}$，这种跃迁过程最频繁。在图8.5上分别给出了 $D=0$，$D=10^{-9}$和 $D=10^{-4}$时，总 u 随时间的变化。我们也发现，所形成的双螺旋波可以是顺时针旋转的，如图8.4(b)所示，也可以是逆时针旋转的，如图8.4(d)所示，而且顺时针和逆时针双螺旋波之间的转变要经历一个中间态，其中顺时针螺旋和逆时针螺旋相互混合，如图8.4(c)所示。这种现象表明：噪声可以诱导某种手性转变。

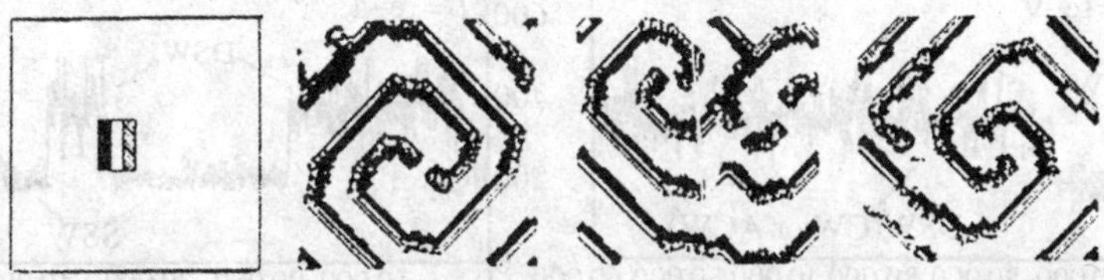

(a)　(b)　(c)　(d)

图8.4　$b_0=0.015$ 时的时空有序结构

2002年，我们进一步研究了可激发表面介质中噪声的时空关联效应对螺旋波动力学的影响[184]。在前面的描述中，可激发参量 b 受到噪声的扰动，但表面各个点受到的扰动是一样的，即各个空间点之间并不存在无序。然而在实际的体系中，空间各点的可激发程度可以有所不同，例如光敏BZ体系中，可以利用光强在空间随机分布的光束来控制表面各点的可激发程度；在实际的表面催化体系中，也可因表面的缺陷和皱褶等导致空间可激发程度的无序。另一方面，空间可激发程度的无序分布可以是静态的，即并不随时间而变，如表面缺陷导致的无序；也可以是随时间而变的，如利用光强等方法产生的可控无序，并且随时间的变化可以是完全独立无关的，也可以是有关联的。因此，在表面体系中，噪声常常具有多种“时空关联”性质。我们的问题是，噪声的这种关联性质对螺旋波的动力学性质有什么影响呢？

我们仍然采用(8.18)至(8.20)描述的模型，数值计算中用二维 $L\times L$ 格子来模拟表面。考察参量 a 受到噪声的扰动：

$$a_{ij}(t) = a_0 + D\xi_{ij}(t) \tag{8.23}$$

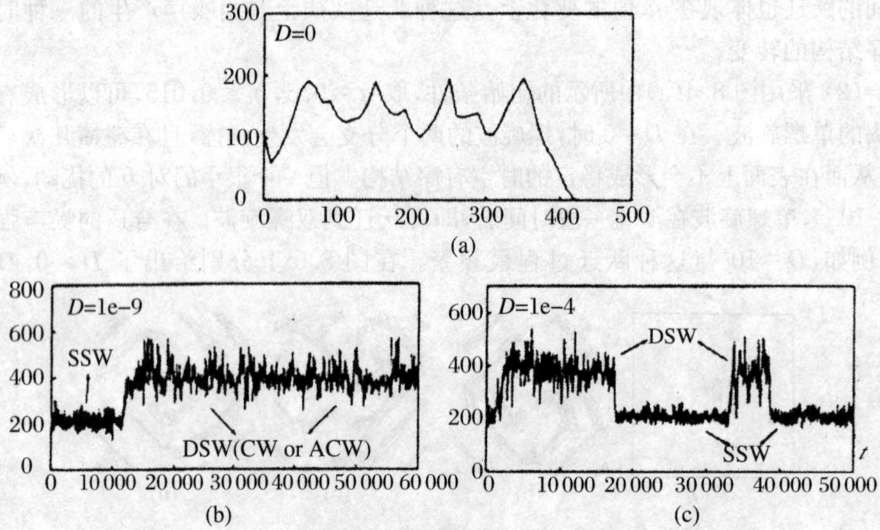

图 8.5　不同噪声强度时，总 u 随时间的变化

$a=0.3,\ b_0=0.015,\ D_u=0.2$

其中 D 表征噪声强度的大小，$\xi_{ij}(t)$ 表示依赖于时间和空间的噪声，下标 $_{ij}$ 表示空间点的坐标。按其时空关联性质的不同，可以将噪声分为三种情形：

① 时间噪声：$\xi_{ij}(t)=\xi(t)$，$\langle\xi(t)\rangle=0$，$\langle\xi(t)\xi(t')\rangle=\delta(t-t')$；

② 空间无序：$\xi_{ij}(t)=\xi_{ij}$，$\langle\xi_{ij}\rangle=0$，$\langle\xi_{ij},\xi_{i'j'}\rangle=\delta_{ii'}\delta_{jj'}$；

③ 时空涨落：$\langle\xi_{ij}(t)\rangle=0$，$\langle\xi_{ij}(t)\xi_{i'j'}(t')\rangle=\delta_{ii'}\delta_{jj'}\delta(t-t')$。

其中，“时间噪声”和方程(8.22)中参量 b 受到的扰动相同，此时空间各点的高斯噪声是相同的，它们在时间上均独立无关；在“空间无序”情形，表面各点受到的扰动并不随时间而变，但它们在各点呈独立无关的高斯分布；而对于“时空涨落”，表面各点受到的扰动既随时间涨落，同时各点之间的涨落也独立无关。因此，这三种不同的噪声具有不同的时空关联性质：“时间噪声”空间上是强关联的，时间上独立无关；“空间无序”时间上是强关联的，空间独立无关；而“时空涨落”在时间和空间上都是独立无关的。当然，实际体系中的噪声可能更加复杂，但这三种情形具有典型的代表意义。

在数值模拟中，我们仍选择零流边界条件，初始条件仍为形如图 8.4(a)中的螺旋波种子：在条状区域 $(L/2-2\leqslant L/2+2, 1\leqslant L/2)$ 内，取 $u(i,j)=v(i+2,j)$

$=0.7$,其余区域为空的表面。这样的初始条件是为了产生合适的局部浓度梯度,使得触发变量能引起螺旋波的传播。参量 a 受噪声扰动,其他参量固定为 $\varepsilon=1/300, b=0.016, D_u=1.0$。数值模拟表明,螺旋波在 $a<1.059$ 范围内都能稳定于表面区域,但在超过此"阈值"后会失稳;当然这里的阈值和表面的大小、初始条件的选取都是有关系的。取 $a=1.059$,使得在没有噪声时,并不能观测到稳定的螺旋波;然后增加噪声强度,分别考察三种关联性质的噪声的作用。得到主要结果如下:

(1) 当噪声强度 D 较小时,可以"偶尔"看到稳定的螺旋波;当噪声很大时,螺旋波破裂成很多碎片;而在合适的中等强度的噪声时,可以看到相当规则的稳定的螺旋波。因此,3 种噪声都能"诱导并维持"螺旋波的产生和传播,并且都存在一个"最佳"的噪声强度值,此时螺旋波最为规则。图 8.6 给出了噪声强度 $D=0.05$ 和 $D=0.2$ 时,3 种情形下典型的时空斑图,显然,$D=0.05$ 时的斑图更加规则。

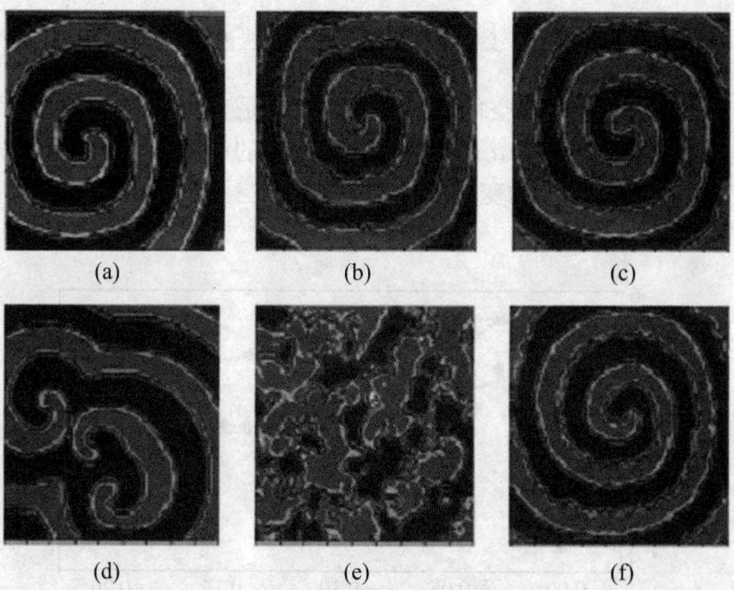

图 8.6　3 种噪声情形下表面的时空快照

第 1 行:$D=0.05$;第 2 行:$D=0.2$;从左到右分别为时间噪声,空间无序和时空涨落

为了定量地刻画时空斑图的规则程度,我们定义了如下的"序参量":

$$\mathrm{WWSAC}=\frac{1}{N}\sum_{r=1}^{N}t_r C_r \tag{8.24}$$

其中 WWSAC 是英文(Weighted Windowing Spatial Auto-Correlation)的首字母缩写,表征的是斑图在空间上的自相关性质,是一种空间有序的量度。WWSAC 的计算大致分为 3 步:首先在体系达到稳定后,对每个采样时间点 t,计算函数 $C(t)$,表征 t 时刻斑图的"空间有序程度";其次,对 $C(t)$ 做时间平均得到第 r 次模拟计算的值 $C_r = \langle C(t) \rangle_t$;最后重复计算 N 次,对 C_r 进行加权求和得到(8.24)式,其中权重 t_r 表示第 r 次模拟过程中螺旋波在经过暂态后的"寿命"。观察图 8.6,第 1 行的斑图明显比第 2 行更规则;若沿表面的中间区域横截一宽为 W 的带状窗口,$D_W\left(1 \leqslant i \leqslant L, \frac{L-W}{2} \leqslant j \leqslant \frac{L+W}{2}\right)$,则可以用该窗口内斑图的空间周期性来表示斑图的空间有序程度。据此,函数 $C(t)$ 定义如下:

$$C(t) = \sum_{k=1}^{L-1} c^2(k,t) \tag{8.25}$$

其中

$$c(k,t) = \frac{\langle [u(i,t) - \bar{u}][u(i+k,t) - \bar{u}] \rangle}{\langle [u(i,t) - \bar{u}]^2 \rangle} \tag{8.26}$$

是窗口内空间延迟为 k 的空间自相关函数,$\bar{u}$ 是整个窗口内 u 的平均值,而 $u(i,t)$ 是窗口内第 i 列各点 u 的平均值。在我们的计算中,取 $W=4$。图 8.7 给出了 WWSAC 随噪声强度的变化曲线,可以看到,三条曲线都有明显的极大值,均表明存在最佳的噪声强度。

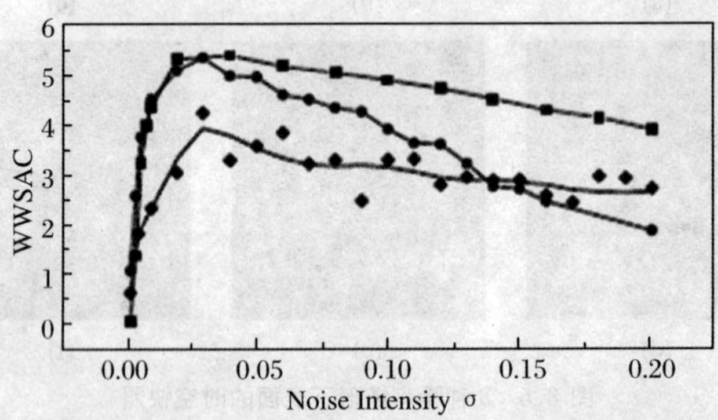

图8.7 序参量 WWSAC 随噪声强度的变化,均出现明显的极值

(2) 比较 3 种噪声的效果,我们发现:与"时间噪声"和"空间无序"相比,"时空涨落"诱导的螺旋波更加规则,从图 8.6 和图 8.7 中都可以清楚地看到这一点。这似乎表明,增加时间和空间的关联,都会降低噪声诱导斑图的规则性。为了证实这一点,我们通过改变"时空涨落"的关联性质,观测其效应。"时空涨落"情形中,加

到 a_0 的扰动在每个时间步骤都会刷新，即没有"时间记忆"；相应地，每个空间点的涨落也毫不相关，没有"空间记忆"。因此，我们可以每隔 m_t 个时间步长才刷新噪声的数值，以增加"时间记忆"；也可以将平面划分成多个 $m_s \times m_s$ 的小块，每个小块中的噪声值是一样的，从而增加"空间记忆"。图 8.8 给出了同等噪声强度下，WWSAC 随 m_t 和 m_s 的变化，证实了时空关联在此体系中的负面效应。

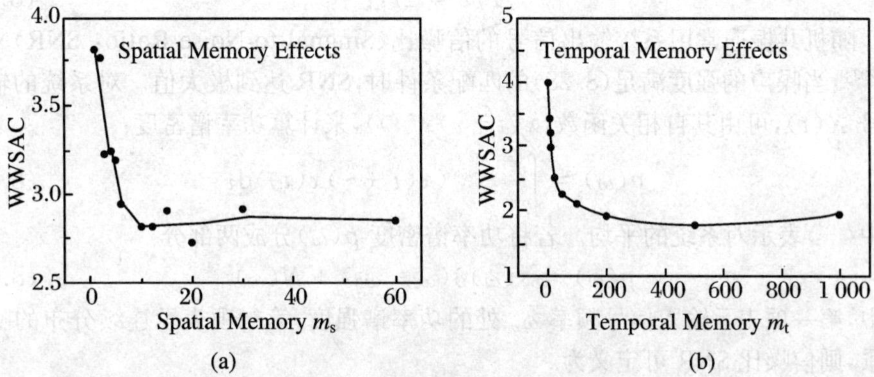

图 8.8　序参量随时空关联程度的变化

8.4　随机共振的原理及其进展

为了便于理解随机共振的基本原理，我们考虑一在对称双势阱 $U(x)$ 中运动的粒子。当它不受任何外力作用时，粒子将最终停留于其中的一个势阱内，至于它位于哪一个势阱之中，将由初始位置决定。但当存在有随机扰动时，粒子在随机力的作用下，它具有一定的几率在两个势阱间跃迁。若用高斯白噪声 $\Gamma(t)$ 来描述随机力，则在两势阱之间跃迁的速率由如下的克莱默斯(Kramers)跃迁速率给出：

$$r_k = \frac{\sqrt{|U''(x_u)U''(x_s)|}}{2\pi}\exp(-\Delta U/D) \tag{8.27}$$

其中 $U''(x_s)$ 和 $U''(x_u)$ 分别表示势函数 $U(x)$ 在稳定点(极小点)和不稳定点(极大点)处的二阶导数，ΔU 是势垒的高度，D 表示随机力强度，即噪声的强度。当只对粒子施加周期外力时，若周期力的强度很小，粒子将在某个势阱内作小范围的振动，而不会有跨势阱的大范围运动。但噪声的存在可以改变这种情况：当噪声诱导的势阱之间的跃迁和周期外力发生同步时，粒子便会以外驱动力的频率在两个势阱之间作大范围的运动，因此弱的输入周期信号得以被放大，于是便发生了随机共振。由这种简单的分析，我们可以得出对称双稳系统发生随机共振所必须满足的时间尺度的匹配条件是：周期驱动的半周期（$T/2$）必须和 Kramers 跃迁速率的倒数相等，即

$$T/2 = 1/r_k \tag{8.28}$$

随机共振通常用系统输出信号的信噪比（Singnal-to-Noise-Ratio：SNR）来表征[203]：当噪声的强度满足(8.28)的匹配条件时，SNR 达到极大值。对系统的输出信号 $X(t)$，可由其自相关函数$\langle x(t+\tau)x(t)\rangle$，来计算功率谱密度：

$$p(\omega) = \int_{-\infty}^{+\infty} e^{-i\omega\tau}\langle x(t+\tau)x(t)\rangle d\tau \tag{8.29}$$

其中$\langle\quad\rangle$表示对系统的平均。若将功率谱密度 $p(\omega)$分成两部分：

$$p(\omega) = s(\omega)\delta(\omega-\omega_0) + N(\omega) \tag{8.30}$$

其中，第一项表示输入信号频率 ω_σ 处的功率谱强度，第二项表示连续分布的噪声背景，则信噪比 SNR 可定义为

$$\mathrm{SNR} = s(\omega_0)/N(\omega_0) \tag{8.31}$$

在对称双稳势阱 $V(x)$中运动的粒子，在周期外力和随机力共同作用下，它遵从如下的朗之万（Langevin）方程：

$$\frac{dx}{dt} = -V'(x) + A\cos(\omega_0 t) + \Gamma(t) \tag{8.32}$$

在 $A\ll1, D\ll1$ 及 $\omega_0\ll1$ 的条件下，相对于两个势阱之间的整体平衡来说，在单个势阱内的局域平衡可以认为是在瞬间完成的，这种近似称为“绝热近似”。这时，若分别用 $P_\pm(t)$表示两势阱内的几率总量，则两势阱间的几率交换遵从以下的主方程：

$$\begin{aligned}\frac{dP_-(t)}{dt} &= -R_-(t)P_-(t) + R_+(t)P_+(t)\\ &= R_+(t) - [R_-(t) + R_+(t)]P_-(t)\end{aligned} \tag{8.33}$$

其中，$R_\pm(t)$是两势阱这间相互跃迁的速率。此时，由于系统受到外周期力的作用，$R_\pm(t)$应具有如下的形式：

$$R_\pm(t) = f(\alpha \pm \beta\cos(w_0 t)) \tag{8.34}$$

对其作 Fourier 展开，有

$$R_\pm(t) = \frac{1}{2}(R_0 \mp R_1\beta\cos w_0 t \pm R_2\cos^2 w_0 t \mp \cdots) \tag{8.35}$$

其中

$$R_0 = 2f(\alpha) \tag{8.36}$$

$$R_n = \frac{(-1)^n}{n!}\frac{\mathrm{d}^n f(\alpha)}{\mathrm{d}\,\overline{\beta}} \tag{8.37}$$

$$\overline{\beta} = \beta\cos(\omega_0 t) \tag{8.38}$$

将(8.35)式代入到(8.33)式中，解 $p_{\pm}(t)$，再进一步代入(8.30)式，可得到相关函数的功率谱。经过计算可得到：

$$s(\omega_0) = \frac{\pi x_s^2 R_1^2 \beta^2}{2(r_0^2 + \omega_0^2)} \tag{8.39}$$

$$N(\omega_0) = \frac{2x_s^2 R_0}{R_0^2 + \omega_0^2} \tag{8.40}$$

在 $A \ll 1, D \ll 1$ 及 $\omega_0 \ll 1$ 的条件得到满足时，粒子可以在受周期微扰的势函数 $\varphi(x)$ 中运动：

$$\begin{aligned}\varphi(x) &= -\int (U'(x) + A\cos(x_0 x))\mathrm{d}x \\ &= -\frac{\mu}{2}x^2 + \frac{1}{4}x^4 - Ax\cos(w_0 t)\end{aligned} \tag{8.41}$$

其中，已取 $U'(x) = -\mu x - x^3$。用 $\varphi(x)$ 代替 $U(x)$ 代入 Kramers 速率表达式，有

$$R_{\pm}(t) = \frac{\mu}{\sqrt{2\pi}}\mathrm{e}^{-\Delta U/D} \tag{8.42}$$

$$R_1 \beta = \frac{R_0}{A}\sqrt{\mu D} \tag{8.43}$$

代入(8.39)式及(8.31)式，最后可得到信噪比的表达式为

$$\mathrm{SNR} = \frac{\sqrt{2}\mu^2 A^2 \mathrm{e}^{-\mu^2/4D}}{4D^2} = \sqrt{2}\Delta U\left(\frac{A}{D}\right)^2 \mathrm{e}^{-\Delta U/D} \tag{8.44}$$

由此式可以得到，当 $D = D_{\max} = \Delta U/2$ 时，SNR 出现极大值。

另外，对 $p(\omega)$ 进行积分，可得出输出的总功率 p_{tot} 为

$$p_{\mathrm{tot}} = \int_0^{\infty} p(\omega)\mathrm{d}\omega = 2\pi\mu \tag{8.45}$$

由此可见，p_{tot} 是一个与和 D 无关的常数。也就是说，在信噪比出现极大值的地方，噪声功率最小。这就表明，随机共振现象的存在，同噪声诱导的相变一样，发生了无序噪声能量向有序信号的转化。需要指出：(8.44)式的得出是在 $A \ll 1$、$D \ll 1$ 和 $\omega \ll 1$ 的近似条件下得到的，它只是一个定性的理论，有一定的适用范围。

近年来，越来越多的研究表明：随机共振现象，不仅可以出现在双稳系统，而且可以出现在单稳和多稳系统、可激发系统、无阈值系统、时空扩展系统等；不仅在加

性噪声时有随机共振现象，在乘性噪声和色噪声时也有随机共振现象；在系统的势函数满足某种特定的条件，还能出现“多共振”现象，即随着噪声强度 D 的变化，在多个 D 值处出现峰值；随机共振的度量也由最初的信噪比推广到关联函数等其他定量描述，这些描述突出了一个共同的特征：噪声和非线性系统相互作用，能够优化输入和输出之间的信息传递，也能优化不同非线性系统之间的信息传递。下面，我们对这些最新的进展作简要的介绍：

1. 单稳系统的随机共振[204~206]

对于无穷高势垒的单稳势阱系统，输出信号的信噪比随着噪声强度 D 的增加而单调增大，在 $D\to\infty$ 时，信噪比发散。对于如下朗之万方程进行标度分析，

$$\frac{\mathrm{d}x}{\mathrm{d}t}=-h(t)x^{1+2n}+\Gamma(t) \tag{8.46}$$

$$h(t)=k(1+\alpha\sin\omega_0 t) \tag{8.47}$$

可以得到：

$$\mathrm{SNR}\propto D^{n/1+n} \tag{8.48}$$

显然，D 趋于无穷时信噪比发散。实际上，这种发散是由势垒的无穷高度引起的：对势叠高度有限的双稳系统，当 D 小时，信噪比增加，但若 D 过大时，噪声会彻底破坏系统的响应，因此信噪比会出现极大值；当势垒无穷高时，SNR 随 D 的增大便一直增加。可以看到，单稳系统的随机共振与双稳系统存在着不同的机制，此时不再强调信噪比的极大值存在，而是强调噪声能够提高信噪比，以反映噪声的积极作用，这种推广为随机共振提供了更广阔的应用背景。

2. 可激发系统的随机共振[207~212]

可激发系统的典型特点是：存在一个可激发的稳定不动点，当它受到扰动时，会经过一段激发“旅行”，然后再重新回到该稳定点。可激发系统的随机共振现象的存在，通常和单阈值系统联系在一起：将可激发系统的输出作为单阈值系统的输入，一旦它超过一个特定的阈值，则单阈值系统响应发射一个固定脉冲。在可激发系统中加上信号，使它的输出恰好不能引起脉冲的发射；再加上噪声，随着噪声强度的变化，发射脉冲的频率和输入可激发系统的信号的频率会发生同步，若测量输出脉冲序列 $v(t)$ 的功率谱，则此时信噪比出现极大值，即发生了随机共振。

我们可以 Fitzhugh-Nagumo (FN)神经模型为例，其动力学方程为

$$\tau_v\,\frac{\mathrm{d}v}{\mathrm{d}t}=v(v-0.5)(1-v)-w \tag{8.49}$$

$$\tau_w\,\frac{\mathrm{d}w}{\mathrm{d}t}=v-w-b+A\sin\omega t+\Gamma(t) \tag{8.50}$$

其中 $v(t)$是快变量,$w(t)$是慢变量,τ_v 和 τ_w 分别是它们的时间尺度。当 v 大于一个阈值 v_c 时,则系统发射一个固定的方波脉冲,计算脉冲输出序列 $v(t)$的功率谱,可以求得 SNR。由于脉冲是固定的,因此决定 SNR 的关键因素是发射脉冲的速度 $r(t)$。若 $r(t)$可作 Fourier 分解:

$$r(t) = r_0 + \sum_{q=1}^{\infty} r_q \cos q\omega \tag{8.51}$$

则信噪比为

$$\mathrm{SNR} = \frac{r_1^2}{2r_0} \tag{8.52}$$

在可激发系统中,由于 v 和 w 的时间尺度相差甚大,v 激发的过程中,w 基本不变,因此 v 的变化近似地满足一维朗之万方程:

$$\frac{\mathrm{d}V}{\mathrm{d}t} = -\frac{\mathrm{d}U}{\mathrm{d}t} + D\Gamma(t) \tag{8.53}$$

其中 U 是一个半无穷势垒的单势阱。V 的激发过程相当于单势阱中的逃逸过程,方波脉冲发射的速率也正是 kramers 逃逸速率:

$$r(t) = \exp(-\Delta U/D)(1 - A\cos\omega t) \tag{8.54}$$

代入(8.52)式,可得到信噪比为

$$\mathrm{SNR} = \frac{\Delta U^2 A^2}{D^2}\exp(-\Delta U/D) \tag{8.55}$$

此式与对称双势阱中的信噪比公式很类似。随着 D 的变化,SNR 可出现极大值。利用(8.55)式计算得到的信噪比曲线和模拟结果相符合。

3. 无阈值系统的随机共振[213~214]

随机共振不仅可以出现在单阈值系统,也可以出现在无阈值系统中。若系统输出脉冲的产生速率满足:

$$r(v(t)) = r(0)\exp[v(t)] \tag{8.56}$$

其中 $r(0)$是“平衡速率”。当 $v(t)$中同时含有信号和噪声时,输出的信噪比随 D 的变化会出现极大值。仔细比较 $r(t)$和双稳系统中的 $R_{\pm}(t)$,发现它们都可以表示成 $f(\alpha + \beta\cos wt)$的形式,因此无阈值系统出现随机共振是可以理解的。由于许多的物理和化学系统中都存在这种指数依赖关系,例如 $v(t)$可以表示活化能,因此这种随机共振行为可以有很广泛的应用。

4. 非周期随机共振[215~218]

最初的随机共振概念指的是非线性系统、弱的周期信号和噪声三者之间的协作效应。但是,输入信号完全可以是非周期的载波信号,甚至可以是混沌信号,这时噪声仍能够优化系统输入输出之间的信息传递,这种随机共振因之称为非周期随机共振。由于非周期信号不再具有确定的频率，因此不再能用信噪比来度量。若用 $s(t)$ 表示系统的输入，用 $R(t)$ 表示输出响应，则可以定义相关功率模：

$$C_0 = \overline{s(t)R(t)} \tag{8.57}$$

它表示了输入和输出之间的信息关联程度，随着 D 的变化，C_0 出现极大值。

综上所述，随机共振的研究正处于蓬勃发展之中，可能预料，无论随机共振理论还是其应用领域，都会得到迅速的进展。在本章以下各节中，着重介绍我们在化学系统中随机共振现象研究中，所取得的若干成果。

8.5 表面催化反应中的随机共振[191~194]

1999 年，我们在 CO 表面催化氧化和 NO 催化还原体系中发现了随机共振现象。CO 表面催化过程遵循 LH 反应机理，它的动力学行为可以用如下三变量常微分方程来描述(参阅 7.7 节)：

$$\frac{\mathrm{d}u}{\mathrm{d}t} = k_1 p_{co} S_c\left[1 - \left(\frac{u}{u_s}\right)^r\right] - k_2 u - k_3 uv \tag{8.58}$$

$$\frac{\mathrm{d}v}{\mathrm{d}t} = k_4 p_o s_o\left[1 - \frac{u}{u_s} - \frac{v}{v_s}\right]^2 - k_3 uv \tag{8.59}$$

$$\frac{\mathrm{d}w}{\mathrm{d}t} = k_5[f(w) - w], \quad f(w) = \begin{cases} 0, & u \leqslant 0.2 \\ \sum_{i=0}^{3} c_i u^i, & 0.2 < u < 0.5 \\ 1, & u \geqslant 0.5 \end{cases} \tag{8.60}$$

其中 p_{co} 和 p_o(也用 p_u 和 p_v 表示)分别为 CO 和 O_2 的分压。方程(8.58)～(8.60)的分岔行为十分丰富，随着控制参量的变化，体系可以出现单稳态、双稳态、以及振荡行为等。固定 $p_o = 1.3\times10^{-4}$ mbar，$T = 539$ K 时，可以得到如图 8.9 所示的分岔图。在 CO 分压小于 p_B 时，CO 覆盖度处于低占据态；大于 p_E 时，只有高占据态是稳定的；在 $BGEH$ 区域，体系具有双稳特性。在 540 K$<T<$548K 时，体系可以出现振荡，图 8.10 给出了 $T = 542$ K 时的分岔图，在 BG 段，系统存在唯一的不稳定平衡点，包围它存在一个稳定的极限环，虚线所勾画的范围代表振荡的幅度；左侧 E 点是超临界 Hopf 分岔点，右侧 B 点处极限环和鞍点发生碰撞消失，之后体系表现为高占据态。

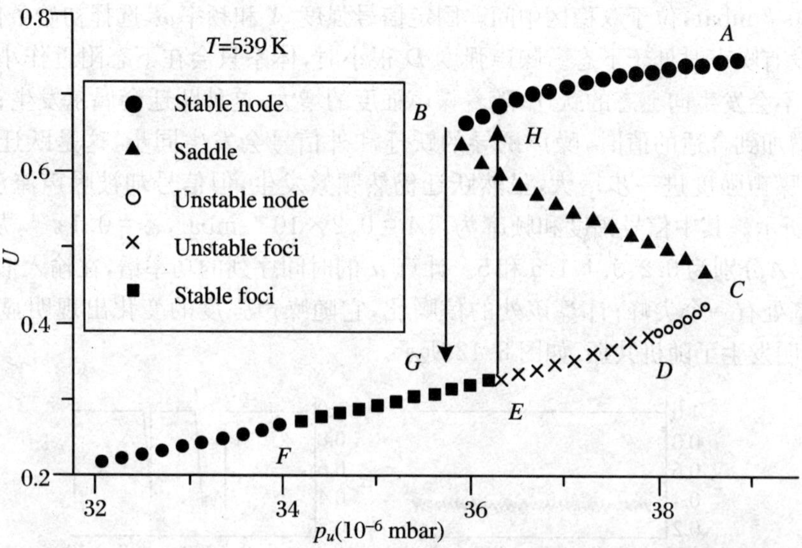

图 8.9　$p_o = 1.3 \times 10^{-4}$ mbar, $T = 539$ K 时 CO 体系双稳态的分岔图

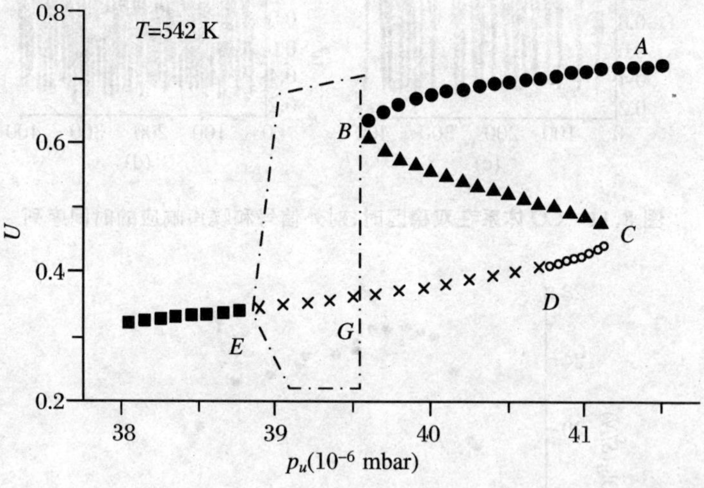

图 8.10　$p_o = 1.3 \times 10^{-4}$ mbar, $T = 539$ K 时 CO 体系振荡态的分岔图

为了研究体系的随机共振现象，我们在双稳区域调节控制参量 p_u，使它同时受到周期信号和噪声的扰动，

$$p_u = p_0 + A\cos(\omega t) + \xi(t) \tag{8.61}$$

其中 $\xi(t)$ 为强度为 D 的高斯白噪声，p_0 为恒定流速时所确定的 CO 分压，取为

36×10^{-6} mbar，位于双稳区中间。固定信号强度 A 和频率 ω，选择初始条件，使体系在没有噪声时处于下态。噪声强度 D 很小时，体系只会在下态附近作小范围的振荡，不会发生向上态的跃迁；随着噪声强度的增大，这种跃迁会偶尔发生；当噪声强度增加到合适的值时，噪声诱导的跃迁和外信号会发生同步，这是跃迁最为规则；若噪声强度进一步增大，虽然跃迁仍然频繁发生，但信号却被噪声淹没，如图8.11所示。其中信号幅度和频率为：$A=0.2\times10^{-6}$ mbar，$\omega=0.1\ \text{s}^{-1}$，从(a)到(d)$D/A$分别为0.2、0.4、1.5和5。计算 u 的时间序列的功率谱，在输入信号对应的频率处有一个尖峰；计算该处的信噪比，它随噪声强度的变化出现明显的极大值，表明发生了随机共振，如图8.12所示。

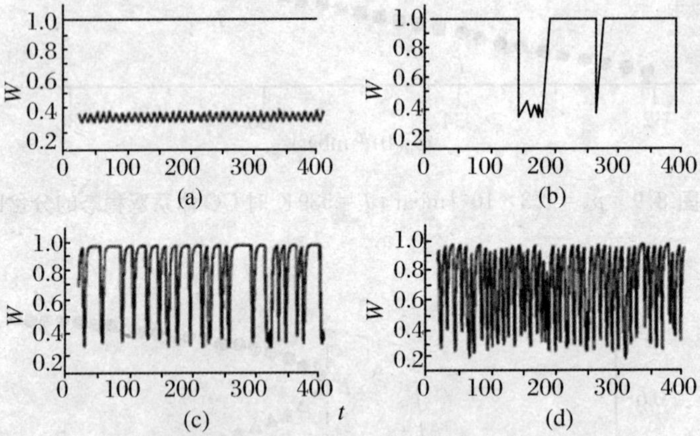

图 8.11　CO 体系在双稳区时，对外信号和噪声响应的时间序列

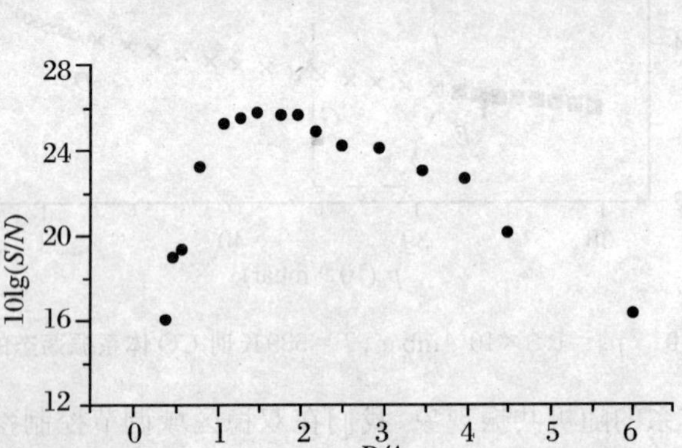

图 8.12　CO 体系双稳态时信噪比随噪声强度的变化

同CO催化氧化反应一样，NO和CO在铂(Pt)表面的催化还原反应也是一类典型的非均相催化反应。该反应系统也具有各种各样的非线性行为[233~236]，包括化学振荡、化学多稳态、化学混沌等。在Pt(100)面上，实验发现有两种振荡区域：在低温区，反应速率并不表现出持续振荡，只在一些表面区域有局域振荡；在高温区，系统表现出持续振荡，这时表面也存在1×1相到六角相的结构相变，此时化学振荡可以和一个稳定态共存，表现出双稳特性。当系统的控制参量受到周期信号调制时，系统本身的内禀振荡和外界振荡相互耦合，会出现锁相振荡和共振行为。当控制参量受到噪声扰动时，实验发现，在低温区域的振荡区，噪声也可以和系统发生某种共振行为，噪声可以使系统得内禀振荡变得更加规则。人们期待，该体系中也应该存在随机共振行为。

$$CO + S \longrightarrow CO_{ad} \tag{8.62}$$

$$NO + S \longrightarrow NO_{ad} \tag{8.63}$$

$$NO_{ad} + S \longrightarrow N_{ad} + O_{ad} \tag{8.64}$$

$$2N_{ad} \longrightarrow N_2 + 2S \tag{8.65}$$

$$CO_{ad} + O_{ad} \longrightarrow CO_2 + 2S \tag{8.66}$$

其中，S表示空位，下标“ad”表示吸附态。(8.64)步骤表示NO的吸附分解需要相邻的两个空位。根据上述反应机理，可以得到如下的宏观动力学方程：

$$\frac{dx_{CO}}{dt} = k_1 p_{CO}(1 - x_{CO} - x_{NO}) - k_2 x_{CO} - k_3 x_{CO} x_O \tag{8.67}$$

$$\frac{dx_{NO}}{dt} = k_1 p_{NO}(1 - x_{CO} - x_{NO}) - k_4 x_{NO} - k_5 x_{CO} x_S \tag{8.68}$$

$$\frac{dx_O}{dt} = k_5 x_{NO} x_S - k_3 x_{CO} x_O \tag{8.69}$$

其中，x_i 表示 i 组分的平均覆盖度。方程(8.68)右边3项分别对应于NO的吸附、脱附和分解。在实际过程中，CO、NO和O在表面的吸附都有一个饱和覆盖度 θ_{CO}、θ_{NO}和 θ_O，当它们各自的覆盖度超过这个值时，不能再吸附。因此，空位的覆盖度并不是简单的 $x_S = 1 - x_{CO} - x_{NO} - x_O$，而是

$$x_S = \max\left[\left(1 - \frac{x_{NO} + x_{CO}}{\theta_{CO,NO}} - \frac{x_O}{\theta_O}\right), 0\right] \tag{8.70}$$

在方程(8.67)到(8.69)中的各系数 k_i 与温度 T 遵从Arrhenius关系，即

$$k_i = \nu_i \exp\left(-\frac{E_i}{kT}\right) \tag{8.71}$$

它们的数值都由实验确定。另外，由于相互间的排斥作用，CO 和 NO 脱附的活化能随着它们的覆盖度的增加而降低，满足如下关系式：

$$E_{NO,CO}(x) = E_{NO,CO}(0) - k_6(x_{CO} + x_{NO})^2 \tag{8.72}$$

参数数据见表 8.1。

表 8.1 k_i 的数据表

Description	Constant	E_j (kcal · mol^{-1})	ν_i (s^{-1})	Value at 400 K
CO/NO 吸附	k_1	…	…	2.21×10^5 MLPa^{-1}s^{-1}
CO 脱附	k_2	37.5($\theta=0$)	1.0×10^{14}	3.1×10^{-1} MLs^{-1}
CO + NO 反应	k_3	14.0	2.0×10^{8}	4.4MLs^{-1}
NO 脱附	k_4	37.0($\theta=0$)	1.7×10^{14}	1.0×10^{-6} MLs^{-1}
NO 分解	k_5	28.5	2.0×10^{15}	0.52MLs^{-1}
CO + NO 排斥	k_6	24	…	24 kcal · mol^{-1}
饱和覆盖度	$\theta_{CO,NO}$	…	…	0.61
	θ_O	…	…	0.4

固定温度 $T = 414.4$ K，$p_{NO} = 3.5\times10^{-7}$ mbar 时，可以得到体系的分岔图如图 8.13 所示。途中虚线所示区域为稳定极限环区域，它和稳定不动点共存。随着控制参量 p_{CO} 的增加，极限环的幅度增大，频率降低，然后发生“鞍环碰撞”形成同宿轨道而消失。为了研究随机共振现象，我们在双稳区对控制参量加以扰动，即

$$p_{CO} = p_{CO}^0 + A\sin(2\pi\omega t) + \xi(t) \tag{8.73}$$

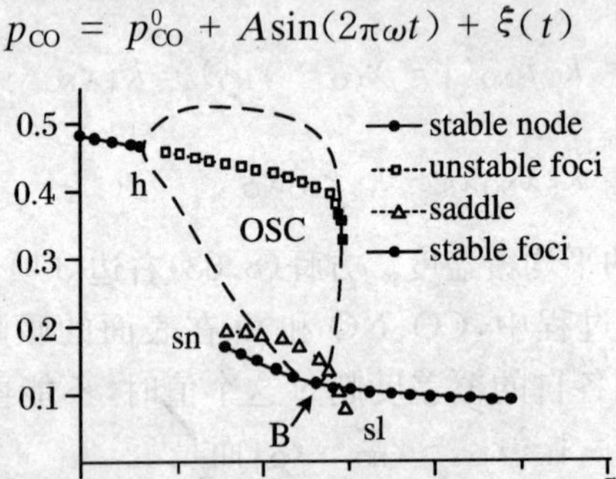

图 8.13 NO + CO 催化还原系统的分岔图

选择信号强度使得在没有噪声时，极限环和稳定点之间的跃迁恰好不能发生

(即处于临界值附近);调节控制参量 p_{CO}^0 使得在噪声作用下,体系处于稳定点和极限环的几率大致相等,此时观察到的随机共振现象最明显。取 $p_{CO}^0 = 3.3 \times 10^{-7}$ mbar,$A = 0.15$,可以得到时间序列 $x_{NO}(t)$ 的信噪比随噪声强度 D 的变化如图 8.14 所示。其中实线是用公式(8.44)拟合的结果,可见理论曲线和模拟计算值吻合得很好。这表明在合适的参数选取下,体系的有效非平衡势函数有对称双势阱的特征。

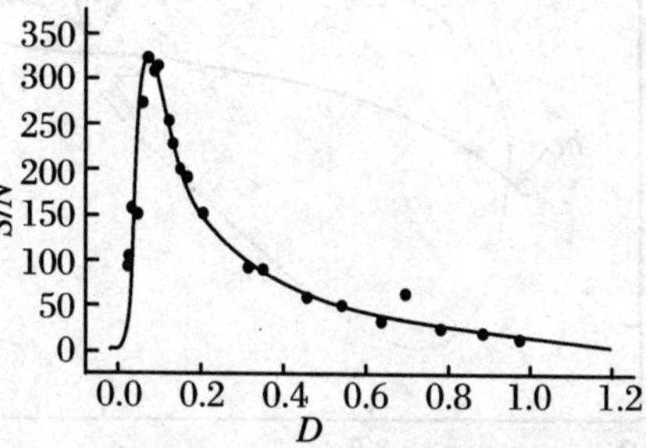

图8.14　NO + CO 催化还原系统的随机共振

8.6　化学体系中的内信号随机共振

1. NO + CO 催化还原体系的内信号随机共振[198]

在 8.5 节中,我们已经简单描述了 NO + CO 表面催化还原体系在双稳区域的随机共振行为。实际上,此体系的动力学行为非常丰富,选择不同的控制参量 p_{CO}、p_{NO} 或 T 时,体系的分岔行为也不同。若固定 $T = 420$ K,$p_{CO} = 3 \times 10^{-7}$ mbar,选择 p_{NO} 为控制参量(其他参数值由表 8.1 给出,则体系的分岔特性如图 8.15 所示,在 $p_{NO} = 3.226 \times 10^{-7}$ mbar 和 4.25×10^{-7} mbar 处有 2 个超临界 Hopf 分岔点。

现令控制参量 p_{NO} 受到噪声的扰动为

$$p_{NO} = p_{NO}^0[1 + 2D\Gamma(t)] \tag{8.74}$$

其中 D 为噪声强度,$\Gamma(t)$ 是方差为 1 均值为 0 的高斯白噪声,$p_{NO}^0 = 3.22 \times 10^{-7}$ mbar 位于第一个 Hopf 分岔点左侧的稳定点区域。显然,当 $D = 0$ 时,体系不会出现振荡;但 $D \neq 0$ 时,在时间序列 $x_{NO}(t)$ 的功率谱上会出现明显的尖峰,表明存在特征频率，对应于"噪声诱导振荡（Noise Induced Oscillation：NIO）"。图 8.16 中显示了不同噪声值时 $x_{NO}(t)$ 的功率谱 $S(\omega)$，可以看到峰的高度和宽度都随着噪

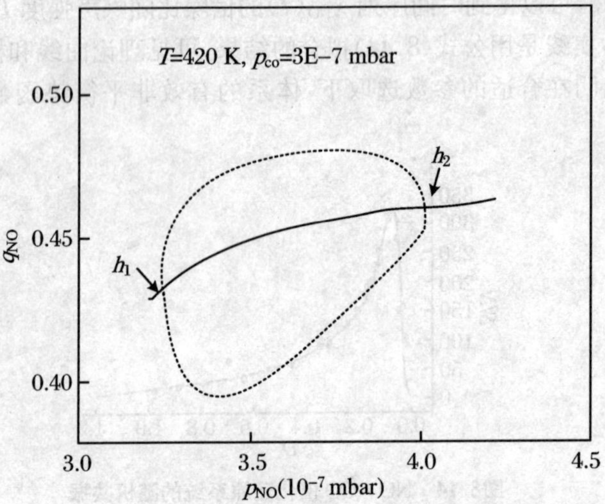

图 8.15　NO + CO 催化还原体系的分岔图

h_1 与 h_2 均为超临界 Hopf 分岔点；$T = 420\,K$，$p_{CO} = 3 \times 10^{-7}$ mbar

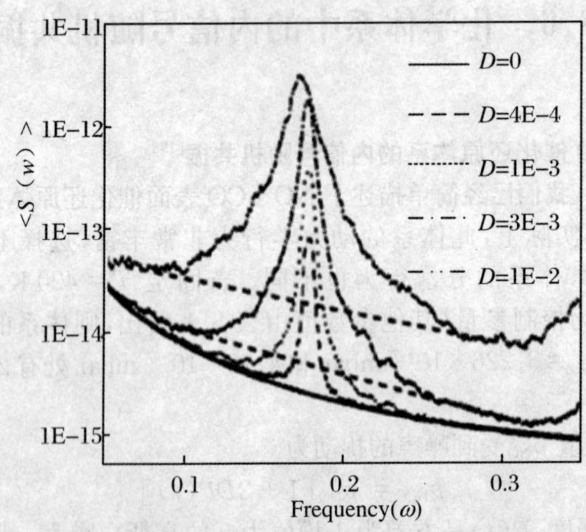

图 8.16　不同噪声强度时噪声诱导振荡的功率谱曲线

虚线表示噪声背景

声强度而变化。注意到图中的功率谱曲线是经过平均后的结果。

为了衡量 NIO 的规则程度或有效强度,可以定义如下的 β 因子:

$$\beta = \frac{H}{\Delta\omega / \omega_p} \tag{8.75}$$

其中 H 为功率谱峰相对于噪声背底的高度,$\Delta\omega$ 为峰的半高宽,ω_p 为尖峰对应的频率值。实际上,NIO 强度越大,则 H 越大;而信号周期性越强时,$\Delta\omega$ 越小;因此 β 因子定量表征了 NIO 的有效信噪比。随噪声强度 D 的变化,发现 β 值会出现明显的极值,如图 8.17 所示,表明发生了"内信号随机共振"。可以看到,H 有时也会出现极值。

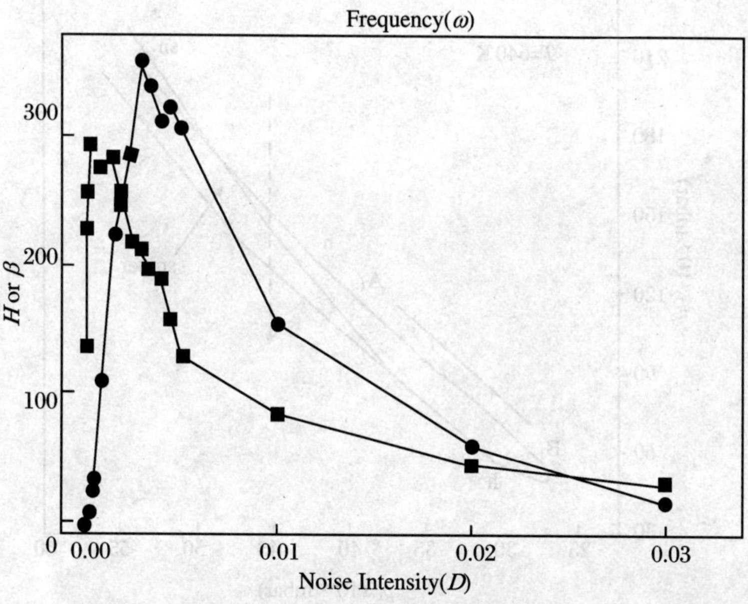

图 8.17 内信号随机共振现象

β 和 H 随 D 变化出现极值

2. CO 催化氧化体系的内信号双随机共振[200]

我们仍采用方程(8.58)到(8.60)所描述的动力学模型。若固定 $T = 540\,\text{K}$,选取 p_{CO} 和 p_{O_2} 为控制参量,可以得到分岔集如图 8.18 所示。其中"h"表示超临界 Hopf 分岔,"sn"表示鞍结点(saddle-node)分岔(参考图 3.10),而"sniper"是英文"saddle-node infinite period"的简写,此处极限环和鞍点发生碰撞消失,实际上发生了图 8.18 所示的同宿轨线分岔。由 h 和 sniper 包围的区域是振荡区,外面是稳定结点区。进一步研究表明，此体系的分岔行为还有若干新的特点。若固定 $p_{CO} = 45.5\times10^{-6}$ mbar，即沿着图 8.18 中的虚线进行，可以得到分岔图如图 8.19 所示。随着氧气分压从高向低变化，CO 的覆盖度 u 从较低的稳定状态，经过 Hopf 分岔出现小幅振荡，然后经过 Canard 点，突然变成大幅度的弛豫振荡(Relaxation oscillation)，振荡周期(由空的圆点表示)逐渐增大至无穷，在到达“TP1”所示的参数时，振荡和鞍点发生碰撞(鞍-环碰撞)而突然消失，然后 CO 的覆盖度处于高的稳定状态。此处 TP1 即对应于图 8.18 中的“sniper”，“TP”是“turning point”的缩写。

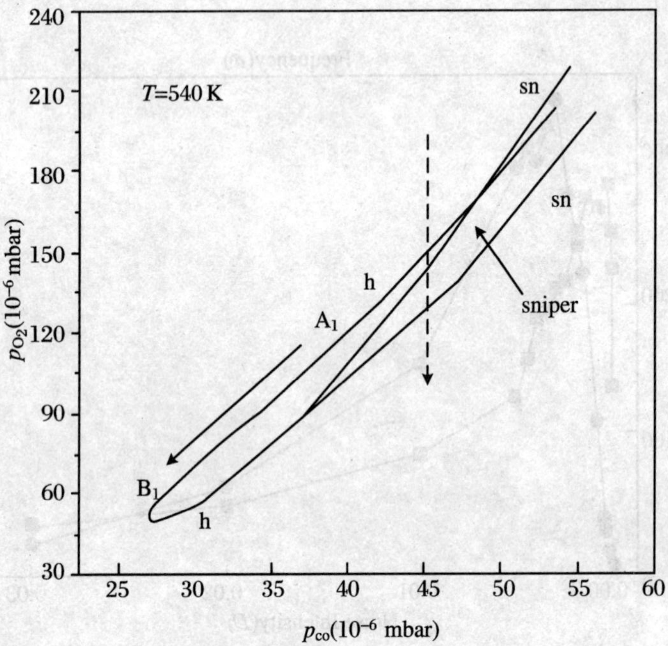

图 8.18　CO 催化氧化体系的分岔集

图 8.19 的分岔图可以分为 4 个不同性质的区域：1 为低 CO 浓度区，2 为小幅简谐振荡区，3 为大幅弛豫振荡区，4 为高 CO 浓度区。为了研究噪声的作用，选择 p_o 位于 1 区内 Hopf 分岔的右边附近，并受到噪声的扰动，$p_o = p_o^0[1 + D\Gamma(t)]$，其中 $\Gamma(t)$ 为方差为 1 的高斯白噪声，D 表征噪声强度，$p_o^0 = 151.5\times10^{-6}$ mbar。若 $D=0$，显然体系不会有振荡出现；同样在 $D\neq0$ 时，会出现噪声诱导振荡 NIO，它们的功率谱上由明显的展宽峰，由其可以定义 NIO 的有效信噪比 SNR(即 β 因子)。但和前述 NO 体系不同，随着噪声强度的变化，SNR 出现了两个明显的极大值，如图 8.20 所示，可称此现象为“内信号双随机共振”。另外，第一个极大值处

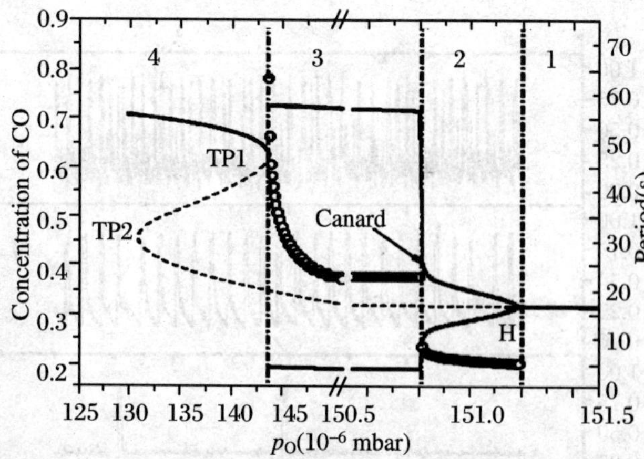

图 8.19　$p_{CO}=45.5\times10^{-6}$ mbar, $T=540$ K 时,CO 体系的分岔图

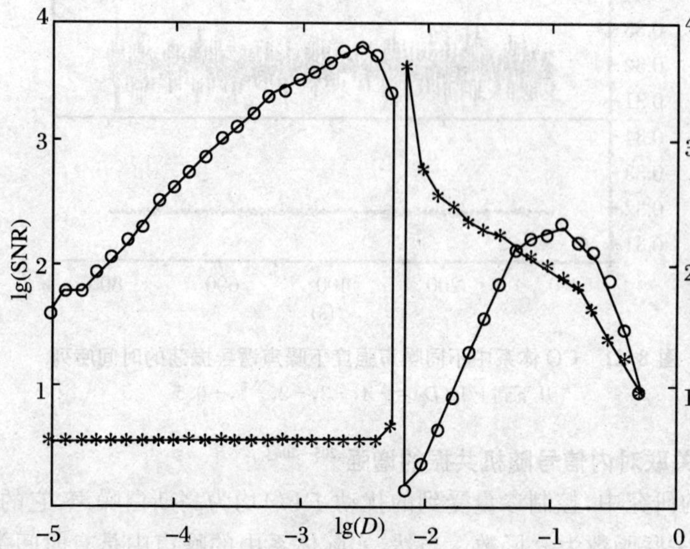

图 8.20　CO 体系噪声诱导振荡的信噪比随噪声强度的变化

(噪声小)的 NIO 为小幅的简谐振荡,对应于图 8.19 中 H 和 Canard 点之间的区域;第二个极大值处(噪声大)为大幅的弛豫振荡,对应于 Canard 和 TP1 之间的区域。图 8.20 中也给出了两种振荡的频率,它们又明显的差别;而图 8.21 中显示了不同噪声强度时 NIO 的时间序列,从中也可以看到由小幅振荡到弛豫振荡的转变。因此,内信号双随机共振表明,不同强度的噪声对体系的振荡行为有

“选择”效应。

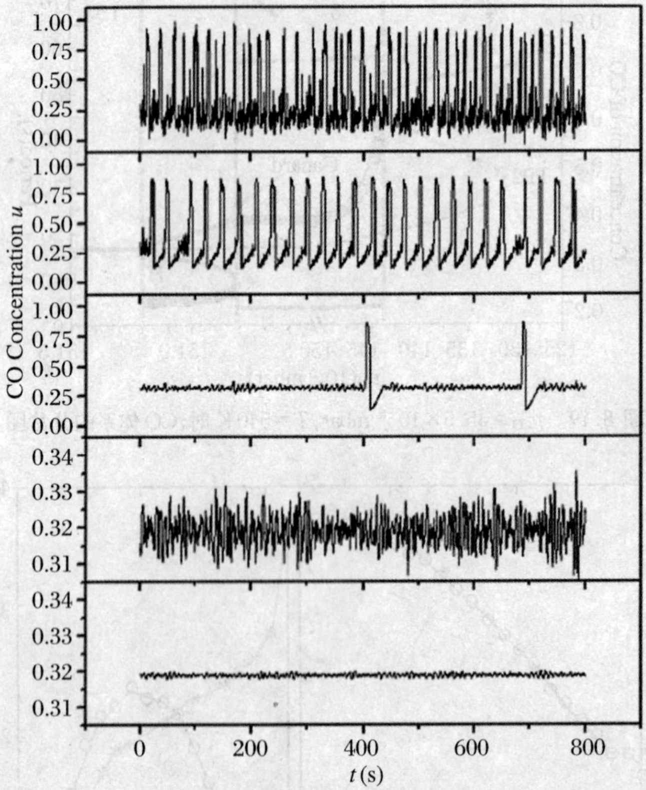

图 8.21　CO 体系中不同噪声强度下噪声诱导振荡的时间序列

从下到上 lg(D) = −4, −3, −2, −1, −0.5

3. 噪声关联对内信号随机共振的增强[205~206]

在前面的研究中，控制参量受到的扰动 $\Gamma(t)$ 均为高斯白噪声，它的功率谱是“白谱”，时间关联函数为 δ 函数。当然，实际体系中的噪声中是有时间关联的，只是在关联时间远小于我们感兴趣地时间尺度时，可以近似用白噪声来代替。具有非零相关时间的噪声叫色噪声，按实际关联性质的不同也可以分成多种类型。研究表明，噪声的关联性质对内信号随机共振现象有显著影响。

我们考查一类特殊的延迟式色噪声，可以用下式表示：

$$\xi(t) = \sum_{j=0}^{\infty} \xi_j \theta(t - j\tau) \tag{8.76}$$

其中 ξ_j 为均值为 0，方差为 1 的高斯分布随机数，τ 为噪声脉冲的宽度；若 $0 < x \leqslant$

τ，函数 $\theta(x)=1$，否则 $\theta(x)=0$。实际上，τ 限制了噪声发射的最大频率，表征了噪声的特征尺度。在数值模拟中，设时间积分步长为 Δt，可以选择 $\tau=N\Delta t$；若 $N=1$，则回到了高斯白噪声的情形。

为了研究 τ 对 ISSR 的影响，我们选择了简单的连续搅拌流动反应体系：CSTR。反应在远离平衡下进行，A 不断地输入反应体系（流速为 j），A 反应生成 B 并且释放热量，环境温度维持在 T_c。根据物质和热量的守恒，可以得出如下的两变量动力学方程：

$$\left.\begin{aligned}\frac{\mathrm{d}x}{\mathrm{d}t}&=1-x-xDE(y)\\\frac{\mathrm{d}y}{\mathrm{d}t}&=-\beta y+xBDE(y)\end{aligned}\right\}\tag{8.77}$$

其中函数 $E(y)=\exp[y/(1+\eta y)]$，参数 B、D、β、η 由下式和控制参量 j 及 T_c 得出：

$$\eta=\frac{T^*}{8\,827},\quad D=8.263\,5\times10^{10}(j\mathrm{e}^{1/\eta})^{-1},\quad B=\frac{271.46}{\eta T^*},\quad \beta=1+\frac{4.08}{j}$$

其中 $T^*=\dfrac{885.8j+11.02T_c}{2.7j+11.02}$。固定 $T_c=292\ \mathrm{K}$，则随控制参量 j 的变化，体系在 $j\approx0.99$ 处有一超临界 Hopf 分岔点，振荡区位于其左侧。现令 $j\approx j_0[1+2D\xi(t)]$，其中 $j_0=0.998$，$\xi(t)$ 由(8.76)给出，并改变 τ 值，对方程(8.77)进行数值求解。$\tau=\Delta t$ 时，对应于白噪声情形，体系有 ISSR 现象，最佳噪声强度值约为 0.06。现固定 $D=0.015$，发现随 τ 的增加，NIO 的信噪比值有显著增长，且在 $\tau\approx$

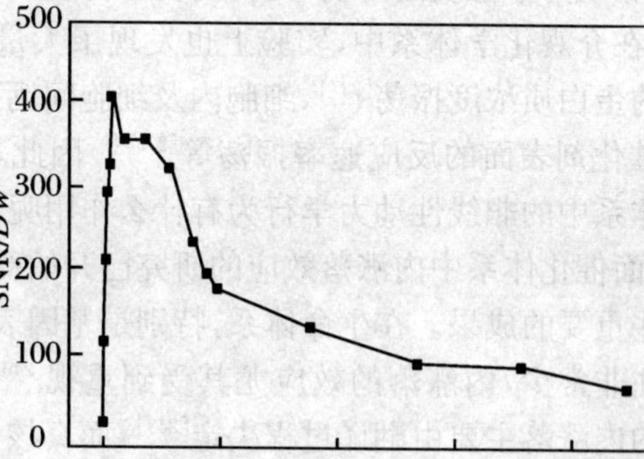

图 8.22　噪声延迟对噪声诱导振荡信噪比的增强效应

$20\Delta t$ 初达到明显的极值，如图 8.22 所示。因此，一定条件下，噪声时间关联性的改变可以显著增强 NIO 乃至 ISSR 的强度。

第9章 介观化学体系中的动力学尺度效应

9.1 引 言

近年来,随着化学研究的对象向生命和纳米体系的深入,介观化学体系动力学规律的研究,已成为受到广泛关注的前沿课题。实际上,分子之间克服活化能而发生化学反应的事件,本质上是离散的随机事件,分子数目的变化也是离散和随机的,这种随机性是内禀于化学反应体系的"内涨落"。根据统计力学的基本原理,内涨落的大小正比于 $1/\sqrt{N}$ 或 $1/\sqrt{V}$,其中 N 和 V 分别为体系中参与反应的分子总数和反应体系的体积。因此在 N 和 V 很小的介观体系中,"内涨落"可以达到显著的水平,以至于它们对体系的动力学可以产生重要的影响。研究内涨落对介观体系性质,包括热力学和动力学性质的影响,是目前统计物理发展和研究中的一个重要方向。另一方面,在介观化学体系中,实验上也发现了大量非线性动力学行为,如合成基因网络中的蛋白质浓度振荡[237],细胞内及细胞间钙离子浓度的振荡和螺旋波[238],纳米粒子催化剂表面的反应速率振荡等[239]。因此,一个自然的问题是,内涨落对介观化学体系中的非线性动力学行为有什么作用呢?

最近,生命和表面催化体系中内涨落效应的研究已开始受到越来越多的关注,并且已经取得了一些重要的成果。在生命体系,特别是基因表达过程中,由于参与反应的分子数目往往非常少,内涨落的效应尤其受到重视[240~248]。研究表明原核生物基因表达产物的内涨落主要由翻译过程决定[243],而真核生物的表达过程中翻译和转录过程都有贡献[248];而这种内涨落为细胞的非遗传变异、群体对环境的适应和自然选择提供了重要的动力学机制。另外,人们已经认识到,生理时钟振荡、细胞信号转导等重要生理过程,在分子水平上是由基因表达过程调控的[249],因此内涨落的作用同样受到关注;如研究表明,一旦体系的内涨落太大,则生理振荡已经失去意义[250],从而为了抵制内涨落,对生理振荡的机制提出了鲁棒性的要求[251]。在表面催化体系中，当涉及介观尺度时，内涨落也可能起到重要的影响。如在铂电极的场发射针尖区域，人们发现内涨落可以诱导 CO 的氧化过程在活性和非活性两种状态间的转变[252]；在 Pt(111)表面 H_2催化氧化体系中时空自组织现象的研究中，Ertl 等指出必须考虑到内涨落的影响，才可能定量地解释实验上观测到的结果[253]；而在纳米粒子表面催化过程的研究中，Peskov 等指出 4 纳米和 10 纳米粒子表面反应速率振荡表现出的明显差别，正是内涨落对体系作用的结果[254~255]，等等。

本章中，主要介绍我们在介观化学振荡体系内涨落效应的研究中取得的新进展。由于振荡是一种规则的节律行为，因此一般情形下，内涨落对振荡总是起破坏作用。但我们发现，在一定的参量区域内，内涨落可以诱导随机化学振荡的发生，并且随内涨落强度的变化，也就是随着体系尺度的变化，随机振荡的有效信噪比可以呈现非单调的变化，表现出新颖的“动力学尺度效应”。与纳米粒子物理化学性质的尺度效应不同，这种尺度效应不是由量子力学和结构因素导致的，是内涨落和体系非线性动力学机制相互作用的结果，是一种统计力学效应。对于介观体系动力学尺度效应的研究，我们开展的主要研究工作如下：

(1) 由于内涨落的作用，介观化学振荡体系的动力学行为需要用随机过程的方法来描述。在热力学极限下，随机过程的方法和宏观确定性方法相一致(见第2、3 章)。宏观的确定性振荡一般由 Hopf 分岔产生，在次临界控制参量区域，体系并没有确定性振荡发生。然而在介观化学体系，在靠近 Hopf 分岔的次临界区域，由于内涨落的作用，体系可以呈现随机振荡；和无序的噪声序列不同，这些随机振荡的功率谱上有明显的信号峰。若用该峰的高度除以半高宽来表征随机振荡的有效信噪比，则随着内涨落强度的变化，信噪比的值会出现明显的极大值，表现出类似“相干共振”的效应。又由于内涨落的大小反比于体系的尺度，最佳内涨落的存在意味着一种“最佳尺度效应”。这种效应广泛地存在于布鲁塞尔子[256]、生理时钟振荡[257]、纳米粒子表面催化[258~259]、合成基因网络[260]、钙振荡[261]等介观化学振荡体系中。

(2) 当体系同时具有振荡和可激发的非线性机制时，体系会出现 Canard 现象，即当控制参量变化时，由 Hopf 分岔产生的稳定的小幅的均匀振荡会在极窄的参量区间内，突然地变成大幅的非均匀的弛豫振荡。生命体系和表面催化体系中都有这种动力学特性，它是细胞钙信号和神经信号传递的重要机制，也是化学波形成和传递的重要机制之一。在这类体系中，内涨落同样可以诱导随机振荡的产生，而且随着内涨落强度的变化，随机振荡的频率和振幅都有明显不同：小的内涨落诱导产生小幅高频的均匀振荡，而大的内涨落诱导产生大幅低频的弛豫振荡。不仅如此,两种随机振荡的信噪比随内涨落大小,也就是体系尺度的变化都会出现明显的极大值,表现出一种“尺度选择效应”[262~263]。

(3) 在耦合的介观振荡体系中,存在两种尺度:一是单个振荡体系的尺度 V,二是耦合振子的个数 N。如在耦合神经元体系中,V 可以代表单个神经元细胞膜上离子通道簇的面积;而在耦合钙振荡体系中,V 则可以是单个细胞的体积。此类体系中,一定参数区间内,耦合体系的平均场输出信号的振荡强度,随 V 和 N 的变化都会出现极大值;且在 V-N 的参数平面内,存在明显的中心岛屿,其中体系输出信号的信噪比有明显的峰值。因此,“最佳个数的合适大小的耦合振子”有最佳的协作行为,可称之为“双重尺度效应”[264~265]。

(4) 最近 2006 年,我们利用随机过程理论、非线性动力学的“范式(Normal Form)”理论和“随机平均方法”,从理论上成功地解释了最佳尺度效应[266~267],从而对介观化学体系中内涨落的作用机制有了深刻的认识。首先,我们的理论出发点是描述 Hopf 分叉点附近行为的金兹堡-朗道(Ginzburg-Landau)方程,说明“最佳尺度效应”是介观化学振荡体系在特定控制参量区域的普适行为;其次我们发现,随着内涨落强度的增加(体系尺度的减小),随机振荡的振幅单调增加,而其相关时间单调减小,从而最佳尺度效应是“信号强度”和“时间规则度”的协作效应;最后,我们从理论上给出了最佳尺度大小的表达式:$V_{\text{opt}} = -4C_r/\varepsilon^2\mu^2$,其中 C_r 和 ε 依赖于基元反应过程的细节,是个性参数,而 μ 表示控制参量离 Hopf 分叉点的距离,是共性参数,因此最佳尺度效应是“共性”和“个性”的结合。这些理论结果也为进一步研究介观化学体系中内涨落的其他作用打下了良好的基础。

9.2 介观化学动力学的随机方法

按照传统的宏观反应动力学理论,体系状态随时间的演化可以用形如(3.1)式的确定性反应扩散方程来描述,其中各反应物质的浓度 $x_i(t)$是确定性的连续变量;原则上给定初始条件和边界条件,可以预测体系未来的状态(当然混沌体系具有初值敏感性)。然而,在介观化学体系中,由于内涨落显著增长,确定性方程不再有效,体系动力学必须用介观的随机方法来描述,此时各反应物质的分子数目 $X_i(t)$是离散的随机变量。第 4 章中,我们已经对化学动力学的随机方法作了介绍。在此,我们将对本章中所要使用的化学朗之万方程和随机模拟方法作简单介绍。

考虑 N 种物质在空间 V 中经 M 个基元反应过程发生的均相化学反应如下：

$$\sum_{i=1}^{N} \nu_{i\rho}^{<} X_i \xrightarrow{k_\rho} \sum_{i=1}^{N} \nu_{i\rho}^{>} X_i \quad (i = 1,\cdots,N;\rho = 1,\cdots,M) \tag{9.1}$$

每个反应步骤 ρ 中，$X_i(t)$发生的变化为 $\nu_{i\rho} \equiv \nu_{i\rho}^{>} - \nu_{i\rho}^{<}$，相应的反应速率为

$$W_\rho(\{X_i\}) = Vk_\rho \prod_{i=1}^{N} \frac{X_i!}{(X_i - \nu_{i\rho}^{<})!} \frac{1}{V^{\nu_{i\rho}^{<}}} \tag{9.2}$$

其中，k_ρ 是反应速率常数。若用 $P(\boldsymbol{X},t)$表示体系 t 时刻$\{X_i(t)\}$的概率分布函数，则其随着时间演化遵循如下形式的化学主方程[268~269]：

$$\frac{\partial P(\{X_i\},t)}{\partial t} = \sum_{\rho=1}^{M} \Big[W_\rho(\{X_i - \nu_{i\rho}\}) P(\{X_i - \nu_{i\rho}\},t) - W_\rho(\{X_i\}) p(\{X_i\},t) \Big] \tag{9.3}$$

由于化学主方程只有在极少数的情况下才能解析求解，Gillespie 以此方程为理论基础，建立起一种随机模拟方法[270]。为了模拟化学反应的进行，必须要回答如下两个问题：相继发生的是哪一步反应和该反应在什么时候发生？为此，可以定义“下一步反应密度函数”（next-reaction density function）$P(\tau,\rho \mid \boldsymbol{X},t)$，它表示在处于 $\boldsymbol{X}(t)$时，下一步反应在$[t+\tau, t+\tau+\mathrm{d}\tau]$内发生，且为反应 ρ 的概率。可以证明，随机数对(τ,ρ)满足如下联合概率分布：

$$P(\tau,\rho \mid \boldsymbol{X},t) = W_\rho(\boldsymbol{X})\exp[-W_0(\boldsymbol{X})\tau] \quad (\tau \geqslant 0;\rho = 1,\cdots,M) \tag{9.4}$$

其中 $W_0(\boldsymbol{X}) = \sum\limits_{r=1}^{M} W_\rho(\boldsymbol{X})$。为了产生满足(9.4)式分布的随机数对，Gillespie 提出了如下算法：(1)随机产生两个(0,1)间均匀分布的随机数 r_1 及 r_2；(2)计算 $W_0(\boldsymbol{X})$，取 $\tau = \dfrac{1}{W_0(\boldsymbol{X})} \ln \dfrac{1}{r_1}$；(3)取 ρ 为满足$\sum\limits_{k=1}^{\rho} a_k(\boldsymbol{X}) \geqslant r_2 W_0(\boldsymbol{X})$的最小整数。Gillespie 所提出的上述算法很容易计算机编程实现：按此算法产生(τ,ρ)后，进行第 ρ 步反应，即更新体系状态 $X_i \to X_i + \nu_{i\rho}(i = 1,\cdots,N)$，并更新时间 $t \to t+\tau$；然后再按算法产生新的(τ,j)，如此往复进行。实际上在第 5 章中，我们在进行化学混沌的随机模拟时已经用到这种方法。

尽管上述主方程的随机模拟方法得到了广泛应用，但由于 $W_\rho(\boldsymbol{X}) \propto V$，当参与反应的分子数目很多时，该方法非常慢。为了解决这个问题，Gillespie 先后发展了一系列优化的、快速的近似方法[271]。他们证明，当体系存在一个“宏观无限小(Macro-infinitesimal)”的时间尺度时，则体系状态的演化可以用如下的随机动力学方程来描述：

$$X_i(t+\mathrm{d}t) = X_i(t) + \sum_{\rho=1}^{M} \nu_{i\rho} W_\rho(\boldsymbol{X}(t))\mathrm{d}t + \sum_{\rho=1}^{M} \nu_{i\rho} \sqrt{W_\rho(\boldsymbol{X}(t))} N_\rho(t)(\mathrm{d}t)^{1/2} \tag{9.5}$$

其中 $N_{\rho=1,\cdots,M}(t)$ 表示 M 个时间上独立无关的正态分布的随机数，其均值为 0，方差为 1；$\mathrm{d}t$ 为前面提到的宏观无限小的时间尺度：在 $\mathrm{d}t$ 时间间隔内，一方面每个反应步骤平均已经发生多次（≥1），另一方面每步反应的速率 $W_\rho(\boldsymbol{X}(t))$ 相对变化不大。当体系的尺度 V 很大时，参与反应的分子数目很多，这样的条件常常可以得到满足。因此 CLE 在体系尺度较大时是对主方程方法一个很好的近似。

根据随机过程理论，方程(9.5)等价于如下化学朗之万方程（Chemical Langevin Equation：CLE）[270]：

$$\frac{\mathrm{d}X_i(t)}{\mathrm{d}t} = \sum_{\rho=1}^{M} \nu_{i\rho} W_\rho(\boldsymbol{X}(t)) + \sum_{\rho=1}^{M} \nu_{i\rho} \sqrt{W_\rho(\boldsymbol{X}(t))}\, \xi_\rho(t) \quad (i=1,\cdots,N) \tag{9.6}$$

其中，$\xi_\rho(t)$ 为时间无关的高斯白噪声，满足

$$\langle \xi_\rho(t) \rangle = 0, \quad \langle \xi_\rho(t) \xi_{\rho'}(t') \rangle = \delta_{\rho\rho'} \delta(t-t') \tag{9.7}$$

将方程(9.6)两边同除以 V，我们得到：

$$\frac{\mathrm{d}(X_i(t)/V)}{\mathrm{d}t} = \sum_{\rho=1}^{M} \nu_{i\rho} \left[\frac{W_\rho(\boldsymbol{X}(t))}{V}\right] + \frac{1}{\sqrt{V}} \sum_{\rho=1}^{M} \nu_{i\rho} \left[\frac{W_\rho(\boldsymbol{X}(t))}{V}\right]^{1/2} \xi_\rho(t) \tag{9.8}$$

其中 $X_i(t)/V \equiv x_i(t)$ 即为第 i 种分子的浓度，上式给出了浓度随时间演化的随机微分方程。(9.8)中右端第 1 项不含随机数，它包含了浓度随时间变化的确定性信息；而第 2 项是完全随机的，它给出了化学反应的内涨落对体系动力学行为的影响，可称之为"内涨落项"。仔细观察可以发现，内涨落项中不仅包含随机数 $\xi_\rho(t)$，而且 $\xi_\rho(t)$ 是和每步反应 ρ 的特征 $W_\rho(\boldsymbol{X})$ 及 $\nu_{i\rho}$ 相互耦合在一起的；因此，CLE 清晰地给出了化学反应内涨落的特征。特别地，内涨落项的大小与 $1/\sqrt{V}$ 成正比，从而当 $V \to \infty$ 时，内涨落项可以忽略，我们得到：

$$\frac{\mathrm{d}(X_i(t)/V)}{\mathrm{d}t} = \sum_{\rho=1}^{M} \nu_{i\rho} \left[\frac{W_\rho(\boldsymbol{X}(t))}{V}\right] \tag{9.9}$$

而这正是宏观确定性方程。注意到方程(9.8)可以用标准的随机积分的方法进行数值计算，比之随机模拟方法要快得多，当然代价是在体积比较小时，和模拟结果有偏差。

如果上述宏观无限小的时间尺度存在，为了提高模拟的速度，还可以采用

"τ-跳跃"近似方法[272]。与随机模拟方法不同,"τ-跳跃"方法并不跟踪每步反应的发生,而是随机地确定在接下来的时间间隔$[t, t+\tau]$内,每步反应所发生的次数$K_\rho(\tau;\boldsymbol{X},t)$。可以证明,当$\tau$足够小,使得所有的反应速率$W_\rho(\boldsymbol{X}(t))$并不发生显著的改变时,$K_\rho(\tau;\boldsymbol{X},t)$满足泊松分布,即

$$K_\rho(\tau;\boldsymbol{X},t) = P(W_\rho(\boldsymbol{X}),\tau) \tag{9.10}$$

其中,$P(W_\rho(\boldsymbol{X}),\tau)$表示均值与方差均为$W_\rho(\boldsymbol{X})\tau$的泊松随机数。"$\tau$-跳跃"方法的程序实现并不困难:(1) 选择合适的跳跃时间τ,计算$W_\rho(\boldsymbol{X})$,根据式(9.10)式随机产生$K_\rho(\tau;\boldsymbol{X},t)$;(2) 计算每种分子数目的变化:$\Delta X_i = \sum_{\rho=1}^{M} V_{i\rho}K_\rho(\tau;\boldsymbol{X},t)$;(3) 更新分子数目:$X_i \to X_i + \Delta X_i$;(4) 重复步骤(1)到(3),当然跳跃时间保持不变。显然,在跳跃条件得到满足的条件下,跳跃时间越大则模拟速度越快。在体系尺度很大从而参与反应的分子数目很多时,"τ-跳跃"方法可以很好地模拟体系的反应动力学行为。还可以证明,对于大的体系,"τ-跳跃"方法和CLE实际上是相互一致的。

简言之,对于介观化学反应体系,由于内涨落的作用不可忽视,体系的动力学行为必须用随机过程的理论方法来研究。当体系的尺度较小时,随机模拟方法可以给出精确的结果;而当体系尺度较大时,随机模拟方法基本不可行,此时可以采用"τ-跳跃"及CLE的近似方法来研究。与"τ-跳跃"方法相比,CLE给出了内涨落项的具体表达形式,明确了内涨落与体系的尺度、状态及控制参量间的关系,因此物理概念更加清晰。在Gillespie工作的基础上,人们针对具体的体系,还发展了许多优化的算法,如"下一步反应"方法[273],应用"准静态近似"的方法[274],"快慢"反应分离的算法[275],刚性体系的"隐式τ-跳跃"方法[276],优化的τ-跳跃方法[277]等等。一般在实际的工作中,视体系大小的不同,随机模拟和化学朗之万方程是比较常用的方法,它们也是本章研究中采用的最主要方法。

9.3　最佳尺度效应[256]

为了研究介观化学振荡体系中的内涨落效应,我们首先选择了一个模型体系:布鲁塞尔子(Brusselator)。第3和第4章已经对布鲁塞尔模型作了详细介绍,简化之后,它包含如下的基元反应过程:

$$\xrightarrow{k_1} X,\ X \xrightarrow{k_2} Y,\ 2X + Y \xrightarrow{k_3} 3X,\ X \xrightarrow{k_4} \tag{9.11}$$

相应的宏观确定性方程如下：

$$\frac{dx}{dt} = k_1 - k_2 x + k_3 x^2 y - k_4 x, \quad \frac{dy}{dt} = k_2 x - k_3 x^2 y \tag{9.12}$$

其中 x 和 y 分别表示 X 和 Y 分子的浓度。方程(9.12)的稳态解 $dx/dt=0, dy/dt=0$ 给出 $x_s=k_1/k_4$ 及 $y_s=k_2k_4/(k_1k_3)$。定义 $\alpha \equiv 2k_4/k_2$，则在 $\alpha_c=2(1-x_s/y_s)$ 时，由(9.12)定义的动力学方程发生 Hopf 分岔；当 $\alpha<\alpha_c$ 时出现化学振荡，而当 $\alpha>\alpha_c$ 时体系最终会稳定在(x_s, y_s)状态上。

为了研究内涨落的效应，需要采用随机动力学的方法。根据(9.11)式列出的基元反应过程和(9.8)式，可以得到体系的化学朗之万方程 CLE 如下：

$$\left.\begin{aligned} dx/dt &= (k_1 - k_2 x + k_3 x^2 y - k_4 x) \\ &\quad + \left[\sqrt{k_1}\xi_1(t) - \sqrt{k_2 x}\xi_2(t) + \sqrt{k_3 x^2 y}\xi_3(t) - \sqrt{k_4 x}\xi_4(t)\right]/\sqrt{V} \\ dy/dt &= (k_2 x - k_3 x^2 y) + \left[k_2 x\xi_2(t) - k_3 x^2 y\xi_3(t)\right]/\sqrt{V} \end{aligned}\right\} \tag{9.13}$$

研究表明，体系动力学行为对 V 的依赖关系取决于控制参量 α 的大小。当 α 处于振荡区以内时，存在一个 V 的临界值 V_c，使得当 $V<V_c$ 时体系的振荡行为被彻底破坏，从而“振荡”失去意义。而当 α 处于稳定点区域时，体系的行为不明显地依赖于 V 的大小。但在分岔点附近，内涨落可能会起到非常重要的调控作用。我们发现，当 $\alpha>\alpha_c$ 且靠近 α_c，即体系处于确定性方程预言的 Hopf 分岔点右端附近的稳定点区域时，随机模拟方法、“τ-跳跃”方法和化学朗之万方程均能产生随机振荡，它们的功率谱上有明显的信号峰，对应频率位于 Hopf 分岔点的特征振荡频率附近。内涨落诱导的随机振荡的出现，意味着此时体系的动力学行为对尺度 V 有非单调的依赖关系。当 V 很大时，如 $V\to\infty$，确定性方程(9.12)有效，此时体系处于稳定点状态，不会出现振荡；当 V 很小时，内涨落非常大，任何振荡信息都被淹没到涨落背景之中。而当 V 处于某个中间值时，内涨落强度适中，此时内涨落诱导的随机振荡会最为规则。因此，体系随机振荡的强度随着 V 的改变出现了极大值。

为了描述这种现象，取 $x_s=1.0, y_s=2.0, \alpha=1.1$。由于 $\alpha_c=2(1-x_s/y_s)=1.0$，此时体系处于确定性方程所定义的稳定点区域。图 9.1 中给出了 $V=10^2$，10^5 及 10^9 时随机振荡的功率谱密度(Power Spectrum Density：PSD)曲线。其中，$V=100$ 的结果由随机模拟方法得到，其他两条曲线由“τ-跳跃”方法得到。三条曲线上都由明显的峰，随着体积 V 的增大，相应的噪声背景值降低，而峰的宽度和高度也发生变化。可以明显地看出，$V=10^5$ 时信号峰相对而言更为尖锐，即振荡信号最强，时间序列最为规则。为定量地表征随机振荡的“有效强度”，我们使用 8.6 节中定义的有效信噪比：$\mathrm{SNR}=\dfrac{p(B)}{p(A)}\times\dfrac{\omega_B}{\omega_c-\omega_B}$。图 9.2(a)给出了 SNR 值随体系尺度 V 的变化曲线，可以明显地看到，$V\approx10^{4.5}$时有效信噪比 SNR 出现极大值。这种现象和随机共振非常类似；由于它是内涨落导致的，因此被称为“内涨落随机共振”，又由于内涨落的最佳值同时意味着尺度 V 的最佳值，因此也称这种现象为“尺度共振”(System Size Resonance：SSR)。从图 9.2(a)中可以看出，SSA 方法、“τ-跳跃”方法以及 CLE 方法得到了定性上相当一致的结果，特别是在 $V>10^4$时，“τ-跳跃”方法和 CLE 方法几乎定量一致，这种一致性说明尽管 CLE 在 V 较小时不能严格成立，但用它来研究体系内涨落的效应仍是一个方便可行的方法。因此，为方便起见，我们可以用 CLE 对体系中内涨落的效应作进一步系统的研究。在图 9.2(b)中，我们给出了当 α 渐渐远离分叉点 α_c 时 SNR-lg(V)曲线的变化，可以看到尺度的最佳值 V_{opt} 渐渐向小的方向移动，相应的信噪比的最大值 SNR_{max} 渐渐降低。可以预见，当 α 进一步远离 α_c 时，信噪比的峰值将会消失，因此体系的行为将不再依赖于尺度 V。

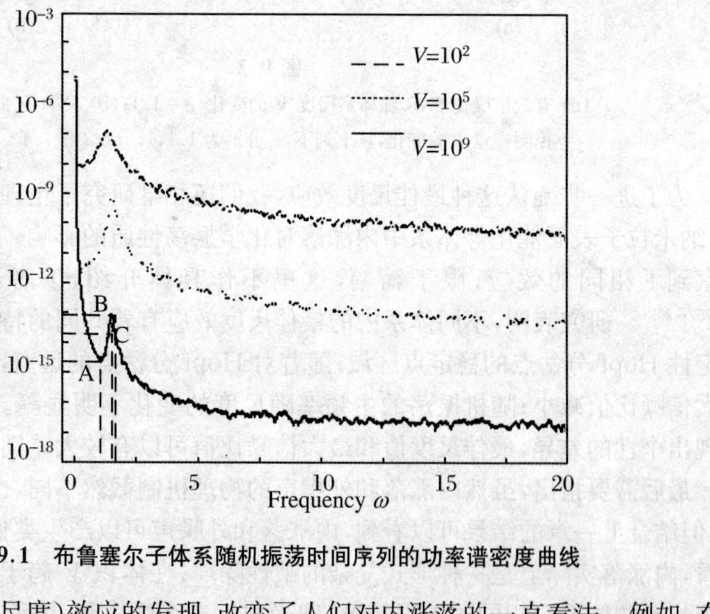

图 9.1　布鲁塞尔子体系随机振荡时间序列的功率谱密度曲线

最佳内涨落(尺度)效应的发现，改变了人们对内涨落的一直看法。例如，在目前对生理时钟振荡及合成基因网络振荡的研究中，人们大多假定内涨落是起破坏作用的，因此主要研究生命体系是如何有效地抵制这些内涨落，以使得介观化学振荡具有稳固性(Robustness)[250,251]。但"最佳尺度效应"表明,内涨落实际上可以起到积极作用的:一方面内涨落可以诱导随机化学振荡,实际上增大了振荡出现的参数范围,从而增加了介观化学振荡的稳固性;另一方面,最佳尺度的存在,提供了介观化学体系尺度效应的一种新机制,它是化学体系内禀的分子涨落和体系中的非线性动力学特性相互作用的结果。内涨落在分岔点的这种效应,也可以理解成普里高津"涨落导致有序"观点的一个佐证。

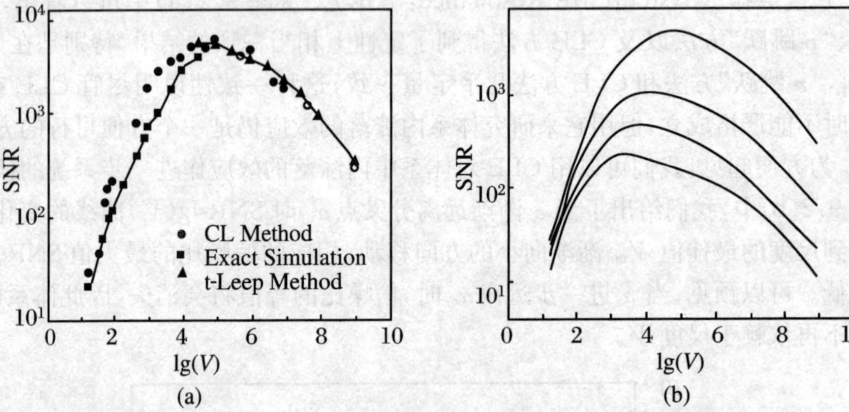

图 9.2

(a) 有效信噪比 SNR 随体系尺度 V 的变化,$\alpha=1.1$;(b) SNR-V 曲线随控制参量 α 的变化,从上到下,α 分别为 1.1,1.2,1.3 和 1.4

为了进一步确认这种最佳尺度效应,我们还相继研究了生理时钟、合成基因网络、纳米粒子表面催化等体系中内涨落对化学振荡性质的影响。相应地,我们也都观察到了相同的效应;限于篇幅,这里不作具体介绍,读者可以参阅有关文献[257~261]。研究表明,不同体系中的最佳尺度效应有着共同的特点:它们都发生在确定性 Hopf 分岔点的稳定点区域;随着对 Hopf 分岔点的远离,最佳尺度值减小,最大信噪比值减小;随机振荡的主频率随尺度的变化不明显等。当然不同体系也表现出个性的差异,最佳尺度值和最大信噪比值可以有较大差别。

最后需要指出,虽然内涨落和外噪声的物理机制截然不同,也是不可外在控制的,但结合上一章的结果可以看到,内涨落和外噪声可以产生类似的效应。从数学上看,内涨落实际上是一种形式复杂的乘性噪声;在体积 V 趋于无穷时,它和受外噪声扰动的体系有相同的极限情形,即确定性动力学方程;因而在体积较小时,内涨落能够起到定性上和外噪声类似的效应。但必须强调的是,内涨落的效应是介观化学体系的内禀性质。从这个意义上讲,并不是内涨落"诱导"了随机化学振荡,而是介观化学振荡体系的振荡本来就是"随机的"；如果能在不改变体系其他特性的情况下改变内涨落的强度（例如改变体系尺度），则"最佳尺度效应"告诉我们在分岔点的附近，内涨落的大小处在最佳值时，随机振荡的信噪比最大。

9.4　尺度选择效应

在8.6节中，我们介绍了CO表面催化体系中，由控制参量的外噪声导致的"随机双共振"现象。由于内涨落和外噪声的类似作用，人们自然期待，存在"尺度双共振效应"，即随着体系尺度（内涨落大小）的变化，随机振荡的强度也会出现两个极大值，并且两个极大值对应于不同的振荡形式和频率。我们在表面催化体系和钙振荡体系中都发现了这种效应，它可以形象地理解为一种"尺度选择效应"。我们下面予以分别介绍。

1. CO单晶表面催化过程中的尺度选择效应[262]

如前所述，在单晶表面的催化氧化过程中，人们发现了大量的非线性化学现象，包括化学振荡、螺旋波和时空混沌等。当表面气体压强较低时，表面可以看成是由一个个混合均匀的均相小元胞组成，在每个小元胞内反应物分子的浓度是相同的，而相邻的小元胞间存在着浓度梯度。此时，可以根据平均场理论得到表面反应物分子浓度所遵循的确定性反应扩散方程，在许多情形下，这些确定性动力学方程都能成功地解释实验结果。但是，当表面气体压力较大或其他特定情况时，表面吸附分子的扩散自由程减小，混合均匀的小元胞尺寸变小，而使得内涨落的强度增大；此时，确定性的反应扩散方程不再准确，内涨落的作用必须计入。根据我们前面的研究结果，可以预见，在体系的动力学分岔点附近时，内涨落有可能起到十分重要的作用。

我们研究了单晶Pt(110)表面CO催化氧化过程中，内涨落对其反应速率振荡的影响。考虑单晶表面由许多均匀混合的小元胞组成，相邻元胞间存在浓度梯度。由于元胞尺度较小，其内部发生的反应过程以及相邻元胞间的物质交换过程都是随机过程。一般说来，我们需要针对整个表面上的反应及交换过程建立介观的随机动力学方程，但在此我们先研究内涨落对一个元胞内部催化反应的影响。

在7.7节中，我们已经对单晶表面CO催化氧化过程的机理进行了描述。在Pt(110)和(100)面上，反应均遵循LH反应机理；反应过程包括CO的吸附，O_2的分解吸附，吸附态CO和O之间的反应，以及吸附诱导的表面结构的$1\times1 \rightleftharpoons 1\times2$

相变，而后者是体系发生振荡的重要原因。根据 LH 机理，在介观描述下，可以写出单晶 Pt 表面的随机反应过程及其反应速率，如表 9.1 所示。其中，N_{CO}、N_O、$N_{1\times1}$ 分别为元胞内吸附态的 CO 分子、O 原子以及表面 1×1 相的空位点的数目；N 为元胞内总的吸附位点数，代表体系的尺度大小；$u = N_{CO}/N$，$v = N_O/N$，及 $w = N_{1\times1}/N$ 分别表示相应的无量纲浓度。

表 9.1　单晶 Pt(110)表面 CO 催化氧化过程中的随机反应过程及其速率

随机过程	速　率	描　述
$N_{CO} \longrightarrow N_{CO}+1$	$a_1 N = Np_{CO}k_{CO}S_{CO}(1-u^{\xi})$	CO 吸附
$N_O \longrightarrow N_O+2$	$a_2 N = \dfrac{1}{2}Np_O k_O[S_O^{1\times2}(1-w)+S_O^{1\times1}w](1-u)^2(1-v)^2$	O_2 吸附
$N_{CO} \longrightarrow N_{CO}-1$	$a_3 N = N(k_{des}^{1\times2}(1-w)+k_{des}^{1\times1}w)\times u$	CO 脱附
$N_{CO} \longrightarrow N_{CO}-1$ $N_O \longrightarrow N_O-1$	$a_4 N = Nk_{re}uv$	反应
$N_{1\times1} \longrightarrow N_{1\times1}+1$	$a_5 N = Nk_{1\times1}(1-w)\times f_{1\times1}(u,w)$ 其中 $f_{1\times1}(u;w)=(1-\varepsilon)u^{\lambda}+\varepsilon w^{\lambda}$	(1×2) 到 (1×1)
$N_{1\times1} \longrightarrow N_{1\times1}-1$	$a_6 N = Nk_{1\times2}w\times f_{1\times2}(u,w)$, 其中 $f_{1\times2}(u,w)=(1-\varepsilon)(1-u)^{\lambda}+\varepsilon(1-w)^{\lambda}$	(1×1) 到 (1×2)

细心的读者可能注意到，此处对表面过程速率的描述和 7.7 节以及 8.5 节稍有不同。实际上，这里使用的模型是 2001 年提出的[278]，是在 1992 年最早模型[171]的基础上作了改进，以便更好地和实验符合。为使读者有更充分的了解，此处特对每步反应过程的细节加以补充说明。

(1) CO 吸附过程 $N_{CO} \longrightarrow N_{CO}+1$

实验表明，CO 既可以吸附在空的表面位点，也可以吸附在吸附态的 O 原子上，因此其吸附速率和 O 的覆盖度 v 无关，这体现在因子 $1-u^{\xi}$ 上。指数 ξ 是为了描述 CO 吸附过程中的前导物效应(Precursor Effect)，但在计算中一般设为 1。如果 CO 的饱和覆盖度 u_s 达不到 1，则 $1-u^{\xi}$ 需替换为 $1-(u/u_s)^{\xi}$，如方程(7.37)所示，但一般情况下 u_s 均取 1。吸附速率除了正比于表面可吸附位点数 $N\cdot(1-u^{\xi})$，还正比于 CO 分压 p_{CO}，“撞击速率”(Impingement Rate，描述单位压强下单位时间内撞击到表面的分子数) k_{CO}，以及“粘附系数”(Sticking Coefficient，描述撞击到表面的 CO 分子吸附到表面的概率)s_{CO}。综合这些因素，我们得到了表中的速率表达式。

(2) O_2 吸附过程 $N_O \longrightarrow N_O+2$

与CO吸附不同，O_2分子的吸附需要两个近邻表面空位。由于CO可以吸附在O原子上，因此找到一个空位的概率应正比于$(1-u)(1-v)$，即该点既不是O也不是CO，而是正比于$(1-u-v)$；当uv较小时，这种修正的影响很小。平均场近似下，找到一对空位的概率是$(1-u)^2(1-v)^2$，注意到此处忽略了对相关效应。另外，O_2分子更容易粘附在1×1相上，$s_O^{1\times1}$大约是$s_O^{1\times2}$的2倍。因子1/2缘自于氧原子的撞击速率k_O是氧气分子k_{O_2}的2倍。

(3) 脱附过程

一般只考虑CO的脱附，显然脱附速率正比于脱附系数k_{des}和CO的覆盖度u。注意到表中的速率表达式考虑到了1×1和1×2相上CO脱附系数的差别，这在(100)面上是必须的，但在(110)面上这种差别可以忽略。

(4) 反应过程

对于我们所考虑的混合均匀的小元胞，反应速率简单地正比于CO和O的覆盖度的乘积uv。

(5) 相变过程

实验表明，CO覆盖度的变化能诱导1×1和1×2相之间的相互转变。目前，还不能从微观上根据量子力学及统计力学的原理，准确地得出这种吸附诱导相变的规律，但可以根据实验数据，通过适当的模型拟和CO覆盖度u和1×1相比例w之间的相互关系；实际上，方程(7.40)就是Eiswirth研究组根据(110)面上实验数据拟和的结果。2001年，该研究组指出，这种拟和在(100)面上不适合，因为平衡态时w不再能表示成u的单值函数。为了克服这个这个困难，以使模型根据普适性，他们进一步采用了相变的“成核生长”模型，即认为CO覆盖度的变化先导致成核，而后该核经自催化过程长大；这种自催化生长的速率既依赖于CO覆盖度u，也依赖于w，于是得到表中所示的加权非线性函数$f_{1\times1}(u,w)$及$f_{1\times2}(u,w)$，其中λ和ε分别是自催化和权重因子。可以证明，选择不同的因子，该函数可以分别应用到(110)面和(100)面。

表9.2中列出了本模型中说使用的参数值。注意到脱附、反应和相变过程都要克服相应的活化能，因此相应的速率常数表示成阿累尼乌斯的形式。

根据表9.1所列，可以写出相应的化学朗之万方程CLE如下：

$$\left.\begin{aligned}\frac{du}{dt}&=(a_1-a_3-a_4)+\frac{1}{\sqrt{N}}\left(\sqrt{a_1}\xi_1(t)-\sqrt{a_3}\xi_3(t)-\sqrt{a_4}\xi_4(t)\right)\\\frac{dv}{dt}&=(2a_2-a_4)+\frac{1}{\sqrt{N}}\left(2\sqrt{a_2}\xi_2(t)-\sqrt{a_4}\xi_4(t)\right)\\\frac{dw}{dt}&=(a_5-a_6)+\frac{1}{\sqrt{N}}\left(\sqrt{a_5}\xi_5(t)-\sqrt{a_6}\xi_6(t)\right)\end{aligned}\right\}\tag{9.14}$$

表 9.2 Pt(110)表面 CO 催化氧化的动力学参数[278]

CO 吸附			
撞击速率	k_{CO}	$3.135\times10^5\ \mathrm{mbar^{-1}s^{-1}}$	
粘附系数	s_{CO}	1	
前导因子	ξ	1	
O_2吸附			
撞击速率	K_O	$5.858\times10^5\ \mathrm{mbar^{-1}s^{-1}}$	
粘附系数	$s_O^{1\times1}$	0.3	
粘附系数	$S_O^{1\times2}$	0.6	
阿累尼乌斯速率	$v\exp(-E/k_bT)$		
CO 脱附	k_{des}	$v_{des}=5\times10^{13}\,\mathrm{s^{-1}}$	$E_{des}=32.4\,\mathrm{kcal\cdot mol^{-1}}$
反应	k_{re}	$v_{re}=5\times10^5\,\mathrm{s^{-1}}$	$E_{re}=8.1\,\mathrm{kcal\cdot mol^{-1}}$
结构相变	$k_{1\times1}$	$v_{1\times1}=10^3\,\mathrm{s^{-1}}$	$E_{1\times1}=6.9\,\mathrm{kcal\cdot mol^{-1}}$
	$k_{1\times2}$	$v_{1\times2}=0.2\times10^3\,\mathrm{s^{-1}}$	$E_{1\times2}=6.9\,\mathrm{kcal\cdot mol^{-1}}$
相变			
自催化指数	λ	1	
权重因子	ε	0.1	

忽略内涨落项,可得到如下的确定性动力学方程:

$$\mathrm{d}u/\mathrm{d}t = a_1 - a_3 - a_4,\quad \mathrm{d}v/\mathrm{d}t = 2a_2 - a_4,\quad \mathrm{d}w/\mathrm{d}t = a_5 - a_6 \tag{9.15}$$

方程(9.15)的动力学行为非常复杂,随着控制参量的变化,体系可以表现丰富的动力学行为。

我们固定温度 $T=520\,\mathrm{K}$,O_2分压 $p_O=9.6\times10^{-5}$ mbar,而选择 CO 分压 p_{CO} 为唯一的控制参量。利用分岔分析工具,可以得到体系的分岔图如图 9.3 所示。随着控制参量的变化,在 $p_{CO}\approx3.557\times10^{-5}$ mbar 时发生超临界 Hopf 分岔(Hopf Bifurcation:HB),体系的状态从稳定焦点转变为稳定极限环。在 $p_{CO}\approx3.6151\times10^{-5}$ mbar 时,极限环和鞍点发生碰撞形成同宿轨道;由于此时极限环的周期趋向无穷大,因此也称极限环发生了 SNIPER 分岔(SNIPER 是 Saddle-Node Infinite Period 的缩写),在此之后极限环消失。此外,该体系还有一种有趣的动力学行为:

在 $p_{CO} \approx 3.575 \times 10^{-5}$ mbar 时，体系会发生 Canard 现象，即随着控制参量的微小变化，体系的振荡形式突然从小幅均匀的极限环振荡转变为大幅非均匀的弛豫振荡[279]。Canard 现象最早是由法国科学家提出的，它因在该点附近极限环的轨线很像水面匍匐的鸭子而得名（法文中 Canard 的意思是"鸭子"）。在 HB 和 Canard 点之间，极限环是小幅的简谐式振荡（Harmonic Oscillation）；而在 Canard 点和 SNIPER 之间，极限环是大幅的弛豫振荡（Relaxation Oscillation）。根据图 9.3，我们可以将分岔图分成 4 个区域：A 区 p_{CO}<HB，B 区 HB<p_{CO}<Canard，C 区 Canard<p_{CO}<SNIPER，及 D 区 p_{CO}>SNIPER. 下面我们可以看到，正是体系的这种特别的分岔行为导致了内涨落的有趣效应。

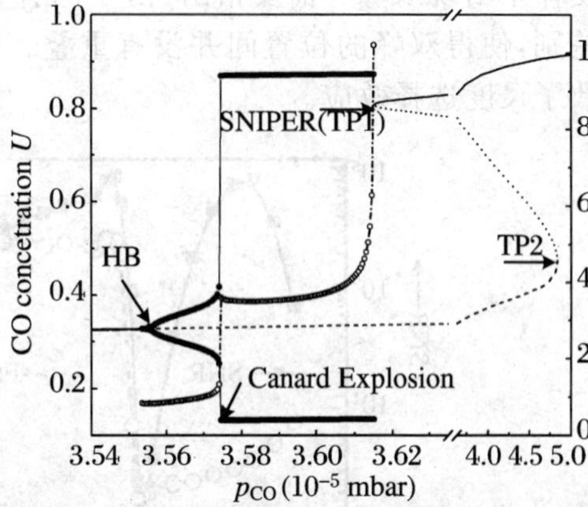

图 9.3　单晶表面 CO 催化氧化体系的分岔图

可分为 4 个区域

为了研究内涨落的作用，我们对朗之万方程(9.14)进行数值积分，时间步长为 0.01 秒。首先，我们取控制参量 $p_{CO} = 3.5 \times 10^{-5}$ mbar，处于区域 A。此时，由方程(9.15)给出的确定性动力学行为是稳定焦点，并没有振荡；但正如我们已多次看到，考虑内涨落时，体系可以出现随机振荡行为。与前面我们讨论过的体系不同，我们发现随机振荡的规则程度随着表面单元尺度 N 的变化，会出现两个极大值，如图 9.4 所示。进一步分析表明，对应于第一个极大值（$N = 10^3$，内涨落大）的振荡为大幅的弛豫振荡，而对应于第二个极大值（$N = 10^6$ 大，内涨落小）的振荡为小幅的简谐振荡，这一方面可以从对应的振荡频率看出（图 9.4），另一方面也可以从振荡的时间序列得到验证。图 9.5 中给出了几个典型的 N 值时 CO 浓度的时间曲线，在两个峰值对应的位置，振荡状态有明显的不同。由于两个极大值位置对应的振荡有明显的差异，因此这种尺度双共振现象意味着不同强度的内涨落对体系的随机振荡有选择放大的作用，这是一种"尺度选择效应"。

结合分岔图 9.3，我们可以对尺度选择效应做定性说明。当控制参量处于区域 A 时，小的内涨落强度可以诱导体系进入区域 B，从而产生小幅的简谐振荡；而当内涨落强度较大时，体系可以被诱导进入区域 C，从而有大幅的弛豫振荡出现。对于两种类型的振荡，都存在相应的最佳内涨落强度或最佳尺度，从而使体系出现双峰。需要指出,由于两种类型的振荡对内涨落的敏感性有明显差别,使得双峰的位置间并没有重叠。因此,正是由于 Canard 现象的存在导致了尺度选择效应。

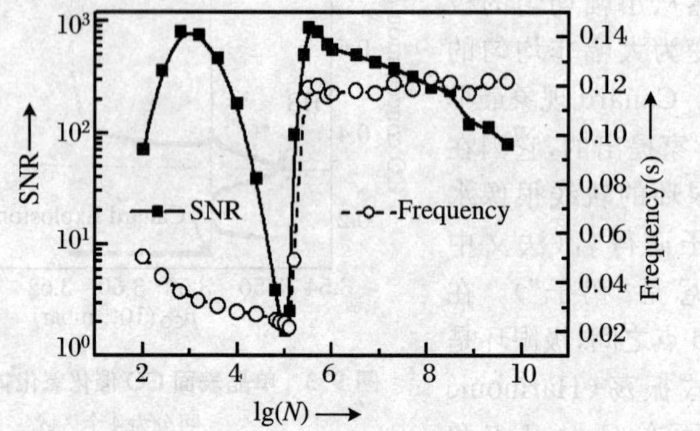

图 9.4　Pt 单晶表面 CO 催化氧化体系中的尺度选择效应

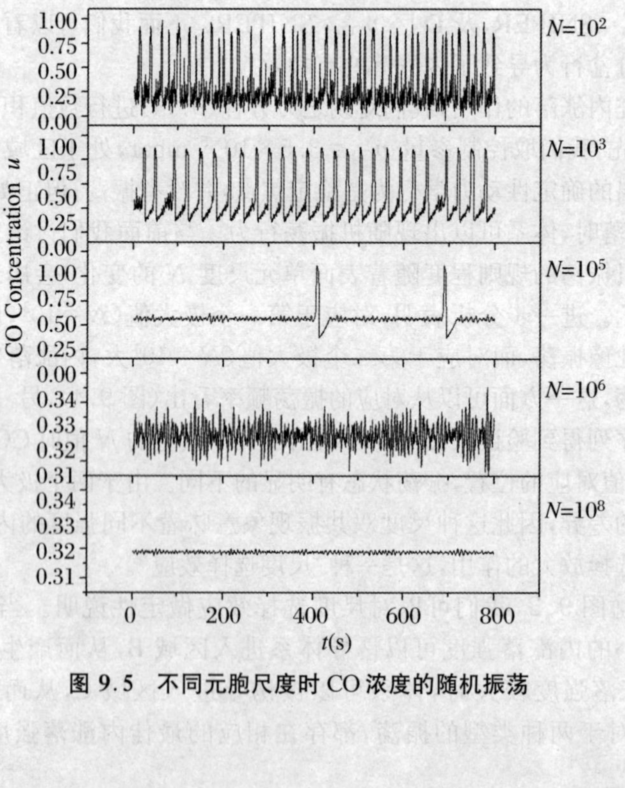

图 9.5　不同元胞尺度时 CO 浓度的随机振荡

虽然可以根据分岔图对尺度共振效应作出定性的说明，但这种效应在非均相表面催化过程中到底会起到什么样的作用，是值得研究的问题。前面已经提到，宏观的反应扩散方程在单晶表面的非线性动力学的研究中已取得了很大的成功，并且许多研究证实，更多的时候环境的涨落与内涨落相比对体系的影响更大。尽管如此，这里的研究仍表明，内涨落可能有十分重要的效应；尤其是在分岔点附近，内涨落的效应尤其不可忽视，它能选择性地诱导振荡过程的发生。另外，我们的工作也为进一步研究内涨落对表面时空有序结构形成的影响提供了基础。

2. 细胞钙振荡过程中的尺度选择效应[263]

生命体系中，钙作为第二信使，对生理功能的实现起着非常重要的作用。钙离子振荡信号既调节着细胞内的生命过程，同时又在细胞间传递信息以控制细胞整体的行为。有关钙振荡的实验工作很多，人们也提出了许多相应的动力学模型，较好地解释了实验现象[238]。目前绝大多数的理论模型都是确定性的，很少考虑内涨落的效应。然而细胞是一个典型的介观化学反应体系，内涨落的作用不可忽略；实验上也观察到钙振荡并不规则，其振幅和相位都有明显的涨落，意味着涨落实际上的确存在。因此，研究内涨落对细胞内钙振荡过程的影响是十分自然，而又有重要实际意义的问题。

表 9.3　细胞内钙振荡反应过程及其速率

反应步骤	结果	反应速率
钙经细胞膜输入细胞	$\Delta X^{(1)}=1$ $\Delta Z^{(1)}=1$	$a_1=\rho\left(v_0+v_c\dfrac{P}{k_0+P}\right)$
钙经细胞膜从细胞中输出	$\Delta X^{(2)}=-1$ $\Delta Z^{(2)}=-1$	$a_2=\rho\left(v_4\dfrac{x^2}{k_4^2+x^2}\right)$
内质网释放钙至细胞质中	$\Delta X^{(3)}=-1$ $\Delta Z^{(3)}=-1$	$a_3=\rho\left[\alpha k_r(x,p)\left(\dfrac{z-x}{\beta}-x\right)\right]$
内质网从细胞质中吸收钙	$\Delta X^{(4)}=-1$ $\Delta Z^{(4)}=-1$	$a_4=\rho\left(v_3\dfrac{x^2}{k_3^2+x^2}\right)$

注：p 为控制参量。

钙振荡的模型有很多，不同的体系有不同的振荡机制，这里我们选择 Höfer 等 1999 年提出的肝细胞中的钙振荡模型[280]。细胞内的钙离子可以在细胞质、内质网、线粒体及一些细胞内的蛋白质之间流动，还可以透过细胞膜和外界发生交换。

根据 Höfer 的模型,钙离子在细胞质、内质网和细胞外的交换是关键的过程,可以忽略其他的物质交换过程。实际上,细胞内发生的生物化学反应过程相当复杂,例如钙离子在内质网膜上的进出就涉及到膜内离子通道的开关等很多细节。但为了考察在整个细胞尺度内化学反应的随机性带来的影响,我们并不仔细地研究每步化学反应的细节,而是采用准静态近似,将细胞内发生的反应过程根据不同的时间尺度加以整合。记细胞质内的钙离子数目为 X,整个细胞(包括内质网)内的钙离子数目为 Z,则细胞内的反应都将导致 X 和 Z 数目的变化。作为简单但不失一般性的处理,可以将细胞内的反应分为 4 个"有效"过程,如表 9.1 所示。表中 x 和 z 分别表示细胞质内和整个细胞中自由钙离子的浓度,V 代表细胞质部分的体积,相应的反应速率都是准静态近似后的结果。函数 $k_r(x,P)=\nu_1\left[\dfrac{P}{d_p+P}\dfrac{x}{d_a+x}\dfrac{Q(P)}{Q(P)+x}\right]^3+\nu_2$,其中 $Q(P)=d_2\dfrac{P+d_1}{p+d_3}$,描述了钙离子经内质网膜上离子通道的释放过程,其中涉及 IP_3(三磷酸甘油醇)受体通道门的开关过程。α、β、ρ 均为结构因子:α 为内质网膜和细胞膜面积之比,β 为内质网和细胞体积之比,ρ 为细胞膜面积和细胞体积之比。P 为细胞内 IP_3 的浓度,设为控制参量。$\nu_{0,1,2,3,4,c}$ 单位均为 μMs^{-1},对应于某种物理过程导致的钙流速率;$k_{0,3,4}$ 单位均为 μM,表示某种过程的速率达到最大值一半时对应的浓度值。具体参数值为:$\alpha=2.0$,$\beta=0.1$,$\rho=0.02\,\mu M^{-1}$;$\nu_0=0.2\,\mu Ms^{-1}$,$\nu_1=40\,\mu Ms^{-1}$,$\nu_2=0.02\,\mu Ms^{-1}$,$\nu_3=9.0\,\mu Ms^{-1}$,$\nu_4=3.6\,\mu Ms^{-1}$,$\nu_c=4.0\,\mu Ms^{-1}$;$k_0=4.0\,\mu M$,$k_3=0.12\,\mu M$,$k_4=0.12\,\mu M$,$d_1=0.3\,\mu M$,$d_2=0.4\,\mu M$,$d_3=0.2\,\mu M$,$d_p=0.2\,\mu M$,$d_a=0.4\,\mu M$;有关模型涉及的物理过程的更多细节请参阅文献[280]。

根据表 9.3,可以写出体系的 CLE 如下:

$$\left.\begin{aligned}\frac{dx}{dt}&=\sum_{j=1}^{4}\Delta X^{(j)}\left(a_j+\sqrt{\frac{a_j}{V}}\xi_j(t)\right)\\ \frac{dz}{dt}&=\sum_{j=1}^{4}\Delta Z^{(j)}\left(a_j+\sqrt{\frac{a_j}{V}}\xi_j(t)\right)\end{aligned}\right\}\tag{9.16}$$

当忽略方程(9.16)右端的内涨落项时,我们可以得到确定性动力学方程。取 P 为控制参量,则体系的分岔图如图 9.6 所示。可以看到,体系在 $P\approx1.45\,\mu M$ 时发生 Hopf 分岔,而在 $P\approx1.47\,\mu M$ 时也发生了 Canard 现象。可以预期,当体系处于 Hopf 分岔点左端的区域时,我们可以观察到尺度选择效应。图 9.7 显示了 $P\approx1.3\,\mu M$ 时随机钙振荡的有效 SNR 随 V 的变化。可以明显地看到,在 $V\sim10^3$ 和 $V\sim10^6$ 时 SNR 均出现极大值。图中也给出了随机振荡的频率的信息,两个峰所对应的振荡有明显的不同:前者是大幅的弛豫振荡,而后者是小幅的简谐振荡,如

图 9.8 所示。因此,不同大小的内涨落对钙振荡信号表现出了选择性。

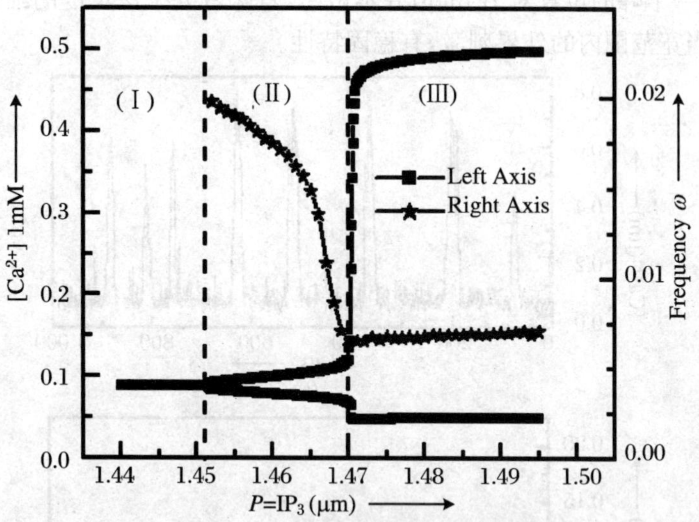

图 9.6　肝细胞钙振荡体系的分岔图

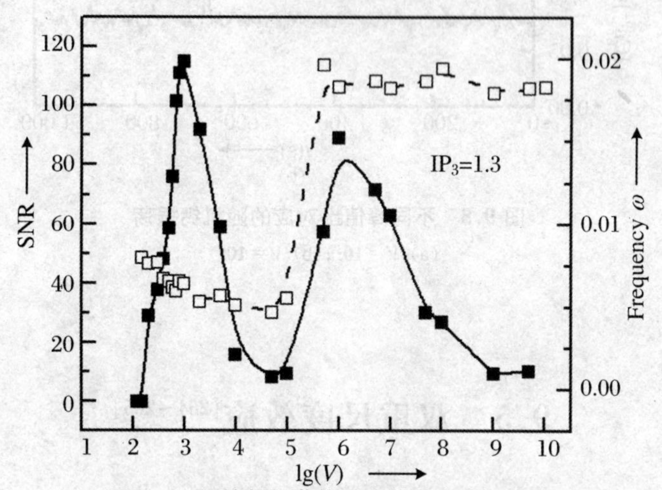

图 9.7　细胞钙振荡体系中的尺度选择效应

尺度选择效应揭示了内涨落在细胞钙信号传导过程中可能具有的积极调控作用。然而,由于真实体系的细胞尺度并不能作为自由可调的参量,而是具有一定的范围,因此关于这种效应如何影响实际生物体内的生理过程,目前并无定论。但很值得一提的是,图 9.7 中第一个峰对应的最佳尺度值 $V\sim10^3\ \mu m^3$ 恰与真实细胞的大小处于同一个量级,而细胞内许多功能的实现又常常是利用大幅的弛豫振荡,因此似乎生物体可以通过调节自身的参数以工作在一个最佳的尺度上。进一步研究还表明，第一个峰的位置对 IP_3 的值并不敏感，意味着处于该尺度的细胞可以很好地响应相当宽范围内的外界刺激，有稳固特性。

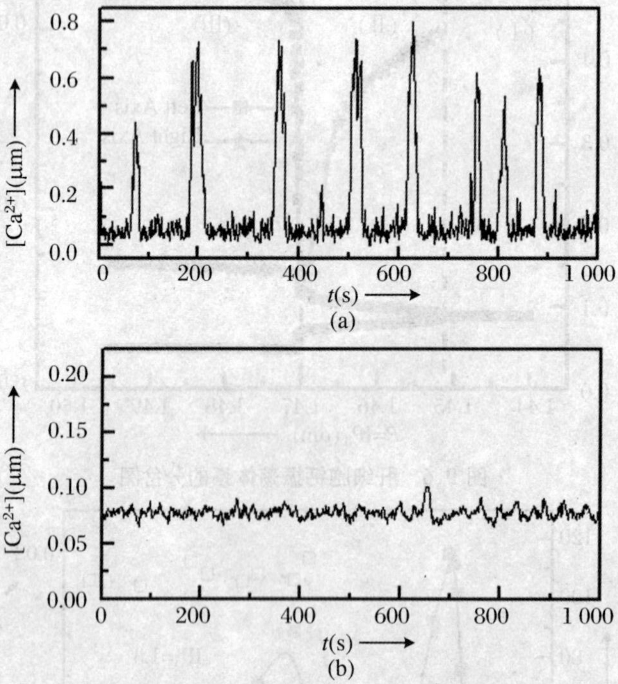

图 9.8　不同峰值出对应的随机钙振荡

(a) $V = 10^3$；(b) $V = 10^6$

9.5　双重尺度效应[264~265]

实际体系中的非线性动力学单元，如细胞、神经元等，常常是耦合在一起以实现特定功能的，因此在了解了单个动力学单元行为的基础上，进一步研究耦合体系中内涨落的效应是一个自然而重要的问题。此处关心的问题是：在单个动力学单元中观测到的尺度效应如何受耦合方式、耦合强度、耦合单元个数等因素的影响。研究表明，耦合对于单个体系的尺度共振效应可以有很大的增强效应；并且当耦合单元的个数处于某个中间值时,尺度共振效应得到最大增强。因此,不仅单个体系的尺度存在最佳值,而且耦合单元的个数也有最佳值,表现出"双重尺度效应"。下面以耦合神经元体系为例阐述这种现象。

神经元的动力学行为可以用著名的 Hodgkin-Hoxley (HH)模型来描述[281]。根据 HH 模型,单个神经元细胞的跨膜电势 $V(t)$的变化遵循如下方程:

$$C\frac{\mathrm{d}V}{\mathrm{d}t} = -g_{\mathrm{Na}}m^3h(V-V_{\mathrm{Na}}) - g_{\mathrm{K}}n^4(V-V_{\mathrm{K}}) - g_{\mathrm{L}}(V-V_{\mathrm{L}}) + I(t) \tag{9.17}$$

其中,方程右端的前两项分别表示通过神经元细胞膜上钠和钾离子通道的电流,第3项为通过其他离子通道的渗漏电流,$I(t)$表示外界的刺激;g_{Na}、g_{K} 和 g_{L} 分别为钠、钾及其他离子通道的最大电导率,V_{Na}、V_{K} 和 V_{L} 为相应的反转电势,它们都取实验得到的经验值,分别为:$g_{\mathrm{Na}}=120\ \mathrm{mS\cdot cm^{-2}}$,$g_{\mathrm{K}}=36\ \mathrm{mS\cdot cm^{-2}}$,$g_{\mathrm{L}}=0.3\ \mathrm{mS\cdot cm^{-2}}$,$V_{\mathrm{Na}}=50\ \mathrm{mV}$,$V_{\mathrm{K}}=-77\ \mathrm{mV}$,及 $V_{\mathrm{L}}=-54.4\ \mathrm{mV}$;$C=1\ \mu\mathrm{F\cdot cm^{-1}}$ 为细胞膜单位面积的电容量。每个钾离子通道由独立的四个门控制,每个门打开的概率为 n,因此右端第2项中的 n^4 表示了钾离子通道打开的几率;相应的,钠离子通道由3个打开几率为 m 及一个几率为 h 的相互独立的门控制,从而钠离子通道打开的几率为 m^3h;m、n 和 h 称为门变量。由于离子通道中门的打开与关闭是一个随机过程,因此门变量实际上是随机变量,它的演化应当遵循介观的随机动力学方程。采用准静态近似后,可以得到门变量随时间演化的化学朗之万方程如下[282]:

$$\left.\begin{aligned}\dot{m} &= \alpha_m(V)(1-m) - \beta_m(V)m + \xi_m(t)\\ \dot{h} &= \alpha_h(V)(1-h) - \beta_h(V)h + \xi_h(t)\\ \dot{n} &= \alpha_n(V)(1-n) - \beta_n(V)n + \xi_n(t)\end{aligned}\right\} \tag{9.18}$$

这里 $\xi_{i=m,n,h}(t)$为均值为0的高斯白噪声$\langle\xi_i(t)\xi_i(t')\rangle = D_i\delta(t-t')$,其中 $D_{i=m,n,h}$为相应的通道内噪声强度,它反比于离子通道数目的平方根:

$$D_m = \frac{2}{N_{\mathrm{Na}}}\frac{\alpha_m\beta_m}{(\alpha_m+\beta_m)},\quad D_h = \frac{2}{N_{\mathrm{Na}}}\frac{\alpha_h\beta_h}{(\alpha_h+\beta_h)},\quad D_n = \frac{2}{N_{\mathrm{Na}}}\frac{\alpha_n\beta_n}{(\alpha_n+\beta_n)} \tag{9.19}$$

设细胞膜上离子通道呈均匀分布,则通道数目正比于膜区的面积 S,即 $N_{\mathrm{Na}}=\rho_{\mathrm{Na}}S$ 和 $N_{\mathrm{K}}=\rho_{\mathrm{K}}S$,$\rho_{\mathrm{Na}}=60\ \mu\mathrm{m}^{-2}$ 和 $\rho_{\mathrm{K}}=18\ \mu\mathrm{m}^{-2}$ 分别为钠离子和钾离子通道的密度。式(9.18)中函数 $\alpha_i(V)$和 $\beta_i(V)$均为经验函数,表达式为

$$\left.\begin{aligned}\alpha_m(U) &= \frac{0.1(U+40)}{1-\exp[-(U+40)/10]},\quad \beta_m(U) = 4\exp[-(U+65)/18]\\ \alpha_h(U) &= 0.07\exp[-(U+65)/20],\quad \beta_h(U) = \{1+\exp[-(U+35)10]\}^{-1}\\ \alpha_n(U) &= \frac{0.01(U+55)}{1-\exp[-(U+55)10]},\quad \beta_n(U) = 0.125\exp[-(U+65)/80]\end{aligned}\right\} \tag{9.20}$$

方程(9.17)到(9.20)描述了单个神经元的动力学行为，若考虑 N 个神经元之间通过突触相连接，则可以得到耦合神经元体系的动力学方程如下：

$$\left.\begin{aligned} C\frac{\mathrm{d}V_i}{\mathrm{d}t} &= F(V_i, m_i, n_i, h_i) + \varepsilon(V_{i-1} + V_{i+1} - 2V_i) \\ \dot{x}_i &= \alpha_{x_i}(V)(1 - x_i) - \beta_{x_i}(V)x_i + \xi_{x_i}(t), \quad x = m, n, h \end{aligned}\right\} \tag{9.21}$$

式中 F 为方程(9.17)右端的函数，ε 为耦合强度。由于关心的是耦合体系的集体行为，可以用平均动作定位 $V_{\text{out}}(t) = \frac{1}{N}\sum_{i=1}^{N}V_i(t)$ 来描述体系的输出状态。一般地，神经元的动作电位呈脉冲(Spike)的形式，如图 9.9 所示，一系列的脉冲形成了一个脉冲序列(Spike Train)。为衡量脉冲序列的规则性，不仅可以用有效 SNR，人们还常常使用脉冲间隔的方差系数，定义为

$$R = \langle T\rangle / \sqrt{\langle T^2\rangle - \langle T\rangle^2} \tag{9.22}$$

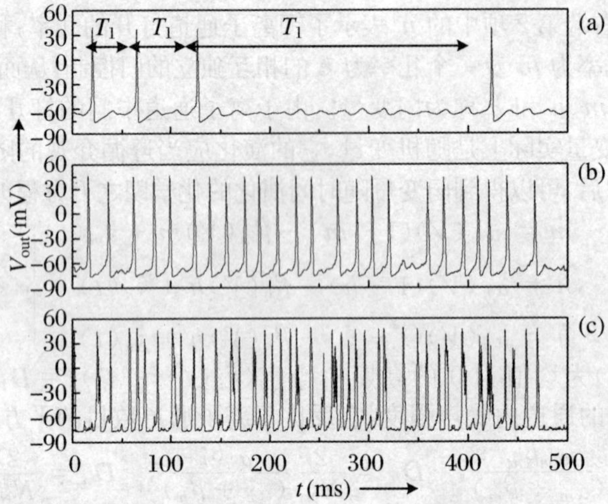

图 9.9　不同尺度 S 时单个神经元动作电位的脉冲序列

从上到下，S 逐渐增大；$T_{1,2,3}$ 表示脉冲间隔

其中 T 为相邻脉冲之间的时间间隔，$\langle T\rangle$ 和 $\langle T^2\rangle$ 是它的均值和平方均值。实际上，R 同样表征了脉冲序列的周期性：R 越大表示周期性越好，对于完全周期的脉冲序列，R 为无穷大。外界刺激电流为 $I = \sin 0.3t$，这是一个次阈值的信号，在不考虑通道涨落时并不能引起神经的脉冲行为(Spiking)。

图 9.10(a)给出了固定神经元的个数 N 时 $1/R$ 的值随着单个神经元尺度 S 的变化。可以看到，$1/R$-S 曲线中有明显的极小值，表明对 S 存在最佳尺度效应。类似地，从图 9.10(b)可以看到，固定每个神经元的尺度 S 时，$1/R$ 随着 N 的变化

也出现极小值，表现出另一种形式的最佳尺度效应。图 9.11 中，我们给出了不同耦合强度时 $1/R$ 随 N 和 S 变化的轮廓图，可以看到存在明显的“最佳岛屿”，即存

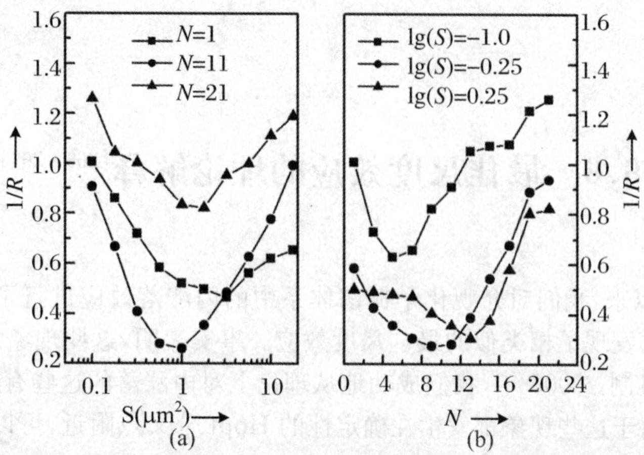

图 9.10

(a) 固定神经元个数时，随 S 的变化有极值；

(b) 固定 S 时，随神经元个数变化也有极值

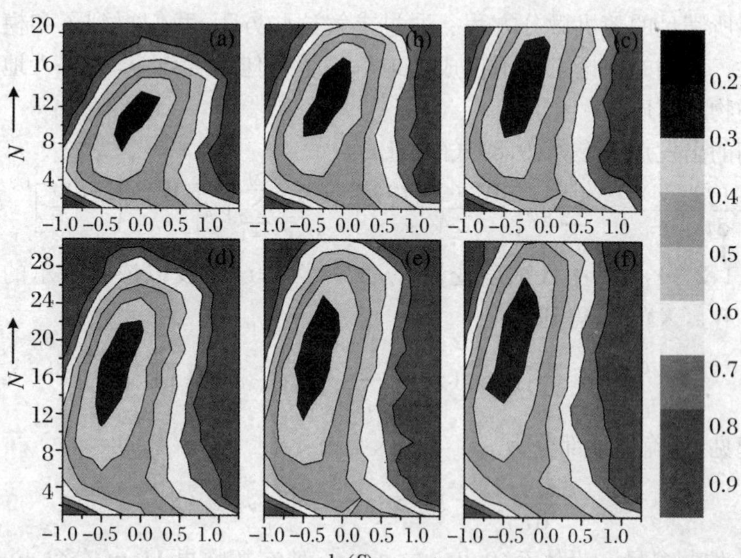

图 9.11　耦合神经元体系中的双重尺度效应

在“双重尺度效应”。由于实际生命体系中，细胞或神经元之间往往是通过协作来完成特定的生理功能，因此这里所发现的双重尺度效应有可能在实际生理功能中找到应用。

9.6 最佳尺度效应的理论解释[266~267]

2004年以来，我们对介观化学振荡体系中的内涨落效应进行了认真研究，在许多体系中都发现了相类似的最佳尺度效应。事实表明，这些现象之间应该有着共同的物理机制。2006年，我们成功地从理论上对内涨落的这些有趣效应给出了理论解释。由于这些现象都发生在确定性的 Hopf 分叉点附近，可以预期，它们一定和 Hopf 分叉点附近的普适特性有关。根据非线性动力学理论，在 Hopf 分叉点附近，体系的动力学行为可以用中心流形上的“范式(Normal Form)”[283~284]来描述。我们从化学朗之万方程出发，得到了体系的随机范式(Stochastic Normal Form)，并利用随机平均(Stochastic Averaging)的技巧[285]，得到了随机振荡的振幅和相位所满足的随机微分方程。通过求解这些方程，我们得到了和模拟相当一致的结果。我们的理论工作不仅成功地解释了最佳尺度效应，也深入地揭示了这种效应的物理本质。

我们的出发点是形如(9.8)式的 CLE：

$$\frac{\mathrm{d}(X_i(t)/V)}{\mathrm{d}t}=\sum_{\rho=1}^{M}\nu_{i\rho}\left[\frac{W_\rho(\boldsymbol{X}(t))}{V}\right]+\frac{1}{\sqrt{V}}\sum_{\rho=1}^{M}\nu_{i\rho}\left[\frac{W_\rho(\boldsymbol{X}(t))}{V}\right]^{1/2}\xi_\rho(t)$$

其中，$i=1,2,\cdots,N$。引入浓度变量 $x_i(t)=X_i(t)$以及以浓度表示的反应速率 $w_\rho(\boldsymbol{x})=W_\rho(\boldsymbol{X})/V$，得到：

$$\frac{\mathrm{d}x_i}{\mathrm{d}t}=\sum_{\rho=1}^{M}\nu_{i\rho}w_\rho(\boldsymbol{x})+\frac{1}{\sqrt{V}}\sum_{\rho=1}^{M}\nu_{i\rho}\sqrt{w_\rho(\boldsymbol{x})}\,\xi_\rho(t) \tag{9.23}$$

为方便起见，计确定性部分为

$$\frac{\mathrm{d}x_i(t)}{\mathrm{d}t}=\boldsymbol{F}_i(\boldsymbol{x};\mu)\equiv\sum_{\rho=1}^{M}\nu_{i\rho}w_\rho(\boldsymbol{x}) \tag{9.24}$$

其中 μ 为控制参量。设体系(9.24)在 $\mu=\mu_c$ 处有超临界 Hopf 分岔点，$\mu>\mu_c$ 为振荡区，则根据 Hopf 分岔的性质，在 μ_c 附近 Jacobi 矩阵 $(J)_{ij}=\partial\boldsymbol{F}_i(\{x_i\})/\partial x_j$ 有一对共轭的复本征值 $\lambda_\pm=\alpha\pm\mathrm{i}\omega$，其中 μ_c 左(右)侧 $\alpha>0(\alpha<0)$；而其他 $N-2$

个本征值实部均小于0。根据非线性动力学的分岔理论，在Hopf分岔点附近$|\alpha| \ll 1$的区域，体系的动力学主要由二维中心流形上的慢运动模式决定；可以定义复振幅Z，它满足如下的"范式"(Normal form)方程：

$$\frac{\mathrm{d}Z}{\mathrm{d}t} = (\alpha + \mathrm{i}\omega)Z + (C_\mathrm{r} + \mathrm{i}C_\mathrm{i}) \mid Z \mid^2 Z \tag{9.25}$$

其中α、ω分别是本征值$\lambda_\pm$的实虚部，C_r和C_i是由$F_i(\boldsymbol{x};\mu)$的非线性部分给出的依赖于μ的常数。对于超临界Hopf分岔体系，一般C_r小于0。

复变量Z和原状态变量之间是线性变换的关系，具体步骤在非线性动力学的专著中可以找到，这里作简单介绍。首先计算本征值$\lambda_\pm$的本征向量$\boldsymbol{u}_+$(一般是复数)，进行适当的归一化使得后者的第一个非0元素为1。设其他$N-2$个本征值的本征向量(实数)为$(\boldsymbol{r}_3,\cdots,\boldsymbol{r}_n)$，则可构造转换矩阵$T$如下：

$$T = (\mathrm{Re}\boldsymbol{u}_+, -\mathrm{Im}\boldsymbol{u}_+, \boldsymbol{r}_3, \cdots, \boldsymbol{r}_n) \tag{9.26}$$

作变量的线性变换：

$$\boldsymbol{y} = T^{-1}(\boldsymbol{x} - \boldsymbol{x}_\mathrm{s}) \tag{9.27}$$

其中$\boldsymbol{x}_\mathrm{s}$为方程(9.24)的稳定点构成的列向量，即$F_i(\boldsymbol{x}_s)=0, \forall i$。最后，列向量$\boldsymbol{y}$的前两个分量$y_1$和$y_2$构成了$Z$的实部和虚部，即

$$Z = y_1 + \mathrm{i}y_2 \tag{9.28}$$

考虑到内涨落后，体系要用CLE(9.23)来描述。注意到我们仍然可以运用范式方法对确定性部分进行处理，但方程(9.25)右端将会由于内涨落的作用而产生新的项。在进行(9.27)到(9.28)的变量替换时，(9.23)中的内涨落项要经过线性迭加；另外，随机微分方程在变量代换时要遵循相应的Ito变换规则。在内涨落不是很大时，经过一番数学运算，可以得到如下的"随机范式方程"(Stochastic Normal Form)：

$$\begin{aligned}\frac{\mathrm{d}Z}{\mathrm{d}t} &= (\alpha + \mathrm{i}\omega)Z + (C_\mathrm{r} + \mathrm{i}C_\mathrm{i}) \mid Z \mid^2 Z \\ &\quad + \frac{1}{\sqrt{V}}\sum\nolimits_\rho (\tilde{\nu}_{1\rho} + \mathrm{i}\tilde{\nu}_{2\rho})\sqrt{w_\rho}\xi_\rho(t)\end{aligned} \tag{9.29}$$

其中$\tilde{\nu}_{1\rho}$和$\tilde{\nu}_{2\rho}$是经过变换的计量系数矩阵的矩阵元：

$$(\tilde{\nu})_{i\rho} = (T^{-1}\nu)_{i\rho} \tag{9.30}$$

若记$Z = r\mathrm{e}^{\mathrm{i}\theta}$，则$r$和$\theta$分别代表振荡的振幅和相位，可以得到：

$$\left.\begin{aligned}\frac{\mathrm{d}r}{\mathrm{d}t} &= (\alpha r + C_\mathrm{r} r^3) + \frac{1}{\sqrt{V}}\sum_\rho \chi_{r\rho}\xi_\rho(t) \\ \frac{\mathrm{d}\theta}{\mathrm{d}t} &= (\omega + C_\mathrm{i} r^2) + \frac{1}{\sqrt{V}}\sum_\rho \chi_{\theta\rho}\xi_\rho(t)\end{aligned}\right\} \tag{9.31}$$

这里

$$\chi_{r\rho} = (\tilde{\nu}_{1\rho}\cos\theta + \tilde{\nu}_{2\rho}\sin\theta)\sqrt{w_\rho} \tag{9.32}$$

以及

$$\chi_{\theta\rho} = (-\tilde{\nu}_{1\rho}\sin\theta + \tilde{\nu}_{2\rho}\cos\theta)\sqrt{w_\rho}/r \tag{9.33}$$

注意到(9.31)的确定性部分中,变量 r 和 θ 是分离的;容易看到,只有在超临界参量区域 $a>0$, $\mathrm{d}r/\mathrm{d}t=0$ 有解,$r_0=\sqrt{\mu/(-C_\mathrm{r})}$,对应于确定性的稳定极限环。但当考虑到内涨落的效应时,可以看到 r 和 θ 是相互耦合在一起的,从而有可能导致新的效应。然而这种耦合也使得随机微分方程的求解十分困难,我们必须寻求近似的方法。由于我们关心的是内涨落在长时间作用下的统计平均行为,因此可以采用随机平均的方法,即在长时间极限下,将内涨落的效应用等效的 Markov 随机过程来代替。随机平均方法曾经成功地应用到其他的随机动力学体系中,是一种有效的近似方法[285]。由于在超临界 Hopf 分叉点附近 $\mu\ll1$,同时系统尺度 $V\gg1$,随机平均方法的适用条件是满足的。结果可以得到如下简化的等效随机微分方程:

$$\left.\begin{aligned}\frac{\mathrm{d}r}{\mathrm{d}t} &= \left[\alpha r + C_\mathrm{r} r^3 + \frac{K(r)}{V}\right] + \frac{\varepsilon_r}{\sqrt{V}}\xi_r(t)\\ \frac{\mathrm{d}\theta}{\mathrm{d}t} &= \left[\omega + C_\mathrm{i} r^2 + \frac{K(\theta)}{V}\right] + \frac{\varepsilon_\theta}{r\sqrt{V}}\xi_\theta(t)\end{aligned}\right\} \tag{9.34}$$

其中

$$K(r) = \frac{1}{2\pi}\cdot\sum_\rho\int_0^{2\pi}\mathrm{d}\theta(\chi_{r\rho}\partial_r\chi_{r\rho} + \chi_{\theta\rho}\partial_\theta\chi_{r\rho}) \tag{9.35}$$

以及

$$K(\theta) = \frac{1}{2\pi}\cdot\sum_\rho\int_0^{2\pi}\mathrm{d}\theta(\chi_{r\rho}\partial_r\chi_{\theta\rho} + \chi_{\theta\rho}\partial_\theta\chi_{\theta\rho}) \tag{9.36}$$

来自于 r 和 θ 的耦合作用,$\varepsilon_r^2=\sum_\rho\int_0^{2\pi}\chi_{r\rho}^2\mathrm{d}\theta/2\pi$ 及 $\varepsilon_\theta^2/r^2=\sum_\rho\int_0^{2\pi}\chi_{\theta\rho}^2\mathrm{d}\theta/2\pi$ 是对应于 r 和 θ 的等效噪声强度。若将 w_ρ 写成如下的形式:

$$w_\rho = \sum_{k+l=0}^{n} w_\rho^{(kl)}(r\cos\theta)^k(r\sin\theta)^l \tag{9.37}$$

可以发现 $K(\theta)=0$,并且只有 $k+l$ 为偶的项才对 $K(r)$,ε_r^2 和 ε_θ^2 有贡献。注意到对于基元反应过程 ρ,n 表示反应"级数",一般不大于 3;当然对于准静态近似下的整合反应,n 可以取大于 3 的值。如果内涨落不大($V\gg1$)时,r 是小量,$K+l>2$ 的项可以忽略,从而作为很好的近似,可以得到:

$$2K(r)=\varepsilon_r^2=\varepsilon_\theta^2=\varepsilon^2\equiv\sum_j(\tilde{\nu}_{j1}^2+\tilde{\nu}_{j2}^2)w_j^{(00)}/2 \tag{9.38}$$

方程(9.34)中出现了一个新的“确定性”项$K(r)/(Vr)\equiv\varepsilon^2/(2Vr)$，即使在确定性振荡区以外($\alpha<0$)，方程$\alpha r+C_r r^3+\varepsilon^2/(2Vr)=0$仍然有解，即

$$r_s[(\sqrt{\alpha^2-2C_r\varepsilon^2/V}+\alpha)/(-2C_r)]^{1/2} \tag{9.39}$$

与方程(9.34)中第一式相对应，可以得到r的分布函数$\rho(r,t)$所满足的Fokker-Planck方程如下，

$$\frac{\partial\rho(r,t)}{\partial t}=-\partial_r\left[\left(\mu r+C_r r^3+\frac{\varepsilon^2}{2Vr}\right)\rho\right]+\frac{\varepsilon^2}{2V}\partial_r^2\rho \tag{9.40}$$

由$\frac{\partial\rho(r,t)}{\partial t}=0$可以得到其稳态分布为

$$\rho_s(r)=C_0 r\exp\left(\frac{2\mu r^2+C_r r^4}{2\varepsilon^2/V}\right) \tag{9.41}$$

其中C_0为归一化常数。容易验证$\rho_s(r)$在$r=r_s$处有极大值，它对应于随机振荡的最可几振幅大小。注意到在$V\to\infty$时，$r_s\to 0$，从而$\mu<0$时有物理意义的解r_s对应的正是内涨落“诱导”的随机振荡。另外若$\varepsilon^2\to 0$，则也有$r_s\to 0$。根据(9.38)式，$\varepsilon^2\propto w_\rho^{(00)}$，其中$w_\rho^{(00)}$对应于反应$\rho$的稳态反应速率，不可能同时为0。因此，对于介观的化学振荡反应体系，在Hopf分岔点附近区域，即使$\mu<0$，r_s也仍有特定的非0值；也就是说，内涨落诱导的随机振荡是有普遍性的行为。

为了进一步从理论上解释“最佳尺度效应”，我们还需要计算状态变量$y_1=r\cos\theta$的自相关函数及其功率谱，并进而计算有效信噪比。达到稳态后，r将主要位于r_s附近，因此我们可以作线性化处理。记$r(t)=r_s+\delta_r(t)$，可以得到：

$$\mathrm{d}\delta_r=-\lambda_1\delta_r\mathrm{d}t+O(\delta_r^2\mathrm{d}t)+\sqrt{\varepsilon^2/V}\mathrm{d}W_r(t)$$

从而$\lim_{t\to\infty}\langle\delta_r(t)\rangle=0$，$\lim_{t\to\infty}\langle\delta_r(t)\delta_r(t+\tau)\rangle=\varepsilon^2 e^{-\lambda_1\tau}/(2\lambda_1 V)$，其中$\lambda_1=2\sqrt{\mu^2-2C_r\varepsilon^2/V}$。这样我们可以得到$r$的相关函数如下：

$$\lim_{t\to\infty}\langle r(t)r(t+\tau)\rangle=r_s^2+\varepsilon^2 e^{-\lambda_1\tau}/(2\lambda_1 V) \tag{9.42}$$

经过长时间后，可以分别近似最可几值r_s^2和r_s^{-1}来代替相位方程(9.34)第二式中的r^2和r^{-1}。相位方程是线性随机微分方程，可以求得θ满足高斯分布，其均值和方差为

$$\langle\theta(t)\rangle=(\omega+C_i r_s^2)t\equiv\omega_1 t,\quad \frac{\langle\theta(t)^2\rangle-\langle\theta(t)\rangle^2}{2}=\frac{\varepsilon^2}{2Vr_s^2}t\equiv\lambda_2 t \tag{9.43}$$

利用高斯随机变量的性质[269]：$\langle e^{i\theta}\rangle=e^{i\langle\theta\rangle}e^{-(\langle\theta(t)^2\rangle-\langle\theta(t)\rangle^2)/2}$，我们得到：

$$C_\theta(\tau) = \lim_{t\to\infty}\langle \cos\theta(t)\cos\theta(t+\tau)\rangle = \frac{1}{2}\cos(\omega_1\tau)\exp(-\lambda_2\tau) \tag{9.44}$$

可以看到,变量 $\cos\theta$ 的自相关函数呈典型的阻尼振荡形式,相关时间为

$$\tau_c = \frac{1}{\lambda_2} \equiv \frac{2r_s^2}{\varepsilon_2}V \tag{9.45}$$

其大小表征了噪声诱导振荡的时间规则程度。

根据方程(9.42)和(9.44),可以得到变量 y_1 的自相关函数为

$$C(\tau) = \lim_{t\to\infty}\langle x(t)x(t+\tau)\rangle = \frac{1}{2}\left(r_s^2 + \frac{\varepsilon^2 e^{-\lambda_1\tau}}{2\lambda_1 V}\right)\cos(\omega_1\tau)e^{-\lambda_2\tau} \tag{9.46}$$

相应的功率谱密度为

$$\begin{aligned}\text{PSD}(\omega) &= 2\int_0^\infty C(\tau)e^{-i\omega\tau}d\tau \\ &= \left[\frac{r_s^2\lambda_2}{\lambda_2^2 + (\omega-\omega_1)^2} + \frac{(\lambda_1+\lambda_2)\varepsilon^2/(2\lambda_1 V)}{(\lambda_1+\lambda_2)^2 + (\omega-\omega_1)^2}\right]\end{aligned} \tag{9.47}$$

通过数值计算,可以画出 PSD 随频率变化的曲线,它在 $\omega_1 = \omega_0 + C_i r_s^2$ 附近有一个明显的峰。计算还表明,PSD 表达式中的第二项与第一项相比可以忽略,于是可以得到峰高 H,半高宽 $\Delta\omega$,以及有效信噪比 SNR 的表达式如下:

$$H = r_s^2/\lambda_2 = r_s^2\tau_c = 2r_s^4 V/\varepsilon^2 \tag{9.48}$$

$$\Delta\omega = \lambda_2 = 1/\tau_c = \varepsilon^2/(2Vr_s^2) \tag{9.49}$$

$$\text{SNR} = H/\Delta\omega = (r_s\tau_c)^2 \tag{9.50}$$

根据 r_s 及 τ_c 的表达式(9.39)和(9.45),容易得出,$\partial r_s/\partial V<0$ 及 $\partial\tau_c/\partial V>0$。因此随着内涨落强度的增大,也就是体系尺度 V 的减小,随机振荡的振幅单调增加,而自相关时间单调减小;换言之,随机振荡的强度增大,但时间规则性降低。根据(9.50),二者平衡的结果,有可能在某个最佳尺度 V_{opt} 处,SNR 出现极值;由 $\partial(\text{SNR})/\partial V = 0$,我们立即得到最佳尺度的表达式:

$$V_{\text{opt}} = -\frac{C_r\varepsilon^2}{4\alpha^2} \tag{9.51}$$

式中 C_r 和 ε^2 取决于反应体系的动力学细节,是“个性”参数;而 α 表征了控制参量离开分岔点的距离,是“共性”参数。(9.51)式表明,V_{opt} 总有非 0 值,且随着对分叉点的远离,V_{opt} 迅速下降,表明内涨落更难诱导随机振荡的发生。此时由(9.39)式,$r_s = \sqrt{\alpha/C_r}$;代入(9.50)式,可以得到最大 SNR 的表达式如下:

$$\text{SNR}_{\max} = \frac{4r_s^6 V_{\text{opt}}^2}{\varepsilon^4} = \frac{1}{4C_r\alpha} \tag{9.52}$$

至此,9.3 节描述的“最佳尺度效应”得到很好地定性解释。

为了验证上述理论方法的可行性，我们分别对布鲁塞尔模型[266]、生理时钟振荡[267]等体系等进行了数值模拟。在靠近 Hopf 分岔点且内涨落不大时，模拟结果和理论定量上都有较好的一致性；而定性上，模拟和理论结果符合得相当好。下面以布鲁塞尔振荡体系为例，介绍上述理论方法的应用，对其他应用有兴趣的读者可以参阅相关文献。

不失一般性，我们采用如下简化的布鲁塞尔子模型：

$$A \rightarrow X_1,\quad B + X_1 \nrightarrow X_2,\quad X_1 \rightarrow C,\quad 2X_1 + X_2 \rightarrow 3X_1 \tag{9.53}$$

相应的反应速率为 $w_{\rho=(1,\cdots,4)} = (A, BX_1, X_1, X_1^2X_2)$。(9.24)式中的确定性函数为

$$F_1(\boldsymbol{X}) = A - (1+B)X_1 + X_1^2X_2,\quad F_2(\boldsymbol{X}) = BX_1 - X_1^2X_2 \tag{9.54}$$

计量系数矩阵 ν 为

$$(\nu)_{i\rho} = \begin{pmatrix} 1 & -1 & 1 & -1 \\ 0 & 1 & 0 & -1 \end{pmatrix} \tag{9.55}$$

以 B 为控制参量，容易得出，体系在 $B = B_c = A^2 + 1$ 时有一个超临界 Hopf 分叉点。根据 $F_1(\boldsymbol{X}) = F_2(\boldsymbol{X}) = 0$，可以得到不动点 $\boldsymbol{X}_s$：$(X_{1s} = A, X_{2s} = B/A)$；$B < B_c$ 时，体系的不动点是稳定焦点，而在 $B > B_c$ 区域，该不动点失稳，体系呈现稳定的化学振荡，如图 9.12 所示。

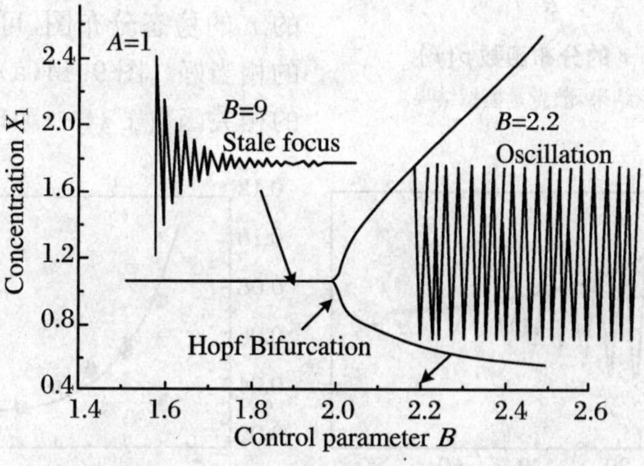

图 9.12　简化布鲁塞尔模型(9.53)的分岔图

在 $B = B_c$ 附近，Jacobi 矩阵 $J_{\alpha\beta} = (\partial F_\alpha / \partial X_\beta)_{X_s}$ $(\alpha, \beta = 1, 2)$ 有两个共轭本征值 $\lambda_\pm = \alpha \pm i\omega$，相应的特征向量记为 $(1, a \pm ib)$，则变换矩阵为 $T = \begin{pmatrix} 1 & 0 \\ a & b \end{pmatrix}$，变量代换为

$$\begin{pmatrix} y_1 \\ y_2 \end{pmatrix} = T^{-1}\begin{pmatrix} X_1 - X_{1s} \\ X_2 - X_{2s} \end{pmatrix}, 及\ Z = y_1 + \mathrm{i}y_2 = r\mathrm{e}^{\mathrm{i}\theta} \tag{9.56}$$

为简单起见，取 $A=1$，则 $B_c=2$，$\alpha=(B-B_c)/2$，$\omega=\sqrt{1-\alpha^2}$，$a=\alpha+1-B$，$b=-\omega$。参数 C_r 和 C_i 可由 $\boldsymbol{F}_{1,2}(\boldsymbol{X})$ 的非线性部分得到，在 $B=B_c$ 时，$C_r=-3/8$，$C_i=-1/24$。另外，

$$\boldsymbol{W}^{(00)}_{\rho=(1,\cdots,4)} = (A, BX_{1s}, X_{1s}, X^2_{1s}X_{2s}) \tag{9.57}$$

可据此计算得到 ϵ^2。给定 B 的取值，可以得到 α 和 ω，并根据(9.39)至(9.52)各式，可以从理论上得到随机振荡的最可几振幅 r_s，振幅的稳态分布 $\rho_s(r)$，$\cos\theta$ 的自相关函数 $C_\theta(\tau)$ 及其自相关时间 τ_c，功率谱峰高，半高宽，信噪比等。

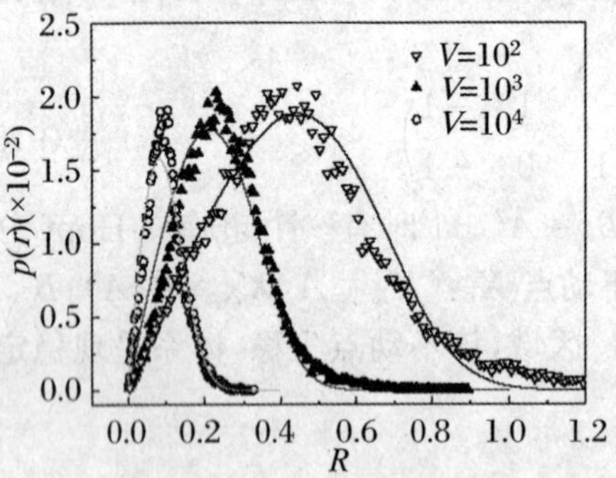

图 9.13　r 的分布函数 $p(r)$

曲线是理论结果，散点是模拟结果

为了和这些理论预测作比较，我们对(9.53)式对应的 CLE 进行数值计算，得到随机振荡的时间序列 $X_1(t)$ 及 $X_2(t)$。利用线性变换(9.56)，可以得到 y_1 和 y_2，进而计算得出 $r=\sqrt{y_1^2+y_2^2}$ 和 $\cos\theta=y_1/r$，从而可以统计得到 r 的分布和 $\cos\theta$ 的相关函数。图 9.13 给出了 $\alpha=-0.025$ 时，数值模拟和理论得到的 r 的稳态分布图，可以看到二者符合的相当好。图 9.14(a)给出了数值得到的相关函数 $C_\theta(\tau)$ 和理论结果的比较，

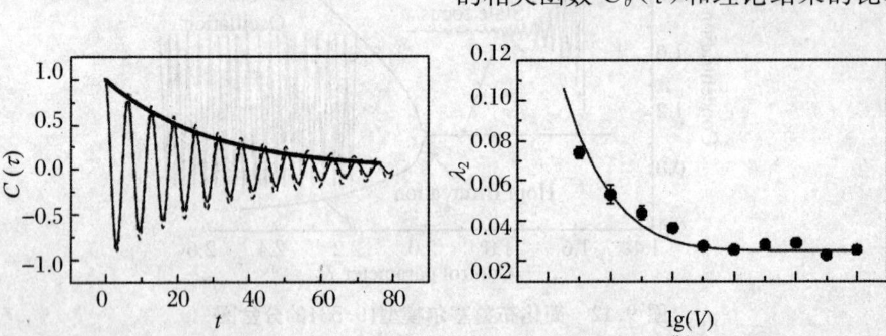

图 9.14　$\cos\theta$ 的自相关函数(a)和相关时间(b)

(a) 虚线为理论结果，实线是模拟结果；(b) 实线是理论结果，散点是模拟结果

从模拟相关函数的包络线可以拟和得到相关时间 τ_c，它和理论预测值也基本一致，

如图 9.14(b)所示。最后,我们数值估计了序列 $y_1(t)$的功率谱,并以此为依据估计了有效信噪比,得到的结果如图 9.15(a)所示,理论结果显示在 9.15(b)中;应该说,二者定性上是一致的,但由于随机时间序列的功率谱很难用数值的方法准确估计,SNR 的模拟值和理论值在定量上还是有一定差别。总而言之,理论结果很好地再现了模拟计算的结果。

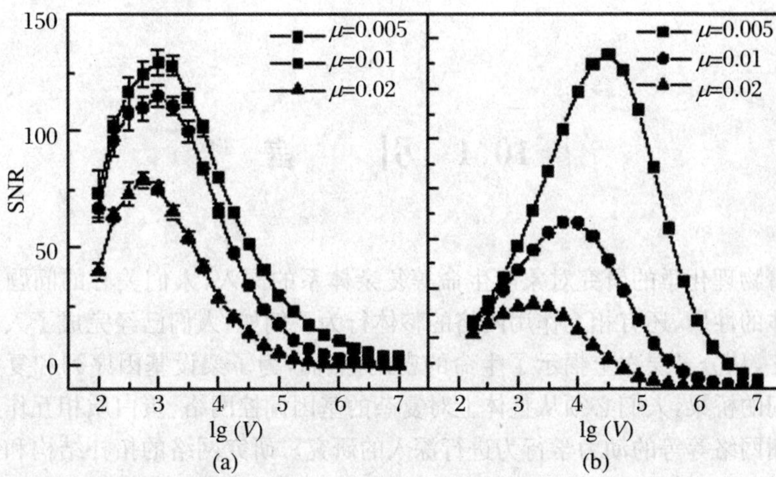

图 9.15 噪声诱导振荡的信噪比曲线

(a) 模拟;(b) 理论

需要指出,我们的理论工作不仅成功地解释了“最佳尺度效应”这种有趣现象,而且也加深了对这种效应物理机制的理解。首先,我们的研究是基于 Hopf 分岔的范式方程,因此可以断言,内涨落诱导振荡和相应的最佳尺度效应是超临界 Hopf 分岔点附近的普适现象。其次,随着体系尺度的减小,相应内涨落强度的增大,振幅 r_s 增大而 τ_s 减小,即振荡变得越来越强,但越来越不规则;信噪比的极值并不对应于最规则的振荡,而是对应于“中等强度”的“中等规则”的随机振荡;从这个意义上讲,最佳尺度效应是随机振荡的强度和规则性的“折衷”的结果。最后,虽然最佳尺度效应是 Hopf 分叉点附近的普适结果,但最佳尺度的大小却因体系而异,如(9.51)式所示,因此最佳尺度效应是“共性”和“个性”的有机结合。当然在目前看来,这里的研究结果的理论意义更大于实际意义,但它仍为深刻揭示介观化学体系中内涨落的作用机制,为进一步深入研究介观化学体系的非平衡统计问题,提供了重要参考;当然也有可能在未来的应用中找到重要应用。

第 10 章　复杂网络上的非线性动力学

10.1　引　　言

随着物理化学的研究对象向生命等复杂体系的深入，人们关心的问题已经不仅是个体的性质，还有相互作用网络的整体行为。例如，人们已经完成了人类基因组的测序，从分子层次上揭示了生命的密码；然而，为了架设基因序列和复杂生物功能之间的桥梁，人们必须从整体上对复杂的基因调控网络、蛋白质相互作用网络以及代谢网络等等的动力学行为进行深入的研究。研究网络的拓扑结构和整体动力学行为之间的关联，是将微观层次上物理化学的研究成果，和生命等复杂体系在介观和宏观层次上的功能联系起来，所必经的途径。

从数学上看，网络是由结点和边组成的"图"；结点代表事物，而边表示事物之间的联系，这种联系可以是具体的物理相互作用，也可以是抽象的关联。结点的数目、类型、动力学行为的不同，以及边的数目、方向、权重的变化等，使得网络的整体行为，远不只是个体行为的简单加和，这正是网络的"复杂性"。近些年来发展起来的一些理论和方法，正是要从纷繁复杂的实际网络中找到共性和普适特征，通过研究网络的拓扑结构和动力学行为之间的相互作用，以预测和控制复杂网络的行为；这既对实际的生命、信息和社会网络等的研究有重要的现实意义，也对推动复杂性科学的发展以及各学科的交叉有重要作用。国内外关于复杂网络的综述文章和专著有很多[286~290]，本章将介绍我们在复杂网络非线性动力学行为的研究中取得的一些进展[291~298]。在此之前，先对复杂网络的一些基本概念作个简单概述。

1. 复杂网络的定量表征方法[287]

(1) 邻接矩阵

实际上，网络的拓扑结构可以由邻接矩阵(adjacency matrix)完全给定。对 N 个结点的无向网络，可以定义 $N\times N$ 矩阵 A，若点 i 和 j 有边相连，则令 $A_{ij}=A_{ji}$

$=1$,否则 $A_{ij}=0$;矩阵的对角元总是 $0:A_{ii}=0$。若网络是有向的,则容许 $A_{ij}\neq A_{ji}$。矩阵 A 的本征值的集合构成了网络的谱,网络的许多性质都和连接矩阵的谱直接有关。

(2) 度与度分布

与结点 i 连通的边的数目 k_i 定义为它的度,它表征了网络的局域连通性质。对于有向网络,还可以定义结点 i 的"出度"与"入度",分别表示连接到该点以及由该点连出的边数。网络中结点度的分布可以用度分布函数 $P(k)$ 表征,它表示一个随机选定结点的度为 k 的概率。度分布刻画了网络的全局连通性质,是网络的基本统计特性。

(3) 平均最短路径长度

对任意的一对结点 i 和 j,它们之间的最短路径长度用 l_{ij} 表示,它是以边长作为长度单位进行度量的拓扑距离。若对网络上所有结点对之间的最短路径长度进行平均,则得到网络的平均最短路径长度 $\tilde{l}$,它表征了网络连通性的范围,是网络的特征尺度。

(4) 成簇系数

设 z_i 是结点 i 的最近邻结点的数目,则这些结点间全部可能的连通边的数目为 $z_i(z_i-1)/2$。若 y_i 是这些结点间实际存在的连通边的数目,则结点 i 的成簇系数 c_i 定义为 $c_i=y_i/[z_i(z_i-1)/2]$,它表征了结点 i 附近环境的连通性。对网络上全部结点的 c_i 进行平均,所得到的平均值定义为网络的平均成簇系数 C,它是网络的全局性质。

2. 复杂网络拓扑结构的基本类型

(1) 完全规则网络

规则网络通常指能按某种确定性的规则生成的网络。常用的规则网络一般有两种:全局耦合网络和最近邻耦合网络。顾名思义,全局耦合网络中所有的结点都直接相互连接,具有最小的最短路径长度 $\tilde{l}=1$ 和最大的成簇系数 $C=1$,度分布为 δ 函数。最近邻耦合网络中,每个结点只和它周围最近邻的 $k(k<N)$ 个结点相连,因此每个结点的度为 k,度分布也是 δ 函数;平均最短路径长度为 $\tilde{l}=N/2k\propto N$,随网络节点数增多线性增加;成簇系数为 $C=\dfrac{3(k-2)}{4(k-1)}$。

(2) 随机网络

1959 年,Erdös 和 Rényi 提出了以他们名字命名的 ER 随机图模型。模型的构造很简单:在 N 个结点中完全随机的以概率 p 连接 $n=p[N(N-1)/2]$ 条不重复的边。这样的随机网络共有 $C^{n}_{N(N-1)/2}$ 个,它们构成了等权系综。结点的度 k 是随机变量，它满足二项式分布：$P(k)=C_{N-1}^{k}p^{k}(1-p)^{N-1-k}$；在 N 很大时，近似为泊松分布 $P(k)=e^{-\langle k\rangle}\frac{\langle k\rangle^{k}}{k!}$，其中 $\langle k\rangle=pN$ 为平均度。随机网络的平均路径长度为 $\bar{l}\propto\frac{\ln N}{\ln(PN)}\propto\ln N$，随网络的增大呈对数增加；成簇系数为 $C=p=\frac{\langle k\rangle}{N}\propto\frac{1}{N}$，随网络增大而减小。因此，与相同结点数的最近邻规则网络相比，随机网络平均路径更小，但代价是局部连通性更差。

(3) 小世界网络

现实世界中的网络，既不是完全规则的，也不是完全随机的。1998 年，Watts 和 Strogatz 提出了 WS“小世界”(Small World：SW)模型[299]，从此掀起了复杂网络研究的热潮。WS 小世界模型的构造并不复杂：从一个具有 N 个结点，度为 K 的最近邻耦合的规则网络开始，以概率 p 不重复地“随机重连”每一条边，如图 10.1 所示。在此过程中，网络中边的总数目不变，也不会形成孤立点；$p=0$ 时，对应的是规则网络，而 $p=1$ 时，则对应于完全随机的网络；在 $0<p<1$ 时，得到了介于二者之间的小世界网络，p 的大小衡量了网络的“拓扑无序度”。

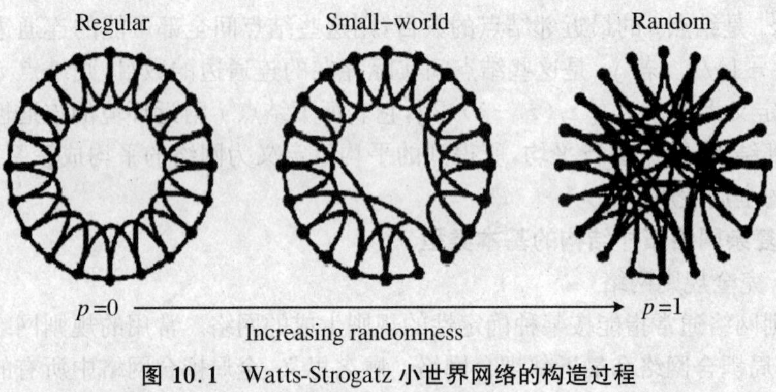

图 10.1　Watts-Strogatz 小世界网络的构造过程

WS 小世界模型有一个重要性质：在 p 很小的区域(只重连很少的边)，网络的动力学性质会发生显著变化。图 10.2 中给出了网络的平均路径长度和成簇系数随 p 的变化；可以看到，随 p 的增加，$L(p)$ 迅速下降，而 $C(p)$ 变化很小。因此在较宽的 p 的范围内，网络既具有规则网络的优点，即局部连通性好，同时又有随机网络的优点，即结点之间的平均距离短，人们通常说的“小世界区域”指的就是这段区域。

小世界网络的度分布也介于规则网络的 δ 函数和随机网络的泊松分布之间。由于网络的总连边数不变，因此结点的平均度也保持不变为 K。$p>0$ 时，度分布的形状与随机图情形相似，在 K 处也有明显的峰值，离开峰值 $p(k)$ 以指数规律迅速降低。因此对于随机网络和小世界网络，大多数结点度都约为 K，它们的度分布相对均匀。

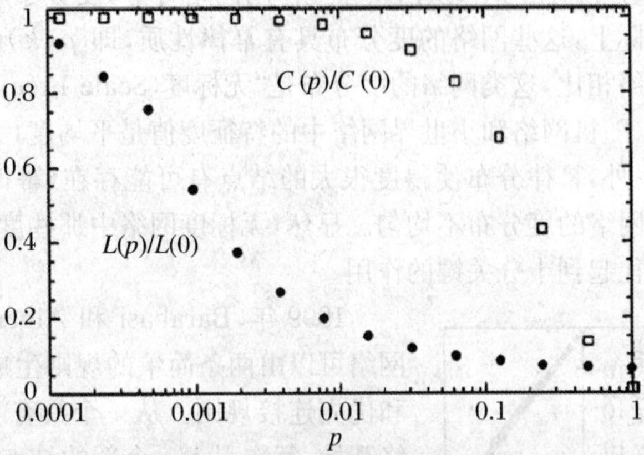

图 10.2　小世界网络上平均路径长度和成簇系数随重连概率 p 的变化

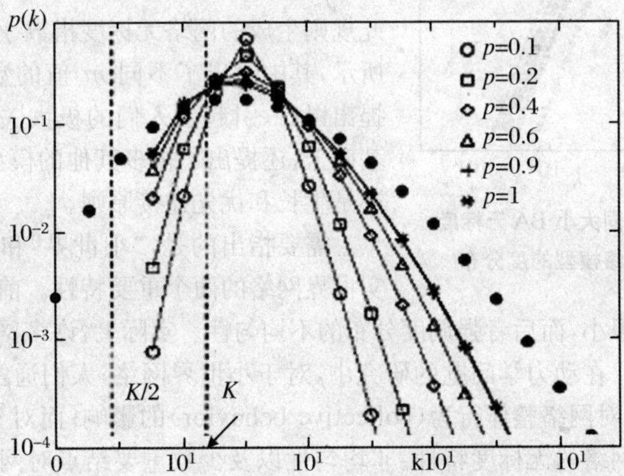

图 10.3　WS 小世界网络的度分布

除了 WS 小世界模型外，Newman 和 Watts 还提出了另一种 NW 小世界模型[300]，它是在度为 K 的最近邻规则网络的基础上通过随机加边的方式生成的。显然，这种网络的平均度随着加边而增大，直到形成全连通网络。在加边数较少时，NW 网络也具有 WS 网络类似的小世界性质。

(4) 无标度网络

虽然小世界模型具有很好的性质，但人们发现现实世界中的许多网络，如 Internet、www、基因调控网络、蛋白质相互作用网络等等，度分布却并不满足均匀的单峰分布。实际上，这些网络的度分布具有幂律性质，即 $p(k) \propto k^{-\gamma}$。和随机网络及小世界网络相比，这类网络的度分布是“无标度(Scale Free：SF)”的，既没有一个特征“度”值(随机网络和小世界网络中的特征度值是平均度，大部分结点的度都在它附近)。另外，幂律分布使得度很大的结点有可能存在(幂律下降比指数衰减慢得多)，因此网络的度分布不均匀。显然，无标度网络中那些度很大的结点，对体系的动力学往往起到十分关键的作用。

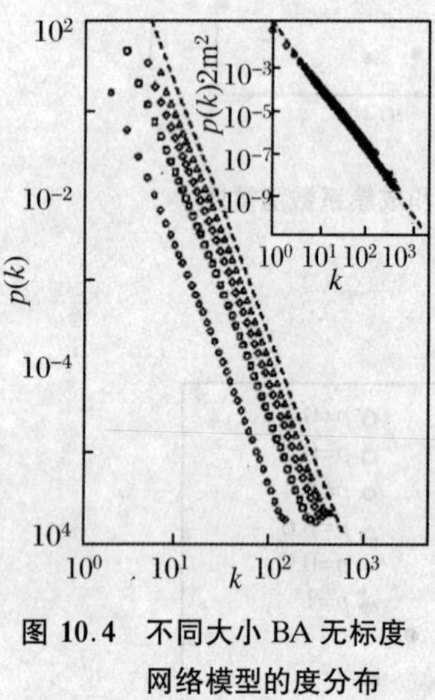

图 10.4 不同大小 BA 无标度网络模型的度分布

1999 年，Barabasi 和 Albert 发现，无标度网络可以由两条简单的规则生成[301]：增长规则和优先连接规则。从一个具有 m_0 个结点的网络开始，每次引入一个新的结点，它连接到已存在的 m 个结点上($m \leqslant m_0$)；新增结点和现存点 i 之间的连接概率 Π_i 正比于 i 的度 k_i，$\Pi_i = k_i / \sum_j k_j$，即度越大的点越容易增加新的边；按此规则生成的网络无标度指数 $\gamma = 3$，如图 10.4 所示，其中给出了不同 m 值的数据。BA 模型提出以后，引起了人们的极大关注。人们在此基础上，还提出了很多其他的模型，但最根本的还是生长和优先连接原则。

需要指出的是，“小世界”和“无标度”是现实世界网络的两个重要特性。前者强调的是网络的平均距离很小，而后者强调度分布的不均匀性。实际上，许多网络可以同时具有这两种特性。在动力学问题的研究中，对于小世界网络，人们通常关心“随机长程连接”的引入对网络整体行为(collective behavior)的影响；而对于无标度网络，人们通常关注网络的无标度特性、非均匀性以及少数重要结点对网络整体动力学的作用。近些年来，这两类复杂网络上动力学问题的研究非常多，也有很多重要的进展。例如，人们发现复杂网络上非线性动力系统同步流形的稳定性是由连接矩阵的本征值决定的，并因此提出了判定网络“同步能力”的主稳定函数方法[302]；以此为依据，可以得出小世界网络和无标度网络的同步能力比最近邻规则网络要强得多的结论[303]。又如,研究表明无标度网络有很强的随机纠错能力,但对刻意攻击却很脆弱[304],这看似直观的结论在互联网安全、基因网络分析等实际问题中确有重要应用,并因此指导人们设计相应的防御策略。总之,人们普遍认为,网络的拓扑结构对其动力学状态的演化有重要作用,方兴未艾的研究工作正是想从纷繁复杂的现象中总结出有前瞻性和预言性的规律。

10.2 复杂网络中无序和有序状态间的转变[291~292]

2003 年,我们研究了 N 个耦合的周期驱动的阻尼单摆振子的行为,发现在规则网络上的"时空混沌"状态,可以通过拓扑结构的改变,在小世界网络中转变为时间及空间上均相对"有序"的状态[291]。体系动力学方程如下:

$$ml_n^2\ddot{\theta}_n + \gamma\dot{\theta}_n = -mgl_n\sin\theta_n + \tau' + \tau\sin\omega t + \sum_m k_{nm}(\theta_m - \theta_n) \quad (10.1)$$

其中 θ 为单摆的幅角,$n = 0,1,2,\cdots,N-1(N = 128)$,参数值为:重力加速度 $g = 10.0$,单摆长度 $l_n = 1.0$,$\tau' = 0.7155$,$\tau = 0.4$,角频率 $\omega = 0.25$,阻尼系数 $\gamma = 0.75$。对单个单摆振子而言,当 $l = 1.0$ 时体系出现混沌行为,$l > 1.0$ 时单摆在平衡位置附近振荡,θ 不会超过 2π,$l < 1.0$ 时单摆绕过最高点快速旋转,θ 会超过 2π 一直增加;因此对于上述参数,每个单摆都处于混沌状态。右边求和项为耦合项,k_{nm} 为耦合强度,若(m,n)之间直接有边相连,则取 $k_{nm} = 0.5$,否则 $k_{nm} = 0$。为了研究网络拓扑结构的影响,我们采用加边的方式构造 NW"小世界"网络,即在规则网络(每个单摆和最近邻的 2 个单摆相连)的基础上随机加入长程边,一直到全连通网络。对于 N 节点的网络,可能有的总边数为 $C_N^2 = (N-1)(N-2)/2$,若随机长程边的数目是 M,则参量 $q = 2M/[(N-1)(N-2)]$表示"随机边"所占的比例,它可以用来表征网络的相对"拓扑无序度"。

对于上述参数,在规则网络中体系呈现出"时空混沌"的行为,如图 10.5(a)所示。当向体系中增加一定数目的随机边时,体系呈现出相当规则的时空动力学行为,如图 10.5(b)所示;此时不仅各个单摆在空间上接近同步,而且在时间上也呈现很好的周期性。若网络中的随机边数进一步增加,虽然单摆之间的同步可以得到增强,但时间上的周期性却遭到破坏,此时体系表现出同步的混沌状态。因此,随机边的加入有效地导致了时空无序状态向有序状态的转变。从某种意义上说,

“拓扑无序”有效地“驯服”了时空混沌。

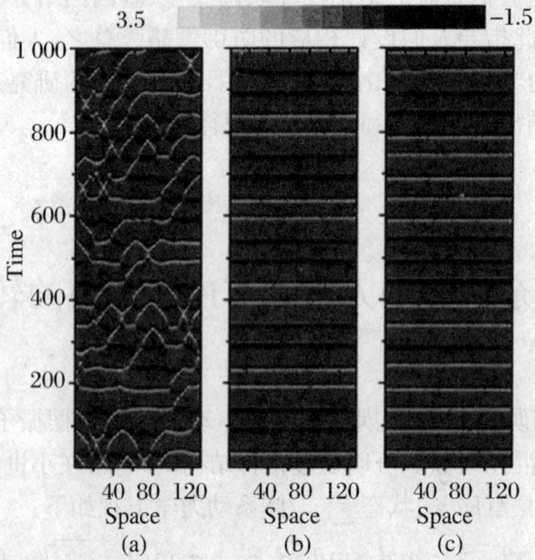

图10.5 耦合单摆网络中时空混沌向时空有序的转变

从左至右：$q=0,0.01,0.02$

2005 年，我们进一步研究了耦合神经元体系中网络拓扑结构对动力学的影响[292]。单个神经元的动力学行为仍由 HH 方程(9.17)～(9.20)来描述，神经元之间通过电突触以扩散方式耦合。在 9.5 节中，我们仅研究了近邻耦合的规则网络的行为，此处我们考虑以加边方式形成的小世界网络，仍用前面定义的 q(随机边所占的比例)作为控制参量。耦合体系的动力学方程为(其中函数 F 的定义参阅方程 9.21)：

$$\left.\begin{aligned} C\frac{\mathrm{d}V_i}{\mathrm{d}t} &= F(V_i,m_i,n_i,h_i)+\varepsilon\sum_j(V_j-V_i) \\ x_i &= \alpha_{x_i}(V)(1-x_i)-\beta_{x_i}(V)x_i+\xi_{x_i}(t),\quad x=m,n,h \end{aligned}\right\}\tag{10.2}$$

与方程(9.21)不同，此处耦合项遍及所有与 i 相连的神经元 j。9.5 节已经说明，对单个神经元，内涨落可以诱导产生随机脉冲(Spike)序列，并有内噪声随机共振现象，即在 $S=1.5\,\mu\mathrm{m}^2$ 时脉冲序列的周期性最好。现取耦合强度 $\varepsilon=0.1$，固定 $S=6\,\mu\mathrm{m}^2$，模拟得到不同 q 值时体系的时空状态如图 10.6 所示。在规则网络上($q=0$)，由于内涨落的作用，每个神经元都有随机脉冲出现；但由于只有近邻耦合，不同神经元之间并没有同步的趋势，因此体系的行为较为混乱。随着随机连边的增加，神经元之间的同步增强，并且随机脉冲序列的时间规则性也增强；在 $q=0.15$ 时，观察到了空间上大致同步，而时间上有很好周期性的“时空有序”现象。随着连边数目的进一步增多，同步会变得越来越好，但是时间上的周期性却明显地消失了。因此，随着网络拓扑结构的改变，和前述耦合单摆体系类似，体系的动力学行为经历了“无序”到“有序”再到“无序”的转变。

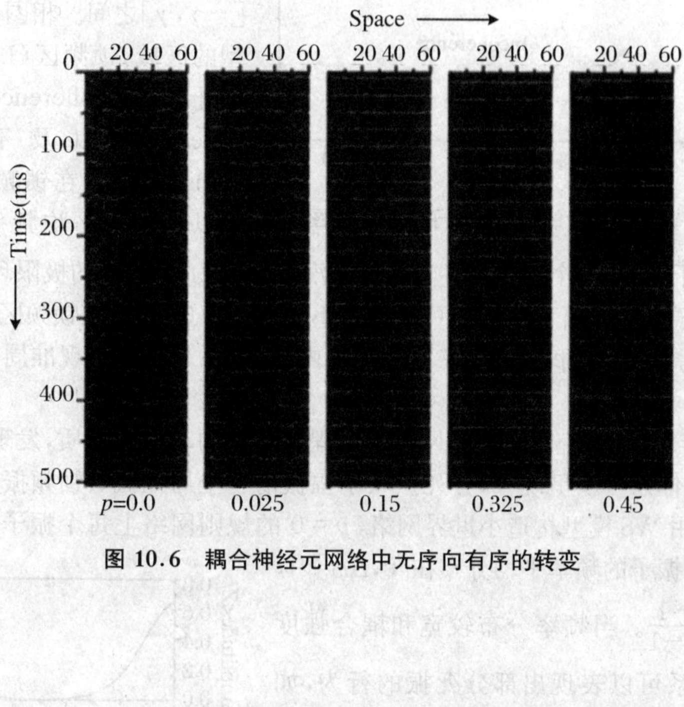

图 10.6　耦合神经元网络中无序向有序的转变

10.3　复杂耦合振荡网络的非线性动力学

考虑 N 个耦合的极限环振子，动力学方程由如下方程描述：

$$\dot{z}_j = \mathrm{i}\omega_j z_j + (r - |z_j|^2) z_j + d \sum_i (z_i - z_j) \tag{10.3}$$

其中 $z_j = |z_j| \mathrm{e}^{\mathrm{i}\varphi_j}$ 为第 j 个振子的复振幅，ω_j 为其频率，$d \geqslant 0$ 为耦合强度，求和项遍及和振子 j 相连的振子。参数 r 表征了振子振幅变化的速度，在没有耦合时，最终每个振子都将被吸引到振幅为 $\sqrt{r}$ 的极限环上，各自以频率 ω_j 振荡。在不同的耦合强度和频率分布情况下，(10.3)式的动力学行为相当丰富，有同步振荡、分叉、

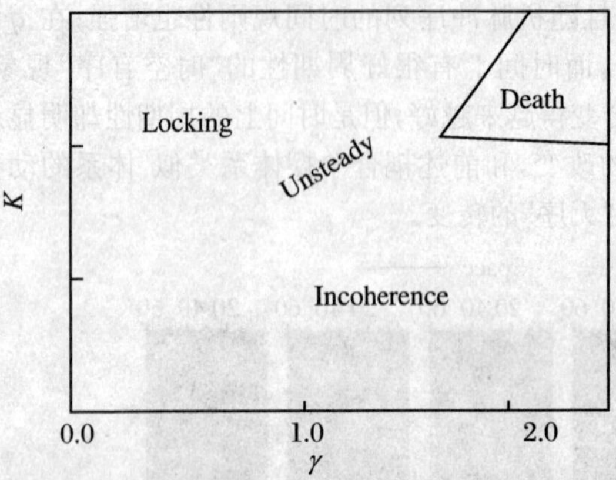

图 10.7 全局耦合的极限环振子网络的相图

混沌等。1990 年，Strogatz 对全局耦合网络的情形进行了数值计算和理论分析[305]，得到了如图 10.7 所示的相图，其纵轴 $K=Nd$ 为耦合强度，频率分布在 $[-\gamma,\gamma]$ 之间。相图分为几个典型的区域：锁频区（Locking），不相干区（Incoherence），死振区（Death），以及不稳定区（Unsteady）。在锁频区，所有振子以共同的平均频率绕原点旋转；在不相干区域，每个振子以各自的频率沿着振幅为 $\sqrt{1-K}$ 的极限环运动；在死振区，所有振子的振幅为 0，方程(10.3)的不动点 $z_j=0$ 稳定；在锁频区和不稳定区的边界，体系发生 Hopf 分岔，在不稳定区内部，体系还可能出现准周期和混沌等更丰富的动力学行为。

2003 年，我们研究了小世界网络上方程(10.2)的动力学性质，发现随"拓扑无序"的变化，体系可以呈现"部分死振"、小幅振荡、"全局死振"、锁频振荡等多种状态[293]。采用 WS 模型构造小世界网络，$p=0$ 的规则网络上每个振子和 $K=4$ 个近邻相连。振子的频率平均分布在 $[0,\Delta\omega]$ 内，$\omega_j=\Delta\omega\dfrac{j-1}{N-1}$。当频率分布较宽和耦合强度较大时，体系可以表现出部分死振的行为，如图 10.8 所示，其中参数为 $d=2.0,\Delta\omega=5.0$，纵轴是取时间平均后振子的振幅，横轴是振子标号。

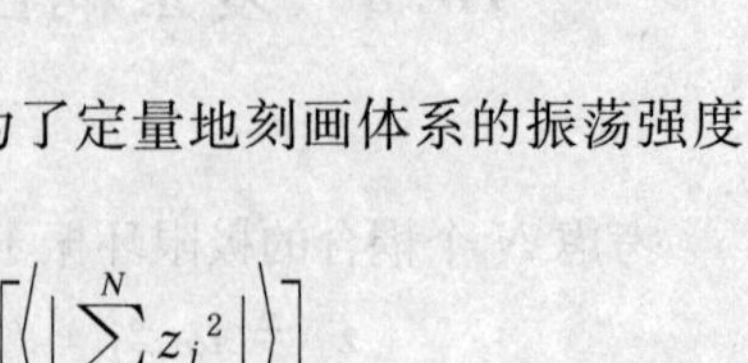

图 10.8 规则网络上的部分死振现象

现考察体系动力学随重连概率 p 的变化。为了定量地刻画体系的振荡强度，可以定义如下"序参量"：

$$E=\frac{\left[\left\langle\sum_{j=1}^{N}|z_j|^2\right\rangle\right]}{Nr}\text{ 及 }W=\frac{\left[\left\langle\left|\sum_{j=1}^{N}z_j{}^2\right|\right\rangle\right]}{N^2r}\tag{10.4}$$

其中 $\langle Y\rangle$ 表示对时间求平均，而 $[Y]$ 表示对给定 p 时不同的网络求平均。注意到 E 表征的是单个振子的平均振荡强度，而 W 是整个网络"相干"振荡的强度。当网络中每个振子出现同步振荡时，E 和 W 是一致的。图 10.9 中给出了 $d=2.0,\Delta\omega$

=5.0 时 E 和 W 随 p 的变化曲线，从图中可以看到，拓扑无序体现出了多重效应：

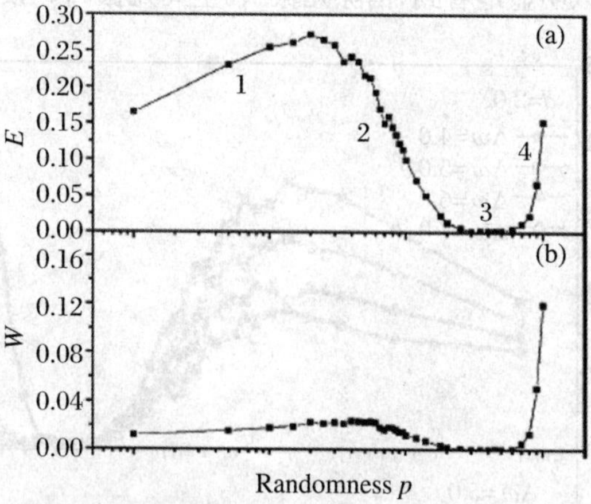

图 10.9　振荡强度 E 和 W 随拓扑无序度 p 的变化

(1) 消除部分死振。在曲线的第 1 段，E 和 W 都有显著的增加，意味着死振区域恢复了振荡。值得指出的是，E 和 W 随 p 的变化出现明显的极值；此时 $p \approx 0.02$，随机重连边的数目大约为 4，因此很少的拓扑无序便导致了体系行为的显著的变化。比较图 10.2，可以看到极值的位置明显地位于小世界区域内。

(2) 诱导全局死振。在曲线的第 3 段，E 和 W 的值均几乎为 0。E 为 0 意味着每个振子的振荡强度都几乎为 0，从而是一种“全局死振”的状态。出现全局死振的区域大约在小世界区域的边缘。

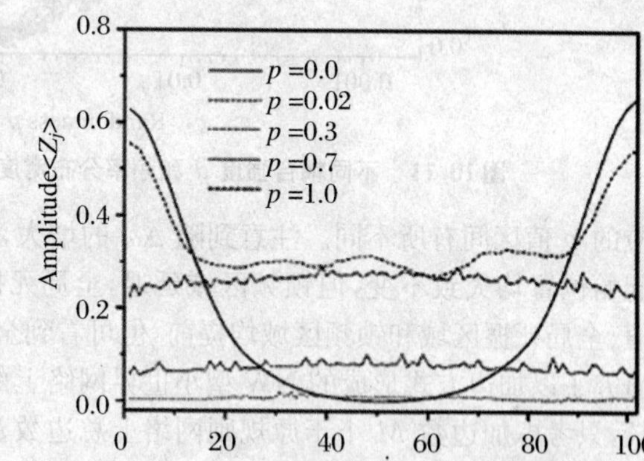

图 10.10　不同 p 时网络上振子平均振幅的分布

(3) 增强协同。在曲线的第 4 段，E 和 W 出现明显的快速增加，且 E 和 W 有近似相等的数值，此时各个振子之间出现锁频。体系振荡性质随 p 的变化还可以通过振幅的轮廓线得到体现。图 10.10 给出了几个典型的 p 值时 $\langle |z_j| \rangle$ 的轮廓线，可以清楚地看到上述几种效应。

随着耦合强度 d 和频率分布宽度 $\Delta\omega$ 的变化，上述定性行为是一致的，如图 10.11 所示。仍可以明显地看到"消除死振"、"全局死振"和"锁频振荡"区域，只是

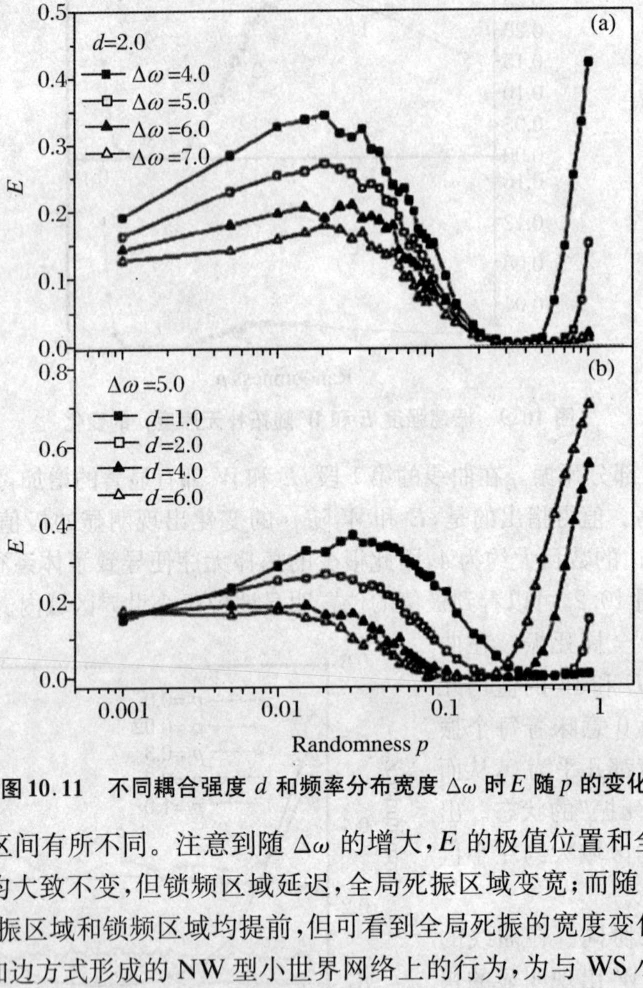

图 10.11　不同耦合强度 d 和频率分布宽度 $\Delta\omega$ 时 E 随 p 的变化

对应的 p 值区间有所不同。注意到随 $\Delta\omega$ 的增大，E 的极值位置和全局死振区域的起始位置均大致不变，但锁频区域延迟，全局死振区域变宽；而随 d 增大，E 的极值、全局死振区域和锁频区域均提前，但可看到全局死振的宽度变化不大。我们还研究了以加边方式形成的 NW 型小世界网络上的行为，为与 WS 小世界模型作比较，只考虑加边数 M 小于原规则网络上总边数 M_0 的情形，并定义 $p=M/M_0$。当 $p<1$ 时，网络的最短路径和成簇系数随 p 的变化和 WS 网络非常类似，如图 10.12(a)所示；相应地，体系振荡强度随的变化也是类似的，见图 10.12(b)，其中 $d=2.0$，$\Delta\omega=5.0$。这些现象的物理机制仍有待于人们深入研究。

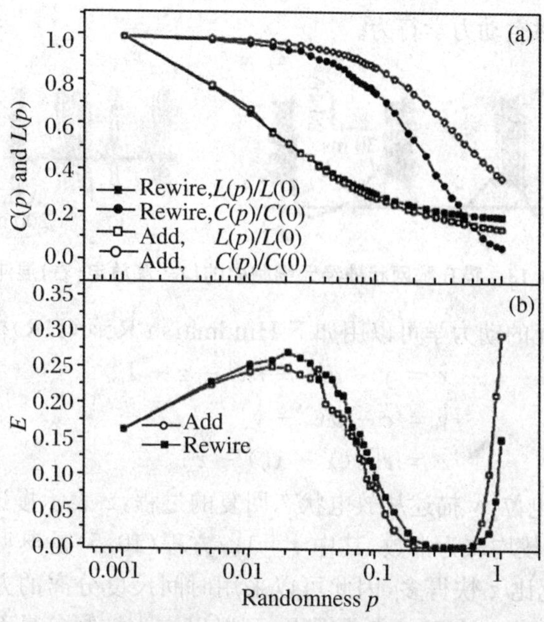

图 10.12　加边和重连小世界网络的比较

(a) 拓扑性质 $L(p)$和 $C(p)$；(b) 振荡强度 E

10.4　复杂簇放电神经元网络的非线性动力学

前面的研究中，我们通常用 HH 或 FHN 模型来描述单个神经元的行为，神经元信号也常常表现为脉冲的形式。实际上，即便是单个神经元体系的动力学行为也十分复杂，除了常见的脉冲放电形式外，还有"簇(bursting)"放电(又称"阵发"放电)，乃至混沌放电现象，如图 10.13 所示。簇放电过程中，神经元的动作电位在一系列的连续脉冲和静息状态之间反复，脉冲放电是快过程，静息状态是慢过程。研究表明，簇放电在大脑的神经信号传导过程中有很重要的作用，如簇放电可以克服突触传导过程中的故障，可以降低传导过程中的噪声，可以实现神经元之间的选择性通讯等等[306~307]。目前，对于单个神经元的簇放电机理，人们已经有了初步的认识；但对于耦合簇放电神经元网络的行为，以及它们在学习、认知、运动控制等重要生理行为中所起的作用，并没有得到清晰的规律。本节中，我们主要研究耦合簇放电神经元网络的时空动力学行为。

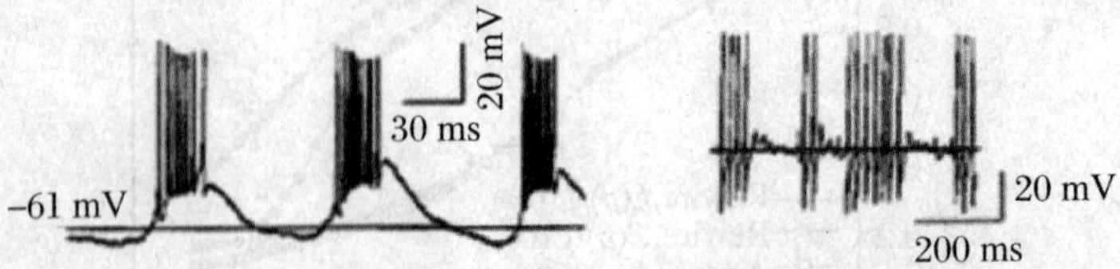

图 10.13　猫丘脑网状神经元细胞中的(左)簇放电(右)混沌放电

簇放电神经元的动力学可以用如下 Hindmarsh-Rose(HR)模型来描述[294]：

$$\left.\begin{aligned}\dot{x} &= y - ax^3 + bx^2 - z + I_{\text{ext}}\\ \dot{y} &= c - dx^2 - y\\ \dot{z} &= r[s(x - x_0) - z]\end{aligned}\right\} \qquad (10.5)$$

其中 x 表示动作电位，y 描述从放电状态回复的过程，z 表示慢适应电流，I_{ext} 表示环境电流，其他参数均取为常数，其中 $r=1$。方程(10.5)是典型的“快-慢”系统，其中(x,y)的变化比 z 快得多，因此可以采用时间尺度分离的方法对它的动力学行为进行定性的分析。由于 z 变化缓慢，可以以它为控制参量而考察“快子系统”$\dot{x}=y-ax^3+bx^2-z+I_{\text{ext}}$，$\dot{y}=c-dx^2-y$ 的行为。取参数值为 $a=1.0$，$b=3.0$，$c=1.0$，$d=5.0$，$r=0.006$，$s=4.0$ 及 $x_0=-1.6$，可以得到二维快子系统的分岔图如图 10.14 所示。M_{eq}包含了二维子系统的不动点：$f(x,y)=g(x,y)=0$，实线为稳定点，虚线为不稳定点，z_{sn}^1和 z_{sn}^2是它包含的两个鞍结分岔点；体系在 $z<0$ 的区域存在一个超临界 Hopf 分岔点(图中没有画出)，由它产生的稳定极限环 M_{LC}^1 在 z_{hc}^1处和 M_{eq} 的不稳定支发生碰撞，形成同宿轨线(homoclinic orbit，参见 3.5 节)而消失；z_{h} 是另一个超临界 Hopf 分岔点，它产生的稳定极限环 M_{LC}^2在 z_{hc}^2处也因形成同宿轨线而消失。对于二维快子系统，当 z 位于 z_{hc}^1和 z_{hc}^2之间或 $z>z_{\text{sn}}^2$时，体系可观察到的稳定状态为动作电位 x 较小的静息态；在 z_{hc}^2和 z_{sn}^2之间，体系呈双稳特性，放电态和静息态共存；z_{sn}^1和 z_{hc}^1之间也是双稳区，此时大幅的周期性脉冲放电和静息态共存；而在 z_{sn}^1左端，体系只有脉冲放电一种状态。

结合此分岔图与方程(10.5)，可以定性理解三维 HR 体系的“簇放电”机理。图中 $\dot{z}=0$ 是方程(10.5)中第 3 式的零线，在该线的上方，$z>0$，从而 z 值增加；而在其下方，z 值减小。设初始时刻体系处于 M_{LC}^1对应的脉冲放电态，由于 M_{LC}^1位于 $\dot{z}=0$ 的上方，z 将缓慢向右运动，体系也将沿着 M_{LC}^1形成一系列的脉冲振荡；直到 z 增大到 z_{hc}^1时，由于极限环消失，体系由放电状态回落到静息态；此时 $z<0$，轨线将向左运动，并在 z_{sn}^1处重新跃迁到放电状态；如此周而复始，形成了稳定的簇放电

行为。注意到每个簇当中的脉冲(Spikes Per Burst:SPB)数目取决于两个时间尺

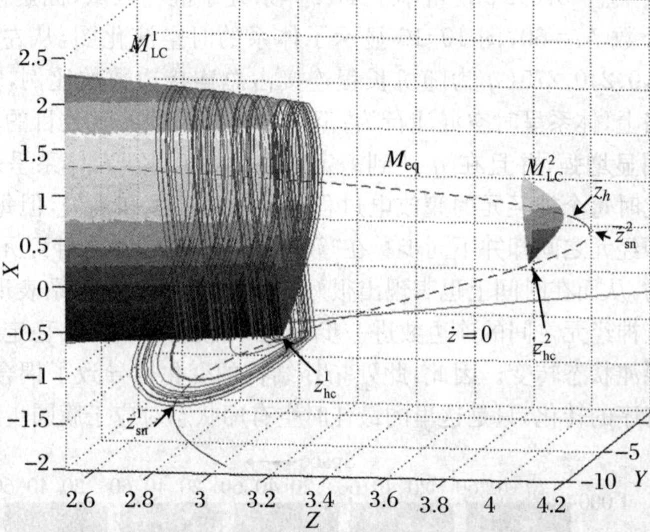

图 10.14　HR 二维快子系统以 z 为控制参量的分岔图

度:M_{LC}^1中的脉冲振荡周期 T_s,以及 z 在 z_{sn}^1 附近跃迁到 M_{LC}^1后运动到 z_{hc}^1的时间 T_z,SPB 数目近似为 T_s/T。随着控制参量的变化,SPB 数目可以逐渐增加,这种过程甚至可以导致混沌的发生。若统计相邻脉冲之间的间隔(Inter-Spike-Interval: ISI)随控制参量 I_{ext}的变化,可以得到如图 10.15 所示的类“分岔图”,其中可以明显地看到倍周期分岔到混沌的过程,混沌区大致位于 $2.9<I_{ext}<3.4$。相应地,我们在图 10.14 中也给出了 $I_{ext}=3.0125$ 时三维 HR 体系的相空间轨线,它具有混沌奇怪吸引子的特点。

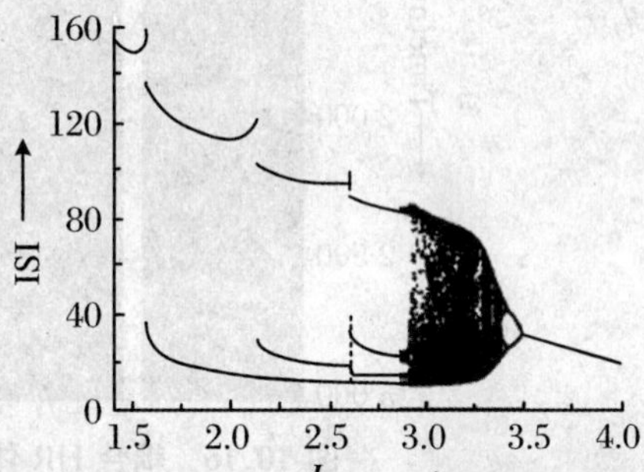

图 10.15　HR 体系脉冲间隔分布随控制参量的变化

现考察耦合的 HR 体系,其动力学方程为

$$\left.\begin{aligned}\dot{x}_i &= y_i - ax_i^3 + bx_i^2 - z_i + I_{ext} + \varepsilon\sum_j A_{ij}(x_j - x_i)\\ \dot{y}_i &= c - dx_i^2 - y_i\\ \dot{z}_i &= r[s(x_i - x_0) - z_i]\end{aligned}\right\}\tag{10.6}$$

和10.3节类似，我们仍然研究以加边方式生成的NW小世界网络，$\boldsymbol{A}$为连接矩阵。选取参量$I_{ext}=3.0125$使得单个HR体系处于混沌区域，固定耦合强度$\varepsilon=0.1$，神经元个数$N=60$，图10.16显示了体系的时空演化图，从左至右：$q=0$，0.015，0.075，0.2，0.275（q为随机长程连接占总连接边数的比例，见10.2节）。在规则的网络上，体系呈时空混沌行为；但随着随机长程关联数目的增加，神经元之间的同步明显增强，并且在q达到一定值时（$q=0.075$），体系呈现一种"簇同步"的状态：此时每个神经元的簇放电过程几乎同时产生和消失，但每个簇内部的脉冲在各个神经元之间却并不同步。在"簇同步"过程中，每个神经元的SPB数目几乎是相同的，从而在时间上也表现出很好的周期性，而整个体系表现出很好的时空规则性。若神经元之间的连边数进一步增加，则簇同步会失去稳定性，神经元向完全同步的混沌状态转变。因此，此处拓扑结构的变化也导致了耦合体系时空状态从无序向有序的转化，只是这里的最佳时空有序状态对应于簇同步状态。

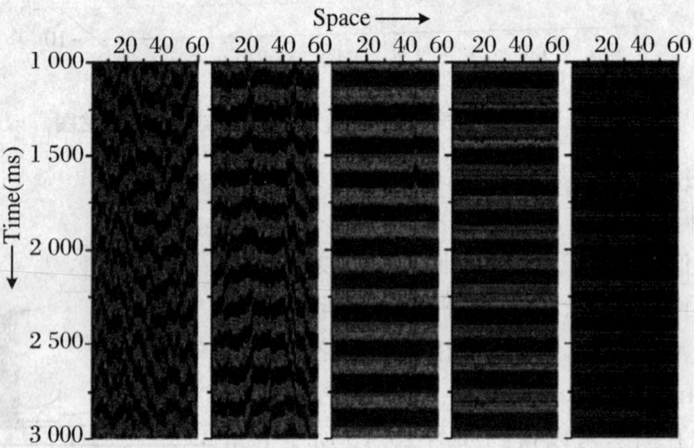

图10.16　耦合HR体系在小世界网络上的时空演化

为了定量表征图10.16中所示斑图的时间规则性，可以定义如下的特征相关时间τ：

$$\tau=[\langle\tau_i\rangle],\quad \tau_i=\frac{1}{T}\int_0^T c_i^2(s)\mathrm{d}s \tag{10.7}$$

其中[ ]表示对网络求平均（对给定q值，可以有很多的网络实现方式），〈 〉表示对所有的神经元求平均，T为足够长的一段稳态时间，而$c_i(s)$为第i个神经元动作电位$x_i(t)$的自相关函数，定义为

$$c_i(s)=\frac{\overline{x_i(0)x(s)}}{\overline{x_i^2(0)}} \tag{10.8}$$

此处上横线$\overline{\quad}$表示系综平均，实际计算中常用时间平均来代替。另一方面，为了刻画神经元在空间上的同步，可以定义如下的方差量σ为

$$\sigma = [\langle\sigma(t)\rangle],\quad \sigma(t) = \sqrt{\frac{\frac{1}{n}\sum_{i=1}^{N} x_i^2(t) - \left[\frac{1}{N}\sum_{i=1}^{N} x_i(t)\right]^2}{N-1}} \tag{10.9}$$

此处[ ]仍表示对不同网络求平均，而⟨ ⟩表示对时间求平均。σ的物理意义是显而易见的，当达到完全同步时，$\sigma=0$。τ和σ随网络拓扑结构的变化如图10.17所示，可以看到τ有明显的极值，极大值处对应于“簇同步”状态，而σ随p的增加单调降低。

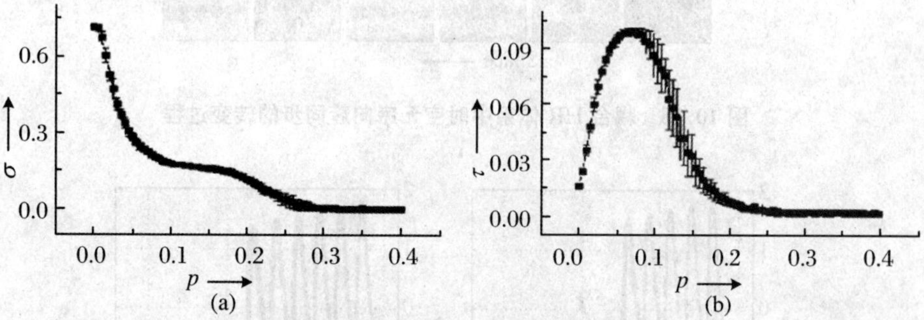

图10.17 小世界HR网络中同步方差σ和特征相关时间τ随网络连边数的变化

进一步研究表明，若固定网络的拓扑结构，增加耦合强度值，也可以观察到从时空混沌态经“簇同步”状态而至完全同步态的过程[296]。图10.18显示了$N=120$，$M=1200$，以规则网络加边的方式形成的小世界网络上，耦合强度ε逐渐增大时耦合HR体系的时空演化行为，从左至右$\varepsilon=0.0002, 0.0028, 0.0044, 0.0052, 0.0066, 0.013$。可以看到，耦合强度很小时，体系呈现类似于图10.16中第一帧的时空混沌状态；随着耦合强度的增加，体系逐步形成有节律的簇同步态，直到在耦合强度很大时，体系出现完全同步。从图10.18中我们还可以看到多次的状态转变现象：图(b)、(d)、(f)都是簇同步态，它们相互转变的过程中，须经历图(c)、(e)所示的无序状态。

仔细观察可以发现，(b)、(d)、(f)所示的簇同步态之间仍有差别：它们的簇放电时间T_z是逐渐增加的，并且(f)图对应的状态比(b)和(d)中都规则。若分别取一代表性的神经元，在x-z平面上做出相轨线，则可更清楚地看到这种差别，如图10.19所示，其中，(a)、(b)、(c)分别对应于图10.18中的(b)、(d)、(f)斑图。和图10.19(a)相比，图10.19(b)中每个簇的脉冲数目增加了一个；而和图10.19(a)、

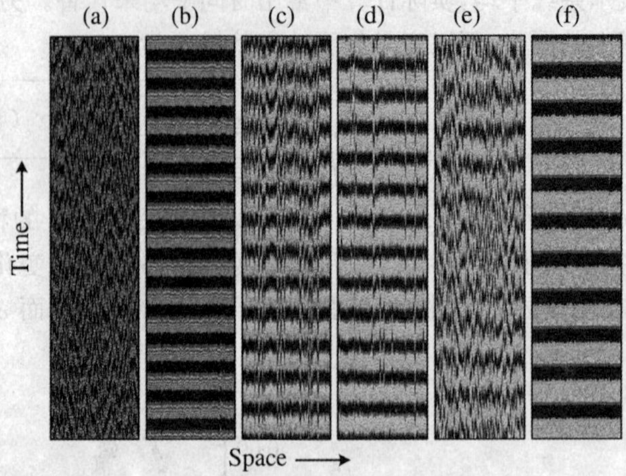

图 10.18 耦合 HR 体系中时空无序向簇同步的转变过程

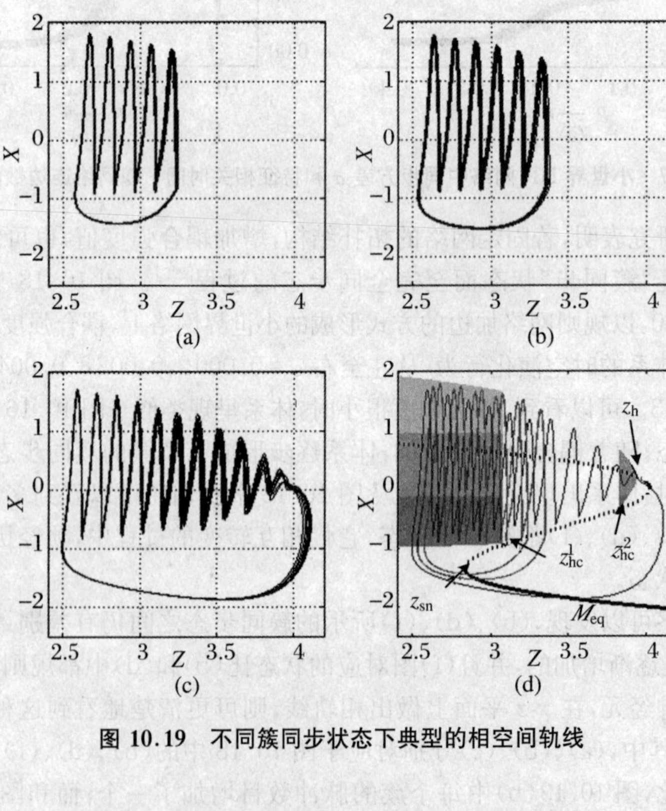

图 10.19 不同簇同步状态下典型的相空间轨线

10.19(b)相比，图 10.19(c)中放电状态的振幅先收缩到 0 然后回到静息态。实际上，图 10.19 中(a)、(b)对应的簇放电机理和(c)是不同的：对前者而言，放电态失稳的原因是因为在 z_{hc}^1 附近形成了同宿轨线，这种程称为“折叠-同宿(Fold-Homoclinc：FHC)簇放电”；而对后者放电态失稳是由于在 Hopf 分叉点 z_h 附近振荡消失，体系经 z_{sn}^2 回到静息态，这种过程称为“折叠-Hopf(Fold-Hopf：FH)簇放电”[307~308]。因此，随着耦合强度的增加，先后发生了 SPB 数目增加和放电机理变化的过程。将(a)～(c)中的轨线和图 10.14 所示的分岔图画到一张图上，如图 10.19(d)所示，可以看到这种变化。仔细分析表明，由于耦合的增强，z_{hc}^1 和 z_{hc}^2 处的同宿轨道相互靠近；在靠近的过程中，体系处于放电态的时间 T_z 增加，由于脉冲振荡的周期 T_s 近似不变，使得 SPB 数目增加；而一旦 z_{hc}^1 和 z_{hc}^2 发生相重合，同宿轨线将消失，放电振荡状态将一直持续到 z_h 才失稳，此时体系的簇放电机理发生突变。

进一步研究表明，在从 FHC 向 FH 簇放电的突变过程中，神经元的“度”起到关键的作用。在体系从图 10.19(b)所示的簇同步状态(FHC 机理，SPB 数目为 6)向图 10.19(c)所示的状态(FH 机理)转变过程中，所有 $k > k_c$ 的神经元均呈 FH 型簇放电，而 $k < k_c$ 的神经元呈 FHC 型簇放电。k_c 的值依赖于耦合强度 ε，但

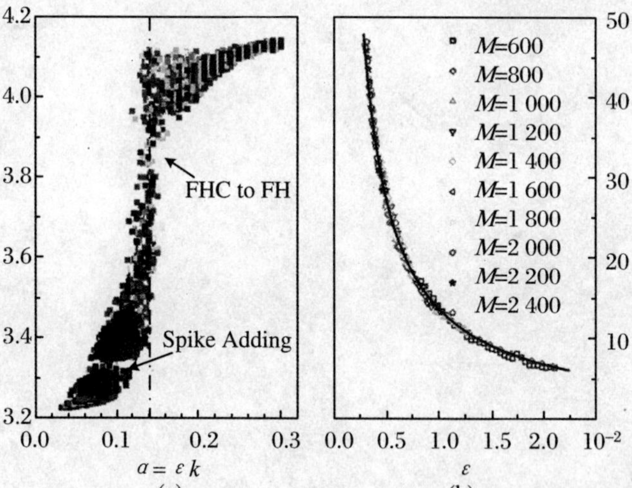

图 10.20

(a) 神经元的最大 z 值对参数 εk 的分布；$M=1\,200$；

(b) 不同边数的网络，εk_c 收敛到同一曲线

εk_c 基本是一个固定值。图 10.20 中给出了所有神经元的最大 z 值 z_{max} 和 εk_c 的依赖关系；在 $\varepsilon k_c > 0.14$ 时，z_{max} 突然增加，对应于 FHC 向 FC 的突变。实际上，εk_c 的临界值 0.14 是由单个神经元的动力学参数决定的，对网络的拓扑结构并不敏感；对 $N=120$ 的网络，随机边数 M 在相当宽的范围内变化时，εk_c 的数据很好的收敛到 $\varepsilon k_c = 0.14$ 的曲线。

我们的研究揭示了耦合簇放电神经元网络的一个重要性质：只要神经元有足够多的随机连接（$k > k_c$），则即使单个神经元的行为完全是不规则甚至是混沌的，耦合体系也可能产生完全有规则节律的同步输出。实际体系中人们发现，大脑信息处理中所谓的"中枢模式发生器（Central Pattern Generator）"正是具有这样的性质[306]。当然，神经元网络的性质远不只是模型体系所能涵盖的，大量的问题有待深入研究。由于神经元动力学往往需要由非线性动力学方程来描述，而神经元网络的结构当然是复杂的，因此神经元网络为"复杂网络非线性动力学"研究提供了非常切实重要的具体对象。

参考文献

[1] W.C.Bray, J. Am. Chem. Soc., 43 (1921), 1262.

[2] Б.П.белосов, сборник рефератов по рациаупоннoп Мецинине(1958).

[3] А.М.жаботинскпи Пансср, 157(1964)392.

[4] T.Tyson, Belousov-zhabotinsky Reaction, Springer, Berlin (1976).

[5] R.J.Field, M. Burger, Oscillations and Traveling Waves in Systems, Wiley, New York (1985).

[6] P.Gray, S. K. Scott, Chemical Oscillation and Instabilities, Charendon Press, Oxford (1990).

[7] R.J.Field, E. köros, R. M. Noyes, J.Am.Chem.Soc., 94 (1972) 1394, 8649.

[8] A.Nitzan, J. Ross, J.Chem. Phys., 59 (1973) 241.

[9] C.L. Creel, J. Ross, J. Chem. Phys., 65 (1976) 3779.

[10] R.A. Schmitz, Adv. Chem. Ser, 148 (1975) 176.

[11] L.M. Pismen, Chem. Eng. Sci., 35 (1980) 1950.

[12] W. Geiseler, H. Föllner, Biophys. Chem., 6 (1977)107.

[13] G.K. Boreskov, Y.S Matros, Cata. Rev. Sci. Eng, 25 (1983)551.

[14] E.N.Lorenz, J. Atoms. Sci., 20 (1963) 130.

[15] D.Ruelle, Trans. N.Y. Acad. Sci., 35 (1973) 66.

[16] R.A.Schmitz, K.R.Graziani, J. L. Hudson, J. Chem. phys, 67 (1977) 3040.

[17] J.L. Hudson, M. Hart, D. Marinko, J.Chem.phys, 71 (1979) 1601.

[18] J.S.Turner, J.C.Roul, W.D.Mccormick, et al, phys.lett., A85 (1981) 9.

[19] V.Z.Vavilin, A.M.Zhabotinsky, A.N.Zaikin, Russ.J.phys. Chem, 42 (1968) 1649.

[20] F.Buchhotz, F.W.schneider, J.Am.Chem.Soc., 105 (1983) 7450.

[21] J.L.Hudson, P.Lamba, J.C.Mankin, J.Phys. Chem, 90 (1986) 3430.

[22] P.Lamba, J.L.Hudson, Chem. Eng.Sci., 42 (1987) 1.

[23] J.Finkeova, M.DolniK, B.Hrudka, et al, J. phys. Chem, 94 (1990) 4110.

[24] M.Marek. In Lecture Notes in Biomathmatics, Modelling of patterns in space and time. Springer, Berlin (1984).

[25] M.F.Crowley, R.J.Field, J.Phys, 90 (1986) 1907.

[26] F. N. Albahadily, M. Schell, J. Chem, Phys, 88 (1988) 4312.
[27] M. Schell, F. N. Albahadily, J. Chem Phys, 980 (1989) 822.
[28] F. N. Albahadily, J. Kingland, M. Schell, J. Chem Phys, 9890 (1989) 813.
[29] M. R. Bassett, J. L. Hudson Physica, 350 D (1989) 289.
[30] M. R. Bassett, J. L. Hudson, J. Electrochem. Soc., 137 (1990) 922.
[31] O. Lev, M. Sheintuch, L. M. pismen, h. yarnitzky, Nature, b336 (1988), b458.
[32] O. Lev, M. Sheintuch, H. yarnitzk, L. M. pismen, Chem. Eng. Sci., 45 (1990) 839.
[33] R. M. Sater, P. Wong, Phys. Rco. b, 39 (1989) 4536.
[34] F. Argoul, A. Arneodo, J. Phys (paris), 51 (1990)2477.
[35] M. Schell, F. N. Albahadily, J. Safar, et al, J. Phys. Chem, 93 (1989) 4806.
[36] Y. Xu, M. Schell, J. Phys. Chem, 94 (1990) 7137.
[37] K. Krischer, M. Luebke, W. wolf, et al, Phys, Chem, 95 (1991)820.
[38] H. Beusch, P. Fieguth, E. Wicke, Chem. Eng. Tech., 44 (1972) 445.
[39] R. Tmbihl, G. Ertl, Chem. Reo, 95 (1995) 697.
[40] L. F. Razon, S. M. chang, R. A. Schmitz, Chem. Eng. Sci., 41 (1986) 1561.
[41] M. Eiswirth, Chaos in Chemistry and Biochemistry, World Scientific, Singapore (1993).
[42] M. Sheintuch, J. Schmidt, J. Phys. Chem, 92 (1988) 3404.
[43] G. Philippon, F. Sahultt, D. lussm, J. Phys. Chem, 95 (1991)3224.
[44] H. V. Dnken, E. wicke, Z. Phys. Chem, 165 (1989) 23.
[45] M. M. Slinko, N. I. Jaeger, P. Svensson, J. Catalysis, 118 (1989) 349.
[46] H. Herzel, P. Plath, P. Svensson, Physica D, 48 (1991) 340.
[47] A. M. Turing, Phil. Trans. R. Soc Land, B329 (1952) 37.
[48] P. De, Kepper, V. Castets, E. Dulos, et al, Physica D, 49 (1991) 161.
[49] Q. Ouyang, H. L. Swinney, Nature, 350 (1991) 610.
[50] R. J. Field, M. Barger, Oscilations and Traveling Waves in Chemical Systems, Wiley, New York(1985).
[51] H. H. Rotermund, Physica Scripta T, 49 (1991) 549.
[52] M. Eiswirth, M, Bör, H. H. Rotermand, Physica D, 84 (1995) 40.
[53] M. Bör, M. Eiswirth, H. H. ROtermund, et al, Phys. Rev. lett., 69 (1992) 94.
[54] S. Nettesheim, A. V. Oertzen, H. H. Rotermund, et al, J. Chem. Phys., 98 (1993) 9977.
[55] M. Bör, N. Gottschalk, M. Eiswirth, et al, J. Chem. Phys., 100 (1994) 1202.
[56] K. I. Agladge, V. A. Davydov, A. S. Mikhailov, Sov. Phys-JETP Lett., 45 (1987) 767.
[57] M. Markus, Nagy-Ongvarai, B. Hess, Science, 257 (1992) 225.
[58] M. Bör, S. Nettesheim, H. H. Rotermund, et al, Phys Rev. Lett., 74 (1995) 1246.

［59］ P. Glansdorff，I. Prigogine，Thermodynamic Theory of Structure，Stability and Fluctuations，Wiley-Interscience，New York (1971).

［60］ G. Nicolis，I. prigogine，Self-Organization in Nonequilibrium Systems，Wiley，New York (1977).

［61］ 李如生，非平衡态热力学和耗散结构，清华大学出版社(1986).

［62］ L. Onsager，Phys. Rev，37 (1931) 405，38 (1931) 2265.

［63］ 陆唐韶，分岔与奇异性，上海科技教育出版社(1995).

［64］ D. H. Sattinger，Topics in stability and Bifareation Theory，Springer，Berlin (1973).

［65］ 胡岗，随机力与非线性系统，上海科技教育出版社(1994).

［66］ G. Hu，Q. Zheng，Phys. Lett. A，110 (1985) 65.

［67］ G. Hu，Phys. Lett. A，110 (1985) 253.

［68］ G. Hu，Phys. Lett. A，116 (1986) 361.

［69］ 郝柏林，从抛物线谈起——混沌动力学引论，上海科技教育出版社(1993).

［70］ 王东生，曹磊，混沌、分形及其应用，中国科学技术大学出版社(1995).

［71］ J. Keizer，J. Tilden，J. Phys. Chem，93 (1989) 2811.

［72］ J. Keizer，K. Fox，Phys. Rev. A，46 (1992) 3577.

［73］ G. Nicolis. V. Balakrishnan，Phys. Rev. A，46 (1992) 569.

［74］ Hongli Wang，Houwen Xin，J. Chem. Phys.，107 (1997) 6681.

［75］ Hongli Wang，Houwen Xin，Chin. Sci. Bul.，42 (1997) 47.

［76］ 王宏利，辛厚文，科学通报，(1997)333.

［77］ E. Ott，C. Gribagi，J. A. Yorke，Phys Rev. Lett，64 (1990) 1196.

［78］ E. R. Hunt，Phys. Rev. Lett.，66 (1991) 1953.

［79］ U. Drwssier，G. Nitche，Phys. Rev. Lett.，68 (1992) 1.

［80］ Y. Braiman，I. goldhirst，Phys. Rev. Lett.，66 (1991) 2545.

［81］ K. Pyragas，Phys. Lett. A，170 (1992) 421.

［82］ V. Petrov，V. Gaspar，J. Masere，et al，Nature，361 (1993) 240.

［83］ F. W. Schneider，R. Blittersdorf，A. Forstr，J. Phys. Chem，97 (1993) 1244.

［84］ 王宏利，辛厚文，化学物理学报，8 (1995) 129.

［85］ K. D. Willimowski，O. E. Rossler，Naturforsch. Tell A，35 (1980) 317.

［86］ J. L. Hudson，O. E. Rossler，H. C. Killory，IEEE Trans. Cirl. Syst.，35 (1988) 902.

［87］ B. Peng，S. C. Scott，K. Showalter，J. Phys. Chem，94 (1990) 5243.

［88］ S. K. Scott，B. Peng，A. S. Tomlin，et al，J. Chem. Phys，94 (1991) 1134.

［89］ J. K. McGArry，S. K. Scott，Phys. Lett. A，143 (1990) 23.

［90］ K. Tomita，T. Kai，J. Stat，Phys.，21 (1979).

［91］ K. Tomita，Phys. Rev.，86 (1982) 114.

［92］ M. A. Mckarnin，L. d. Schmidt，A. Aris，Chem. Eng. Sci.，43 (1988) 2833.

［93］ D. Sincic，J. e. Bailey，Chem. Eng. Sci.，32 (1977) 281.
［94］ G. A. Cordonier，L. D. Schmidt，R. Aris，Chem. Eng. Sci.，45 (1990) 1659.
［95］ F. J. Romeiras，A. Bondeson，E. ott，et al，G. Grebogi，Physica，260 (1987) 277.
［96］ J. J. Tyson，S. Kauffman，J. Math. Biol. 5 (1978) 305.
［97］ I. Schreiber，M. Marck，Physica 5D，(1982) 258.
［98］ D. T. Gillesple，J. Phys. Chem.，81 (1977) 2340.
［99］ X. Wu，R. Kapral，Phys. Rev. Lett.，70 (1993) 1940.
［100］ N. Samardzija，L. D. Greller，E. Wasserman，J. Chem. Phys，90 (1989) 2296.
［101］ E. Ott，C. Gribogi，J. A. Yorke，Phys. Rev. Lett.，64 (1990) 1196.
［102］ E. R. Hunt，Phys. Rev. Lett.，66(1991) 1953.
［103］ U. Prwssier，G. Nitche，Phys. Rev. Lett.，68 (1992).
［104］ Y. Braiman，I. Goldhirst，Phys. Rev. Lett.，66 (1991) 2545.
［105］ K. Pyragas，Phys. Lett. A，170 (1992) 421.
［106］ V. Petrov，V. Gaspar，J. Masere，et al，Nature，361 (1993) 240.
［107］ F. W. Schneider，R. Blittersdorf，A. Forster，J. Phys. Chem.，97 (1993) 1244.
［108］ B. B. Mandelbrot，Fractal：Form，Chance and Dimension，San Francisco，Freeman (1977).
［109］ B. B. Mondelbrot，The Fractal Geometry of Nature，San Francisco，Freeman (1982).
［110］ K. Falconer，Fractal Geometry-Mathematical Foundations and Applications，分形几何——数学基础及其应用，曾文曲，刘世耀译，东北工学院(1991).
［111］ 辛厚文，分形介质反应动力学，上海科技教育出版社(1997).
［112］ S. Alexander，R. Orbach，J. Phys. Lett.，43 (1982) L925.
［113］ b. O'shaughnessy，I. Procaccia，Phys. Rev. Lett.，54 (1985 455.
［114］ M. Giona，H. E. Roman，J. Phys. A，25 (1992) 2093.
［115］ H. E. Roman，M. Giona，J. Phys. A，25 (1992) 2107.
［116］ M. Giona，H. E Roman，Physica A，185 (1992) 87.
［117］ J. P. Pascal，H. Pascal，Physica，A，208 (1994) 351.
［118］ J. Stephenson，Physica A，222 (1995) 234.
［119］ R. Kopelman，Science，241 (1988) 1620.
［120］ M. Giona，Chem. Eng. Sci，47 (1991) 1503.
［121］ M. O. Coppens，G. F. Froment，Chem. Eng. Sci.，49 (1994) 4897.
［122］ M. O. Coppens，G. F. Froment，Chem. Eng. Sci.，50 (1995) 1027. 1013.
［123］ Hongli Wang，Houwen Xin，Physica A，251 (1998) 389.
［124］ S. Alexander，J. Bernasconi，W. R. Schneider，et al，Rev. Mod. Phys.，53 (1981) 175.
［125］ J. E. Graebner，B. Golding，Phys. Rev. B，34 (1986) 5788.

[126] H. Buttiner, A. Blamen, Nature, 329 (1987) 700.

[127] B. K Chakrabarti, O. K. Ray, Solid State Communications, 68 (1988) 81.

[128] 辛厚文,廖结楼,阳立志,低温物理学报,15 (1993) 163.

[129] Houwen Xin, Zhonghuai Hou, LiBo Xiu, Phys. Rev. B, 51 (1995) 883.

[130] G. E. Hentschel, I. procaccia, Phys. Rev. A, 29 (1984) 1461.

[131] M. V. Smoluchowski, Z. Phys. Chem, 92 (1917) 129.

[132] S. Chandresekhar, Rev. Mod. Phys., 15 (1943) 1.

[133] M. Sheintuch, S. Brandon, Chem. Eng. sci., 44 (1989) 69.

[134] D. T. Gillespile, J. Comput, Phys., 22 (1976) 403.

[135] P. Hnusse, H. Blanche, J. Chem. Phys, 74 (1981) 6148.

[136] T. Fricke, J. Schnakenbarg, Z. Phys B, 83 (1991) 277.

[137] R. M. Ziff, E. Gulari, Y. Barshad, Phys. Rev. Lett., 56 (1986) 2553.

[138] R. M. Ziff, K. Fichthorn, Phys. Rev. B, 34 (1986) 2038.

[139] K. Fichthorn, E. Gulari, R. M. Ziff, Phys. Rev. Lett., 63 (1989) 1527.

[140] T. Aukrust, D. A. Browne, I. Webman, Phys. Rev. A, 41 (1990) 5294.

[141] M. Hoyuelos, H. O. Martin, E. V. Albano, J. Phys A, 28 (1995) 485.

[142] E. V. Albano, J. Phys. A, 25 (1992) 2557.

[143] Z. Hou, L. Yang, H. Xin, Phys. Rev. E, 58 (1998) 234.

[144] E. V. Albano, J. Phys. A, 29 (1996) 3317.

[145] E. V. Albano, J. Phys. A, 27 (1994) 3751.

[146] E. V. Albano, Phys. A, 214 (1995) 426.

[147] Z. Hou, L. Yang, H. Xin, J. Phys. A, 31 (1998) 7751.

[148] K. E. Bassler, D. A. Browne, Phys. Rev. Lett., 77 (1996) 4094.

[149] K. E. Dassler, D. A. Browne, Phys. Rev. E, 55 (1997) 5225.

[150] R. Dickman, Phys. Rev. A, 34 (1986) 4246.

[151] Z. Hou, L. Yang, H. Xin, Surface Science, 393 (1997) 194.

[152] T. Engel, G. Ertl, Adv. Catal., 28 (1979) 1.

[153] G. Ertl, Pure. Appl. Chem, 52 (1980) 2052.

[154] M. Eiswirth, G. Ertl, Surf. Sci., 177 (1987) 90.

[155] H. P. Kaukonen, R. M. Nieminen, J. Chem. Phys., 91 (1989) 4380.

[156] J. W. Erans, J. Chem. Phys., 98 (1993) 2463.

[157] B. J. Brosilow, R. M. Ziff, Phys. Rev. A, 46 (1992) 4534.

[158] T. Tome, R. Dicman, Phys. Rev. E, 47 (1992) 948.

[159] D. Considine, H. Takayasa, S. Render, J. Phys. A, 23 (1990) L1181.

[160] J. Kohler, D. Ben-Avraham, J. Phys. A, 25 (1992) L141.

[161] S. S. Tambe, V. K. Jayaraman, B. D. Kulkarni, Chem. Phys. Lett., 225 (1994) 303.

[162] E. V. Albano, J. Stat. Phys, 69 (3/4) (1992).
[163] E. V. Albano, Phys. Rev B, 42 (1990) 10818.
[164] E. V. Albano, Phys. Lett A, 168 (1992) 55.
[165] A. Y. Trtyakov, H. Takayasu, Phys. Rev. A, 44 (1991) 8388.
[166] J. Mai, A. Casties, W. Von Niessen, Chem. Phys. Lett., 196 (1992) 358.
[167] A. Casties, J. Mai, W. Von Niessen, J. Chem. Phys, 99 (1993) 3082.
[168] J. Mai, A. Casties, W. Von Niessen, Chem. Phys. Lett., 211 (1993) 197.
[169] E. V. Albano, Surface Science, 235 (1990) 351.
[170] T. Gristch, D. Coulanm, R. J. BEhm, et al, Phys. Rev. Lett., 63 (1989) 1086.
[171] K. Krischer, M. Eiswirth, G. Ertl, J. Chem. Phys., 96 (1992) 9161.
[172] K. Krischer, M. Eiswirth, G. Ertl, Appl. Phys. A, 51 (1990) 79.
[173] K. Krischer, M. Eiswirth, G. Ertl, Surf. Sci., 251/251 (1991) 900.
[174] S. Ladas, R. Imbihil, G. Ertl, Surf. Sci., 197 (1988) 153, 198 (1988) 42.
[175] M. Bar, M. Falcke, M. Eiswirth, Physica A, (1992) 188.
[176] M. Bar, N. Gottschalk, M. Eiswirth, et al, J. Chem. Phys., 100 (1994) 1202.
[177] D. Barkley, Physica D, 49 (1991) 61.
[178] 杨灵法,侯中怀,辛厚文,化学物理学报,11 (1998) 64.
[179] O. Steinbock, P. Kettunen, K. Showalter, Science, 269 (1995) 1857.
[180] K Agladze, J. P. Keener, et al, Science, 264 (1994) 1746.
[181] 侯中怀,杨灵法,辛厚文,化学物理学报,(1999).
[182] Z. Hou, L. Yang, H. Xin, Surf, Sci, 399 (1998) L 332.
[183] Z. Hou, L. Yang, H. Xin, Phys. Rev. Lett., 81 (1998) 2854.
[184] Zhonghuai Hou, Houwen Xin, Phys. Rev. Lett, 89, 280601(2002) .
[185] R. Benzi, G. Parisi, A. Sutera, J. Phys A, 14 (1981) 453.
[186] S. Fanve, F. Heslot, Phys. Lett., 97A (1983) 5.
[187] B. McNamara, K. Wiesnfeld, R. Roy, Phys. Rev. Lett, 60 (1988) 2626.
[188] A. Guderian, G. Decher, K. P. Zeyer, et al, J. Phys. Chem, 100 (1996) 4437.
[189] A. Forster, M. Merget, F. W. Schneider, J. Phys. Chem, 100 (1996) 4442.
[190] W. Hohmam, J. Muller, F. W. Schneider, J. Phys. Chem, 100 91996) 5388.
[191] Yang L F, Hou Z H, Zhou B J, et al, J Chem Phys., 109: (15) 6456-6459 OCT 15 1998.
[192] Yang L F, Hou Z H, Xin H W, J. Chem. Phys., 109: (5) 2002-2005 AUG 1 1998.
[193] Yang L F, Hou Z H, Zhou B J, et al, J. Chem. Phys., 109: (15) 6456-6459 OCT 15 1998.
[194] Yang L F, Hou Z H, Xin H W, J. Chem. Phys., 110: (7) 3591-3595 FEB 15 1999.
[195] Hou Z H, Xin H W, J. Chem. Phys., 111: (2) 721-723 JUL 8 1999.

[196] Hu Gang, D. Ditzinger, C. Z. Ning, et al, Phys. Rev. Lett., 71, 807(1993).

[197] A. S. Pikovsky, J. Kurths, Phys. Rev. Lett., 78, 775(1997).

[198] Hou Z H, Xin H W, Phys. Rev. E, 60: (6) 6329-6332 Part A DEC 1999.

[199] Hou Z H, Yang L F, Xin H W, J. Chem. Phys., 111: (4) 1592-1594 JUL 22 1999.

[200] Gang Zhao, Zhonghuai Hou, Houwen Xin, J. Phys. Chem., A 109, 8515 (2005).

[201] Zhong S, Xin H W, J. Phys. Chem. A, 104: (2) 297-300 JAN 20 2000.

[202] Jiang Y J, Zhong S, Xin H W, J. Phys. Chem. A, 104: (37) 8521-8523 SEP 21 2000.

[203] Zhong S, Xin H W, Chem. Phys. Lett., 321: (3-4) 309-314 APR 28 2000.

[204] Zhong S, Qi F, Xin H W, Chemical Physics Letters, 342 (5-6): 583-586 JUL 20 2001.

[205] Hou Z H, Xin H W, J. Phys. Chem. A, 103: (31) 6181-6183 AUG 5 1999.

[206] Hou Z H, Xin H W, Phys. Lett. A, 263: (4-6) 360-364 DEC 6 1999.

[207] Zhong S, Xin H W, Chem. Phys. Lett., 333 (1-2): 133-138 JAN 5 2001.

[208] Jiang Y J, Xin H W, Phys. Rer. E, 62: (2) 1846-1849 Part A AUG 2000.

[209] Zhong S, Xin H W, J. Phys. Chem A, 105 (2): 410-415 JAN 18 2001.

[210] Zhonghuai Hou, Kun Qu, Houwen Xin, Chem. Phys. Chem, 6(1), 58 (2005).

[211] K. Fichthorn, E. Gulari, R. Ziff, Phys. Rev. Lett., 63 (1989) 1527.

[212] S. S. Yerrapragoda, J. K. Bandyopadhyay, V. K. Jayaraman, et al, Phys. Rev. E, 55 (1997) 5248.

[213] J. Enderlein, L. Kuhnert, J. Phys. Chem., 100 (1996) 19642.

[214] C. Van. den. Broeck, J. M. R. Parrondo, R. Toral, et al, Phys. Rev. E, 55 (1997) 4084.

[215] S. Mangioni, R. Deza, H. S. Wio. r. Toral, Phys. Rev. Lett., 79 (1997) 2389.

[216] C. Von, den Broeck, J. M. R. parrondo, et al, Phys. Rev. Lett., 73 (1994) 3395.

[217] R. Muller, K. Lippert, A. Kuhnel, et al, Phys. Rev. E, 56 (1997) 2658.

[218] L. Gammationi, P. Hanggi, P. Jung, et al, Rev. Mod. Phys, 70 (1998) 223.

[219] N. G. Stocks, N. D. Stein, P. V. E. Mcclintook, J. Phys. A, 26 (91993) L385.

[220] J. M. G. Vilar, J. M. Rubi, Phys. Rev. Lett, 77 (1996) 2863.

[221] A. N. Grigorenko, S. I. Nikitin, G. V. Roschepkin, Phys. Rev. E, 56 (1997) R4097.

[222] K. Wiesenfeld, D. Pierson, E. Pantazelou, et al, Phys. Rev. Lett., 72 (1994) 2125.

[223] J. M. Casado, Phys. Lett. A, 235 (1997) 489.

[224] X. Pei, K. bachman, F. Moss, Phys. Lett. A, 206 (1995) 61.

[225] J. J. Collins, C. C. Show, T. T. Imhoff, Phys. Rev. E., 52 (1995) R3321.

[226] C. Eichwald, J. Walleczek, Phys. Rev. E, 55 (1997) R6315.

[227] S. M. Begrukov, I. Vodyanoy, Nature, 385 (1997) 319.

[228] P. Jung, K. Wiesefeld, Nature, 385 (1997) 291.

[229] R. Castro, T. Sauer, Phys. Rev. Lett., 79 (1997) 1030.

[230] G. Hu, D. Gong, X. Wen, Phys. Rev. A, 46 (1992) 3250.
[231] E. Reibold, W. Just, J. Becker, et al, Phys. Rev. Lett, 78 (1997) 351.
[232] C. Heneghan, C. C. Chow, J. J. collins, et al, Phys. Rev. E, 54 (1996) R2228.
[233] R. Imbihil, G. ertl, Chem. Rev., 95 (1995) 697.
[234] G. Veser, F. Mertens, A. S. Mikhailov, et al, Phys. Rev. lett., 71 (993) 935.
[235] G. Veser, R. Imbihil, J. Chem. Phys., 100 (1995) 8492.
[236] N. Khrustova, Veser, A. Mikhailov, Phys. Rev. lett., 75 (1995) 3564.
[237] M. B. Elowitz , S. Leibler, Nature, 403, 335 (2000).
[238] M. Falcke, Adv. Phys., 2004, 53, 255 - 440.
[239] V. P. Zhdanov, B. Kasemo, Surf. Sci. Rep., 2000, 39: 25 - 104.
[240] H. H. McAdams, A. Adam, Proc. Natl. Acad. Sci. USA, 94, 814(1997).
[241] H. H. McAdams, A. Arkin, Trend. Genet., 15, 65(1999).
[242] M. Thattai, A. V. Oudenaarden, Proc. Natl. Acad. Sci. USA, 98, 8614(2001).
[243] J. Hasty, J. J. Collins, Nature Genetics, 31, 13(2001).
[244] P. S. Swain, M. B. Elowitz, E. D. Siggia, Proc. Natl. Acad. Sci. USA, 99, 12795 (2002).
[245] M. B. Elowitz, A. J. Levine, E. D. Siggia, et al, Science, 297, 1183(2002).
[246] J. Paulsson, Nature, 427, 415(2004).
[247] C. V. Rao, D. M. Wolf, A. Arkin, Nature, 420, 231(2002).
[248] W. J. Blake, M. Kærn, C. R. Cantor, et al, Nature, 422, 633(2003).
[249] J. C. Dunlap, Cell, 96, 271(1999).
[250] D. Gonze, J. Halloy, A. Goldbeter, Proc. Natl. Acad. Sci. USA, 99, 673(2002).
[251] N. Barkai, S. Leibler, Nature, 403, 267(2000).
[252] Y. Suchorski, J. Beben, E. W. James, et al, Phys. Rev. Lett., 82:1907 - 1910(1999).
[253] C. Sachs, M. Hildebrand, S. Volkening, et al, Science, 293, 1635(2001).
[254] M. M. Slinko, A. A. Ukharskii, N. V. Peskov, et al, Catal. Today, 70, 341(2001).
[255] N. V. Peskov, M. M. Slinko, N. I. Jaeger, J. Chem. Phys., 116,2098(2002).
[256] Zhonghuai Hou, Houwen Xin, Chem Phys Chem, 5, 407(2004).
[257] Hou Z H, Xin H W, J. Chem. Phys., 119, 11508(2003).
[258] Gong Y B, Hou Z H, Xin H W, J. Phys. Chem., B 108, 17796(2004).
[259] Gong Y B, Hou Z H, Xin H W, J. Phys. Chem., A 109, 2741(2005).
[260] Wang Z W, Hou Z H, Xin H W, Chem. Phys. Lett., 401, 307(2005).
[261] Li H Y, Hou Z H, Xin H W, Chem. Phys. Lett., 402,444(2005).
[262] Hou Z H, Rao T, Xin H W, J, Chem. Phys., 122, 134708(2005).
[263] Zhang J Q, Hou Z H, Xin H W, Chem. Phys. Chem., 5,1041(2004).
[264] Wang M S, Hou Z H, Xin H W, Chem. Phys. Chem., 5,1602(2004).

[265] Z. H. Hou, J. Q. Zhang, H. W. Xin, Phys. Rev. E, 74, 031901(2006).

[266] Z. H. Hou, T. J. Xiao, H. W. Xin, Chem Phys. Chem, 7, 1520(2006).

[267] T. J. Xiao, J. Ma, Z. H. Hou, et al, New J. Phys, 9, 403(2007).

[268] N. G. Kampen, Stochastic Processes in Physics and Chemistry, North-Holland: Amsterdam(1987).

[269] C. W. Gardiner, Handbook of Stochastic Methods for Physics, Chemistry, and the Natural Science, Springer-Verlag(1983).

[270] D. T. Gillespie, J. Phys. Chem., 1977, 81: 2340－2361.

[271] D. T. Gillespie, J. Chem. Phys., 2000, 113: 297－306.

[272] D. T. Gillespie, J. Chem. Phys., 2001, 115: 1716－1733.

[273] M. A. Gibson, J. Bruck, J. Phys. Chem. A, 104, 1876(2000).

[274] C. V. Rao, A. P. Arkin, J. Chem. Phys., 118, 4999(2003).

[275] E. L. Haseltine, J. B. Rawlings, J. Chem. Phys, 117, 6959(2002).

[276] M. Rathinam, et al., J. Chem. Phys., 119, 12784(2003).

[277] D. T. Gillespie, L. R. Petzold, J. Chem. Phys., 119, 8229(2003).

[278] C. Reichert, J. Starke, M. Eiswirth, J. Chem. Phys., 2001, 115: 4829－4838.

[279] H. G. Rotstein, N. Korpell, A. M. Zhabotinsky, et al, J. Chem. Phys., 2003, 119: 8824－8832.

[280] T. Hofer, Biophysical J., 77,1244(1999).

[281] W. Gerstner, W. M. Kistler, Spiking Neuron Models: Single Neurons, Populations, Plasticity, Cambridge University Press(2002).

[282] Fox R F, Lu Y, Phys. Rev. E 49, 3421(1994).

[283] J. Guckenheimer, P. Holmes, Nonlinear Oscillations, Dynamical Systems, and Bifurcations of Vertor Fields, Springer-Verlag, New York(1983).

[284] 陆启韶,分岔与奇异性,上海科技出版社(1995).

[285] L. Arnold, N. S. Namachchivaya, K. R. Schenk-HoppR, Int. J. Bifur. Chaos 6, 1947 (1996).

[286] S. H. Strogatz, Exploring Complex Networks, Nature, 410, 268(2001).

[287] R. Albert, A. L. Barabasi, Statistical mechanics of complex networks, Rev. Mod. Phys, 74,47(2002).

[288] M. E. J. Newman, The structure and function of complex networks, SIAM Review, 45, 167(2003).

[289] S. Boccaletti, et al, Complex Networks: Structure and Dynamics, Phys. Rep., 424, 175(2006).

[290] 汪小帆,李翔,陈关荣,复杂网络理论及其应用,清华大学出版社(2006).

[291] Feng Qi, Zhonghuai Hou , and Houwen Xin, Phys. Rev. Lett., 91, 064102(2003).

[292] Yubing Gong, Maosheng Wang, Zhonghuai, et al, Chem. Phys. Chem., 6, 1042-1045, 2005.

[293] Zhonghuai Hou, Houwen Xin, Phys. Rev. E, 68, 055103R(2003).

[294] Maosheng Wang, Zhonghuai Hou, Houwen Xin, Chem Phys Chem, 7(3), 579-582 (2006).

[295] Zhao G, Hou Z H, Xin H W, Chaos 16, 043107(2006).

[296] Shen Y, Hou Z H, Xin H W, Phys. Rev. E, 2008.

[297] Wang M S, Hou Z H, Xin H W, Chinese Physics Letters, 23 (10): 2666-2669 OCT 2006.

[298] Zhang J Q, Hou Z H, Xin H W, Chinese Physics Letters, 23 (9): 2364-2367 SEP 2006.

[299] D. J. Watts, S. H. Strogatz, Collective Dynamics of Small-World networks, Nature, 393,440(1998).

[300] M. E. J. Newman, C. Morre, D. J. Watts, Phys. Rev. Lett., 84, 3201(2000).

[301] A. L. Barabasi, R. Albert, Emergence of scaling in random networks', Science, 286, 509(1999).

[302] L. M. Pecora, T. L. Carroll, Phys. Rev. Lett., 80, 2109(1998).

[303] M. Barahona, L. M. Pecora, Phys. Rev. Lett., 89, 054101(2002).

[304] R. Albert, H. Jeong, A. Barabasi, Nature, 406, 378(2000).

[305] P. C. Matthews, S. H. Strogatz, Phys. Rev. Lett., 65, 1701(1990).

[306] M. I. Rabinovich, et al., Rev. Mod. Phys., 78, 1213(2006).

[307] E. M. Izhikevich, Int. J Bifur. Chaos, 10, 1171(2000).

[308] E. M. Izhikevich, SIAM Review, 43, 315(2001).